专利申请文件撰写与审查指导丛书

机械领域专利申请文件撰写精解

主　编◎孟俊娥
副主编◎赵建军

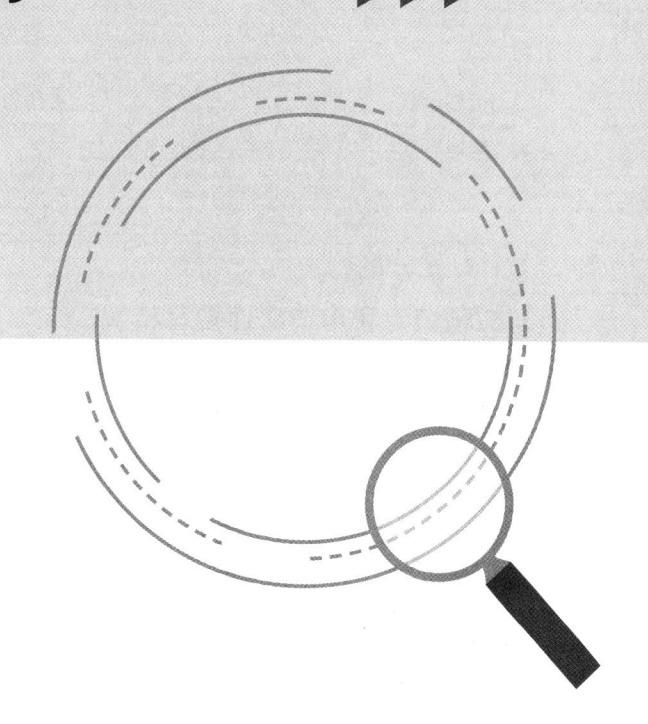

知识产权出版社
全国百佳图书出版单位
—北京—

图书在版编目（CIP）数据

机械领域专利申请文件撰写精解/孟俊娥主编. —北京：知识产权出版社，2021.1
（专利申请文件撰写与审查指导丛书）
ISBN 978-7-5130-7124-6

Ⅰ.①机… Ⅱ.①孟… Ⅲ.①机械—专利申请—中国 Ⅳ.①G306.3

中国版本图书馆 CIP 数据核字（2020）第 157132 号

内容提要

本书根据多年机械领域专利审查工作经验，结合大量的典型机械领域案例，系统阐述了机械领域专利申请文件特点、专利代理师考试要点和通用热点领域案例撰写要点等三部分内容，希望为机械领域的发明人、专利工作入门者、企事业单位的技术人员提供帮助和指引，以撰写出高质量的专利申请文件。

责任编辑：龚　卫　　　　　　　责任印制：刘译文
封面设计：博华创意·张　冀

专利申请文件撰写与审查指导丛书
机械领域专利申请文件撰写精解
JIXIE LINGYU ZHUANLI SHENQING WENJIAN ZHUANXIE JINGJIE
孟俊娥　主　编　　赵建军　副主编

出版发行	知识产权出版社 有限责任公司	网　　址	http://www.ipph.cn
电　　话	010-82004826		http://www.laichushu.com
社　　址	北京市海淀区气象路50号院	邮　　编	100081
责编电话	010-82000860 转 8120	责编邮箱	laichushu@cnipr.com
发行电话	010-82000860 转 8101	发行传真	010-82000893
印　　刷	三河市国英印务有限公司	经　　销	各大网上书店、新华书店及相关专业书店
开　　本	720mm×1000mm　1/16	印　　张	29.5
版　　次	2021年1月第1版	印　　次	2021年1月第1次印刷
字　　数	530千字	定　　价	130.00元
ISBN 978-7-5130-7124-6			

出版权专有　侵权必究
如有印装质量问题，本社负责调换。

编委会

主　　　编　孟俊娥
副　主　编　赵建军
执行副主编　左凤茹　杨开宁
编　　　委　刘　建　史　冉　黄军容　裴志红
　　　　　　董喜俊　关　军
统　　　稿　关　军

前　言

专利申请文件的撰写，是一切专利申请程序的开始和基石。专利申请文件的撰写质量能够直接影响专利的保护范围和专利权的稳定性，甚至能够影响一件专利申请是否得到授权。因此，广大发明人和专利从业人员一直致力于提高专利申请文件的撰写质量，使所撰写的申请文件既能充分体现技术创新的精髓，又恰到好处地公开发明创造，使得发明创造获得与其贡献相匹配的保护范围。

对于机械领域的专利申请而言，其技术方案通常是包含大量复杂机械结构以及相互之间连接关系的产品，或者是与机械结构相关联的加工操作方法，通常仅仅用文字表达是不够的，必须将文字表达与附图充分结合，才能更准确地描述各部件的形状构造、位置关系和工艺流程，因而机械领域专利申请文件有其特有的撰写思路和方法。本书正是对机械领域专利申请文件撰写要求和方法作详细阐述说明。大家必须注意的是随着智能制造技术的兴起和发展，机械领域的发明创造不再局限于机械结构和制造工艺的改进，而是与自动化技术、电子技术、信息技术、物联网技术和新材料技术等产生了密切联系，这样的变化也给机械领域专利申请文件的撰写带来了新的难点和特点。

为了帮助发明人和专利从业人员能够快速了解发明申请文件撰写的基本要求，理解机械领域专利申请文件撰写的特点，本书作者根据多年来在机械领域专利审查工作经验，挑选大量的机械领域典型案例，精心编写了《机械领域专利申请文件撰写精解》一书。

本书读者人群主要针对机械领域申请人（发明人）、专利工作的入门者、拟入专利代理行业的从业者、企业或公司的技术人员以及相关机构专利工作者。为了适应广大机械领域专利相关人员的需求，本书主要从三个部分阐述了机械领域专利申请文件的基本特点、专利代理师考试要点以及通用和机械领域热点案例撰写要点等，希望为机械领域专利相关工作人员提供帮助和指引。

第一部分结合多个机械领域实际案例，从机械专业技术特点出发，介绍了专利申请文件撰写的基本要求，适合没有任何专利申请文件撰写经验的发明人或专利从业人员阅读。本部分提供的案例通俗易懂，可以帮助读者快速掌握撰写专利申请文件的基本知识，初步了解机械领域专利申请文件的领域特点。同时以问题为导向，列出了机械领域专利申请文件撰写时容易出现的常见问题，便于读者根据撰写时遇到的实际问题，来查找有效解决问题的方法。

第二部分为全国专利代理师考试辅导相关内容，适合有意参加全国专利代理师资格考试的人员阅读。专利代理师考题绝大部分以接近生活领域的结构或装置等技术内容为基础，因此，本书对考题的分析有其独到之处，对考生应试帮助是非常大的。本部分对近十年考试的考点进行了梳理分析，以作者自身多年的判卷经验，总结了考试不同题型的答题思路，并解析了近四年的代理实务考试真题。

第三部分为机械领域专利申请文件的多个撰写案例，适合已完成少量专利申请文件撰写工作的发明人或专利代理师阅读。本部分首先按技术方案本身的不同特点，结合不同的案例，分析机械领域专利申请文件撰写的特色和难点；其次提供了当前机械领域专利申请中热点领域的案例，通过对案例进行分析，重点说明热点技术领域专利申请文件撰写时容易遇到的难点和问题。

由于本书编写人员水平有限，案例的选择和分析难免有失偏颇，希望读者在阅读后能够提出更好的建议，并与编写人员取得联系，相互切磋，共同提高。

本书撰写工作分工如下。

第一部分：第一章第一节由裴志红撰写，第二节由赵晓明、陈东海撰写，第三节由高现文、杜长亮撰写，第四节由董喜俊撰写，第五节由伯永科撰写；第二章第一节由谭远、程诚撰写，第二节由马宏亮撰写。

第二部分：第三章由高丽敏撰写；第四章由张旭波、向虎撰写；第五章第一节由朱明慧、黄军容撰写，第二节由黄军容撰写，第三节由梅奋勇撰写，第四节由俞翰政撰写。

第三部分：第六章第一节由丁亚非撰写，第二节由王昊撰写，第三节由秦保军撰写，第四节由陈琛撰写；第七章第一节由陈东海撰写，第二节由李星星撰写，第三节由杜长亮撰写，第四节由吴洁撰写，第五节由许炎炎撰写，第六节由郭振宇撰写。

本书由孟俊娥、赵建军、左凤茹、杨开宁、刘建、史冉、裴志红、关军、黄军容和董喜俊统稿。

此外,张玉兵、许亭、方华等人也参与了部分案例的撰写工作,李益芝、王晓亮、赵晓明、陈飚等人提供了典型案例供研究。

在此一并感谢。

目　　录

第一部分　专利申请文件撰写的基本要求

第一章　专利申请文件如何撰写 ········· 3
第一节　专利申请文件概述 ········· 3
第二节　说明书的撰写 ········· 6
第三节　说明书附图绘制和选择 ········· 11
第四节　权利要求书的撰写 ········· 20
第五节　说明书摘要的撰写 ········· 26

第二章　机械领域专利申请文件撰写常见问题分析 ········· 28
第一节　改进点在于机械结构和工艺方法 ········· 28
第二节　改进点在于机电一体化 ········· 48

第二部分　全国专利代理师资格考试实务科目指导

第三章　"专利代理实务"科目考点 ········· 63
第一节　"专利代理实务"试题形式分析 ········· 64
第二节　"专利代理实务"试题考查能力分析 ········· 69

第四章　"专利代理实务"科目答题思路 ········· 74
第一节　对权利要求书的分析及修改题型 ········· 74
第二节　对权利要求书的撰写题型 ········· 80
第三节　对无效宣告请求书的分析及撰写题型 ········· 85

第五章 "专利代理实务"考试真题解析 ………………………… 91
第一节 2015年"专利代理实务"试题分析与参考答案 …………… 92
第二节 2016年"专利代理实务"试题分析与参考答案 …………… 131
第三节 2017年"专利代理实务"试题分析与参考答案 …………… 166
第四节 2018年"专利代理实务"试题分析与参考答案 …………… 191

第三部分 机械领域专利申请文件撰写案例

第六章 一般机械领域撰写案例 ………………………………… 235
第一节 通用机械专利申请文件撰写思路 ……………………… 235
——以一件手工工具案例为例
第二节 专利申请文件撰写中说明书附图的选用 ………………… 260
——以一件内燃机启动装置案例为例
第三节 机械领域方法权利要求书的一般撰写思路 ……………… 278
——以一件压缩机案例为例
第四节 工业机器人领域专利申请文件撰写思路 ………………… 302
——以一件并联机器人案例为例

第七章 特定机械领域撰写案例 ………………………………… 323
第一节 自动变速器领域专利申请文件撰写 …………………… 323
第二节 3D打印领域专利申请文件撰写 ……………………… 345
第三节 纺织领域专利申请文件撰写 …………………………… 368
第四节 飞机气动外形领域专利申请文件撰写 ………………… 386
第五节 农业种植领域专利申请文件撰写 ……………………… 408
第六节 数控机床领域专利申请文件撰写 ……………………… 432

第一部分
专利申请文件撰写的基本要求

专利申请文件既有技术特性，又有法律特性。作为技术性文件，它必须客观准确地反映发明创造的技术方案；作为法律性文件，其形式和内容必须满足相关法律的规定。无论发明人还是专利代理师，都有必要从专利申请文件的一些基础知识入手，学习和掌握撰写要点，从而撰写出高质量的专利申请文件。因此，本部分将从专利申请文件撰写的基本要求出发，并结合机械领域的特点，为大家提供一些可借鉴的思路和方法。

本部分共分两章：第一章以理论和实践相结合的方式，介绍专利申请文件各部分的构成、作用和撰写要点；第二章则结合具体案例对机械领域专利申请文件撰写常见问题进行分析。

第一章 专利申请文件如何撰写

专利权的获得，要由申请人向国务院专利行政部门即国家知识产权局提出申请，国家知识产权局经过统一受理和审查后，依法授予专利权并颁发专利证书。专利申请文件合格与否是影响专利申请审批进程和专利质量的主要因素之一。下面分别对专利申请文件的内容及各部分的撰写要求进行说明。

第一节 专利申请文件概述

专利申请文件就是申请人在申请专利时提交的包括请求书、权利要求书、说明书（必要时应当有附图）及其摘要等一系列文件。其中请求书主要是以表格的形式记录申请的一些基本信息，说明书（有附图的情况下包括说明书附图）是对发明创造技术方案的详细说明，权利要求书是在说明书记载内容的基础上对要求保护的范围进行限定，说明书摘要是对说明书内容的简单概括。

一、说明书的构成及作用

申请人在提交专利申请时必须提交说明书。那么什么是说明书呢？简单来说，说明书就是申请人在申请专利时必须提交的一种技术文件，这种技术文件需要清楚、完整地描述发明创造的技术内容，从而使得本领域技术人员能够通过说明书公开的信息再现申请人的发明创造。从地位上来说，说明书是整个专利申请文件的基础；从内容上来说，说明书是对发明创造技术方案的具体说明，申请人需要通过说明书向社会公开其发明创造属于哪个技术领域、解决了现有技术中的哪些技术问题、如何完成该发明以及该发明有什么有益效果等方面的信息。

（一）说明书的构成

说明书是具有法律效力的技术文件，应当对发明或者实用新型作出清楚、完整的说明，其一般包括说明书文字和附图两部分。这里需要说明的是，为了便于公众能够更清楚地理解发明创造的内容，在发明专利申请的说明书中，可以包括附图；而在实用新型专利申请的说明书中，则必须包括附图。说明书文字部分包括发明名称和说明书正文两部分，说明书正文包括技术领域、背景技术、发明内容、附图说明（在有附图的情况下）和具体实施方式五个部分的内容。

（二）说明书的作用

说明书作为整个专利申请文件的基础，主要有以下几方面的作用。

1. 公开发明内容

说明书最主要的作用就是对发明作出清楚、完整的说明，也就是说，如果发明人想要通过获得专利权对自己的发明创造进行保护，就需要将发明涉及的技术内容向社会公开，公开的途径就是在说明书中把发明的技术信息清楚完整地公开出来。说明书是否对请求保护的发明作出了清楚、完整的说明是以所属技术领域的技术人员能否实现该发明为判断标准的。

2. 提供修改依据

为了保护申请人和社会公众的合法权益，使专利申请文件符合相关法律规定，申请人提交专利申请文件之后，可以对专利申请文件进行修改。这种修改可以是申请人自己发现专利申请文件存在的问题后主动提出的，也可以是国家知识产权局在审查过程中发现专利申请文件存在问题后要求申请人作出的修改。当然，这种修改不是任意的、无限制的，修改必须以申请日提交的说明书和权利要求书记载的范围为基础进行，其中的说明书由于记载了大量的技术信息而成为日后修改专利申请文件的重要依据。

3. 解释权利要求

说明书是权利要求书的基础和依据，在被授予专利权后，特别是在发生专利侵权纠纷时，说明书及其附图可用于解释权利要求书，以便更为确切地确定发明和实用新型专利权的保护范围。

二、权利要求书的构成、类型及作用

权利要求书是专利申请文件的一个重要组成部分。权利要求书应当有独立权利要求，也可以有从属权利要求。独立权利要求所限定的一项发明或者实用新型的保护范围最宽，其构成了发明最基本的技术方案。从属权利要求是对在前权利要求的进一步限定，在前的权利要求可以是独立权利要求，也可以是其他从属权利要求。

（一）权利要求书的构成

发明或实用新型的一项权利要求由主题名称和用于限定其主题的技术特征构成。主题名称用于体现一项权利要求的类型（产品权利要求还是方法权利要求），权利要求中的所有技术特征与其主题名称一起构成一个整体对该权利要求的保护范围进行限定。

独立权利要求一般由前序部分和特征部分两部分构成。前序部分包括主题名称以及该发明或者实用新型与最接近的现有技术共有的必要技术特征；特征部分是发明或实用新型区别于最接近的现有技术的技术特征。从属权利要求应当写明引用的权利要求的编号及其主题名称，并包括对引用的权利要求作进一步限定的附加技术特征。

（二）权利要求的类型

按照权利要求的性质划分，权利要求有两种基本类型，即物的权利要求和活动的权利要求，或者简单地称为产品权利要求和方法权利要求。产品权利要求保护的对象包括物品、物质、材料、工具、装置、设备、系统等。方法权利要求保护的对象包括制造方法、使用方法、处理方法、控制方法以及将产品用于特定用途的方法等。

需要说明的是，发明专利申请的权利要求书既可以包含产品权利要求，也可以包含方法权利要求；而实用新型专利申请的权利要求书只能包含产品权利要求。

（三）权利要求书的作用

权利要求书是专利申请文件的核心，用于确定专利申请和专利权的保护范围。在提交专利申请时，权利要求书可以起到意向书的作用，用来表明申请人想要获得多大范围的法律保护；在专利申请被授予专利权后，权利要求书则体现了专利权人被授予多大的专利权保护范围。概括地说，权利要求书主要有以下两个方面的作用。

1. 界定专利权的保护范围

权利要求书是定义专利保护技术方案的法律文件。在撰写专利申请文件的过程中，权利要求书起到纲领性作用，申请人通过权利要求书表述其请求保护的范围。国家知识产权局基于《专利法》的要求对申请人提交的专利申请文件以及请求保护的范围进行审查，以确定专利申请能否被授权并界定出合理的专利权保护范围。只有合理的权利要求保护范围才能有效地鼓励发明创造，同时平衡专利权人与社会公众的利益。

2. 作为侵权判断的主要依据

专利权是专利申请人或其权利受让人对特定的发明创造在一定期限内依法享有的独占实施权。通过权利要求书的公示作用，公众和竞争者可以清楚地知晓专利权的保护范围，从而有意识地规范自己实施有关技术的行为，自觉避免侵犯他人的专利权。如果出现专利侵权纠纷，国务院专利行政部门和法院将以权利要求书确定的保护范围为准来判断是否构成侵犯专利权的行为。

三、说明书摘要的构成及作用

（一）说明书摘要的构成

说明书摘要包括文字部分和附图（在有附图的情况下）。说明书摘要文字部分应当包括发明或者实用新型的名称、所属技术领域、所要解决的技术问题、解决该问题的技术方案的要点以及主要用途等，其中以独立权利要求请求保护的技术方案为主。说明书摘要附图是从说明书附图中选择的最能反映专利申请构思的一幅图。

（二）说明书摘要的作用

说明书摘要提供的仅是一种技术信息，不具有法律效力，不能作为以后修改说明书或者权利要求书的根据。同时，说明书摘要是对说明书记载内容的概括和提要，具有很强的情报信息作用，公众通过阅读这些简短的文字，就能够快捷地获知发明或实用新型的基本内容，从而决定是否需要查阅全文。另外，对于有摘要附图的专利申请，由于法律法规对摘要字数有一定的限制，在利用有限的文字难以概述整体发明构思的情况下，摘要附图的"工程师语言"作用就显得格外重要。

第二节　说明书的撰写

作为专利申请文件的重要组成部分，说明书应当符合《专利法》的相关规定，保证说明书文字记载的内容及其附图所示的内容能对权利要求的内容起到解释作用，从而充分保证申请人的合理权利。

在形成专利申请文件之前，技术人员往往会提交一份技术交底书，因为是技术文件，技术交底书更偏重于对技术内容的描述，而且因为技术人员本身的知识水平、撰写能力、对技术的理解等诸多原因，技术交底书可能会缺失一些关键内容。此时，专利代理师要根据技术交底书披露的内容，结合现有技术和自身对技术方案的理解对技术交底书不断完善，有时需要跟技术人员多次沟通，从而将技术交底书形成一份合适的说明书。具体沟通完善过程在后续章节中会有介绍，在此不作详述。

一、说明书撰写的总体要求

说明书撰写总体上要满足"清楚""完整""能够实现"三方面的条件。

（一）说明书应当"清楚"地披露发明创造的实质

首先，说明书应当主题明确，即从技术现状、存在的技术问题出发，揭示出发明创造想要达到的目标和具体实现的路径和步骤，使得本领域技术人员能够理解发明创造。

其次，说明书内容表述应当准确，即描述发明创造的语言应该是该领域常用的技术术语，如果是发明人自己定义的术语，在说明书中应该有适当的解释，使得本领域技术人员能够正确理解。

最后，说明书整体上应当逻辑严谨，即说明书各组成部分之间应当逻辑严谨且成为一个整体，特别是发明人声称要解决的技术问题与采取的技术方案，以及所达到的技术效果应该相互适应，不得含混不清或者模棱两可，更不能相互矛盾或不相关联。

（二）说明书应当包含发明创造的"完整"方案

一份完整的说明书应当包括下列内容：理解发明不可或缺的内容，如所属技术领域、背景技术以及有附图时的附图说明等；解决的技术问题、采用的技术方案和达到的技术效果；实现发明所需的内容，如采用的具体实施方式等。对于克服了技术偏见的发明或实用新型，还应当解释为什么能够克服技术偏见，说明新的技术方案与技术偏见之间的差别。

（三）根据说明书的内容应当"能够实现"发明创造

说明书应当详细描述实现发明或者实用新型的具体实施方式，使得本领域技术人员按照说明书记载的内容，能够实现发明或者实用新型的技术方案，解决其技术问题,并且产生预期的技术效果。

在机械领域中,说明书的撰写要避免说明书中只给出任务和/或设想,而未给出任何使本领域技术人员能够实施的技术手段;或者说明书中给出了含糊不清的技术手段,本领域技术人员根据说明书记载的内容无法具体实施;或者对于由多个技术手段构成的技术方案,说明书中只描述了其中的一个技术手段,本领域技术人员按照说明书记载的内容并不能实现。

二、说明书各部分撰写方法

说明书首先应当写明发明名称,该名称应当与请求书中的名称一致。发明名称应当采用本领域常用的技术术语,简明扼要,全面反映要求保护的发明创造的主题和类型,字数一般不得超过25个字。

例如,一件涉及对自拍装置的结构进行改进的实用新型专利申请,其名称可以写成"一种一体式自拍装置"。

说明书正文部分主要按照上面提及的五个部分进行撰写,即在名称下方依次写入技术领域、背景技术、发明内容、附图说明(在有附图的情况下)、具体实施方式。这五部分应当包括有关理解、实现发明或者实用新型所需的全部技术内容,以构成一份完整的说明书。

(一)技术领域

该部分用于说明与发明创造的技术方案直接相关的技术领域。应当写明发明创造所属或直接应用的具体领域,而不是上位的或者相邻的技术领域,同时也不能是发明创造本身。

例如,一项涉及自拍装置改进的发明,其技术领域可以写成"本发明涉及一种拍摄支持设备,尤其是涉及一种一体式自拍装置"。

(二)背景技术

申请人应当在该部分写明对发明或者实用新型的理解、检索、审查有用的背景技术,在可能的情况下,可引证反映这些背景技术的文件。该部分应当尽量客观、清楚地写明申请人所了解的现有技术中存在的问题,并尽量写明为什么会产生这些问题,人们为了解决这些问题都曾经采用过什么样的方法或者遇到过什么困难,从而为引出本申请提出的要采用什么样的技术方案解决相关问题作好铺垫。

例如,对于上述自拍装置的发明创造,其对自拍装置的结构进行改进,旨在克服现有技术中由于相机体积较大,自拍不方便且自拍效果不佳等问题。说明书背景技术部分可以采用下面的方式撰写：

在现实生活中，当人们去到某地旅游时，通常会带上拍摄装置将景点和同行的朋友亲人们一起进行拍照或录像留念，而为了将同行的全部人员拍下来，传统的方法是由其中一人手持拍摄装置来反向进行拍摄，即所谓的自拍，但是由于照相机的体积较大，自拍起来极不方便，拍摄时还要按下拍摄键，会使画面抖动，拍摄的范围与想象的不对应，拍摄的效果非常不好，且当人数较多时，自拍不能将全部人员拍摄进去。

（三）发明或者实用新型的内容

该部分应当清楚、客观地写明以下内容。

1. 要解决的技术问题

发明或者实用新型所要解决的技术问题，是指发明或者实用新型要解决的现有技术中存在的技术问题。发明或者实用新型专利申请记载的技术方案应当能够解决这些技术问题。以前述自拍装置的实用新型专利申请为例，其要解决的技术问题撰写如下：

本实用新型要解决的技术问题在于，针对现有技术的上述缺陷，提供一种一体式自拍装置，使用后直接将伸缩杆收容于载物台的缺口及夹紧机构的折弯部，不需额外占用空间，便于携带。

2. 技术方案

这里记载的技术方案至少应反映包含全部必要技术特征的独立权利要求的技术方案，还可以给出包括其他附加技术特征的进一步改进的技术方案。说明书中记载的这些技术方案应当与权利要求所限定的相应的技术方案的表述相一致。例如：

本实用新型解决其技术问题所采用的技术方案是：提供一种一体式自拍装置，包括伸缩杆及用于夹持拍摄设备的夹持装置，所述夹持装置包括载物台及设于载物台上方的可拉伸夹紧机构，所述夹持装置一体式转动连接于所述伸缩杆的顶端；所述载物台上设有一缺口，所述夹紧机构中部设有一与所述缺口位置相对应的折弯部，所述伸缩杆折叠后可容置于所述缺口及折弯部。

3. 有益效果

有益效果是指由构成发明或者实用新型的技术特征直接带来的，或者是由所述的技术特征必然产生的技术效果。例如：

本实用新型的有益效果在于，通过将夹持装置一体式转动连接于伸缩杆的顶端，使用时无需临时组装，给使用者带来很大的方便；使用后直接将伸缩杆收容于载物台的缺口及夹紧机构的折弯部，不需额外占用空间，便于携带。

上述技术问题、技术方案和有益效果相互适应，没有出现相互矛盾或者不相关联的情形，满足了说明书的主题明确、内容清楚的要求。

（四）附图说明

对于实用新型专利申请以及有说明书附图的发明专利申请，在说明书正文部分应当对每一幅附图给出简要说明。在零部件较多的情况下，允许用列表的方式对附图中涉及的零部件名称进行说明。

以前述自拍装置的实用新型专利申请为例，其中的附图说明部分可以撰写如下：

图1-1是本实用新型的一体式自拍装置使用状态立体结构示意图。

……

（五）具体实施方式

该部分需要详细写明申请人认为实现发明或者实用新型的优选实施方式；必要时，举例说明；有附图的，对照附图说明。

以前述自拍装置的实用新型专利申请为例，其中的具体实施方式部分如下：

如图1-1所示，本实施例的一体式自拍装置，包括伸缩杆1及用于夹持拍摄设备的夹持装置2，所述夹持装置2包括载物台21及设于载物台21上方的可拉伸夹紧机构22，所述夹持装置2一体式转动连接于所述伸缩杆1的顶端。所述载物台21上设有一缺口211，所述夹紧机构22中部设有一与所述缺口211位置相对应的折弯部221，所述伸缩杆折叠后可容置于所述缺口211及折弯部221。具体地，在不使用时，转动所述伸缩杆1，使其容置于所述缺口211及折弯部221（也即，将所述伸缩杆1收拢后折叠至所述缺口211及折弯部221位置）；使用时再将伸缩杆1从缺口211及折弯部221转出。所述夹持装置2一体式转动连接于伸缩杆1的顶端，使用时无需临时组装，给使用者带来很大的方便；使用后直接将伸缩杆1收容于载物台21的缺口211及夹紧机构22的折弯部221，不需额外占用空间，便于携带。进一步地，所述伸缩杆1包括若干伸缩节11。在使用该自拍装置时，通过拉伸伸缩节11可将伸缩杆1拉

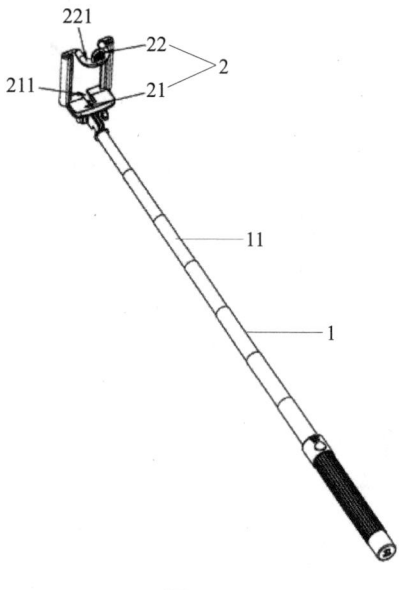

图1-1

至适宜长度,将夹持在夹持装置2上的拍摄设备距离使用者一定的距离。所述伸缩节11大于一节。进一步地,本实施例的自拍装置还包括一遥控组件,通过遥控组件和拍摄设备无线连接并控制拍摄设备进行自拍,从而获得更大更好的拍摄角度,提高使用者的拍摄体验。所述无线连接可为WiFi或蓝牙等任何无线连接的方式。

第三节　说明书附图绘制和选择

说明书附图作为文字部分的补充说明,对说明书文字部分的内容以图的形式进行直观、形象的表达。附图被称为工程师的"语言",其表达的技术信息量很大,有时候,一幅图所能提供的形象直观的信息是再多的文字也无法比拟的。在机械领域,特别是机械装置的专利申请中,对于形状简单、规则的零部件及其设置,文字基本可以准确地描述各部件的形状构造和位置关系,但是对于复杂的空间位置关系和非常规形状等,仅仅采用文字表述往往会过于复杂而使人难以理解,这时候就需要借助附图来对文字部分所描述的内容进行直观形象的表达,从而使得整个说明书更清楚、简洁。也就是说,在机械领域的专利申请文件中,说明书附图往往与说明书文字部分相辅相成、互相配合,一起对发明或者实用新型的技术方案给出清楚、完整的描述,明确地反映出要求保护的发明创造想要做什么和如何去做。此外,作为一种形象化的展示工具,具有代表性的说明书附图对专利技术的推广和宣传也大有裨益。因此,说明书附图在专利申请文件中的作用和地位不可小觑。

一、说明书附图的绘制要求

说明书附图的绘制应当清晰,这其中包括线条均匀清晰、不相互遮挡、没有除必需的词语之外的其他注释等要求。此外,说明书附图的绘制还要满足专利文献公开、出版的要求。需要注意的是,专利申请文件中所用的说明书附图与工程用机械制图有所区别。通常,工程用机械制图等是要交由工程师等人使用的,需要依据它进行生产制造、施工等,因此,需要满足精准度等方面的要求,而说明书附图只需进行信息的定性呈现,涉及附图的尺寸等信息主要通过说明书文字记载进行表达。

二、说明书附图的适当表达形式

说明书附图所要表达的信息,是对说明书文字部分记载的内容进行直观、形象的展示,帮助人们更好理解发明创造。在满足绘图清晰要求的基础上,还需要申请人根据技术方案和不同构图类型的特点,进行恰当的选择和组合,使之与说明书文字部分形成有机整体,达到准确、清晰表达技术方案的目的。

(一)常见的说明书附图形式及特点

附图具有多种形式,只要有助于清楚地表达发明创造,发明人均可依据需要进行选择,下面给出机械领域常用的说明书附图形式。

1. 立体示意图或轴测图

特点是清晰、直观,比较适合展示机械装置的空间结构。

【案例1-1】

通过立体示意图(见图1-2)对四足机器人单腿结构的整体结构进行展示,其中的各组件的空间位置关系及传动关系一目了然。

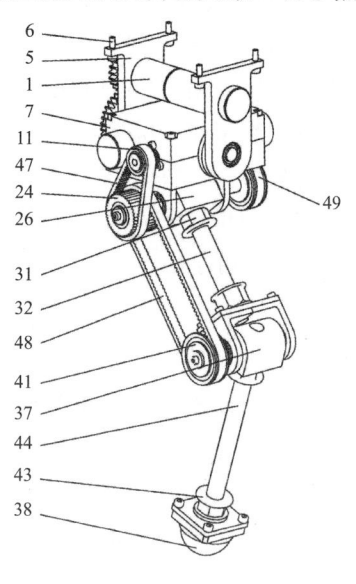

图1-2

2. 投影视图

通常,我们把物体在某个投影面上的正投影称为视图,相应的投射方向称为视向。将一个物体投影可以得到正视图、俯视图、侧视图等。在展示立体结构时，采用投影视图有时对于工程技术人员更为简单，信息表达更准确。

【案例1-2】

通过右侧视图呈现了拖拉机的整体结构（见图1-3）。

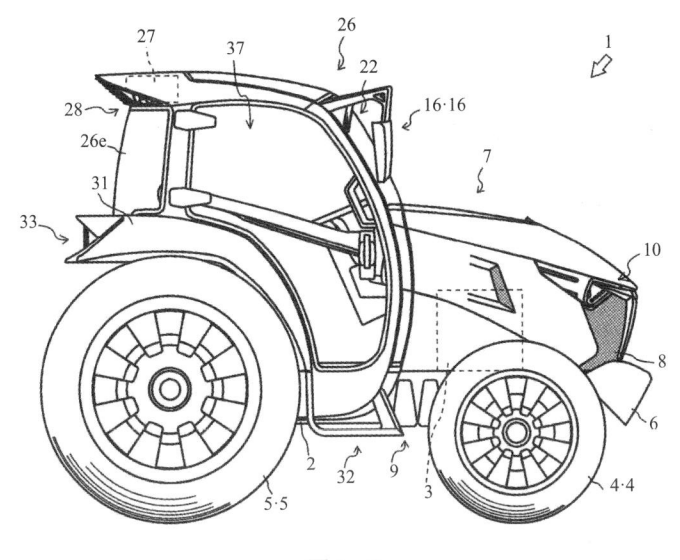

图1-3

3. 剖视图

剖视图主要用于展示机械的内部结构形状，在与其他投影视图配合使用时，有助于清晰呈现部件的内部构造。

【案例1-3】

通过剖视图展示机械式单向阻尼器的内部结构（见图1-4）。

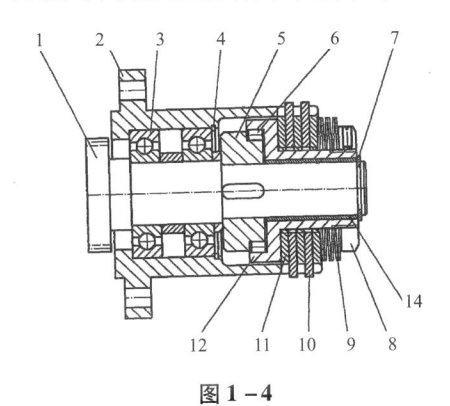

图1-4

4. 机械简图

机械简图是一种示意性的呈现方式，主要是对要表达的发明内容的关键信息进行绘制，而忽视无关细节。这种构图类型对结构精确度的要求不高，较为灵活，但同时构图过程忽视细节也会使部分信息缺失，这就对构图和绘图表达能力提出了更高要求。例如，动作变化简图可以对机械装置的工作过程进行呈现，也可以模拟机械运动状态的变化，对机械结构在功能执行中的动作过程进行直观展示。

【案例 1-4】

通过动作变化简图对爬游混合型无人潜水器的使用方法中的各个步骤进行示意呈现（见图 1-5）。

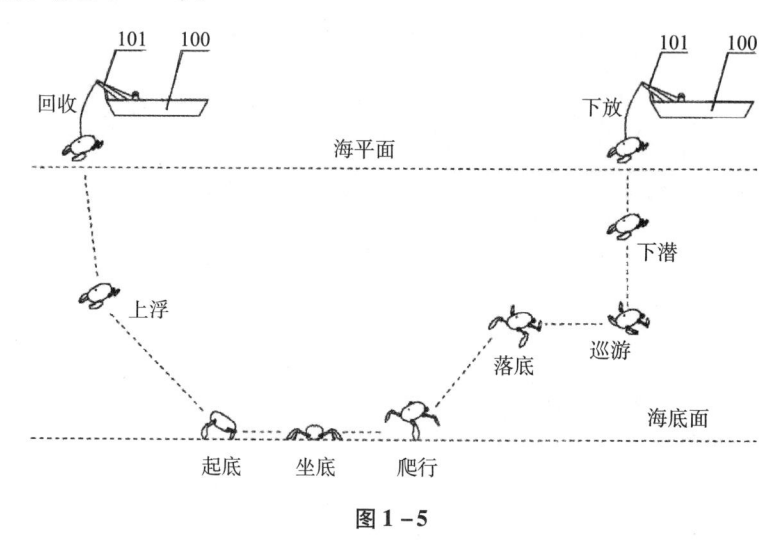

图 1-5

5. 工艺流程图或逻辑框图

工艺流程图或逻辑框图通过采用通行的图形符号能够清晰明了地表达步骤顺序、逻辑关系或运行过程，适合于展示工艺步骤或控制流程等。

【案例 1-5】

通过逻辑框图对基于激光扫描的飞机入坞引导系统的工作方法进行呈现（见图 1-6）。

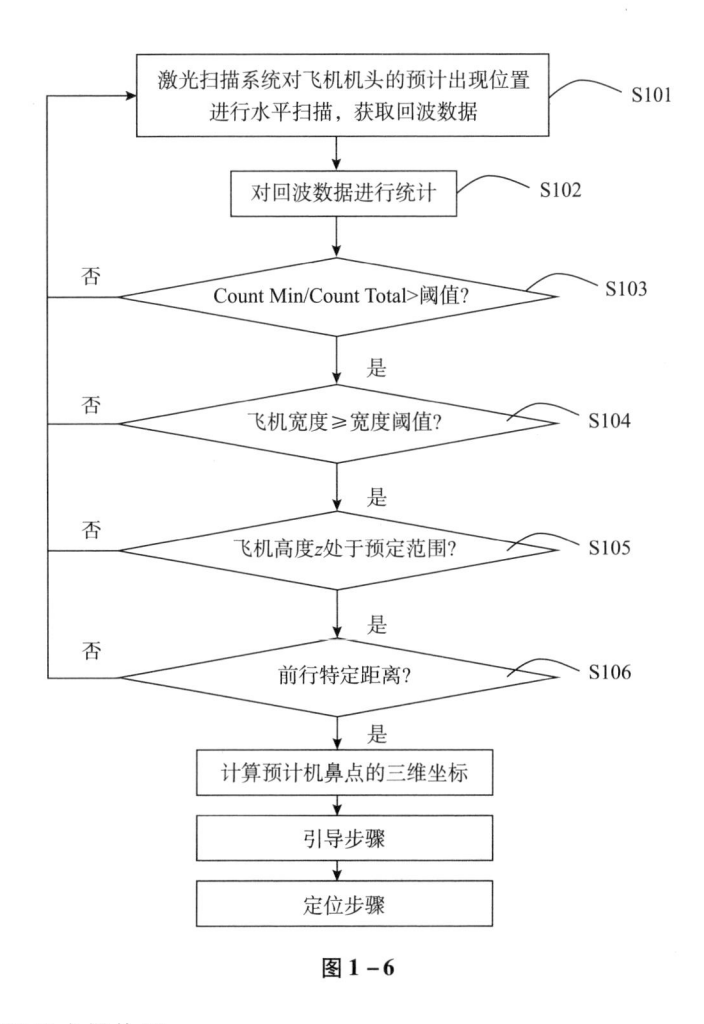

```
┌─────────────────────────────┐
│ 激光扫描系统对飞机机头的预计出现位置 │─── S101
│ 进行水平扫描，获取回波数据         │
└─────────────────────────────┘
             ↓
       ┌──────────────┐
       │ 对回波数据进行统计 │─── S102
       └──────────────┘
             ↓
  否    ◇ Count Min/Count Total>阈值? ◇─── S103
←──────
             ↓ 是
  否    ◇ 飞机宽度≥宽度阈值? ◇─── S104
←──────
             ↓ 是
  否    ◇ 飞机高度z处于预定范围? ◇─── S105
←──────
             ↓ 是
  否    ◇ 前行特定距离? ◇─── S106
←──────
             ↓ 是
       ┌──────────────┐
       │ 计算预计机鼻点的三维坐标 │
       └──────────────┘
             ↓
         ┌────────┐
         │ 引导步骤 │
         └────────┘
             ↓
         ┌────────┐
         │ 定位步骤 │
         └────────┘
```

图 1-6

6. 装配图或爆炸图

装配图或爆炸图适合表示机械零部件的装配关系，能够清晰展现各个零部件之间的位置关系。

【案例 1-6】

通过爆炸图展示机械转向叉车的转向部分的装配结构（见图 1-7）。

图 1-7

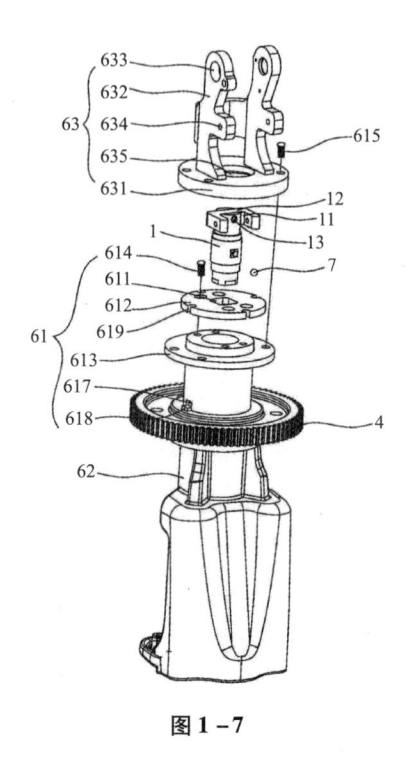

7. 液压图或电路图

液压图或电路图适合以电路结构或液压控制改进为核心的专利申请。

【案例1-7】

通过液压图对辊锻机的制动及慢速进给节能装置的蓄能液压控制系统的结构进行呈现（见图1-8）。

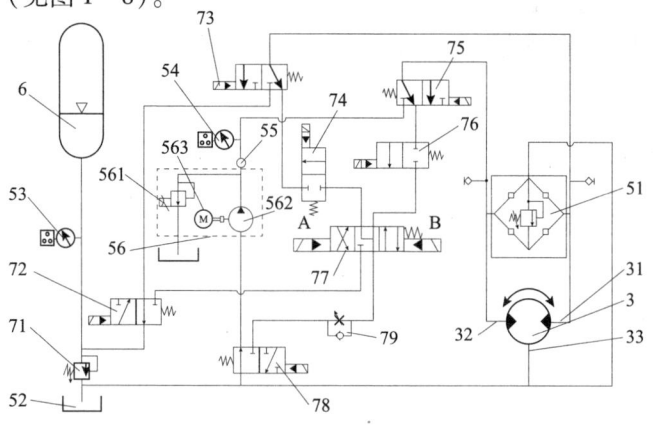

图 1-8

8. 结构原理框图

结构原理框图适合以功能模块组合为特点的专利申请。

【案例1-8】

通过结构原理框图展示汽车启停保护系统的各模块的连接控制关系（见图1-9）。

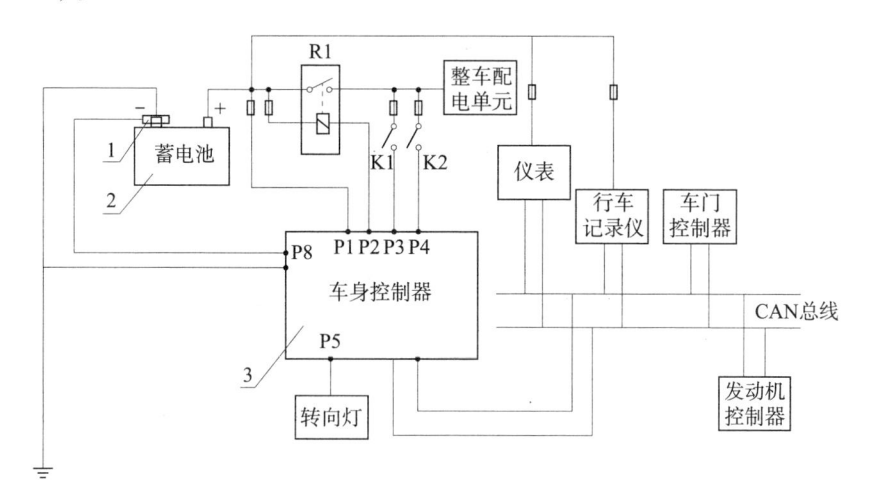

图1-9

9. 统计图

统计图，如曲线图，主要用于展示数值变化、技术效果、性能等。

【案例1-9】

通过曲线图展示铁路车辆行驶时，在悬挂用具和金属板的焊接部产生的应力与金属板在行驶方向的尺寸的关系（见图1-10）。

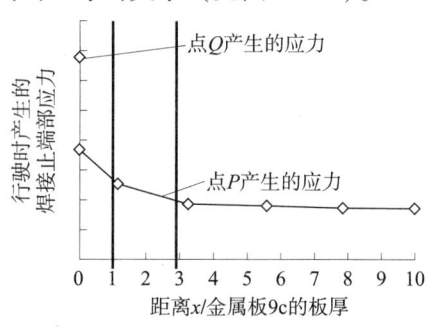

图1-10

10. 照片

照片主要应用于机械领域的金相图，其能够展示微观的金相结构。

【案例1-10】

通过金相图展示差速挤压成形方法制成的镁合金高性能杯形件的筒壁部位金相显微组织（见图1-11）。

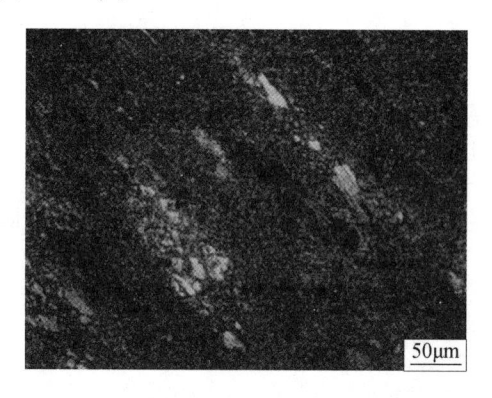

图1-11

（二）根据技术方案特点选择适当形式的说明书附图

机械领域的发明以机械结构、机械制造过程等为主，随着机电一体化进程，也包括涉及控制系统、电气组件等的发明。不同类型发明的技术方案也有着各自不同的特点，需要选择符合其特点的说明书附图形式。

1. 以机械结构为特点的技术方案

以机械结构为特点的技术方案，在选择说明书附图形式时，以清晰地呈现说明书描述的机械结构为目的。

如涉及空间结构，申请人可以选择使用立体示意图或轴测图进行三维呈现，也可选择使用机械制图中的主视图、侧视图、俯视图等。

如涉及内部结构，申请人可以选择使用剖视图、透视图等形式进行呈现。

如涉及零部件等装配结构，申请人可以选择使用装配图、爆炸图等形式进行呈现。

如涉及金相结构，申请人可以选择使用照片来呈现。

2. 以执行特定功能或适应特定应用为特点的技术方案

机械领域有一类重要的发明是以执行特定功能或适应特定应用为发明目的。此类发明的核心往往不在于机械结构本身，而在于其与所执行的特定功能或所适应的特定应用之间的联系。因此在选择使用说明书附图形式时，需要将机械结构执行特定功能的动作过程、模块配合关系，或者在具体应用场景中与相关环境、配合部件、动作对象等的配合关系表达清楚。

如涉及执行特定功能的动作过程，申请人可以选择动作变化简图或以一组不同工作阶段的机械简图的方式示意呈现。

如涉及具体应用场景，申请人可以选择机械简图，但应当在机械简图中示意呈现各关联部分的联动配合关系。

如涉及功能模块间的配合以执行整体功能，申请人可以选择使用结构框图，如涉及的是液压模块或电路模块，也可选择液压图或电路图，但如果发明核心不在于液压或电路元件的实际连接方式，则使用结构框图更为直观简洁。

3. 以工艺或控制流程为特点的技术方案

以工艺或控制流程为特点的发明，在选择使用说明书附图形式时，需要将整个工艺流程或控制流程的步骤顺序等进行清晰呈现，尤其是涉及复杂的循环关系或逻辑判断时更是如此。申请人在使用工艺流程图或逻辑框图时，可以根据步骤关系的复杂程度使用一幅或多幅流程图进行，也可根据实际需要使用示意图或动作变化简图等对工艺或控制流程的具体执行状态进行呈现。

三、说明书附图绘制示例

下面通过前文提到的"一体式自拍装置"示例来介绍说明书附图绘制要点。

根据前面对该示例的说明书文字部分的描述可以知道，一体式自拍装置除了满足自拍所需的夹持手机、遥控拍摄的功能需要外，还需要通过伸缩折叠机构实现收纳功能，以便于携带。自拍功能和收纳功能都是通过机械结构实现的，机械部件之间又存在紧密的配合关系，仅仅通过文字是难以描述清楚的。

空间布置最为清晰的表达方式就是使用立体示意图进行展示。通过选择图1-13和图1-14作为说明书附图，能够非常直观地看出夹持机构2、伸缩机构1、手持部14、控制开关16的空间位置关系，也能够非常清楚地理解使用者是如何进行自拍以及如何进行折叠收纳的。说明书附图形成了对说明书文字部分的有效补充，一定程度上弥补了文字描述的不足，通过结合

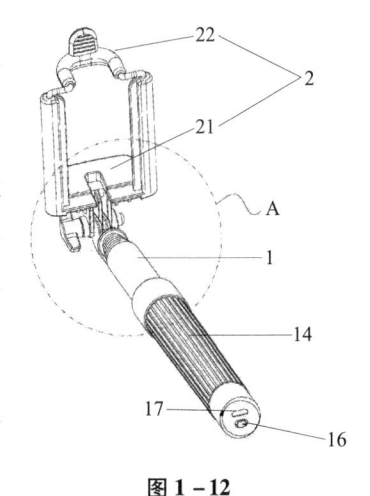

图 1-12

说明书文字记载和说明书附图,该技术方案就十分清晰地呈现在面前。

图 1-12 仅仅展示了空间布置整体情况,并不能清楚展示出一体式自拍装置的细节部分(虚线包围部分)和内部装配结构。这时,需要考虑使用多种类型特点的附图来进行组合,以更清楚地展示自拍装置的构造。可以使用局部放大图来展示折叠部分的详细结构,如图 1-13 所示;而对于内部装配结构,例如夹持机构 2 的具体结构如何实现手机夹持功能,就可以借助于爆炸图来呈现,如图 1-14 所示。

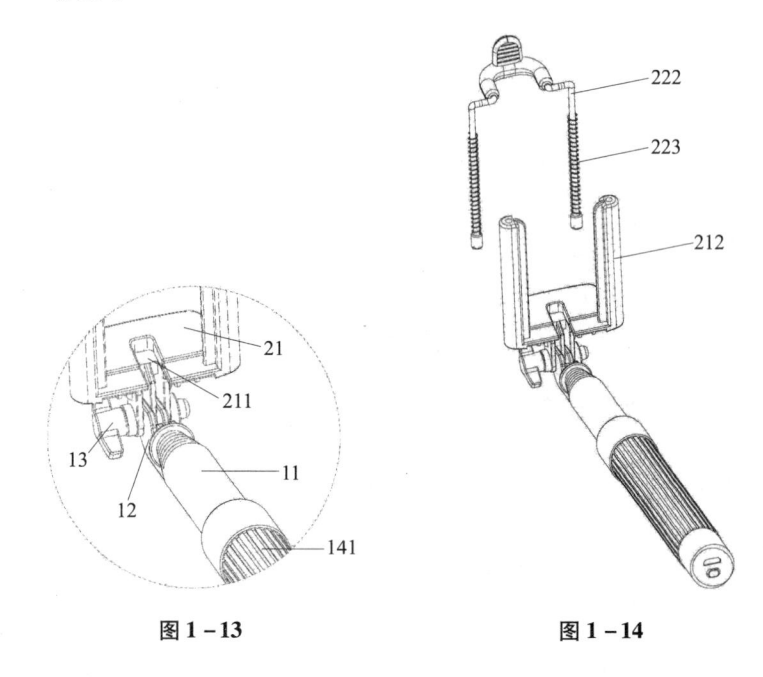

图 1-13   图 1-14

第四节　权利要求书的撰写

权利要求书需要以清楚、简要的文字概括出专利权人想要保护的技术方案。因此,一份好的权利要求书既要满足《专利法》要求清楚、简要的相关规定,也要尽可能使权利要求的保护范围与说明书充分公开的技术内容和发明人作出的技术贡献相适应,以下将结合多个案例介绍权利要求书的撰写方法。

一、权利要求书总体撰写要求

权利要求书应当记载发明或者实用新型的技术特征,技术特征可以是构成发明或者实用新型方案的组成要素，也可以是要素之间的相互关系。因此，撰写权利要求书时，需要满足以下要求。

权利要求书应当以说明书为依据是指每项权利要求应当得到说明书的支持。即每一项权利要求所要求保护的技术方案应当是所述技术领域的技术人员能够从说明书充分公开的内容中得到或概括得出的。

权利要求书应当清楚，一是指每一项权利要求应当清楚，二是指构成权利要求书的所有权利要求作为一个整体也应当清楚。

权利要求书应当简要，一是指每一项权利要求应当简要，二是指构成权利要求书的所有权利要求作为一个整体也应当简要。

二、权利要求书撰写方法

权利要求书包括独立权利要求，也可以包括从属权利要求。下面对其撰写方法及相关内容进行介绍。

（一）独立权利要求

独立权利要求应当从整体上反映发明或者实用新型的技术方案，记载解决技术问题的必要技术特征，因此，专利代理师首先要对什么是必要技术特征有准确的把握。

必要技术特征是指发明或者实用新型为解决其技术问题所不可缺少的技术特征，其总和足以构成发明或者实用新型的技术方案，使之区别于背景技术中所述的现有其他技术方案。在理解了必要技术特征含义的基础上，我们来探讨如何写好独立权利要求。

1. 独立权利要求前序部分的撰写

前序部分需要写明权利要求保护的发明或者实用新型的主题名称和发明或者实用新型与最接近的现有技术共有的必要技术特征。需要注意的是，前序部分写明那些与发明或实用新型技术方案密切相关的、共有的必要技术特征即可，无需将与现有技术相关的所有技术特征——列出。

例如，前面介绍的"一体式自拍装置"是在第一代"分离式自拍杆"的基础上进行改进的。该方案解决了自拍杆在使用时需要组装，使用完需要拆分的不足，提出了一种可折叠收纳的结构。因此，该方案中，一体式自拍装置必不可少的技术特征包括伸缩杆、用于夹持拍摄设备的夹持装置、载物台、载物台上方的可拉伸夹紧机构。除了这些部件外，必不可少的技术特征还包括了部件之间的连接关系和位置关系，如夹持装置一体式转动连接于伸缩杆的顶端、载物台上设有的缺口、夹紧机构设有缺口位置相对应的折弯部、伸缩杆折叠后可容置于缺口及折弯部。其中,"伸缩杆、用于夹持拍摄设备的夹持装置,夹持装置包括载物台、载物台上方的可拉伸夹紧机构、夹持装置一体式转动连接于伸缩杆的顶端"这些部件及连接关系是与现有的第一代分离式自拍杆共有的必要技术特征,因此,该独立权利要求的前序部分就可以写成:

一体式自拍装置,包括伸缩杆及用于夹持拍摄设备的夹持装置,所述夹持装置包括载物台及设于载物台上方的可拉伸夹紧机构,所述夹持装置一体式转动连接于所述伸缩杆的顶端,其特征在于:……

2. 独立权利要求特征部分的撰写

独立权利要求特征部分需要使用"其特征在于:……"或者类似用语,写明发明或者实用新型区别于最接近的现有技术的技术特征。这些特征和前序部分写明的特征合在一起,限定发明或者实用新型要求保护的范围。

例如,针对"一体式自拍装置",其独立权利要求1可写成:

1. 一体式自拍装置,包括伸缩杆及用于夹持拍摄设备的夹持装置,所述夹持装置包括载物台及设于载物台上方的可拉伸夹紧机构,所述夹持装置一体式转动连接于所述伸缩杆的顶端,其特征在于:所述载物台上设有一缺口,所述夹紧机构设有一与所述缺口位置相对应的折弯部,所述伸缩杆折叠后可容置于所述缺口及折弯部。

前序部分和特征部分的内容如何进行划界,一般不影响其保护范围,但是,合理的划界更能够体现申请人请求保护的技术方案相对于现有技术的区别所在。因此,在划界之前,通常首先将为解决发明或实用新型声称的技术问题的全部必要技术特征写入独立权利要求中,然后将这些必要技术特征与申请人掌握的最接近的现有技术比较,看这些必要技术特征中,哪些已经包含在最接近的现有技术中,进而将相关技术特征写入前序部分,将剩余的技术特征写入特征部分。

(二) 从属权利要求

1. 从属权利要求撰写的形式要求

发明或者实用新型的从属权利要求应当包括引用部分和特征部分:引用部分需写明引用的权利要求的编号及其主题名称;限定部分需写明发明或者实用新型附加的技术特征。其中,附加技术特征可以是对引用的权利要求的技术特征作进一步限定的技术特征。

例如"一体式自拍装置",如果对独立权利要求1中的"所述伸缩杆"作进一步的限定,可撰写如下的从属权利要求:

根据权利要求1所述的自拍装置,其特征在于:所述伸缩杆包括若干伸缩节。

附加技术特征也可以是增加的技术特征，对引用的权利要求整体进行进一步的限定。例如：

根据权利要求1所述的自拍装置，其特征在于：还包括手持部，其设置在伸缩杆的下端，该手持部上设有拍摄按钮。

2. 从属权利要求引用关系的要求

（1）从属权利要求只能引用在前的权利要求。

（2）多项从属权利要求只能以择一方式引用在前的权利要求，并不得作为被另一项多项从属权利要求引用的基础，即在后的多项从属权利要求不得引用在前的多项从属权利要求。其中，多项从属权利要求是指引用两项以上权利要求的从属权利要求，多项从属权利要求的引用方式，包括引用在前的独立权利要求和从属权利要求，以及引用在前的几项从属权利要求。

当从属权利要求是多项从属权利要求时，其引用的权利要求的编号应当用"或"或者其他与"或"同义的择一引用方式表达。

例如，从属权利要求的引用部分写成下列方式：

根据权利要求1或2所述的一体式自拍装置，其特征在于……。

或者：

根据权利要求1至3中任一项权利要求所述的一体式自拍装置，其特征在于……

一项引用两项以上权利要求的多项从属权利要求不得作为另一项多项从属权利要求的引用基础。

例如，权利要求3为"根据权利要求1或2所述的一体式自拍装置，……"，如果多项从属权利要求4写成"根据权利要求1、2或3所述的一体式自拍装置，……"，则是不允许的，因为被引用的权利要求3是一项多项从属权利要求。

（三）如何撰写保护范围适当的权利要求

一项权利要求所记载的技术特征越少、每个技术特征采用的描述方式涵盖意义越广泛，则权利要求限定的保护范围就越大，这往往是申请人为获得最大权益而追求的目标。

对独立权利要求而言，在其限定的技术方案包括了全部必要技术特征的情况下，应当尽可能减少或避免非必要技术特征的出现，这样能够获得更大的保护范围。此外，如果说明书已经充分公开了一个或多个实现发明的方式，且所属技术领域的技术人员可以合理预测说明书中给出实施方式的所有等同替代方式或明显变型方式都具备相同的性能或用途，则申请人可对说明书中的内容进行合理的概括，进而使得权利要求获得较大的保护范围。

对从属权利要求而言，选择不同的引用关系或不同的附加技术特征组合方式，将会影响到各个从属权利要求的保护范围。因此，从属权利要求中的技术特征也可以进行合理的概括。

在第二章第一节中，围绕"如何对机械结构进行合理的上位概括"有详细的介绍，因此，这里不作详述。这里仅针对如何采用并列选择的方式进行概括、说明。

采用并列选择法概括，就是用"或者"或者"和"并列几个必择其一的具体技术特征。例如，"特征 A、B、C 或者 D"。又如，"由 A、B、C 和 D 组成的物质组中选择的一种物质"等。

采用并列选择法概括时，被并列选择概括的具体内容应当是等效的，不得将上位概念概括的内容用"或者"与其下位概念并列。

例如，技术交底书提供了一种发动机气缸用活塞环，活塞环采用灰铸铁、球墨铸铁或铜合金制成，由于活塞环特殊的工作环境，需要这些耐热金属材料能够耐受365℃的高温下保持50小时，其弹力减少不超过25%。

分析可知，虽然给出的各种活塞环采用的材质均为耐高温金属材料，但是在撰写权利要求书时，现有技术没有证据表明其他的耐高温金属材料亦能满足"耐受365℃的高温下保持50小时，其弹力减少不超过25%"的技术要求，因此，在撰写独立权利要求时，不宜将"灰铸铁、球墨铸铁或铜合金"上位概括为耐高温金属材料，但可以采用并列选择的方式，写成"灰铸铁、球墨铸铁或铜合金"，故独立权利要求可撰写成：

1. 一种发动机用活塞环，活塞环采用灰铸铁、球墨铸铁或铜合金制成。

（四）如何清楚、简要地限定专利保护的范围

1. 每项独立权利要求的主题类型清楚

权利要求主题名称应当能够清楚地表明权利要求的类型，即产品权利要求或方法权利要求。不允许采用模糊不清的主题名称，例如，"一种……技术""对……的改进""一种……设计"；也不允许在一项权利要求的主题名称中既包含产品又包含方法，例如"一种……的产品及其制造方法"。主题名称不仅要清楚地表明权利要求的类型，还要反映请求保护的技术方案的技术领域。例如，技术交底书提供了一种铝活塞的浇注技术，包括模体和泥芯，模体分成左右两部分，中央为圆筒状模腔，泥芯吊挂在模腔中，模腔沿剖分面的两侧设有双冒口，一侧有浇道，模腔垂直于剖分面的两侧设有泥芯固定孔，模腔周围设

有保温孔。

虽然技术交底书中声称提供了一种铝活塞的浇注技术，但分析后发现，其主要涉及模具结构的改进，因此，权利要求请求保护的主题应该确定为"一种铝活塞的浇注模具"。

2. 权利要求的主题名称与其技术方案相适应

产品权利要求通常应当用产品的结构特征来描述，方法权利要求通常应当用工艺过程、操作条件、步骤或流程等技术特征描述。

例如，针对前面的一体式自拍装置案例，技术交底书提供了一种一体式自拍装置，其中对一体式自拍装置的结构进行了描述，该一体式自拍装置包括伸缩杆及用于夹持拍摄设备的夹持装置，所述夹持装置一体式转动连接于所述伸缩杆的顶端并且包括载物台及设于载物台上方的可拉伸夹紧机构。所述载物台上设有一缺口，所述夹紧机构中部设有一与所述缺口位置相对应的折弯部，该自拍装置的伸缩杆折叠后可容置于所述缺口及折弯部。

因此，在撰写权利要求时，其独立权利要求的主题名称可以写为：

1. 一种一体式自拍装置，其特征在于：……

3. 权利要求的保护范围要清楚

权利要求的保护范围应当根据其所用的词语的含义来理解，一般情况下，权利要求中的用词应当理解为相关技术领域通常具有的含义。如果某个词语要表达特定的含义，至少要在说明书中对词语的特定含义进行解释和说明，必要时，还可以在权利要求中加以限定，以使所属技术领域的技术人员对其有唯一的理解。

例如，针对一体式自拍装置，如果从属权利要求中出现了"根据权利要求1所述的自拍装置，其特征在于：所述连接头与所述夹持装置转动连接，且转动连接位置设有干式膨胀锁紧装置"，该权利要求中"干式膨胀锁紧装置"在所属技术领域没有公认的含义，同时说明书中也未给出明确的定义，则"干式膨胀锁紧装置"会导致权利要求不清楚。

4. 所有权利要求作为一个整体要清楚

在一组权利要求中，除了独立权利要求，往往还存在多个从属权利要求，由于从属权利要求通常要对在前的权利要求中的技术特征作进一步限定，因此，权利要求之间的引用关系应当清楚，以保证构成权利要求书的所有权利要求作为一个整体也应当清楚。

5. 权利要求书应当简要

权利要求的数目应当合理。权利要求书的表述应当简要，除记载技术特征之外，不得对原因或者理由作不必要的描述，也不得使用商业性宣传用语。

第五节　说明书摘要的撰写

虽然说明书摘要本身不具有法律效力，不能作为以后修改说明书或权利要求书的依据，也不能用来解释专利权的保护范围，但是其始终是专利申请文件不可缺少的一部分，申请人应当正确掌握说明书摘要及其附图的撰写要求，使得其能满足作为情报信息的基本要求，有利于公众对专利文献的阅读。

一、说明书摘要文字部分的撰写要求

说明书摘要文字部分应当写明发明或者实用新型专利申请所公开内容的概要，即写明发明或者实用新型的名称和所属技术领域，并清楚地反映所要解决的技术问题、解决该问题的技术方案的要点以及主要用途。摘要文字部分不得超过 300 个字。摘要中不得使用商业性宣传用语。并且，摘要文字部分出现的附图标记应当加括号。

说明书摘要文字部分的撰写重点应当放在发明或者实用新型的技术要点上，将发明或者实用新型最本质的内容体现出来，使摘要简明扼要。

下面给出上述"一体式自拍装置"专利申请的说明书摘要文字示例，供专利代理师参考。

本发明涉及拍摄支持设备领域，提供一种一体式自拍装置，包括伸缩杆（1）及用于夹持拍摄设备的夹持装置（2），夹持装置包括载物台（21）及设于载物台上方的可拉伸夹紧机构（22），夹持装置一体式转动连接于所述伸缩杆的顶端。载物台上设有一缺口（211），夹紧机构上设有一与缺口位置相对应的折弯部（221），伸缩杆折叠后可容置于缺口及折弯部。通过将夹持装置转动连接于伸缩杆的顶端，使用时无需临时组装，给使用者带来很大的方便；使用后直接将伸缩杆收容于载物台的缺口及夹紧机构的折弯部，不需额外占用空间，便于携带。

二、说明书摘要附图的撰写要求

如果一份专利申请文件具有说明书附图的话，那么应当选择其中的一幅作为摘要附图。

在实质上,摘要附图应当是最能说明该发明或者实用新型技术特征的附图;在形式上,摘要附图应当是说明书附图中的其中一幅,其在内容、线条、文字等方面应当与说明书附图保持一致,并且附图的大小及清晰度应当保证在该图缩小到4厘米×6厘米时,仍能清楚地分辨出图中的各个细节。

下面给出上述"一体式自拍装置"专利申请的说明书摘要附图示例(见图1-15),供专利代理师参考。

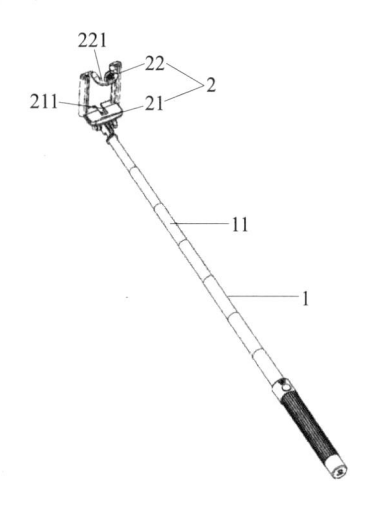

图1-15

第二章 机械领域专利申请文件撰写常见问题分析

伴随智能制造的兴起和发展,各种先进制造技术不断涌现,机械领域的发明创造不再局限于对传统的机械结构和制造工艺的改进,而是与自动化技术、电子技术、信息技术、物联网技术和新材料技术等产生了紧密联系。因此,在机械领域专利申请文件撰写过程中,大家常常会遇到机械结构与机电产品、材料加工等技术相互融合的情况。本章将归纳改进点涉及机械结构、工艺方法和机电一体化等的技术方案撰写特点,并通过具体案例对撰写过程中容易出现的问题进行分析。

第一节 改进点在于机械结构和工艺方法

机械领域的专利申请中,涉及"机械结构"和"工艺方法"的技术方案最为常见,总结这类专利申请文件的撰写思路和常见问题,有助于加深对第一章中提及的专利申请文件撰写要求的理解,进而撰写出高质量的专利申请文件。

一、如何利用说明书附图清楚地反映机械结构

在第一章关于"一种一体式自拍装置"的案例中,由于技术方案本身易于

理解，因此，本领域技术人员仅结合一张立体图和局部放大图就能够对技术方案进行清楚、完整的说明。但如果面对不常见或结构复杂的机械结构时，就需要考虑如何能够通过说明书附图更好地呈现其结构特点和工作原理。下面将结合具体案例介绍如何通过选择不同的附图形式来清楚地反映技术方案的主要内容。

【案例 2-1】 一种防盗防拆机动车号牌固封装置

1. 相关案情

如图 2-1 所示，技术交底书中提供了一种防盗防拆机动车号牌固封装置和固封装置使用方法。首先，将防松脱螺母 1 置于防夹防盗螺母套 2 内并与车牌 3 定位孔对应，再将断开式防盗螺丝 6 依次穿过内置式防盗装置底座 5、喇叭型防滑固定垫 4 和车牌 3 安装孔，并与防松脱螺母 1 螺纹紧固连接；然后，用力拧断开式防盗螺丝 6 的十字螺丝头，此时十字螺丝头会断掉脱落形成一个平面的螺丝头端部，无法通过常规工具取出；最后，再将内置式防拆扣帽 7 的反扣对准并压入内置式防盗装置底座卡口，卡住后无法再退出；此时螺纹杆将内置式防盗装置底座 5、喇叭型防滑固定垫 4、防夹防盗螺母套 2、防松脱螺母 1 整体融为一体，且防夹防盗螺母套 2 的锥形外壁使得其无法用工具夹住使力，从而无法拆开该防盗防拆固封装置，很好地实现了防盗防拆的目的。

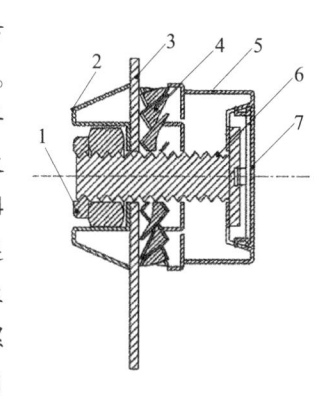

图 2-1

2. 案例分析

技术交底书提供了一种防盗防拆车牌固封装置和其使用的方法，理解该技术方案的关键在于需要明了防盗防拆功能如何实现，以及在此过程中各零件之间的相互关系。而固封装置的防盗防拆功能是通过断开式防盗螺丝以及内置式防拆扣帽与内置式防盗装置底座的配合实现的，因此，只有了解断开式防盗螺丝的工作原理，以及内置式防拆扣帽与内置式防盗装置底座的结构和布置位置后，才能对技术方案进行准确的理解。

客户首先提供的图 2-1 为固封装置紧固状态结构剖视图，该图虽然体现了各部件之间的装配关系，但未能体现出断开式防盗螺丝的断开过程，以及内置式防拆扣帽与内置式防盗装置底座等部件的具体结构和位置关系等细节。根据目前提供的图 2-1 和文字说明，很难理解技术交底书提供的技术方案，对发明改进点也无法作出准确判断。因此，这时需要提供更有针对性的固封装置拆装结构分解示意图，例如补充一个示意图（见图 2-2）。

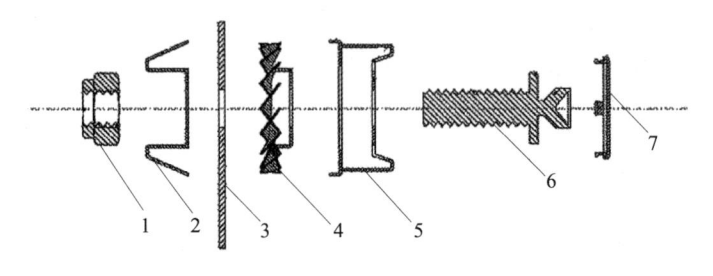

图 2-2

根据图 2-2 可以看出，固封装置各部件之间是沿着轴线方向组装在一起的，该图还清楚地示出了断开式防盗螺丝的初始形态以及内置式防拆扣帽与内置式防盗装置底座等各部件的形状。故申请人后期提供的图 2-2 为理解技术方案提供了更多有用的信息。

然而，目前的图 2-1、图 2-2 均为平面剖视图，仅能展示侧向的一部分结构，为了立体地展示各部件的形状、结构以及装配位置关系，还需补充安装结构爆炸示意图，如图 2-3 所示。通过该图提供的信息，再结合文字的说明，就能够更加准确地理解本发明的改进点，即该方案通过断开式防盗螺丝穿过各部件实现固定连接，然后再通过外力拧断开式防盗螺丝的十字螺丝头并形成平面，从而无法拆卸开式防盗螺丝，最后，将内置式防拆扣帽反扣压入内置式防盗装置底座卡口，内置式防拆扣帽卡住后无法再次推出，从而实现防盗防拆的目的。

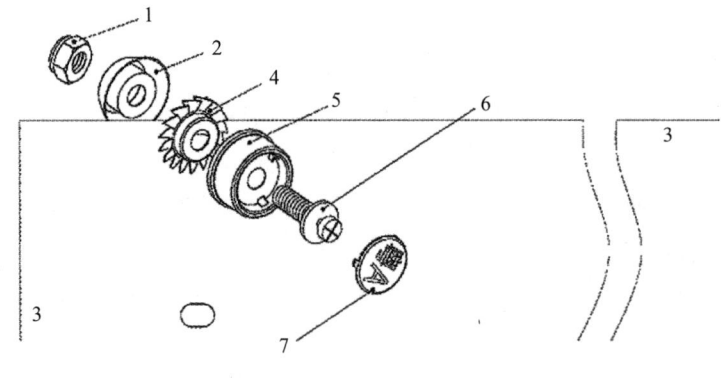

图 2-3

通过以上内容可以看出，对于机械机构而言，为了将发明点表述清楚，可以采用轴测图、平面剖视图、爆炸图等多种附图形式。对于单图无法表达清楚的，应采用多图。由此可见，剖视图的优势在于能够精确地表示装置内部某一截面内的各部件之间的装配、位置关系，但缺乏立体感，同时不能完整体现各部件的形状及各部件的空间位置关系。而分解图、爆炸图的优势在于能够利用一条或多条定位轴线确定各个部件在装置中的大致空间位置关系，并能够利用空间立体视角表现出各部件的形状和轮廓，但其不能体现出各部件相对的装配关系。因此，三种附图的结合使用，发挥了各自优势，有助于完整清晰地展示防盗防拆车牌固封装置所要呈现的内容。

二、如何清楚描述异形零件的形状结构

异形零件的形状结构（以下简称"异形结构"）在机械领域的发明创造中经常会碰到。由于异形结构不同于一般的机械结构，通常很难用常用的机械领域通用术语进行描述，鉴于其结构的特殊性，以下将着重介绍如何清楚地描述异形结构。

异形结构通常存在于结构的局部位置，例如某些零部件形状、桁架的断面、燃烧室的形状等，此类结构往往具有不规则性，仅依赖简单的文字说明难以清楚描述，因此，我们总结了三种有助于清楚描述异形结构的方式，即通过描述位置或形状特征、借助描述参数或公式特征以及辅以描述方法或功能效果特征进行限定。以下通过不同的案例分别说明三种限定方式的应用情况。

（一）结合对位置或形状的描述进行限定

为了将异形结构表达清楚，有时需要将异形结构各个部分进行拆分，然后再根据各部分的特点分别描述它们的形状特征。在此过程中，我们往往还需要给这些不同的部分进行命名，在有了合理的命名之后，描述异形零件的形状结构实际上就与描述一个由多个零件组成的装置相类似了。

关于各个部分的命名，通常会采用表达位置的词语或描述形状的词语。描述位置的词语包括"部""段"等，它们一般用在各部分命名的最后，也就是命名为"××部""××段"；描述形状的词语包括"凹""凸""圆弧""斜面"等，它们一般与表达位置的概括类词语结合使用，例如，对于低于某一平面的局部会描述为"凹陷部""凹部"，对于高于某一平面的局部会描述为"突出部""山丘部"或"凸起"等，对于某个曲面会描述为"圆弧部""倾斜部"等。

【案例 2-2】 一种直喷式柴油机燃烧室

1. 相关案情

技术交底书记载本申请的目的在于提供一种在空载运行时可抑制的黑烟生成量，而在负载运行时可抑制 NO_x 并将耗油率维持在满意值的柴油机的燃烧室。一种直喷式柴油机燃烧室，其放大纵断面图如图 2-4。燃烧室 1 形成为浅碟形状，其中，截顶圆锥状的山丘部 4 形成在中央部（在汽缸中心线 C_1 上），而以弧形形状徐缓地向外耸起的托盘状部 3 形成为在外周部处的圆环形。在托盘状部 3 与中央的山丘部 4 之间，以相对于平面 Q 成预定角度 θ 向下朝外倾斜的斜坡部 2 形成为圆环形，其中的平面 Q 垂直于汽缸中心线 C_1。斜坡部 2 的内周端和山丘部 4 的外侧端部在边界 P_1 处通过曲面无缝地彼此连接，且斜坡部 2 的外周端与托盘状部 3 的内周端在边界 P_2 处无缝地彼此连接。在空载运行时，燃油喷雾就不太会附着到山丘部的斜坡上，由此抑制黑烟的生成。

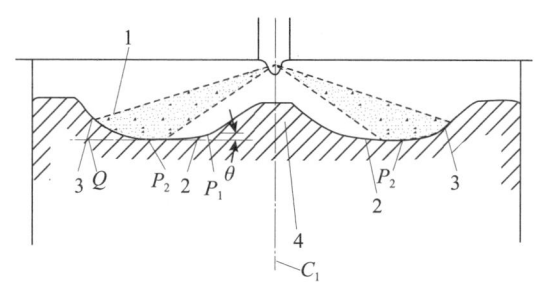

图 2-4

2. 案例分析

在描述技术方案时，当涉及采用位置或形状特征限定的技术特征时，建议按照空间方位、组装顺序等逻辑思路来展开描述，着重描述技术方案的改进点，其余部分则可概括或简要描述。

本申请的燃烧室形状整体上呈截顶圆锥状，从整体结构进行表达的时候，难以对改进点进行描述，不容易突出发明点。因此，在表达此类形状的过程中，首先将其结构进行拆分，然后对拆分的各部分进行命名，最后对拆分的各部分依照一定次序进行描述。

由于本申请的发明点是在山丘部的外侧形成一斜坡部，以使燃油喷雾不撞击山丘部的斜面但却接触从斜坡部到托盘状部的区域。因此，本申请的重点部分是斜坡部，而山丘部和托盘状部则是与斜坡部相配合的部分。

鉴于本申请的改进点比较明确，因此，说明书描述燃烧室结构时，可采用从中间向四周扩展的顺序进行描述，进而将整个燃烧室壁面从中间向外侧划分为截顶圆锥状的山丘部、斜坡部、托盘状部等三个主要部分。基于以上分析，可将独立权利要求概括如下：

1. 一种直喷式柴油机的燃烧室，其特征在于：所述燃烧室（1）的壁面包括：

截顶圆锥状的山丘部（4），其位于所述燃烧室的中央部，并具有可使燃油喷雾不撞击在其上的倾角和外侧端直径；

斜坡部（2），其以小于所述山丘部的倾角的角度从所述山丘部的外侧端向下朝外倾斜，且燃油喷雾撞击于其上而向径向的外周侧流动；以及

托盘状部（3），其从所述斜坡部的外周端以弧形形状耸起达到所述燃烧室的外周端，且燃油喷雾撞击于其上而向顶部间隙部侧流动。

权利要求1明确了要保护的发明与现有技术的区别，并具体地限定了发明要保护的技术方案，从而清楚限定了权利要求1的保护范围。

（二）借助对参数或公式的描述进行限定

当产品权利要求中的一个或多个涉及异形结构的技术特征无法用位置或形状特征清楚地限定时，可以借助参数或公式进行限定。其中，参数或公式必须是本领域技术人员能够理解和确定的，应当避免使用存在不确定性的参数，或使用存在不确定性的自变量和因变量的公式。同样，在说明书中涉及异形结构描述时，在无法用位置或形状特征清楚描述的情况下，也可借助参数或公式进行限定。

【案例2-3】一种高压燃料泵凸轮机构

1. 相关案情

据技术交底书记载，当前发动机系统高压燃料泵凸轮形状通常包括简单线段的组合和偏心几何图形。对于简单线段的组合类型线，其线段组合自由，能够实现快速设计。然而，这类凸轮由于包含不同线段之间的过渡，因此存在较多弊端，例如会加速度跳跃，产生冲击力，因此不利于高速运转和大负荷工况下使用。

因此，为了减少凸轮轴旋转时加速度跳跃，降低冲击力的影响，该技术交底书提供一种轮廓线平滑的凸轮机构，如图2-5所示，燃料泵的凸轮机构包括沿箭头R所示方向绕轴线O_1旋转的凸轮2和滚轮1。滚轮在力F的作用下，推抵于凸轮2的凸轮面3上；凸轮2具有以轴线O_1为圆心的基圆4。随着凸轮2旋转，绕自身轴线O_2

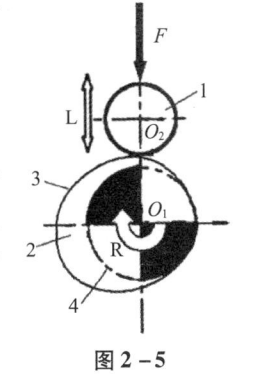

图2-5

沿着凸轮面3滚动，同时沿箭头L所示方向移动。凸轮面3的轮廓线为平滑衔接的两段凸轮型线曲线。在图2-5中的单循环凸轮机构中，每当凸轮2旋转一周，滚轮1实现一次往复运动。

凸轮面包含彼此平滑衔接的两段凸轮型线，即升程型线和回程型线，升程型线和回程型线各自为一条连续的曲线，所述曲线可表示为下述型线函数：

$$h = \left(\frac{l}{2}\right) \times \left(1 - C_1 \times \cos\frac{\pi \times \theta}{\alpha} + \left(C_2 - C_3 \times \left(\frac{\theta}{\alpha} - \frac{1}{2}\right)^2\right) \times \cos\frac{3 \times \pi \times \theta}{\alpha} + (C_4 \times \theta - C_5) \times \sin\frac{3 \times \pi \times \theta}{\alpha} + C_6 \times \cos\frac{5 \times \pi \times \theta}{\alpha}\right)$$

其中，l为最大凸轮升程；$C_1 \sim C_6$为调节系数，其中升程型线的各调节系数可以与回程型线的各调节系数相同或不同；θ为沿凸轮旋转方向从升程或回程型线起点算起的凸轮相对旋转角；α为升程或回程型线所占据的角度；h为对应凸轮旋转角θ位置处凸轮升程。在上面公式的计算中，θ、α的单位均采用弧度。

对于预期的凸轮机构工作而言，其l、α是给定的，对应于每一转角θ的凸轮升程h也有大体上的要求。因此，在设计凸轮型线时，只要调节各个系数C_1、C_2、C_3、C_4、C_5、C_6，来使得对应于每一转角θ的凸轮升程h大体上符合凸轮机构的工作需求，就能够抑制或消除速度突变和加速度跳跃。由于该型线函数功能比较强大，通过设置不同的参数，型线曲线可以满足很多种设计要求。例如，当$C_1 = 0.84676$，$C_2 = 0.016266$，$C_3 = 0.722424$，$C_4 = 12.39094$，$C_5 = 0.076652$，$C_6 = 0.0111$，就可以得到一条满足要求的凸轮型线。

2. 案例分析

凸轮的外轮廓形状属于典型的异形结构，通常利用异形的外形轮廓来控制被驱动部件往复运动的速度和距离。虽然无法用文字描述该方案中异形结构具体的形状和变化规律，但是，根据其工作原理可知，凸轮外轮廓形状和运动规律与两个参数密切相关，即"凸轮角度θ"和"凸轮升程h"，通过表征上述两个参数之间关系的凸轮面型线函数，就能够确定凸轮的外轮廓形。因此，推荐的权利要求1如下：

1. 一种高压燃料泵凸轮机构，用于在发动机系统中泵送燃料，包括凸轮和推抵于凸轮的凸轮面上的从动件，其特征在于：所述凸轮面由凸轮型线限定，所述凸轮型线包含彼此平滑衔接的升程型线和回程型线，所述升程型线和回程型线各自为一条由下述型线函数表示的连续曲线：

$$h = \left(\frac{l}{2}\right) \times \left(1 - C_1 \times \cos\frac{\pi \times \theta}{\alpha} + \left(C_2 - C_3 \times \left(\frac{\theta}{\alpha} - \frac{1}{2}\right)^2\right) \times$$

$$\cos\frac{3\times\pi\times\theta}{\alpha} + (C_4\times\theta - C_5)\times\sin\frac{3\times\pi\times\theta}{\alpha} + C_6\times\cos\frac{5\times\pi\times\theta}{\alpha})$$

其中，l 为最大凸轮升程；$C_1 \sim C_6$ 为系数，其中升程型线的各系数与回程型线的各系数相同或不同；θ 为沿凸轮旋转方向从升程或回程型线起点算起的凸轮相对旋转角，单位为弧度；α 为升程或回程型线所占据的角度，单位为弧度；h 为对应所述凸轮相对旋转角的位置处凸轮升程。

该权利要求1通过参数和公式对异形的凸轮面进行描述，使得保护范围清楚，并且能明显区别于现有技术的凸轮机构，因此，在必要时引入参数和公式限定有助于清楚地表达异形结构的技术方案。

（三）辅以工作过程或功能效果的描述进行限定

一些包括了异形结构的技术方案，为了解决相关技术问题，不仅依赖异形结构本身，还依赖其他功能部件的相互配合。在这种情况下，当采用前述两种方式均无法清楚描述技术方案时，还可以借助装置的工作过程或功能效果特征对异形结构进行限定。

【案例 2-4】一种具有台阶结构的燃烧室

1. 相关案情

技术交底书记载，多喷孔喷嘴或群喷孔喷嘴是一种在喷嘴轴方向配置同列接近的两个以上喷孔的燃料喷射喷嘴，能够将喷孔径设计得较小。群喷孔喷嘴对缸镗孔直径大的柴油机而言，通过接近的喷雾彼此的相互作用，能够维持喷雾的穿透力，同时，喷雾粒径减小，合成喷雾角扩大，喷雾前端到达距离远。因此，通过使用群喷孔喷嘴，能够改善空气和燃料的混合性能，能够得到燃烧噪音降低及烟尘下降的效果。如图 2-6 所示，在活塞上升或下降时进行燃料喷射的情况下，燃烧室 1 由活塞 2 的活塞顶面 3、气缸盖 4、气缸套壁面 5、腔（图中的区域 C）构成的空间组成，由群喷孔喷射的燃料与活塞顶面接触后向气缸套壁面方向前进且撞击气缸套壁面。因此，存在在气缸套壁面会发生润滑油的燃烧及润滑油易稀释的缺点，另外，存在燃烧室发生局部的空气不足、产生烟尘的缺点。

在技术交底书的实施方式中，本方案的改进在于将朝向活塞径向外周高度增加的台阶设于所述活塞顶面全周，即在活塞顶面 6 设两段台阶：第一台阶 7、

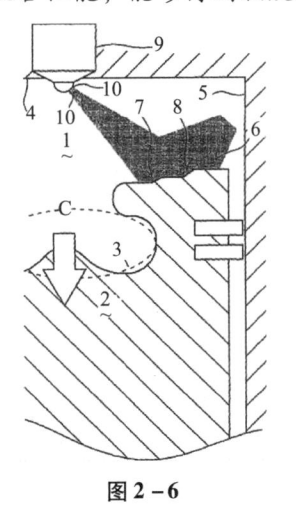

图 2-6

第二台阶8。第一台阶7、第二台阶8分别具有下面、倾斜部、上面。另外，如图2-6所示，第一台阶7、第二台阶8为连续的台阶，且第一台阶7的上面和第二台阶8的下面为同一面。

其中，第二台阶8位于活塞2上升行程时的群喷孔喷嘴9的喷雾撞击的位置，第一台阶7位于活塞2下降行程时的喷雾撞击的位置。在活塞运动过程中，各群喷孔10的燃料喷射在对应的第一台阶7和第二台阶8上的燃料，会变更方向，因此能够避免喷雾与气缸套壁面5的接触。这样，即使在各群喷孔10的打开角大时，也能够得到燃烧噪音下降及烟尘减小的效果。

2. 案例分析

本申请解决的技术问题是在活塞上升或下降冲程中防止喷雾与气缸套壁面接触，从而解决燃烧室发生局部空气不足、产生烟尘的缺点。为了解决相关技术问题，发明虽然设置了异形结构的活塞顶面，但活塞顶面的台阶还必须与群喷孔喷嘴相互配合，即在群喷孔喷嘴进行喷雾时，各群喷孔喷射的燃料能够通过对应的台阶反射后，向上方变更喷射路径，才能避免喷雾与气缸套壁面的接触。

因此，在撰写本申请的权利要求时，异形燃烧室的形状特征以及该燃烧室和其他部件之间的相互作用的工作过程都构成了必要技术特征。故对权利要求1的撰写建议如下：

1. 一种具有台阶结构的燃烧室，其内设置有群喷孔喷嘴，其特征在于，在活塞顶面全周设置第一台阶（7）和第二台阶（8），第一台阶（7）位于活塞（2）下降行程时的喷雾撞击的位置；第二台阶（8）位于活塞（2）上升行程时的群喷孔喷嘴（9）的喷雾撞击的位置，在活塞运动过程中各群喷孔（10）的燃料喷射在第一台阶（7）和第二台阶（8）上的燃料被反射。

三、如何对机械结构进行合理的上位概括

上位概括是指在权利要求中对发明或实用新型技术方案的技术特征作概括性的限定，通过技术特征的上位，概括后能够使权利要求获得更宽的保护范围，从而为申请人争取最大的利益。

撰写权利要求时，如果说明书中给出了多个并列的实施方式，那么通常就需要考虑是否要对给出的技术方案进行上位概括。但这种上位概括应当适度，如果概括的范围太小，会导致保护范围过小，如果概括的范围过大，有可能会包括申请人难以确定其效果的技术方案。因此，对于申请人和专利代理师来说，如何对说明书中的机械结构进行合理的上位概括显得尤为重要。

那么如何进行恰当、合理的上位概括，我们可以从以下两个方面进行考虑。

第一，如果发明的改进点体现在某一具体的机械结构上，且只有一个实施方式给出的特定的机械结构才能解决发明所要解决的技术问题，在这种情况下，对相关技术特征的描述不宜进行上位概括。

第二，如果专利申请文件中已经记载了某种机械结构的一个或多个实施方式，本领域技术人员明了可用其他机械结构替代相关结构，并实现相同的功能和效果，在这种情况下，权利要求的技术方案或技术特征可以进行上位概括。

在第二种情况下，申请人首先要明确"上位概括后的技术手段能够实现发明要解决的问题并达到相同的技术效果"，同时还要保证本领域技术人员无需创造性的劳动就能"想到其他替代方式"。当然，申请人也可以自查上位概括的合理性，即判断上位概括后是否包括了至少一种不能解决相关技术问题或不能达到相同效果的技术方案，如果找到就说明这样的上位概括是不合理的。下面通过具体的案例进行说明。

【案例 2-5】 一种即配式饮料瓶盖

1. 相关案情

技术交底书记载，市售的各种加味饮料（如茶饮料、果味饮料等）多通过在纯净水中加入调味材料制成。为保证饮料品质、延长保存时间，加味饮料中大都使用各种添加剂，不利于人体健康。因此，有人设计了如图 2-7 和图 2-8 所示的即配式饮料瓶盖，即在饮料瓶盖内部盛装有调味饮料（如茶粉、果珍粉等），该瓶盖与盛装矿泉水或纯净水的瓶身配合，构成完整的饮料瓶。饮用时将瓶盖内的调味材料释放到瓶身内与水混合，即可即时配制成加味饮料。由于调味材料与水在饮用前处于隔离状态，因此无需使用添加剂。目前，这类瓶盖的顶壁由易变形的弹性材料制成，在搬运和码放过程中容易受压向下变形，使尖刺部刺破隔挡片，容置腔室内的调味材料进入水中，因此导致饮料容易变质，从而达不到预计效果。

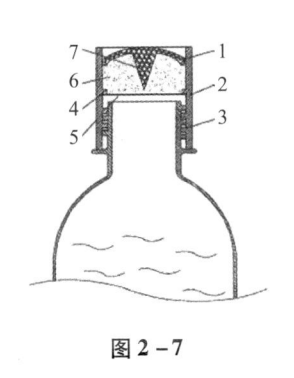

图 2-7　　　　　　图 2-8

针对现有技术的不足，申请人提出了改进后的两种内置调味材料的瓶盖组件的技术方案。

方案一：如图2-9至图2-11所示，改进的瓶盖组件包括瓶盖本体1和盖栓2。瓶盖本体1具有顶壁、侧壁和容置腔室3，容置腔室3底部由气密性隔挡片4密封，容置腔室3内放置有调味材料，侧壁设有与瓶口外螺纹配合的内螺纹。瓶盖本体1的顶壁开设孔5，与顶壁一体成型的中空套管6从该孔5的位置向瓶盖本体开口方向延伸，中空套管6的内壁带有内螺纹。盖栓2由栓帽21和栓体22两部分构成，栓体22设有外螺纹，其端部具有尖刺部23用于刺破隔挡片4，栓体22穿过孔5进入中空套管6内，栓体22的外螺纹与中空套管6的内螺纹配合。组装瓶盖组件时，将盖栓2旋转连接于中空套管6中，将尖刺部23限制在隔挡片4上方合适的位置。此时，该瓶盖组件如同普通瓶盖一样使用。如图2-9至图2-11所示，想饮用调味饮料时，旋转栓帽21，盖栓2借助螺纹向下运动，尖刺部23刺破隔挡片4；然后反向旋转盖栓2使其向上运动，容置腔室3中的调味材料从隔挡片4的破损处进入瓶身。

方案二：如图2-12至图2-14所示，与第一种实施方式的主要区别在于，盖栓2与瓶盖本体1之间并非螺纹连接关系，并且省去了中空套管。盖栓2的栓体22具有光滑的外表面，栓体22穿过顶壁的孔5进入容置腔室3。栓体22外套设弹簧7，弹簧7的一端连接栓帽21，另一端连接顶壁。一侧带有开口的卡环8围绕弹簧7卡扣在栓帽21和顶壁之间，需要时，可借助卡环8的开口将其从该位置处卸下。如图2-12至图2-14所示，想饮用调味饮料时，卸下卡环8并向下按压栓帽21，尖刺部23刺破容置腔室3底部的隔挡片4，松开栓帽21后，在弹簧7的作用下，盖栓2向上回位，容置腔室3中的调味材料从隔挡片4的破损处进入瓶身。

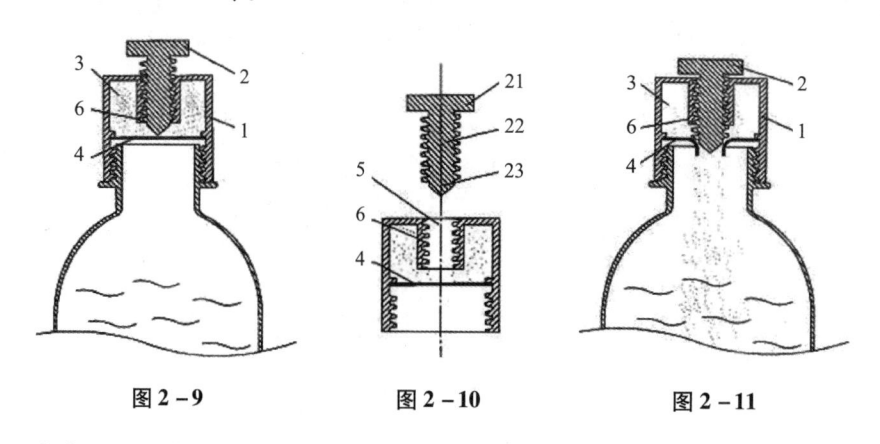

图2-9　　　　　图2-10　　　　　图2-11

需要说明的是，对于以上两种方案，容置腔室的具体结构有多种选择。容置腔室由顶壁、侧壁和隔挡片围合形成,其中隔挡片固定于侧壁内侧的环状凸缘上,此外,容置腔室还可以如一些现有技术那样,由顶壁、从顶壁内侧向下延伸的管状储存器和固定于管状储存器下缘的隔挡片围合形成。

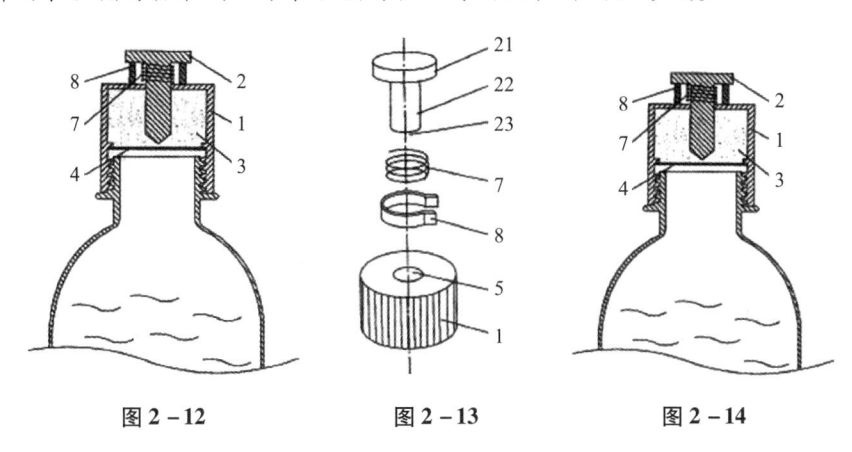

图 2-12　　　　图 2-13　　　　图 2-14

2. 案例分析

第一,根据技术交底书和现有技术确定客户完成的发明相对于现有技术的改进点。

通读全部技术方案后,能够确定交底书中的两个技术方案相对于现有技术的改进点主要是解决现有技术中瓶盖弹性顶容易受压变形,导致饮料变质的问题;而采用的技术手段均是对瓶盖组件的结构进行优化,技术交底书中分别记载了瓶盖组件各个部件之间的连接关系,因此,可以将"瓶盖组件"作为要求专利保护的主题。

第二,撰写权利要求时,对多个实施方式进行适当上位概括。

根据技术交底书给出的信息可以发现,方案一和方案二结构类似,均采用盖栓与瓶盖本体顶壁上的孔配合,通过盖栓在孔内的相对运动刺破隔挡片。区别仅在于方案一中采用螺纹结构来限制盖栓 2 受压时向隔挡片 4 方向运动,方案二中采用卡环结构来限制盖栓 2 受压时向隔挡片 4 方向运动,并且技术交底书中,明确给出"限制"作用的说明。换言之,技术交底书中已给出两个并列的技术方案,这两个方案结构虽然略有不同,但它们均是利用垂直于瓶口的压力刺破阻挡盖,进而完成调味材料的混合过程。因此,可以考虑对分别具有螺纹结构和卡环结构的两种方案中,限制盖栓 2 受压时向隔挡片 4 方向运动的不同结构进行功能性的描述,并具体概括为:"所述瓶盖组件还包括盖栓 2,所述盖栓 2 由栓帽 21 和栓体 22 两部分组成;顶壁上开设孔 5,栓体 22 穿过孔 5 进入容置腔室 3 内,且能够在孔 5 中上下相对运动,向下运动时刺破隔挡片 4",

从而形成一个上位概括后的独立权利要求。

第三，为了形成较好的保护梯度，还应当根据具体实施方式撰写适当数量的从属权利要求。针对方案一和方案二概括的独立权利要求，可以对"限制盖栓2受压时向隔挡片4方向运动的机构"进行进一步限定后，得到两个并列的从属权利要求，分别对应于螺纹结构和卡环结构。

基于以上分析，由方案一和方案二概括的独立权利要求可写成：

1. 一种内置调味材料的瓶盖组件，包括瓶盖本体（1），所述瓶盖本体（1）具有顶壁侧凳和用于容纳调味材料的容置腔室（3），所述容置腔室（3）底部由气密性隔挡片（4）密封，其特征在于，所述瓶盖组件还包括盖栓（2），所述盖栓（2）由栓帽（21）和栓体（22）两部分组成；顶壁上开设孔（5），栓体（22）穿过孔（5）进入容置腔室（3）内，且能够在孔（5）中上下相对运动，向下运动时刺破隔挡片（4）；所述瓶盖组件还包括限制盖栓（2）受压时向隔挡片（4）方向运动的机构。

四、如何对复杂机械结构进行详略适度的描述

在机械领域存在很多结构复杂的机械装置，它们不仅包含了大量的零部件，而且这些零部件之间还存在复杂的相互关系。在撰写专利申请文件时，如果面面俱到地将各零部件的结构特征及它们之间的连接关系和功能作用一一描述，说明书文字必然显得过分冗长，同时根据这样的说明书撰写的权利要求书往往也是很多技术特征的堆砌，难以形成概括合理、保护范围适当的权利要求书。因此，如何对复杂机械结构进行详略适度的描述，对高质量专利申请文件的形成尤为重要。以下我们结合一个具体的案例进行说明。

【案例2-6】一种拱架台车

1. 相关案情

技术交底书记载，在开凿隧道时，需要沿隧道的长度方向架设多个拱架以防止隧道塌方。由于每个拱架的长度较大，在通常情况下，是将拱架拆分成多个拱架段以方便运输，而施工安装时，需使用拱架台车将拱架段抓取、举升至安装位置，并予以保持，再由多个工人完成拱架段之间的拼接。由人力完成的拱架段的拼接工作不仅工人的劳动强度大，而且施工的效率也非常低下。

为了提高拱架段的夹持和释放工作效率，简化操作过程，降低工人的劳动强度，技术交底书提出了一种拱架台车，如图2-15所示，该拱架台车包括车轮1、支架2、底盘3、电动机4、发动机5、梯子6、座椅7、操控台8、工作臂

9、10、11，机械手 12，夹持件 13、14，齿轮 15，推送件 16，加强筋 17，板 18，横板 19，立板 20，销轴 21，铰接板 22，液压杆 23，卷扬机 24，吊架 25，止挡件 26，液压杆 27，定滑轮 28，动滑轮 29，操作室 30，钢丝绳 31，夹具 32，拱架段 33，主轴 34，夹爪 35、36，锁止件 37 和防脱环 38。

其中，车轮 1 安装在底盘下方，底盘 3 上依次设有电动机 4，发动机 5，梯子 6，座椅 7，操控台 8 和工作臂 9、10、11。电动机 4 用于提供电力，发动机 5 用于驱动台车运行，梯子 6 用于驾驶员攀爬，座椅 7 固定在驾驶室，驾驶员通过操控台 8 控制工作臂 9、10、11 的运动。工作臂 9、10、11 的一端通过液压系统支撑在底盘 3 上，另外一端与机械手 12 和抓手机构相连。同时，工作臂 10 与机械手 12 相连的一端还安装有驱动机械手运动的驱动装置。

如图 2-16 所示，机械手 12 包括夹持件 13、14，齿轮 15，推送件 16，加强筋 17，板 18 以及传动组件。其中，夹持件 13 和夹持件 14 安装在工作臂 10 的末端，夹持件 13 和夹持件 14 能够抓取和夹持拱架段，齿轮 15 用于传动动力，加强筋 17 用于提高夹持件 13 的强度。

如图 2-17 所示，在工作臂 9、11 的末端分别设置有抓手结构，抓手结构通过横板 19，立板 20，销轴 21 和铰接板 22 与工作臂 9、11 连接，并由液压杆 23 进行驱动。抓手结构包括卷扬机 24，吊架 25，止挡件 26，液压杆 27，定滑轮 28，动滑轮 29，操作室 30，钢丝绳 31 和夹具 32，夹具 32 用于夹持拱架段 33。其中，操作室 30 设置在横板 19 上，以便于操作者能够近距离调整所抓取的拱架段 33，卷扬机 24 设置在横板 19 上的上方，夹具 32 通过钢丝绳 31 与卷扬机 24 连接。

此外，固定结构包括横板 19 和垂直于该横板 19 向上延伸的立板 20，液压杆 27 设置在横板 19 和吊架 25 之间，所述吊架 25 铰接于所述立板 20，所述横板 19 连接有铰接板 22，所述铰接板 22 通过销轴 21 铰接于工作臂 11 的末端，工作臂 11 与所述铰接板 22 之间设置有液压杆 23，用于驱动铰接板 22 绕其旋转轴线转动。

如图 2-18 所示，夹具 32 通过钢丝绳 31 与卷扬机 24 连接，夹具 32 包括主轴 34、活动地连接于主轴 34 的夹持件 35、固定连接于主轴 34 的夹持件 36、可操作地锁止夹持件 35 的锁止件 37 以及防止锁止件 37 从主轴 34 脱出的防脱环 38；通过锁止件 37，夹持件 35 与夹持件 36 能够相互配合以可释放的方式夹持拱架段 33。

图 2-19（a）~（c）显示了使用夹具 32 夹持拱架段 33 的过程示意图。

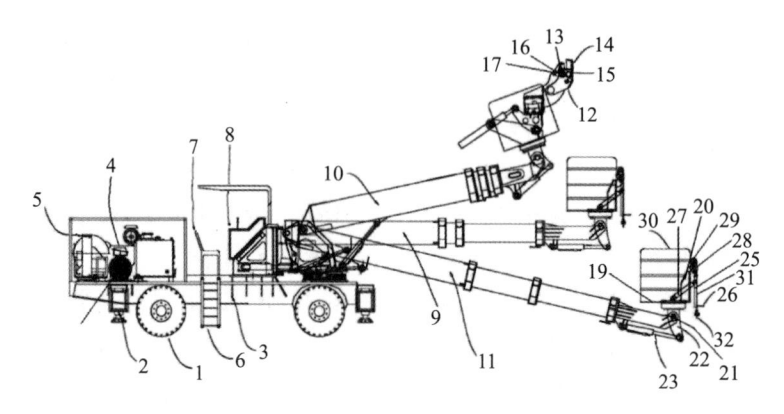

图 2-15

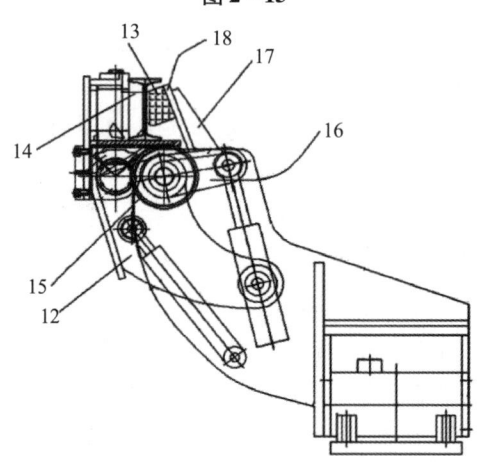

图 2-16

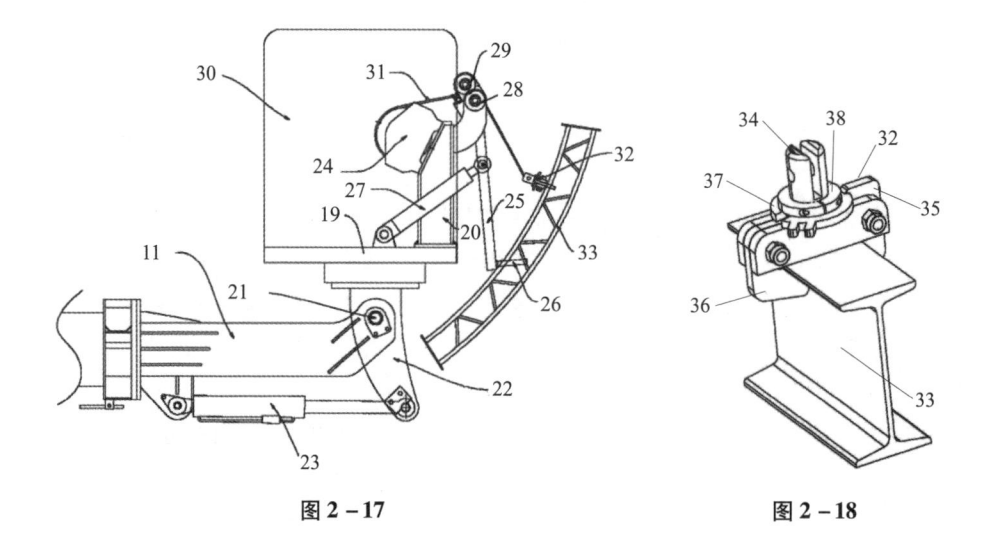

图 2-17

图 2-18

图 2-19

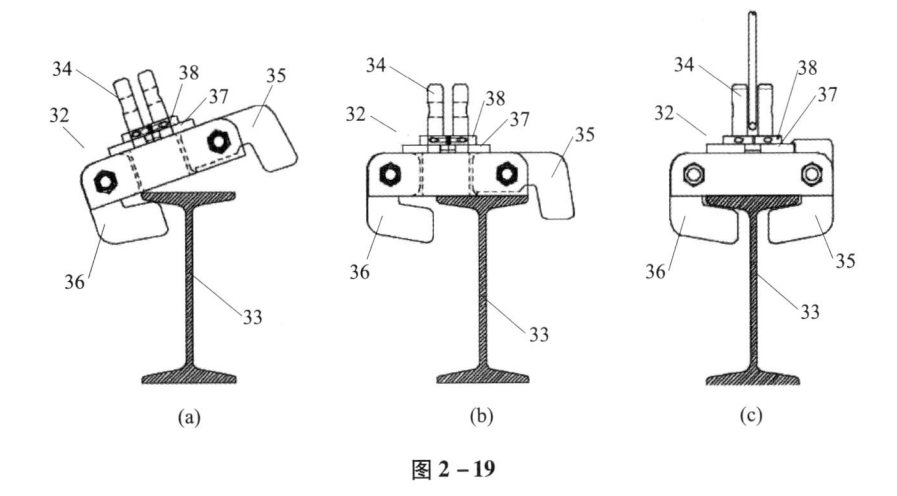

2. 案例分析

该技术交底书提供了一种拱架台车，拱架台车作为复杂的机械结构，其本身包含了大量的零部件，申请人虽然对各个零件的安装位置和零件之间的连接关系作了较为详尽的文字描述，但并未根据零件组合后的功能属性对拱架台车包括的主要部件进行区分，因此，如果按照目前技术交底书中唯一的实施方式来撰写独立权利要求，最终得到的将是一个包括诸多零件连接关系，且与实施方式同样复杂的技术方案，其保护范围自然也很窄。

事实上，面对复杂机械结构，申请人首先应当根据复杂机械结构能够实现的功能，将整个机械结构划分为若干具体的功能部件。这些功能部件中，如果属于本领域的通用部件，可直接采用本领域公认的名称，如果是为了解决相关技术问题专门设置的功能部件，那么应当按照实现的功能对其进行合理的命名。例如，作为常用的一种工程机械，本方案中的拱架台车按照其实现的功能可划分为四个主要的功能部件，即"台车""作业单元""机械手""抓手机构"，其中，"台车""机械手""作业单元"属于本领域的通用部件，而"抓手机构"是结合其在本方案中实现功能而定义的名称。

拱架台车的主要功能部件确定后，申请人可在说明书中对已知的通用部件进行简单描述，而对于涉及发明改进点的功能部件，则需结合其组成部件之间的关系进行详细说明。在此基础上完成独立要求的概括就显得顺其自然了，即将必要技术特征中与现有技术共有的功能部件写入独立权利的前序部分，将区别于最接近的现有技术的功能部件以及这些功能部件的技术特征写入独立权利要求的特征部分，就能得到清楚、完整的独立权利要求。

明确以上思路后，我们可基于目前技术交底书撰写说明书和权利要求书。

首先，为了利用说明书附图更加清楚地呈现拱架台车主要的功能部件，可在图2-15所示的拱架台车装配总图的基础上，增加一幅如图2-20所示的拱架台车装配图。其次，在说明书中将"台车""作业单元""机械手""抓手机构"四个功能部件各自包括的零部件进行归类，例如：台车包括了车轮、支架、底盘、发动机、电动机等；作业单元包括了三个工作臂等；机械手包括了夹持件、齿轮、推送件、加强筋和板等；抓手机构包括了卷扬机、吊架、驱动装置和夹具。其中，"台车""作业单元""机械手"采用的是现有技术中已有的结构，本申请对抓手机构中夹具进行了改进。然后按照说明书充分公开的要求，分别对"台车""作业单元""机械手"和"抓手机构"涉及的零部件之间的关系进行详略适度的说明。最后，由于本方案主要是对"抓手机构"上的"夹具"进行改进，因此，"抓手机构"中夹具的工作过程，以及在此过程中涉及的零部件之间的协同作用的关系，在说明书中应当进行重点描述。

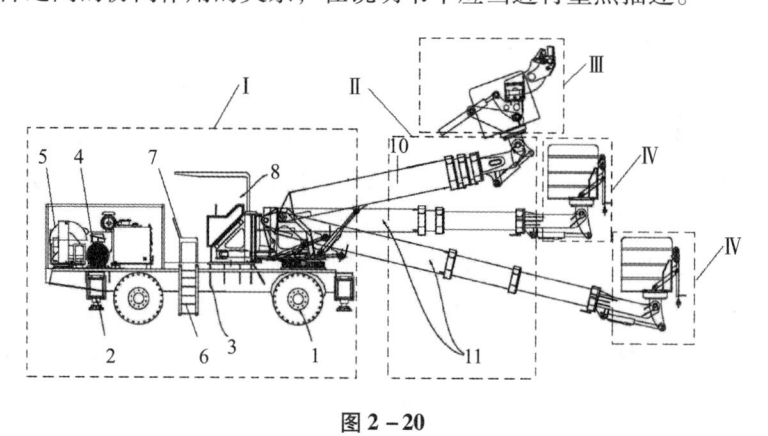

图 2-20

基于以上分析及修改后的说明书附图（图2-20），可以对前述的技术交底书进行修改，得到以下的说明书：

如图2-20所示，拱架台车包括台车Ⅰ、作业单元Ⅱ、机械手Ⅲ和抓手机构Ⅳ，其中：台车Ⅰ包括底盘3、驾驶室和行走装置，在底盘3上设置有为台车Ⅰ和作业单元Ⅱ提供动力的动力单元和用于保持台车Ⅰ稳定的支架2，动力单元包括电动机4和发动机5，行走装置包括车轮1，驾驶室包括梯子6、座椅7和操控台8。

如图2-15所示，作业单元Ⅱ包括第一工作臂10和第二工作臂11，第一工作臂10和第二工作臂11的底端均与底盘3相连接，第二工作臂11设置有两个并且在台车Ⅰ的左右方向上，分别设置在第一工作臂10的两侧。

如图 2-16 所示，机械手Ⅲ设置在第一工作臂 10 的末端，其包括机械手本体 12 以及相互协作以用于夹持拱架的第一夹持件 13 和第二夹持件 14，机械手本体 12 铰于第一工作臂 10 的末端，第一夹持件 13 和第二夹持件 14 分别可转动地连接于机械手本体 12，且第一夹持件 13 与第二夹持件 14 之间传动连接。机械手Ⅲ还包括驱动装置和传动机构，其中传动机构包括齿轮 15、连接组件以及传动组件。具体地，连接组件包括推送件 16 和板 18，并且在板 18 和推送件 16 之间设置有加强筋 17。

如图 2-17 所示，抓手机构Ⅳ通过固定结构连接于第二工作臂 11 的末端，用于抓取和保持拱架段 34，其包括安装于固定结构的卷扬机 24、用于抬升拱架段 33 的吊架 25、用于驱动吊架 25 枢转的驱动装置 27 和用于夹持拱架段 32 的夹具 31。所述固定结构包括横板 18 和垂直于该横板 19 向上延伸的立板 20，液压杆 25 设置在横板 19 和吊架 25 之间，所述吊架 25 铰接于所述立板 20，所述横板 19 连接有铰接板 22，所述铰接板 22 通过销轴 21 铰接于第二工作臂 11 的末端，第二工作臂 11 与所述铰接板 22 之间设置有液压杆 23，用于驱动铰接板 22 绕其旋转轴线转动。其中，操作室 30 设置在横板 19 上，以便于操作者能够近距离调整所抓取的拱架段 32。

在所述固定结构上设置有用于卡止夹具 31 的卡止结构，所述卡止结构包括平行设置的一个定滑轮 28 和一个动滑轮 29，所述钢丝绳 31 从所述定滑轮 28 和动滑轮 29 之间穿过而连接于所述夹具 32 的主轴 34。卷收钢丝绳 31 直到夹具 32 的主轴 34 插入至定滑轮 45 与动滑轮 46 之间，实现卡止。所述吊架 25 的末端设置有两个杆状的止挡件 26，该止挡件 26 大致垂直于所述吊架 25 的长度方向成角度地延伸，以避免所抓取的拱架段 33 从吊架 25 中滑脱。

如图 2-18 所示，所述夹具 32 通过钢丝绳 31 与卷扬机 24 连接，夹具 32 包括主轴 34、活动地连接于主轴 34 的第一夹持件 35、固定连接于主轴 34 的第二夹持件 36、可操作地锁止第一夹持件 35 的锁止件 37 以及防止锁止件 37 从主轴 34 脱出的防脱环 38，通过锁止件 37，第一夹持件 35 与第二夹持件 36 能够相互配合以可释放的方式夹持拱架段 33。

本技术方案中，位于抓手机构Ⅳ上的夹具 32 是本申请的改进点所在，因此为了更好地体现本申请的发明构思，说明书中还应结合图 2-19（a）~（c）所示的使用夹具 32 夹持拱架段 33 的过程示意图，来详细描述一下夹具的工作原理以及其所带来的技术效果。例如：

图 2-19（a）~（c）示出了使用夹具 32 夹持拱架段 33 的过程示意图，由此可知用于拱架台车的夹具 32 的工作原理为：当需要夹持拱架段 33 时，通

过操作锁止件 37 以解除对第一夹持件 35 的锁止，使得第一夹持件 35 相对于主轴 34 活动（如图 2-19（a）所示），再将待夹持的拱架段 33 放置到第一夹持件 35 和第二夹持件 36 之间（如图 2-19（b）所示），之后通过第一夹持件 35 将拱架段 33 夹紧在第一夹持件 35 和第二夹持件 36 之间，操作锁止件 37 锁止第一夹持件 35，即可将拱架段 33 保持在被夹持的状态（如图 2-19（c）所示）。当需要释放拱架段 33 时，通过操作锁止件 37 解除对第一夹持件 35 的锁止，即可通过活动第一夹持件 35 使得拱架段 33 脱离夹具 32。本申请通过夹具来完成拱架段的夹持和释放工作，简化了操作过程，大大减轻工人的劳动强度，仅使用一个工人就可以完成所有操作，提高了施工效率。

在本方案中，台车Ⅰ、作业单元Ⅱ、机械手Ⅲ本身都属于本领域熟知的通用装置，本申请也未对这些装置的本身进行改进，因此关于这些装置的结构在说明书中可不必进行详细描述。

由此可见，以拱架台车各主要组成部分的结构特点和功能作用为主线，在合理划分拱架台车主要组成部分的基础上，不仅能够使得说明书记载的整个技术方案逻辑清晰，内容完整，而且，基于修改后的说明书概括得到的权利要求整体上也能得到说明书的支持，权利要求保护范围适当，更有利于技术方案的保护。

概括后的独立权利要求 1 如下：

1. 一种拱架台车，该拱架台车包括台车Ⅰ、工作单元Ⅱ、机械手Ⅲ和抓手结构Ⅳ，其中，工作单元Ⅱ位于台车Ⅰ车体的后方，工作单元Ⅱ用于控制机械手Ⅲ和抓手结构Ⅳ，工作单元Ⅱ包括第一工作臂（10）和第二工作臂（11），其中，第一工作臂（10）与机械手Ⅲ相连接，第二工作臂（11）与抓手结构Ⅳ相连接，抓手结构Ⅳ包括安装于固定结构的卷扬机（24）、用于抬升拱架段（33）的吊架（25）、用于驱动吊架（25）枢转的驱动装置（28）和用于夹持拱架段（33）的夹具（32），其特征在于，夹具（32）包括主轴（34）、活动地连接于主轴（34）的第一夹持件（35）、固定连接于主轴（34）的第二夹持件（36）、可操作地锁止第一夹持件（35）的锁止件（37）以及防止锁止件（37）从主轴（34）脱出的防脱环（38），通过锁止件（37），第一夹持件（35）与第二夹持件（36）能够相互配合以可释放的方式夹持拱架段（33）。

在以上独立权利要求 1 的基础上，申请人还通过撰写从属权利要求，对拱架台车"抓手结构Ⅳ"或其他部件进行进一步限定。

五、如何撰写由工艺步骤组成的方法权利要求

制造工艺类的技术方案，通常会涉及工艺过程、操作条件等技术特征，在

撰写权利要求时，如果简单地按照工艺流程的先后顺序将若干步骤一一罗列，不仅保护范围小，且会使权利要求冗长。因此，在撰写涉及工艺步骤的权利要求时，需要围绕发明要解决的技术问题，对涉及的若干步骤进行梳理分析和总结概括，在此过程中，对解决发明技术问题必不可少的步骤进行详细描述，而与发明点无关的步骤特征可以简略甚至省去，最终使得权利要求清楚、完整、概括合理。

【案例2-7】 一种制动鼓的制造方法

1. 相关案情

技术交底书记载，现有技术已有的制动鼓为三层结构，三层独立的金属层通过螺钉紧固而成；另外，现有技术的制动鼓材质为灰口铸铁，灰口铸铁具有强度低、脆性大的典型特性，为了减少这些特性所带来的负面影响，制动鼓的壁厚必须做得很厚以保证制动鼓具有较高的结构强度，但是制动鼓的壁厚越大，制动鼓制动时的内外温差越大，温差加大引起的温差应力加上材料的高温力学性能恶化，常导致制动鼓内壁由纵向微裂发展为龟裂，以致最后制动鼓开裂。

为了提高制动鼓的结构强度，延长制动鼓的使用寿命，技术交底书提供了一种制动鼓的制造方法，包括如下步骤：对优质钢板进行挤压拉伸成型操作，对成型后外壳体进行旋滚减薄处理，对所述外壳体的内侧面进行凸台成型处理，对外壳体的内侧面进行抗氧化处理，制造钢制的外壳体。由于钢材具有较高的结构强度以及韧性，能够使得制动鼓外壳体具有较高的结构强度。将外壳体加热至800~830℃，采用离心浇铸机对外壳体进行旋转动作，并将1600~1650℃的钢水注入至外壳体中并形成结构层，在外壳体内制造结构层，结构层的厚度为3~4mm。再者，将结构层降温至1350~1400℃，采用离心浇铸机对外壳体进行旋转动作，并将1350~1400℃的铁水注入至结构层中并形成制动层，制动层的厚度为7~8mm。

通过上述工艺制造的制动鼓，包括了外壳体1、结构层2和制动层3，其中，结构层2与制动层3形成与现有技术中的制动鼓相类似的制动主体，在制动主体的外侧设置有采用高强度高韧性外壳体1，能够将制动鼓壁厚相对于现有技术做得比较薄，从而解决由于制动鼓壁厚带来的内、外侧温差较大的问题；采用钢制的外壳体包住制动层，能够实现提高制动鼓的结构强度，延长制动鼓使用寿命的目的。

2. 案例分析

针对技术交底书中记载的制动鼓的制造方法，要完成整个制造过程，至少包括了"优质钢板挤压""成型后外壳体进行旋滚减薄""外壳体的内侧面进行凸台成型""对外壳体的内侧面进行抗氧化处理""外壳体加热至800~830℃""采用离心浇铸机对外壳体进行浇铸""钢水注入至外壳体中并形成结构层""再采用离心浇铸机对外壳体进行旋转动作""将1350~1400℃的铁水注入至结构层中并形成制动层"等若干个工艺步骤。

仔细分析可以发现，该方案的工艺方法的主要特点在于，通过离心浇铸机浇铸钢水的方式，在外壳体内形成一体化的结构层和制动层。实现该技术方案必不可少的关键步骤在于，首先得到外壳体；然后通过外壳体加热和注入钢水处理后，在外壳体的内壁上设置具有加强制动鼓结构强度作用的结构层；最后通过结构层降温和注入铁水处理后，在结构层的内侧制造用于进行摩擦制动的制动层。此外，由于制造工艺的特殊性，诸如钢水处理的工艺条件等亦是该技术方案能够解决上述技术问题直接起作用的必不可少的特征。

至于制造钢制的外壳体所具体包括的拉伸成型、旋滚减薄、凸台成型以及抗氧化处理这些工艺步骤，以及结构层和制动层的厚度限定，相对于本申请所要解决的技术问题而言，属于非必要技术特征，可以将它们写入从属权利要求中。

通过以上分析，我们可以将实施方式中描述繁杂的工艺步骤梳理成脉络清晰的几个主要步骤，因此，概括后的独立权利要求可写成：

1. 一种制动鼓的制造方法，其特征在于包括以下步骤：
步骤1：制造钢制的外壳体；
步骤2：在制动鼓外壳体内制造结构层；
步骤2.1：将制动鼓外壳体加热至800~830℃；
步骤2.2：采用离心浇铸机对外壳体进行旋转动作，并将1600~1650℃的钢水注入外壳体中并形成结构层；
步骤3：在结构层的内侧制造制动层；
步骤3.1：将结构层降温至1350~1400℃；
步骤3.2：采用离心浇铸机对所述制动鼓外壳体进行旋转动作，并将1350~1400℃的铁水注入结构层中并形成制动层。

第二节 改进点在于机电一体化

机电一体化技术是建立在机械技术、微电子技术、计算机和信息处理技术、自动控制技术、电力电子技术、伺服驱动技术以及系统总体技术基础之上的不同种类技术的综合和集合。与传统的机械产品相比，机电一体化产品一般具有自动化控制、自动补偿、自动校验、自动调节、自动保护和智能化等多种功能，能应用于不同的场合和不同领域。以机电一体化为核心的专利申请在机械领域专利申请中占有相当大的比重，因此，有必要专门针对涉及机电一体化的专利申请文件的撰写思路进行重点介绍。

一、如何撰写机电一体化装置的说明书

机电一体化装置一般都包括机械部分和电子电路部分，通过在两部分之间进行运动、动力和电子信号的传递、转化而实现产品的特定功能，因此这类专利申请文件对撰写人员的专业技术水平要求较高。这类专利申请文件在说明书撰写时容易出现技术方案公开不充分的问题，可能导致技术方案无法实施。

关于说明书的充分公开，如本书第一章中所述，在阅读完说明书后，所属技术领域的技术人员根据该内容应该能够实现技术方案、解决相关技术问题并产生预期技术效果。专利代理师需要在充分理解技术方案，并在必要时在与申请人沟通的基础上确定该申请要解决什么样的技术问题，进而确定所公开的技术方案是否能够解决该技术问题，并在撰写时牢牢把握"所属技术领域技术人员能够实现本发明或实用新型"的标准，将解决该技术问题所采用的技术方案清楚地写入说明书中。

本节将通过机电一体化装置专利申请案例说明在撰写时如何做到技术方案的充分公开。

【案例2-8】一种用于控制电梯门开关的门机系统

1. 相关案情

技术交底书提供了一种用于控制电梯门开关的门机系统，参见图2-21所示的机械结构简图，该门机系统主要包括：电源1、控制装置2、无刷直流电机3、蜗轮蜗杆减速装置4、第一带轮5、第二带轮6、传动带7、门体8、门体9和滑轨10。其中，电源1用于为无刷直流电机3供电；无刷直流电机3与控制装置2连接，接收其发出的控制信号输出驱动转矩；蜗轮蜗杆减速装置4与无刷直流电机3的电机轴连接，用于将无刷直流电机3的输出降速增矩后传递给第一带轮5；第二带轮6与第一带轮5之间通过传动带7连接；门体8、门体9安置于滑轨10上面且均由传动带7带动，从而实现两电梯门体的相向开启和关闭。

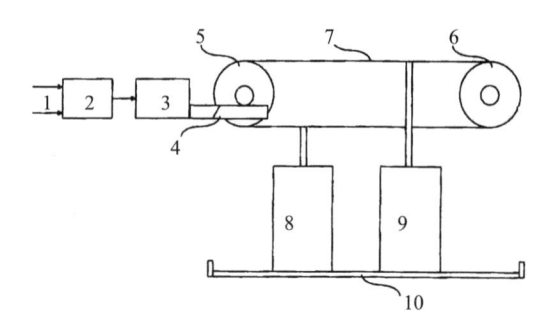

图 2-21

另外，技术交底书中还记载了该门机系统的控制装置 2（见图 2-22），其各个组成部分主要包括处理单元采用电磁兼容 EMI 处理单元、转换电路采用电平转换电路、隔离单元采用光电隔离单元、逆变器采用 IPM 逆变器、电机采用无刷直流电机、编码器采用光电轴角编码器、传感器采用霍尔电流传感器、保护单元采用过压过流保护单元以及控制器。其中，电磁兼容 EMI 处理单元 11 与直流电源 1 连接，同时输出信号给电平转换电路 12 和 IPM 逆变器 14；电平转换电路 12 提取 EMI 处理的电压信号并分别输出电压信号给光电隔离单元 13 和控制器 18；光电隔离单元 13 获取电平转换电路 12 的输出电压信号和控制器的控制信号后输出光电隔离信号给 IPM 逆变器 14；IPM 逆变器 14 提取电磁兼容 EMI 处理单元 11 的电压信号与光电隔离单元 13 输出的 PWM 波，并输出三相电压信号以控制无刷直流电机 3；光电轴角编码器 15 用于提取无刷直流电机 3 的转子位置信息并输出转子速度脉冲信号。霍尔电流传感器 16 用于提取 IPM 逆变器 14 的电流信号并输出传感器感应电流信号；过压过流保护单元 17 提取 IPM 逆变器 14 的电压电流故障信号并输出滤波后的电压电流故障信号。

2. 案例分析

该门机系统是一种典型的机电一体化装置。申请人提交的文件中涉及机械、电子电路两方面的技术内容。在本案例中，申请人指出本申请要解决的技术问题是实现电梯门的速度闭环控制，即在门体运动过程中，如何及时、准确地检测到障碍物，从而提高门体运行的安全性。由此可见，解决本技术问题需要依赖机械装置和电路控制系统的协同工作，因此，为了保证说明书的充分公开，需要从以下几个方面进行考虑。

第一，由于本申请所要解决的技术问题是通过控制装置控制该门机装置的机械部件（电机、门体等）的运动而实现的，因此，说明书中首先需要清楚地说明该装置的机械部分和电子电路部分之间的相互关系，即机械部件在电路部分控制下是如何动作的，例如在说明书中需要说明如何利用光电轴角编码器检测出门体的位置和运动速度，从而确定无刷直流电机的电压、电流和输出扭矩。此外，如何利用电流传感器检测门体遇到障碍物时的电流，从而确定障碍物事件并控制电机的转向、输出转矩等动作也是本方案在说明书中必须充分公开的内容。

第二，由于装置的机械部分完成了电梯门的及时启/闭的主要过程，因此需要说清楚该装置的机械部分的原理和主要结构，如机械部分采用了带传动装置，两门体分别固定于带轮两侧的传动带上，通过蜗轮蜗杆减速装置对电机输出扭矩的减速增矩而驱动两门体相向运动。除此之外，对于那些与要解决的技术问题并非直接相关的机械结构特征，可以不作说明或简要记载在说明书的"具体实施方式"部分。例如，对所属技术领域的技术人员来说，蜗轮蜗杆装置是现有技术中常见的减速机构，因此在专利申请文件中对该减速机构的结构特征就没有必要详细罗列；另外，门体8和门体9与传动带7的固定连接方式对于要解决的技术问题并非直接相关，因此是否在说明书中记载这一技术特征不会影响所属技术领域的技术人员利用该传动装置实现门体相向运动的功能。

第三，对于该装置的电子电路部分，如电磁兼容EMI处理单元、电平转换电路等内容在电子电路中都属于基本电路，本案构造和工作原理对所属技术领域的技术人员来说都是普通的技术常识或技术手段。但在说明书中仅仅简单介绍各组成部分的功能和作用是不够的，还需要对这些基本电路元件在门机控制装置2中所起到的具体作用进行说明，例如，电磁兼容EMI处理单元11的第一端与直流电源1连接用于接收直流电源1的48V电压信号，其第二端和第三端用于输出48V电压信号；电平转换电路12的第一端与电磁兼容EMI处理单元11的第三端连接用于提取EMI处理的48V电压信号等技术内容。这部分内容对于所属技术领域的技术人员实施本发明必不可少。

此外，从技术交底材料中还可以看到，在对电路进行说明时仅通过文字对电子电路的各部分的信号和电路连接关系进行描述往往还不够清楚，专利代理师还应结合一幅电路结构图或电路的原理框图、流程图或时序图等，对电子电路的各个部分的信号连接关系进行说明。这一点在撰写涉及有电路部分的专利申请的说明书时已成为惯例。

基于以上分析可知，为了能够结合附图更加准确地描述本发明的技术方案，还应当提供一幅能够说明机械部件与电子电路之间关系的原理框图，即图2-22，在此基础上，可以对技术方案的说明书进行清楚完整的说明，以满足说明书公开充分的要求。

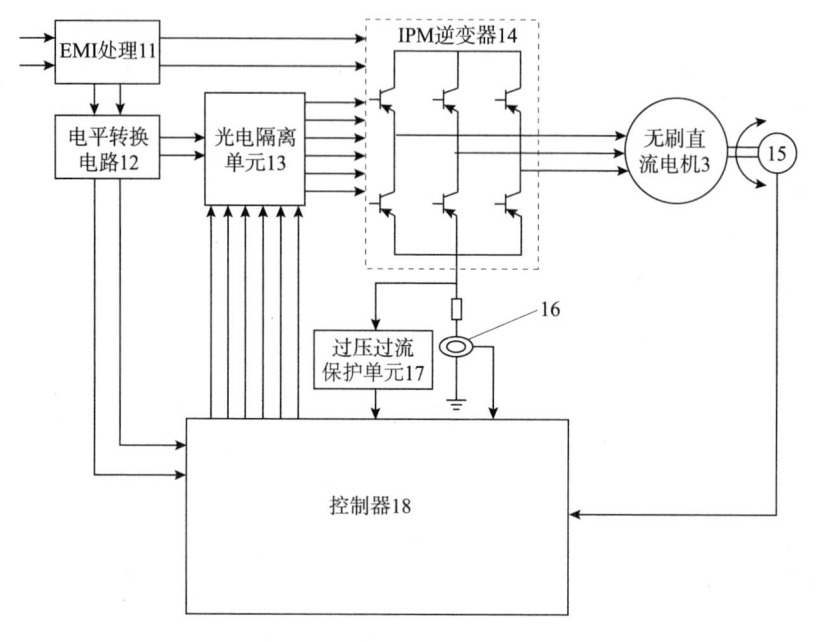

图 2-22

因此，修改后公开充分的说明书相关部分如下：

一种用于控制电梯门开关的门机系统，如图 2-21 所示，其包括电源 1、控制装置 2、无刷直流电机 3、蜗轮蜗杆减速装置 4、第一带轮 5、第二带轮 6、传动带 7、门体 8、门体 9 和滑轨 10。其中，电源 1 用于为无刷直流电机 3 供电；无刷直流电机 3 与控制装置 2 连接，接收其发出的控制信号输出驱动转矩；蜗轮蜗杆减速装置 4 与无刷直流电机 3 的电机轴连接，用于将无刷直流电机 3 的输出降速增矩后传递给第一带轮 5；第二带轮 6 与第一带轮 5 之间通过传动带 7 连接；门体 8、门体 9 安置于滑轨 10 上面且均由传动带 7 带动，从而实现两电梯门体的相向开启和关闭。

该装置的电子电路部分主要包括门机控制装置 2，如图 2-22 所示，其包括：电磁兼容 EMI 处理单元 11、电平转换电路 12、光电隔离单元 13、IPM 逆变器 14、与无刷直流电机 3 电机轴相连的光电轴角编码器 15、霍尔电流传感器 16、过压过流保护单元 17 和控制器 18。图 2-22 公开了门机控制装置 2 的电路结构以及该电路中各部分的信号连接关系。

具体来说，电磁兼容 EMI 处理单元 11 的第一端与直流电源 1 连接用于接收直流电源 1 的 48V 电压信号，其第二端和第三端用于输出 48V 电压信号。电平转换电路 12 的第一端与电磁兼容 EMI 处理单元 11 的第三端连接用于提取 EMI

处理的48V电压信号；其第二端用于输出5V和15V电压信号；其第三端用于输出3.3V电压信号。光电隔离单元13的第一端与电平转换电路12第二端连接用于接收电平转换电路12第二端的5V电压信号；其第二端用于输出经过光电隔离的六路脉宽调制PWM波；其第三端用于提取控制器18的六路PWM波。IPM逆变器14的第一端与电磁兼容EMI处理单元11的第二端连接用于提取电磁兼容EMI处理单元11第二端的48V电压信号；其第二端与光电隔离单元13连接用于提取光电隔离单元13输出的6路PWM波；其第三端用于输出三相电压信号控制电机；其第四端输出电压电流故障信号和电流信号。光电轴角编码器15用于提取无刷直流电机3的转子位置信息并输出转子速度脉冲信号。霍尔电流传感器16的第一端与IPM逆变器14的第四端连接用于提取IPM逆变器14的第四端的电流信号；其第二端用于输出传感器感应电流信号……

本装置工作时，利用安装在无刷直流电机轴上的光电轴角编码器15可以检测无刷直流电机3的转速，相应地可计算出门体的位置和运动速度；利用霍尔电流传感器16可以检测IPM逆变器14直流侧的电流值，得到的电流模拟信号接入控制器18的A/D检测接口，经过数字滤波后作为电流反馈，可以实现无刷直流电机3的速度、电流双闭环控制。利用电流检测障碍物即根据电流传感器检测到的电流信号与障碍物报警电流比较，超限则给出遇到障碍物事件。位置检测障碍物则根据门体的期望位置与光电编码器15检测到的门体的当前行程的差值来判断障碍物。当确定障碍物事件并通过控制器18以及IPM逆变器14的电压输出可以控制无刷直流电机3的转速与转向，从而在门体运行中遇到障碍物时，采取电流检测障碍物和位置检测障碍物方式实现，保证门体运行时的安全。

二、如何撰写机电一体化装置的权利要求

机械领域申请人为实现机械装置的自动化，往往会想办法将自动控制技术应用于机械装置，形成对机械装置的改进型发明。此类发明的申请人一方面需要对自动控制系统所采用的控制元件、程序模块、电气系统等进行设计，另一方面也需要对机械装置的结构进行改进，以适应机电一体化的需要。

因此，对于机电一体化装置的专利申请文件撰写，其技术上的难点还在于如何描述机电技术的融合，即如何清楚地描述已知的控制技术怎样用于机械领域解决特定的技术问题。此类案件在撰写权利要求书时，主要是将机械结构的改进以及其对应的功能实现方式限定清楚，即采用"结构＋功能"的撰写方式。至于功能实现中进行的控制程序、算法等，只要属于本领域技术人员基于

公知的控制技术所能作出相应设计的范围内,就没有必要对其进行限定,这样撰写的权利要求书能够获得更大的保护范围。

【案例 2-9】 一种基于 PLC 控制的电机转子压铸自动化模具库

1. 相关案情

技术交底书提供了一种基于 PLC 控制的电机转子压铸自动化模具库,本发明的目的是针对"不同型号电机转子压铸的模具不同,生产型号切换时模具更换效率低"的问题,提供自动化更换模具的技术方案,从而提高生产效率。

如图 2-23 所示,该自动化模具库包括圆盘形底层传动结构 1 和安装于底层传动结构 1 上的圆柱体模具库主体结构 2;模具库主体结构 2 包括中心转轴 4 和若干层模具放置腔室,中心转轴 4 固定于底层传动结构 1 上表面的中心位置,模具放置腔室沿着中心转轴 4 的轴向位置设置,模具放置腔室中均放置有若干模具定位结构 3;底层传动结构 1 的下表面配置有齿轮,该齿轮与步进电机相配合进而驱动中心转轴 4 的转动,步进电机通过 PLC 控制器对步进电机的驱动脉冲进行控制。

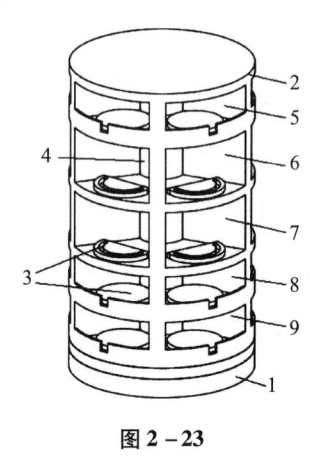

图 2-23

模具放置腔室共有五层,五层模具放置腔室从上到下依次为上模放置腔室 5、左中模放置腔室 6、右中模放置腔室 7、第一下模放置腔室 8 和第二下模放置腔室 9;每一层均有 4~8 个腔室且每个腔室中均安有模具定位结构 3。模具定位结构 3 附近安装有压力传感器或者光敏传感器等检测装置。

如图 2-24 所示,模具库的控制过程为:

将控制平台的通信接口和 PLC 控制器的通信接口相连,控制平台和 PLC 控制器均采用 RS-232C/RS-422A/RS-485 串行通信接口,将 PLC 控制器的支持高速脉冲输出的晶体管输出点和步进电机驱动器的脉冲信号端子连接,选普通点和步进的方向信号端子连接,COM 端和公共端连接,完成了控制平台、PLC 控制器和电机驱动器三者主要的电路连接。

当电机转子开始生产时,操作员在控制平台的触摸屏上输入电机转子的型号,并通过通信线路将信号传递给 PLC 控制器,PLC 控制器对接收到的信息进行分析,根据电机转子的型号和相应模具定位结构的具体位置,计算出模具库所需要转动的角度,然后控制 PLC 控制器发出脉冲、方向信号,通过电机驱动器控制步进电机的运行，使得模具库转动到相应的位置。

在生产结束时，依次将压铸模具放回模具库，当每一个模具放回模具库时，安装于模具库本层的压力传感器或光敏传感器对其进行监测，判断是否放置到位，并将此信息传送到 PLC 控制器，若没有放置到位，PLC 控制器通信给控制平台，控制平台将给机械手发送信号，对放置位置进行修正。

当各层模具放置腔室均已放置到位时，模具库 PLC 控制器给驱动器发送信号控制步进电机，使模具库复位到零位。

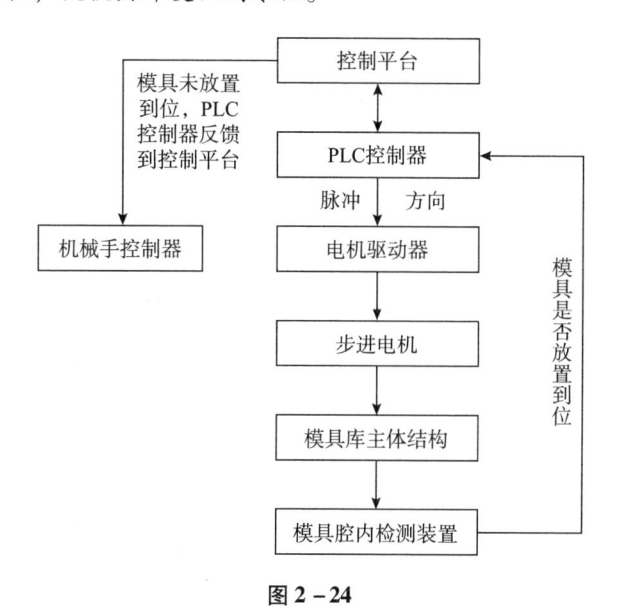

图 2-24

2. 案例分析

本发明的核心在于设计一种自动化的模具库，能够实现根据要压铸生产的电机转子型号自动切换模具的功能。为了能实现这一功能，申请人采用压力传感器或者光敏传感器、PLC 控制器来作为自动控制的实现手段，但机械结构上如何设计以利用这些自动控制手段才是本发明的核心。

机械结构上，申请人将模具库的机械结构设置为圆盘形底层传动结构 1 和安装于底层传动结构 1 上的圆柱体模具库主体结构 2，多层模具放置腔室旋转设置于模具库主体结构 2 的中心转轴 4，底层传动结构 1 下方的齿轮与步进电机配合驱动中心转轴 4 转动。

控制系统上，申请人设置的 PLC 控制器主要是根据控制平台输入的信息控制模具库的转动，从而取得对应的模具；设置的压力传感器或者光敏传感器用于检测模具在模具库中的到位情况。

因此，本发明作为一种自动控制技术的功能实现，该技术方案的重点在于提供了由控制单元模块驱动的机械结构。因此，为了获得对发明更好的保护，权利要求的撰写应该包括机械机构部分的描述，以将机械结构方面的改进表述清楚；而其中的控制系统可以上位概括为其执行的功能，至于功能实现采用何种控制机构和程序软件，均为本领域技术人员的常规选择，不宜限定得太过具体。

具体而言，申请人在撰写权利要求时应对自动化模具库中实现模具切换的具体结构及其控制单元、驱动单元执行相应的功能进行限定，独立权利要求1可撰写为：

1. 一种用于电机转子压铸的自动化模具库，其包括：

底层传动结构（1）和安装于底层传动结构（1）上的模具库主体结构（2），所述底层传动结构（1）呈圆盘形，所述模具库主体结构（2）整体呈圆柱体；所述模具库主体结构（2）包括中心转轴（4）和若干层模具放置腔室，中心转轴（4）固定于底层传动结构（1）上表面的中心位置，所述模具放置腔室固定连接于中心转轴并沿着中心转轴的轴向位置设置；所述底层传动结构（1）的下表面配置有齿轮，该齿轮与步进电机相配合进而驱动中心转轴的转动；

控制平台连接PLC控制器，PLC控制器连接步进电机的电机驱动器，控制平台用于输入电机转子型号，PLC控制器通过电机驱动器控制模具库的转动及复位；每层模具放置腔室均设有多个腔室，且每个腔室中均安有模具定位结构（3），模具定位结构（3）附近安装有检测装置，用于检测模具是否放置到位。

三、如何撰写机电一体化领域可能涉及客体问题的专利申请文件

根据《专利法》的规定，对于违反法律、科学发现、智力活动的规则和方法，不属于技术方案等类的专利申请，属于不授予专利权的客体。随着科学技术的发展，人机交互、自动控制、生产管理、人工智能、神经网络、数学建模等信息技术与工业制造紧密结合，传统制造业发生了全方位的改造、提升和变革，智能制造的新模式、新业态和新价值链体系正在形成。这些不同于传统模式的创新必然反映在其专利申请中，使其专利申请的形式以及专利保护的客体更加多样和复杂。

因此，近年来，在机械领域，越来越多的专利申请涉及人机交互、自动控制、生产管理、人工智能、神经网络、数学建模等技术和方法。对于此类专利申请，如果在撰写申请文件时不加注意，有可能会导致专利申请出现专利法规

定的不能授予专利权的保护客体方面的问题。

以下通过案例对此类专利申请文件如何撰写进行说明。

【案例2-10】一种汽车部件管理系统

1. 相关案情

在现有技术中，汽车的零部件通常是在不同场所制造并装配的，然后再运送到某个集中场地进行最终组装。不同部件的装配涉及给不同的装配工人分配任务，这些任务的分配可采取零部件装配订单的形式，执行汽车装配的装配工人使用零部件装配订单确定他们每天将执行哪些任务。然而，当装配工人不能识别待装配部件在汽车上的位置，或者不能查看可能已经位于汽车上的其他部件时，会导致装配效率较低、生产成本增高。

为此，申请人发明了一种汽车部件装配管理系统，包括零部件装配订单对象管理器。通过配置对象管理器，能够识别用于零部件装配订单的装配位置视图。对象管理器还经进一步配置，在包括装配位置视图内的其他相关部件的背景下，显示该零部件装配订单需要装配的部件在装配位置视图内的装配情况。

图2-25，其描绘了制造环境的框图的图解。制造环境100为可在其中装配对象102的环境的实施例。在该实施例，对象102通过对部件103实施装配完成，部件103的装配可在制造设施104的建筑物105中的装配位置106进行，对象102的装配可以在多个不同的装配位置完成，部件103在建筑物105中的装配可发生在对象102的其中一个装配位置106中的位置107进行。在建筑物105中执行一组任务108来装配对象102。装配任务可由一组装配工人109执行的一种或更多种操作组成，装配工人109被分配从事对象102的装配。

对象管理器110可用于管理对象102的装配。当对象102为汽车111时，对象管理器110可以为汽车管理系统的一部分。对象管理器110可以是软件、硬件、固件或其组合。

如图2-25所示，对象管理器110可在计算机系统112中实现。在管理对象102的装配中，对象管理器110可管理任务108和关于对象102的信息。在该示例性实施方式中，任务108的管理可包括分配任务108给装配工人109、监测任务108的状态、组织任务108、提供关于任务108的信息，或其他合适操作中的至少一个。

在该实施例中，通过零部件装配订单113的使用，对象管理器110可分配任务给装配工人109，用于对象102的执行和装配。另外，单零部件装配订单113的状态可用于识别由装配工人109进行的对象102的装配的状态。零部件装配订单113可包括各种类型的操作。例如，零部件装配订单113可包括应何时装配部件103中的特定部件、应何时对装配在对象102中的部件103进行检查或其他合适的操作。

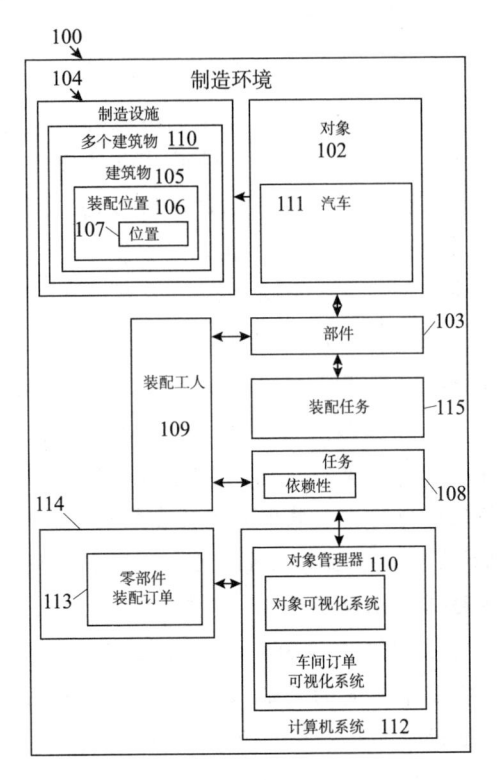

图 2-25

对象管理器110包括分配管理器、对象观察仪、库存标识符、状态标识符和图形用户界面。图形用户界面经配置提供给装配工人109与对象管理器110交互的界面。

对象观察仪经配置生成部件103的图形表示。图形表示可在显示系统的图形用户界面上显示。对象观察仪可从对象102，并且具体地是汽车111的装配位置视图数据库中的进行识别。图形表示的生成可基于装配位置视图的全部或在装配位置视图中的一组。装配位置视图可以为立方体、长方体、圆柱体、球体，或某一其他合适的形状。

装配工人可以在在图形用户界面查看需要装配的零部件及其相关部件在装配位置视图中的位置关系。在一个实施例中，装配位置视图的识别可基于在零部件装配订单113中的选择。在该实施例中，零部件装配订单用于装配任务

115。在这些实施例中，装配任务 115 由被装配的或放在一起的两个或更多个部件 103 组成。在该实施例中，零部件装配订单可针对装配、检查、返工或关于装配任务 115 的其他操作。

在实施例中，当装配工人选择包括装配任务 115 的零部件装配订单时，可基于该零部件装配订单动态识别并显示装配任务 115 所处的装配位置视图。

在装配位置视图中，装配工人可以查看视图中各相关部件的实际状态，实际状态包括该部件已经处于安装完成状态或待安装状态。

2. 案例分析

通常，技术方案是指对要解决的技术问题采取了利用自然规律的技术手段的集合。因此，对于此类专利申请文件，在撰写时应当注意，说明书中应当结合具体的应用领域，写明该申请所要解决的技术问题、采用的符合自然规律的技术手段，获得相应的技术效果；撰写出的权利要求所要求保护的方案应当反映出采用的手段与解决的技术问题之间有着对自然规律的利用或者受自然规律的约束；反之，如果撰写的权利要求所要求保护的方案仅仅按照人为制定的一些规则，不受自然规律的约束，则会产生专利法规定的不授予专利权的客体问题。

具体到本发明，其涉及生产管理，根据申请人提供的材料，其所要解决的是现有技术中装配工人不能识别待装配部件在汽车上的位置，或者不能查看可能已经位于汽车上的其他部件的技术问题；采用的技术手段是通过对象管理器实现汽车部件的装配管理，对象管理器用于识别汽车位置，识别零部件装配订单，识别零部件装配订单的装配位置视图，以及显示装配位置视图内的相关部件，最终通过制造系统基于订单装配汽车；其达到的技术效果是能够提高装配效率，降低生产成本。该发明为了解决汽车部件识别与显示的技术问题而采用对象管理器和制造系统识别和显示汽车部件，从而达到提高装配效率的技术效果，反映了自然规律的应用，因此这些内容均应在说明书撰写时予以体现。

对于本发明权利要求的撰写，其涉及汽车零部件生产管理系统，权利要求的主题即可撰写为"一种用于汽车部件的管理系统"。对于权利要求的前序和特征部分，应当具体写明、反映利用了自然规律的技术手段，不能仅写入与解决的问题之间是按照人为制定的规则连接的技术手段。对于本发明，为了避免涉及专利法规定的不授予专利权的客体问题，在权利要求撰写时，应当结合生产管理应用的领域，采用利用了自然规律的技术手段组成权利要求保护的技术方案。如前所述，对象管理器、利用对象管理器识别汽车位置、识别零部件装配订单、识别零部件装配订单的装配位置视图，以及显示装配位置视图内的相关部件、最终通过制造系统基于订单装配汽车等特征反映的是对自然规律的利用，不是抽象的人为规则，因此应将这些特征写入权利要求中。

推荐的权利要求 1 如下：

1. 一种汽车管理系统，其包括：

对象管理器，其配置用于：

识别所述汽车在包括含有所述汽车的多个汽车装配线上的特定位置，其中所述多个汽车中的每个在所述装配线上具有不同的位置；

识别汽车部件的装配任务的零部件装配订单，其中所述零部件装配订单选自包含能够针对所述特定位置生成的零部件装配订单的车间订单数据库；

识别所述零部件装配订单的装配位置视图，以及在所述装配位置视图内显示部件的装配任务，并显示其他相关部件的装配状态，并包括制造装备的制造系统，所述制造系统经配置基于所述零部件装配订单装配所述汽车。

第二部分
全国专利代理师资格考试实务科目指导

专利代理工作具有很强的专业性，执业人员需要同时具备专业技术知识与法律知识，全国专利代理师资格考试是检验应试者是否具备从事专利代理所需知识水平和工作能力的重要途径，其中专利代理实务科目则是考试中的难点所在。因此，本部分将从专利代理实务考试的基本答题思路和注意事项出发，结合近几年"专利代理实务"科目考试真题分析，为大家提供一些可资借鉴的思路和方法。

本部分包括第三章至第五章，其中，第三章从试题形式和考查能力两个方面梳理"专利代理实务"科目考试考点；第四章针对最常见的三种实务题型介绍"专利代理实务"科目考试的基本答题思路；第五章结合2015~2018年的"专利代理实务"科目考试真题给出具体的解析思路和答题方法。

第三章 "专利代理实务"科目考点

自1992年全国专利代理人❶资格考试开始以来,其考试科目和考试内容进行过多次调整。而无论全国专利代理人资格考试如何沿革,与专利代理实务有关的考试科目均为考试内容中的考查重点。2006年全国专利代理人资格考试进行过一次较大的变革,考试科目由之前的四门改为现在的三门,即专利法律知识、相关法律知识和专利代理实务,试卷满分共计400分,三门的分值分别为150分、100分、150分。近年来,全国专利代理人资格考试的通过标准通常是"专利代理实务"单科科目必须达到合格分数线,并且另外两门科目的总成绩达到合格分数线。因此,通过"专利代理实务"科目考试的考核对于顺利通过全国专利代理人资格考试而言至关重要。自2019年3月实施新的《专利代理条例》之后,全国专利代理人资格考试正式更名为"专利代理师资格考试",其考试内容目前仍沿用现行的考试科目。

凡事预则立,不预则废。要想顺利通过"专利代理实务"科目考试,就要充分做好准备工作,先了解"专利代理实务"考试到底考什么,熟知考试的常见题型以及考查要点是什么,从而在考试时做到成竹在胸。

---

❶ 新修订的《专利代理条例》将专利代理人的称谓改为"专利代理师"。本书在为保证用法的延续性,2019年之前仍采用"专利代理人",之后的论述采用"专利代理师"。

第一节 "专利代理实务"试题形式分析

"专利代理实务"科目考试主要考核的是应试者的专利代理实务能力，其试题形式与其他两门科目以客观题为主的试题形式不同，主要以分析、撰写以及答复为主，考题内容更接近专利代理人的实际工作。按照《全国专利代理人资格考试大纲》的要求，考试范围主要涉及以下几个方面：专利申请文件的撰写、答复审查意见通知书的意见陈述书的撰写和对专利申请文件的修改，以及无效宣告请求书的撰写或针对无效宣告请求的意见陈述书的撰写。

"专利代理实务"考试题目有限，不可能在一次考试中对所有与专利代理实务相关的内容进行全面考查，只对重点方面有所侧重。本节内容主要基于对2018年至2010年这几年试题形式的分析，重点为读者介绍常见的几种典型试题形式，以使大家对考前准备工作做到有的放矢。

通过对2018～2010年"专利代理实务"试题形式的分析可知（参见表3-1），近年来常见的典型试题形式主要包括以下几种。

表3-1　2018～2010年历年"专利代理实务"试题形式分布表

试题形式		年份								
		2018	2017	2016	2015	2014	2013	2012	2011	2010
分析专利申请文件存在的缺陷	分析权利要求书是否符合《专利法》及其实施细则的规定		√			√	√			
	分析说明书中哪些部分需要修改		√							
撰写或修改权利要求书	撰写权利要求书	√	√	√	√	√	√	√	√	√
	修改权利要求书				√		√			
陈述理由或回答问题	陈述所撰写的独立权利要求相对于现有技术具备新颖性、创造性的理由			√		√		√		√
	陈述独立权利要求相对于现有技术要解决的技术问题和取得的技术效果	√		√		√		√		

续表

试题形式		年 份								
		2018	2017	2016	2015	2014	2013	2012	2011	2010
陈述理由或回答问题	回答客户交底材料中提出的问题								√	
	其他问题（如对方的应对方式，产品的侵权风险等）	√								
分析或撰写无效宣告请求理由	分析客户提出的无效宣告请求理由是否成立	√		√				√		
	撰写无效宣告请求书	√		√	√				√	

一、分析专利申请文件存在的缺陷

这种题型通常是以撰写咨询意见的形式出现，要求应试者对客户自行撰写的申请文件（如权利要求书或说明书等）是否符合《专利法》及其实施细则的相关规定作出判断和分析。在2013年、2014年、2017年的试题中均出现了这种试题形式。

二、撰写或修改权利要求书

由表3-1中展示的2018~2010年专利实务试题形式的分布可知，对权利要求书的撰写或修改一直是"专利代理实务"科目考试中最重要的一种试题形式，尤其是权利要求书的撰写，基本上是历年必考题型。

（一）撰写权利要求书

一般而言，这种试题形式通常是在考虑试题中给出的现有技术文件的基础上，要求应试者为客户撰写一份发明专利申请或实用新型专利申请的权利要求书。如2017年卷三的第三题（以下试卷的详细内容请参见第二部分第五章）：

客户A公司向你所在代理机构提供了自行撰写的申请材料（包括说明书1份、权利要求书1份），以及检索到的2篇对比文件。现委托你所在的代理机构为其提供咨询意见并具体办理专利申请事务。

第三题：请你综合考虑对比文件1及对比文件2所反映的现有技术，为客户撰写发明专利申请的权利要求书。

或是在综合考虑试题中给出的技术交底材料、现有技术文件及其他相关材料的基础上要求为客户撰写一份发明专利申请或实用新型专利申请的权利要求书，如2016年卷三的第三题（以下试卷的详细内容请参见第二部分第五章）：

客户A公司拟对B公司的发明专利（下称涉案专利）提出无效宣告请求，为此，A公司向你所在的代理机构提供了涉案专利（附件1）和对比文件1~3，以及A公司技术人员撰写的无效宣告请求书。

第三题：客户A公司同时向你所在的代理机构提供了技术交底材料（附件3），希望就该技术申请实用新型专利。请你综合考虑涉案专利和对比文件1~3所反映的现有技术，为客户撰写实用新型专利申请的权利要求书。

有些试题中还会对要求撰写的权利要求书提出一些更明确的要求，如2014年卷三的第三题中所要求的：

第三题：撰写一份新的发明专利申请的权利要求书。请根据技术交底材料（附件3）记载的内容，综合考虑附件1和对比文件1~3所反映的现有技术，撰写能够有效且合理的保护发明创造的权利要求书。

如果认为应当提出一份专利申请，则应撰写独立权利要求和适当数量的从属权利要求；如果认为应当提出多份专利申请，则应说明不能合案申请的理由，并针对其中的一份专利申请撰写独立权利要求和适当数量的从属权利要求；对于其他专利申请，仅需撰写独立权利要求；如果在一份专利申请中包含两项或两项以上的独立权利要求，则应说明这些独立权利要求能够合案申请的理由。

或如2010年卷三的第一题中所要求的：

第一题：要求应试者根据技术交底材料、客户提供的现有技术以及检索获得的对比文件为客户撰写一份发明专利申请的权利要求书，具体要求如下：

1. 独立权利要求的技术方案相对于现有技术应当具备新颖性和创造性。独立权利要求应当从整体上反映发明的技术方案，记载解决技术问题的必要技术特征，并且符合专利法及其实施细则对独立权利要求的其他规定。

2. 从属权利要求应当使得本申请面临不得不缩小保护范围的情况时具有充分的修改余地，其数量应当合理、适当，并且符合专利法及其实施细则对从属权利要求的所有规定。

3. 如果所撰写的权利要求书中包含两项或两项以上的独立权利要求，要求应试者简述这些权利要求能够合案申请的理由；如果认为客户提供的技术内容涉及多项发明，应当以多份申请的方式提出，则要求应试者说明理由并撰写分案申请的独立权利要求。

(二) 修改权利要求书

在一些"专利代理实务"试题中，还会要求针对已有的申请文件中的权利要求书进行修改，比如2014年的卷三的第二题要求撰写在答复第一次审查意见通知书时提交的权利要求书的修改文本。2014年卷三第二题如下：

第二题：撰写答复第一次审查意见通知书时提交的修改后的权利要求书，请在综合考虑对比文件1~3所反映的现有技术以及你的咨询意见的基础上进行撰写。

再如2012年卷三第一题无效实务题中，要求撰写一份在无效程序中提交给专利复审委员会❶的修改后的权利要求书。

2012年卷三第一题相关部分如下：

甲公司拥有一项实用新型专利，名称为"一种冷藏箱"，申请号为201020123456.7。某请求人针对该专利于2012年10月16日向专利复审委员会提出无效宣告请求，请求宣告该专利权全部无效，提交的证据为对比文件1~3。要求应试者：……2. 撰写提交给专利复审委员会的修改后的权利要求书。

三、陈述理由或回答问题

这种试题形式通常伴随着权利要求书的撰写一同出现，在撰写完权利要求书之后，还会进一步要求陈述所撰写的独立权利要求相对于现有技术要解决的技术问题或取得的技术效果（参见2012年卷三第二题第2项、2014年卷三第四题、2016年卷三第四题）、相对于现有技术具有新颖性和创造性的理由（参见2010年卷三第二题、2013年卷三第三题、2015年卷三第三题、2017年卷三第四题），或是回答客户在技术交底材料中提出的问题（参见2011年卷三第二题第4项），这种试题形式也是近年来常见的典型题型。

例如，2014年卷三第四题如下：

第四题：简述新的发明专利申请中的独立权利要求相对于附件1所解决的技术问题及取得的技术效果。如果有多项独立权利要求，请分别对比和说明。

2013年卷三第三题如下：

第三题：简述你撰写的独立权利要求相对于现有技术具备新颖性和创造性的理由。

---

❶ 现为专利复审和无效审理部。

四、分析或撰写无效宣告请求理由

这种试题形式属于无效实务类的考题，在 2011 年、2012 年、2015 年、2016 年、2018 年的卷三中均涉及要求对无效宣告请求的理由进行分析的考题，具体形式包括要求应试者撰写相关的客户咨询意见，或者要求应试者撰写无效宣告请求书等。

2015 年卷三第一题如下：

第一题：请你根据客户提供的涉案专利和对比文件为客户撰写咨询意见，要求说明可提出无效宣告请求的范围、理由和证据，其中无效宣告请求理由要根据专利法以及实施细则的有关条、款、项逐一阐述；如果基于你所撰写的咨询意见提出无效宣告请求，请你分析在提出本次无效宣告请求之后进一步的工作建议，例如是否需要补充证据等，如果需要，说明理由以及应当符合的要求。

2012 年卷三第一题相关部分如下：

甲公司拥有一项实用新型专利，名称为"一种冷藏箱"，申请号为 201020123456.7。某请求人针对该专利于 2012 年 10 月 16 日向专利复审委员会提出无效宣告请求，请求宣告该专利权全部无效，提交的证据为对比文件 1~3。要求应试者：1. 具体分析和说明无效宣告请求书中的各项无效宣告请求理由是否成立。认为无效宣告请求理由成立的，可以简要回答；认为无效宣告请求理由不成立的，提出修改建议并简要说明理由。

很多应试者可能对于无效宣告请求书的撰写不是很熟悉，实际上无效宣告请求理由的重点考查内容是《专利法实施细则》第六十五条所涉及的情形，究其本质，仍然是对于新颖性、创造性等法条的理解和运用。另外一个需要关注的问题则是要提前了解无效宣告请求书的格式，并熟悉其中应当包括的各个要点。

五、其他试题形式

前面所述的几种试题形式是近年来专利实务考试科目中出现频率较高的几种形式，有时还以各种组合或变形方式出现。值得一提的是，针对审查意见撰写意见陈述书这种试题形式也是一种较为典型的试题形式，同时也是考核专利实务能力的一个重要方面，虽然在近几年的专利实务考试试题中较少出现，但也应引起大家的重视。这种试题形式可参见 2008 年的卷三第二题，其中曾要求应试者针对第一次审查意见通知书，并结合考虑对比文件的内容，撰写一份意见陈述书；或参见 2007 年的卷三第一题第 1 项，其中，也曾要求应试者针对无效宣告请求撰写一份正式提交专利复审委员会的意见陈述书。

自1992年以来，曾经出现的"专利代理实务"试题形式还有很多，在此不一一列举。在今后的考试中，除了上述几种典型形式之外，并不能排除以其他可能的变换形式或组合方式出现，应试者仍应对照《全国专利代理师资格考试大纲》中对专利代理实务各方面的要求进行充分准备。

第二节 "专利代理实务"试题考查能力分析

本章第一节对于近年来全国专利代理人资格考试的"专利代理实务"科目（即卷三部分）中经常出现的试题形式进行了介绍，这些试题形式在实际考题中还会出现各种变形或组合，因此对于应试者而言，不仅要了解典型试题形式，更要熟知每种试题形式背后实际要考查的重点内容和应试者应当具备的能力，这样才能做到面对各种形式的考题时游刃有余，以不变应万变。

一、基本技术能力

如在第一节中所分析的，"专利代理实务"科目的考题一般是以具体案例（技术交底材料、客户自行撰写的申请文件或欲启动无效宣告请求的涉案专利等）为背景，描述几种可能遇到的具体专利代理实务情景，要求应试者一一作答，因此应试者应具备理解发明的基本技术能力。

自2006年开始，"专利代理实务"科目考试不再细分机械、化学、电学专业，即不同专业的应试者不再采用不同的试卷，而是采用同样的考题。实际上，为了将考试重点放在对专利代理实务能力的考核上，一般会选择更贴近日常生活领域的装置或方法作为试题所涉及的技术主题。从近年来的考题所涉及的技术内容来看，所涉及的技术方案虽然均为机械领域的案例，但对于各个领域的应试者而言都是非常容易理解的。因此，应试者在准备"专利代理实务"科目考试时，不必在过于专业化的技术知识的储备上花费太多心思，但应了解简单的机械制图相关知识，学会看图，并结合附图迅速、准确地把握技术构思。

表3-2 2018~2010年历年"专利代理实务"试题涉及技术主题分布表

年份	试题涉及技术主题	年份	试题涉及技术主题
2018	灯	2013	公用垃圾箱
2017	起钉锤	2012	硬质冷藏箱
2016	茶壶	2011	即配式饮料瓶盖
2015	卡箍	2010	电机上置式食品料理机
2014	光催化空气净化器		

二、专利知识能力

从近几年"专利代理实务"科目的考题来看,自2013年至今,试题资料一般采用在试题说明部分介绍一种可能遇到的具体专利代理实务情景,并以附件的形式给出技术交底材料、客户自行撰写的申请文件或是欲启动无效宣告请求的涉案专利等材料,同时还会给出二至三篇相关对比文件,在上述材料的基础上,给出三或四道具体的题目,要求应试者一一作答。在这三或四道考题中,通常会考查对重点法条的理解和运用能力(尤其是对发明新颖性和创造性的评判能力),分析、修改与撰写权利要求书的能力,分析说明书缺陷以及规范撰写的能力等,部分年份还会涉及对审查意见的答复能力以及无效实务能力的考查等。

(一)对重点法条的理解和运用能力

表3-3显示了2018~2010年专利代理实务考题所涉及法条的频次分布情况,从近年来的考题涉及法条情况来看,《专利法》第二十二条规定的新颖性和创造性、《专利法》第二十六条第四款关于权利要求书应当清楚且以说明书为依据的规定、《专利法实施细则》第二十条第二款关于独立权利要求书应当记载必要技术特征的规定、《专利法实施细则》第十九至第二十二条关于权利要求书撰写要求的规定均为对权利要求书的分析与撰写的考查时应当着重关注的法律条款,尤其是对新颖性和创造性的评判能力,是每年试题中都会考查的重中之重,可能会以分析申请文件存在的缺陷、分析无效宣告请求理由、陈述所撰写的权利要求相对于现有技术具备新颖性、创造性的理由等各种试题形式出现。

表3-3 2018~2010年历年"专利代理实务"试题涉及法条出现频次表

法条	2018年	2017年	2016年	2015年	2014年	2013年	2012年	2011年	2010年
A2/A5/A25/A22.4					√	√	√		
A22.2/A22.3	√	√	√	√	√	√	√	√	√
A26.4	√	√	√	√	√	√	√	√	√
A26.3			√						
R20.2		√	√	√	√	√	√	√	√
R19/R20/R21/R22									
A31.1/R34	√	√		√	√	√	√	√	√
R17/R18		√							
R51.3					√				

续表

法条	2018年	2017年	2016年	2015年	2014年	2013年	2012年	2011年	2010年
A33					√				
A29.2									√

注：A代表《专利法》；R代表《专利法实施细则》。

另外，对单一性这一法律概念的考查也成为近几年在权利要求书撰写时需要重点考查的问题，出现的频次也相对较高。特别是如果说明书中出现记载多种实施方式的情形，则需要应试者格外留心这些实施方式之间是否属于同样的发明构思，属于一项发明还是多项发明，如果属于多项发明，则需要将其余的发明另案提交申请，这种情形主要是在考查应试者对于《专利法》第三十一条第一款的理解和运用能力。

此外，《专利法》第二条的发明创造的定义、《专利法》第五条和第二十五条规定的不授权客体、《专利法》第二十六条第三款关于说明书应当充分公开的要求等，也是在分析专利申请文件的缺陷或无效宣告请求理由时经常会出现的考点。

（二）分析、修改与撰写权利要求书的能力

权利要求书限定了请求专利保护的权利范围，是整个专利申请文件中的核心文档。从历年的"专利代理实务"考试真题中不难发现，对权利要求书的各种考查也一直是"专利代理实务"科目中的重点和难点。

关于对权利要求书的分析意见，这类考题通常以要求撰写提交给客户的咨询意见或信函的形式出现，要求应试者逐一解释试题素材中所涉及的权利要求书是否符合《专利法》及其实施细则的规定并说明理由。此类考题实际上是20世纪90年代初"专利代理实务"考试中"专利申请文件的改错"这种试题形式的一种延续和变形。而对权利要求书的修改，在部分试题中还会要求应试者在已有权利要求书以及所提供的对比文件或其他素材的基础上提供一份修改后的权利要求书；而对权利要求书的撰写能力的考查，在历年的卷三试题中都不曾缺席，属于"专利代理实务"考试的重中之重。不论是对权利要求书所涉及缺陷的分析意见，还是修改权利要求书、撰写权利要求书，其考查的重点都是应试者对于专利法对权利要求书的实体和撰写要求等相关法条的理解和综合运用能力，同时要求具有一定的语言表达、归纳概括和逻辑推理能力。

（三）分析说明书缺陷以及规范撰写的能力

从历年的"专利代理实务"科目的考题来看，目前对说明书的考查内容主要集中在以下几个方面：一是说明书是否满足《专利法》第二十六条第三款规定的有关充分公开的要求，二是说明书中的实施例是否需要分案申请，三是对说明书的撰写是否满足撰写要求。

分析试题素材中的相关技术方案是否充分公开，一般在分析专利申请文件的缺陷或者分析无效宣告请求理由时出现，还有可能在近年来卷三经常出现的陈述理由和回答问题这种题型中出现，重点考查应试者对于《专利法》第二十六条第三款中关于说明书应当充分公开这一法律概念的理解和运用能力。

关于对说明书的撰写，虽然《全国专利代理师资格考试大纲》对于专利申请文件的撰写要求包括了权利要求书的撰写和说明书及其摘要的撰写等各部分，但是由于受试题内容和考试时间的限制，在历年的"专利代理实务"考试题目中，一般均将考查重点放在权利要求书上，很少有题目涉及对说明书撰写的考查。但应试者也不能因此放松了对《专利法》及其实施细则中涉及说明书撰写要求的掌握，比如 2017 年卷三的第二题就考查了说明书的撰写规范，要求应试者了解《专利法实施细则》第十七条规定的说明书构成的各个部分以及各部分的撰写要求，同时也要求应试者具备根据提供的对比文件总结归纳申请文件的发明背景、技术问题以及技术效果的能力。对说明书及其摘要的撰写要求主要涉及的法律条款是《专利法实施细则》第十七条、第十八条以及第二十三条。

（四）撰写意见陈述书或无效宣告请求书的能力

针对审查意见通知书的意见陈述书的撰写以及无效宣告请求书的撰写虽然不是每年"专利代理实务"试题中的必考题目，但是二者均属于专利代理实务中的重要内容，是专利代理师必须要熟练掌握的能力。

对于应试者而言，针对审查意见通知书撰写意见陈述书，其实体内容仍为对专利申请文件中存在的缺陷的判断与分析，针对有缺陷的部分进行修改，针对认定为无相应缺陷的部分进行有理有据的答复，将所主张的最有说服力的理由进行重点论述。而关于意见陈述书的撰写格式，应试者只需要提前花少许时间熟悉一下格式即可。

相对而言，应试者往往对无效实务类的考题感到更为陌生。无效宣告请求书是请求人在就某一项专利提出无效宣告请求时应当提交的法律文件，在提出无效宣告请求时，通常要对欲无效的专利进行分析，初步确定可能提出无效宣告请求的全部理由和证据，进而按照无效宣告请求书的格式进行撰写。在"专利代理实务"科目考试的试题中，通常会要求先对所提供的试卷素材中的涉案专利能够被无效的理由进行分析，或者对客户自行撰写的无效宣告请求书中的理由是否成立进行分析，然后再要求应试者撰写一份无效宣告请求书。无效宣告请求书的实体内容仍然是对专利申请文件本身是否存在可能影响专利有效性的缺陷进行分析，在实体内容方面，应试者尤其需要注意的是《专利法实施细则》第六十五条规定的请求宣告专利权无效或部分无效的理由与《专利法实施细则》第五十三条规定的发明专利申请可以被驳回的理由并不完全重合，如《专利法》第三十一条第一款虽然是驳回条款，但是并不能作为无效宣告请求的理由提出，这一考点也经常在无效实务类的试题中出现。至于无效宣告请求书的格式，要记载请求宣告的涉案专利号、专利名称、说明请求无效的范围（如部分无效或全部无效），针对无效宣告请求所针对的权利要求，列出无效宣告请求理由所依据的证据，之后结合专利文件和证据中所记载的事实逐一陈述无效宣告请求理由。

第四章 "专利代理实务"科目答题思路

上一章中，我们已经分析指出"专利代理实务"的考查试题形式主要包括：分析专利申请文件存在的缺陷、撰写或修改权利要求书、陈述理由或回答问题以及分析或撰写无效宣告请求理由，并通过对"专利代理实务"试题的分析，厘清了各类考题的考查要点，对应试者提出了相应能力的要求。本章将针对前述的几种主要题型，从各种考题的具体答题思路、答题注意事项等角度加以阐述，以提高解题的针对性。

第一节 对权利要求书的分析及修改题型

这类考题一般有两种形式，一种是要求应试者对客户自行撰写的申请文件（重点是权利要求书）是否符合《专利法》及其实施细则的相关规定作出判断和分析，另一种则是在题目中给出申请资料的同时，再给出一份简要的审查意见（主要针对权利要求书），要求应试者针对该审查意见作出分析和判断（实质上也是对权利要求是否符合《专利法》及其实施细则的相关规定作出分析和判断），并对申请资料中的权利要求进行修改。相比较而言，后者比前者多了一项进一步修改权利要求的工作，因此还需要注意与修改相关的《专利法》第三十三条、《专利法实施细则》第五十一条第三款以及《专利审查指南2010》中针对这两个条款的具体说明，但是两者在针对权利要求书的分析方面的知识点是一致的，下面将以上述第一种试题形式为例，重点针对权利要求书的分析思路进行说明。

《专利法》《专利法实施细则》以及《专利审查指南2010》中已经详细阐述了权利要求必须满足的各项条件，主要包括：《专利法》第二十二条规定的新颖性、创造性、实用性，第二十六条第四款规定的"清楚"和"支持"问题，《专利法实施细则》第二十条第二款规定的必要技术特征、第十九至第二十二条规定的关于权利要求的撰写形式要求等，应试者应熟练掌握与其相关的知识点。解答本类考题时需对照各条款中给出的评判条件和标准，分析并指明权利要求书存在的缺陷。

透彻理解本申请和对比文件的内容是准确判断本申请的权利要求书是否存在缺陷的基础，因此，在具体分析权利要求书存在哪些缺陷之前，首先，应试者需要详细解读客户提供的本申请和相关对比文件的内容；其次，再根据《专利法》及其实施细则的上述规定，逐条对照分析客户所提供的权利要求书，并指明其存在的缺陷；最后，按照题目要求将具体分析意见以规范的表述方式提交给客户。在分析过程中，建议按照先独立权利要求后从属权利要求、先实质缺陷后形式缺陷的顺序来进行。例如，先考虑新颖性、创造性，后考虑是否缺少解决技术问题的必要技术特征、是否得到说明书的支持等问题，最后考虑诸如单一性、引用关系等形式问题。具体如下。

一、分析是否存在不授予专利权的客体

权利要求请求保护的主题应当是法律规定的可专利保护的主题。在"专利代理实务"考试试题中，客户自行撰写权利要求书时，有时可能会有个别权利要求出现将智力活动的规则和方法、疾病的诊断和治疗方法等作为权利要求保护主题的情形。但智力活动的规则和方法、疾病的诊断和治疗方法等属于法定不授予专利权的客体。若出现此类情况时，应试者应当指出需将权利要求书中涉及法定不授予专利权客体的权利要求删除。

二、分析是否具备新颖性、创造性、实用性

权利要求满足《专利法》第二十二条规定的新颖性、创造性、实用性是申请被授予专利权的必备条件，也是实务考试中客户撰写的权利要求书中常常会涉及的缺陷（特别是新颖性和创造性缺陷）。由于该法条规定的具体内容以及评判标准在《专利法》和《专利审查指南2010》中均有详细介绍，此处便不再具体介绍其法条规定的相关内容，只重点分析在作答分析权利要求书缺陷的这

种题型中,针对是否满足该法条进行判断时应当注意的问题。

(一) 新颖性

首先,新颖性判断应遵循单独对比原则,即不能将权利要求的技术方案与几份对比文件或者一份对比文件中的多项技术方案进行组合对比,只能将其与某一份对比文件中的一个技术方案进行单独对比。绝大部分应试者在分析客户撰写的独立权利要求时,都能较好地注意到单独对比原则,但是在分析从属权利要求的新颖性时,则容易出现混乱。例如,将独立权利要求1与对比文件1中的某一技术方案单独对比并分析出该权利要求不具备新颖性之后,便直接指出从属权利要求2的附加技术特征已在对比文件1中公开,因此从属权利要求2也不具备新颖性,却忽略了从属权利要求2的附加技术特征实际上是在对比文件1中的另一个技术方案中公开的事实。本质上,这种做法是将从属权利要求2的技术方案与对比文件1中的两个技术方案的组合进行对比评判,显然违背了单独对比原则。更有甚者,发现从属权利要求2的附加技术特征已在对比文件2中公开,便直接指出从属权利要求2也不具备新颖性,完全忽视了其引用的独立权利要求1是相对于对比文件1不具备新颖性的事实,这种做法违背单独对比原则的表现更加明显。

其次,判断新颖性时需注意"四相同",即技术领域、技术问题、技术方案、技术效果均相同。不仅在分析判断的过程中应当注意这"四相同",还需注意在书面答题时从这四个方面进行规范表述。绝大部分应试者能较好地注重判断技术方案是否相同,但容易忽略其他三个方面是否相同。在判断技术方案是否相同时,部分应试者会出现遗漏技术特征的情况,即未对比分析权利要求中的个别或部分技术特征是否已被对比文件公开。

最后,在判断从属权利要求的新颖性时,容易出现重"技术特征"轻"技术方案"的情形。例如,在评述权利要求1相对于对比文件1不具备新颖性之后,进一步评述从属权利要求2的新颖性时,便直接指出"由于从属权利要求2的附加技术特征已被对比文件1公开,因此该从属权利要求2也不具备新颖性",而未表明"在其引用的权利要求1不具备新颖性的情况下,该从属权利要求2也不具备新颖性"。

(二) 创造性

首先,与新颖性判断应遵循单独对比原则不同,创造性判断中应遵循组合原则,即将一份或者多份现有技术中的不同的技术内容组合在一起与权利要求进行对比评判。值得注意的是,几乎历年的"答题须知"中均有相关说明"应试者在完成题目时应当接受并仅限于本试卷所提供的事实",因此,在分析判断权利要求的创造性时，只需针对试题中提供的对比文件进行分析，应试者自行认定的公知常识不是试卷所提供的事实，不要自行引入。这一点是"专利代理实务"科目考试和实际专利代理工作的显著区别，需注意加以区分。

其次，在创造性的判断过程中，需规范使用"三步法"，这几乎是与创造性的判断形影不离的知识点，在"专利代理实务"科目考试的各种题型中均有可能出现。第一步，确定最接近的现有技术；第二步，确定发明的区别特征和发明实际解决的技术问题；第三步，判断要求保护的发明对本领域的技术人员来说是否显而易见。第一步中应优先考虑技术领域相同或相近的对比文件作为最接近的现有技术，第二步中需根据区别特征在发明中所起的作用来确定发明实际解决的技术问题，第三步中不能忽略被其他对比文件公开的区别特征在该其他对比文件中所起的作用是否与其在本申请中所起的作用相同，否则就难以认定该其他对比文件给出了其公开的技术特征能够与最接近现有技术相结合的技术启示。在答题时，一定要明确体现出"三步法"的思路。值得注意的是，当独立权利要求不具备新颖性时，对于其后首次评判创造性的从属权利要求，也应按照完整的"三步法"进行评述，对此应试者时常容易忽略。

最后，对于新颖性和创造性的判断，通常还需关注对比文件在时间上是否构成了本申请的现有技术或抵触申请，但是，针对"分析客户撰写的权利要求书中存在的缺陷"这种题型而言，由于客户撰写的申请资料还并未形成实际的专利申请，试题中提供的已经公开的对比文件客观上已构成本申请的现有技术。因此，关于对比文件时间判断的知识点在该题型中通常不会出现，但是在其他题型中则需引起关注，在下文中对其他题型的分析时，会有具体介绍。在新颖性和创造性的具体对比过程中，需要将权利要求和相关对比文件的技术方案依次进行特征对比，分析各对比文件分别公开了权利要求的哪些特征，建议列出权利要求和各对比文件的特征对比表，这样既能避免相关特征的遗漏和混淆，又易于考虑对比文件之间的结合。

(三) 实 用 性

关于实用性，需要考虑权利要求的技术方案是否能够在产业制造或者使用，并且能够产生积极效果。在实务考试中，鉴于资料篇幅、答题时间、试题知识点设置的整体考虑等多种因素，出现不具有实用性的权利要求概率通常很小。若以其他题型出现，则按照《专利法》和《专利审查指南2010》的具体规定进行判断即可，这里不再详述。

三、分析是否存在其他实质性缺陷

除"三性"（即新颖性、创造性、实用性）以外的其他实质性缺陷，权利要求书中通常还涉及独立权利要求缺少必要技术特征、权利要求不清楚、权利要求得不到说明书的支持、多项独立权利要求之间不具备单一性等。在完成权利要求的"三性"分析之后，还需进一步分析客户撰写的权利要求书中是否存在上述这些缺陷，特别是对于那些已分析出具备新颖性和创造性的权利要求而言，更应当注重分析其是否存在上述这些实质性缺陷。

（一）分析是否缺少必要技术特征

首先，是否缺少必要技术特征只是针对独立权利要求而言，对于从属权利要求不需要考虑该问题。其次，对于独立权利要求是否缺少必要技术特征，应当从申请所要解决的技术问题出发并考虑说明书描述的整体内容。因此，正确理解申请所要解决的技术问题是准确判断独立权利要求是否缺少必要技术特征的基础。在此基础上，进一步判断独立权利要求中记载的全部技术特征所形成的技术方案是否已经能够解决该技术问题，说明书中是否还存在与"所要解决的技术问题"密切相关并且必不可少的技术特征。

值得注意的是，如果客户撰写的说明书或技术交底材料中提出要解决的技术问题有多个（"专利代理实务"考试中较常见的为两个），那么在判断独立权利要求是否缺少必要技术特征时只需针对一个技术问题进行判断，即独立权利要求的技术方案只要能解决一个技术问题便不缺少必要技术特征。此种情况下，客户所撰写的权利要求书中有可能会存在多个独立权利要求，此时，则需判断该多个独立权利要求分别相对于上述不同的技术问题是否缺少必要技术特征。

（二）分析权利要求书是否清楚

权利要求书不清楚主要包括类型不清楚、保护范围不清楚、从属权利要求的引用关系不清楚等多种情形，其中类型不清楚又包括：主题名称不清楚、主题名称与技术内容不相适应；保护范围不清楚可进一步分为术语词义不清楚、标点符号使用不当或者语句表述不清楚而导致权利要求保护范围不清楚；引用关系不清楚则有可能是非择一引用、引用基础不存在或者主题名称不一致等。相比较而言，后两种情形在实务考试中更为常见，应试者在审题时，需要对各权利要求逐一认真审查。

例如，权利要求中出现了"尤其是""最好是""必要时"等措辞，或者在一个权利要求中出现了多个句号等。答题时，应明确指明权利要求中的这些缺陷导致了权利要求的保护范围不清楚，同时可根据题目要求适当建议客户进行删除或修改。

又如，从属权利要求与其所引用的独立权利要求的主题名称不一致，比如独立权利要求的主题名称是一种产品，而其从属权利要求的主题名称却是该产品所包含的一个部件。克服该缺陷的方式是将从属权利要求的主题名称更改为所引用独立权利要求的主题名称即可。

再者，从属权利要求进一步限定的附加技术特征在其所引用的权利要求中没有出现，进而导致该从属权利要求的引用基础不存在。克服该缺陷的方式是重新调整引用关系，改引其之前的另一涉及该附加技术特征的权利要求即可。

此外，有时客户所撰写的权利要求中还会存在关于发明原理的描述或者使用了商业性宣传用语，此时需指出权利要求不简要并建议删除相应内容。而多项从属权利要求引用多项从属权利要求的情况在试题中出现频率也较高，应试者需将这类缺陷一并指出。

（三）分析权利要求书是否得到说明书的支持

权利要求书应当以说明书为依据，是指撰写的每项权利要求应当得到说明书的支持，即权利要求书中的每一项权利要求所要求保护的技术方案应当是本领域技术人员能够从说明书充分公开的内容中得到或概括得出的技术方案。

其中，关于是否能"得到"的判断，考试中需要注意，如果说明书或技术交底材料中有多个技术方案，则需判断权利要求的技术方案是否与说明书中的某一个技术方案相对应，若是由说明书或技术交底材料中的多个技术方案中的不同技术特征组合形成的，则往往会存在得不到说明书支持的问题。关于是否能"概括得出"判断则需注意，由于考试中要求"应试者在完成题目时应当接受并仅限于本试卷所提供的事实"，因此，一般来讲，如果权利要求是可以基于说明书中的内容概括得出的技术方案，那么其概括的表述方式通常会在试题的说明书或技术交底材料中明确呈现。

（四）分析多项权利要求之间是否具备单一性

当客户撰写的权利要求书中存在多项独立权利要求时，还需判断该多项独立权利要求之间是否具备单一性。关于单一性的判断，可严格按照《专利法》第三十一条第一款及其实施细则第三十四条的规定进行，即判断各独立权利要求之间是否存在相同或相应的特定技术特征（即对现有技术作出贡献的特征）。由于在此之前已对各项权利要求的"三性"问题进行过具体分析，因此各独立权利要求的特定技术特征已十分明确，在此基础上，进一步根据这些特定技术特征是否相同或相应进而判断出独立权利要求之间是否具备单一性已十分显然。

此外，若客户撰写的权利要求书中只存在一个独立权利要求，且此前的"三性"分析中已经指出该独立权利要求不具备新颖性和创造性，但是直接引用该独立权利要求的多个并列从属权利要求具备新颖性和创造性，此时则还需进一步判断，该多个并列从属权利要求之间是否具备单一性，即判断从属权利要求的特定技术特征是否相同或相应。

最后，再次提醒应试者注意，答题时必须要仔细审题，按照题目所给的条件和要求来作答。通常，试题中会要求应试者为客户逐一解释其自行撰写的权利要求书是否符合《专利法》及其实施细则的规定并说明理由。因此在完成上述思考和分析后，不仅应当根据法律规定的评判条件和标准，全面准确地判断出权利要求书中存在的各种缺陷，还需要按照题目要求说明具体的理由，尤其注意说明具体理由时的规范性表述方式（如关于新颖性意见的"四相同"，关于创造性意见的"三步法"等）。若考题要求"撰写提交给客户的信函"，则需以信函的形式进行答题，如写明客户名称、委托事项、具体意见和结论、结语等；若考题是提问形式，则直接回答问题即可。

第二节　权利要求书的撰写题型

权利要求书的撰写是历年全国专利代理师资格考试的必考题。一份相对合理的权利要求书通常应当符合两方面的要求：一是所撰写权利要求应当符合《专利法》和《专利法实施细则》的规定；二是所撰写的权利要求保护范围合理，不仅能够确保所获专利权的稳定，而且还能最大限度地维护申请人的利益。因此，所撰写出的权利要求必须相对于试题中提供的对比文件具有新颖性和创造性，同时还需注意其独立权利要求既不能缺少必要技术特征又不能包含非必要技术特征。如何兼顾好这些方面是撰写权利要求时需特别注意的问题，考试中，可按照如下思路进行分析和撰写。

一、理解发明内容

理解发明内容是撰写权利要求书的第一步，只有准确理解了发明内容，才能进一步考虑基于该发明内容可以写出什么样的权利要求书。理解发明时，通常以技术问题为切入点，有针对性地去梳理为解决相应的技术问题而采用的技术方案和取得的技术效果，以使其条理更加清晰，特别是针对有多个技术问题的情形，不会产生混乱。同时，如本书第三章所述，近年来的"专利代理实务"考题基本上都涉及机械领域的技术主题，因此，试题中所提供的技术交底材料或说明书除了包含文字描述之外，通常还配有附图。理解发明时，可参照附图仔细研读文字内容，以便快速并准确地理解本申请属于什么技术领域，要解决怎样的技术问题，采用了何种技术方案和技术手段，达到了怎样的技术效果。

根据近年来的"专利代理实务"试题资料可知，撰写权利要求书的题型通常不会被设置为第一题，而应试者在作答之前的第一题时，已经仔细理解过发明的实质性内容。此时，则可以在其基础上进行总结梳理，特别是对于涉及多个技术方案的情况，可注意区分其全部共有技术特征和相应的不同技术特征（即非共有的技术特征），并注意技术交底材料或说明书中是否给出了可以对不同技术方案中的技术手段进行上位概括的提示（如2017年的技术交底材料中明确指出"虽然在本申请的实施例二到实施例四中，调节支撑部高度的装置均采用调节螺杆，但是在不偏离本发明实质内容的基础上，其他具有锁定功能的可伸缩调节机构，如具有多个卡位的卡扣连接结构、具有锁定装置的齿条传动结构等都可以作为调节装置应用于本发明。"即，可以将"调整装置"作为对实施例中的"调节螺杆"的上位概括），为后续的撰写权利要求做好铺垫和准备。

二、确定技术交底材料中可保护的主题

发明专利的主题类型包括产品发明和方法发明（含用途发明），实用新型专利则只能包括产品主题，而不能包括方法主题。在"专利代理实务"考试中，确定所撰写权利要求的主题类型时，首先应当注意题面要求中指出的是发明还是实用新型。若是发明，通常需要考虑：一项发明是写成产品权利要求还是方法权利要求，或者同时撰写产品权利要求和方法权利要求，哪一种类型权利要求能更好地维护申请人的利益。

"专利代理实务"科目考试中，产品权利要求通常是必考的，但应试者还需要注意：若技术交底材料中涉及多种产品主题，则通常需要考虑撰写多项独立权利要求；若只涉及一种主题，但是同一主题下有多种改进方案、要解决多个技术问题，则需要考虑是否需要根据多个改进点撰写多项独立权利要求；若技术交底材料中同时还记载了产品的制造方法，且试题要求撰写发明专利申请的权利要求书，则需要进一步考虑该制造方法是否也对现有技术作出了改进，若有改进，则需要考虑在撰写产品权利要求的同时，撰写出相应的方法权利要求。若试题中要求撰写实用新型专利申请的权利要求书，此时即便技术交底材料中包含关于产品的制造方法或使用方法的说明，也不能撰写方法权利要求，

这一点很容易被应试者忽略。

根据试题资料和要求准确全面地确定出可保护的主题，并由此初步确定出可以撰写出的独立权利要求的数量，进而得出权利要求书的整体布局，能较好地避免出现遗漏某一个独立权利要求或一组权利要求的情况，这一点对于考试而言至关重要。

三、分析研究并确定最接近的现有技术

欲使撰写出的权利要求具备新颖性和创造性，必须对现有技术进行全面理解，并将本申请与对比文件进行对比分析，确定出本申请相对于现有技术所做的贡献，然后才能据此撰写出具备新颖性和创造性的权利要求。试题中通常会提供多篇与本申请相关的现有技术资料，需仔细研读各现有技术所公开的内容（包括技术领域、技术问题、技术方案、技术效果等各个方面）。研读时可将本申请技术交底材料的技术内容分别与各现有技术进行对比分析，重点关注本申请技术交底材料中的哪些技术手段或技术方案被现有技术公开了，哪些没有被公开，已被现有技术公开的技术手段在现有技术中所起的作用是否与在本申请中的作用相同，未被现有技术公开的区别点具有哪些技术效果等。为避免对比过程中相关特征的遗漏和混淆，可采用技术特征对比表的形式，依次列出技术交底材料以及各现有技术公开的关键信息。

在上述对比分析的基础上，再进一步从试题提供的几篇现有技术中确定出本申请最接近的现有技术，以便于准确把握权利要求的创造性，撰写出保护范围适当的权利要求。需要注意的是，从时间上看，试题中提供的已经公开的相关资料都构成了待撰写权利要求书的本申请的现有技术，包括对比文件、涉案专利等不同形式，不能疏忽遗漏任何一篇。在确定最接近的现有技术时，应按照《专利审查指南2010》中的规定，优先考虑技术领域相同或相近的现有技术，同时还应考虑技术问题、技术效果是否相同、公开的技术特征多少等因素。

四、确定所解决的技术问题以及必要技术特征

欲使所撰写出的权利要求既能获得稳定的专利权，又能最大限度地维护申请人的利益，则需该独立权利要求既满足专利法相关规定，又不能包含非必要技术特征，否则会导致其保护范围缩小，损害申请人的利益。因此，准确确定出本申请所解决的技术问题以及必要技术特征，是撰写中非常重要的环节，也是"专利代理实务"考试中十分重要的知识点。

试题中的技术交底材料或说明书通常会指出本申请相对于现有技术所解决

的技术问题。但经过上文中与对比文件之间的对比分析后，应试者会发现该技术问题有可能已经被试题中的某篇现有技术采取与本申请相同的技术方案所解决，即本申请的某个技术方案已被现有技术公开，与其相应的技术问题已被现有技术解决。此时，需要根据上文中所确定出的最接近现有技术重新确定本申请所解决的技术问题，此种情况下，若错误地将技术交底材料或说明书中描述的上述技术问题直接认定为本申请所解决的技术问题，并以此为依据来撰写独立权利要求，则容易导致该权利要求不具备新颖性或创造性。

针对确定出的本申请"所解决的技术问题"，再进一步判断本申请的技术方案中哪些是与"所解决的技术问题"密切相关并且必不可少的技术特征，即必要技术特征，除此之外的则是非必要技术特征。确定必要技术特征时，建议针对本申请技术方案中的全部特征（上文中"理解发明的实质内容"时梳理出的各技术方案之间的共有特征和非共有特征）逐个分析判断，以免遗漏。本申请材料中一些特征前出现的"优选""最好"，由于是优化的技术细节，通常可能是非必要技术特征。

此外还需注意，若技术交底材料或说明书中提出并解决了多个技术问题，且所述技术问题均未被现有技术采用相同的技术方案解决，则需分别针对这些不同的技术问题确定出相应的必要技术特征，为撰写多个独立权利要求做好准备。此时需特别注意，当多个（如两个）技术问题相互并列或独立时，解决技术问题二的必要技术特征并非是解决技术问题一的必要技术特征，同样，解决技术问题一的必要技术特征也并非是解决技术问题二的必要技术特征，必须厘清这层关系之后，才能撰写出条理清晰的多个独立权利要求，否则容易导致独立权利要求中存在非必要技术特征，这也是"专利代理实务"科目中常考查的知识点。

五、权利要求书的撰写

权利要求书通常都包括一项或多项独立权利要求以及若干从属权利要求，独立权利要求应当从整体上反映发明或者实用新型的基本技术方案，记载解决技术问题的必要技术特征，从属权利要求则可体现出发明或者实用新型的优化技术方案，进一步限定出可取得优化技术效果的技术手段。

（一）撰写独立权利要求

独立权利要求所限定的技术方案是权利要求书中保护范围最大的技术方案，要避免独立权利要求中出现缺乏必要技术特征和写入非必要技术特征这两种情况。撰写时，应当先针对具体的技术问题，将上文中分析确定出的解决该技术问题的所有必要技术特征，依据技术交底材料或说明书中的相关描述组织成一个完整的技术方案，用文字清楚表达出来，同时注意将已被现有技术公开的本申请的必要技术特征写入独立权利要求的前序部分，将本申请区别于最接近现有技术的必要技术特征写入特征部分。

如果根据上文的分析，确定出所解决的技术问题只有一个，但是针对该技术问题，技术交底材料或说明书中提供了多个实施例，则需考虑，能否以该多个实施例为依据，通过适当概括撰写成一个独立权利要求，如果还是无法进行概括，只能分别写成多个独立权利要求。通常在考试中，若技术交底材料或说明书中明确给出了可概括的术语，则往往需要考虑以不同的实施例为依据概括撰写出一个独立权利要求，然后再将各实施例的具体内容对应写入不同的从属权利要求中。

如果所解决的技术问题有多个，且彼此之间相互并列或独立，则一般需要撰写多个独立权利要求，此时一方面需要注意切勿漏写，另一方面还需考虑将哪个独立权利要求作为第一独立权利要求。由于试题中通常只要求针对第一独立权利要求撰写出相应的从属权利要求，对于其他独立权利要求则不需要撰写从属权利要求，因此，在考试中，建议将基于多个实施例概括写出的独立权利要求或者基于具体细节较多的实施例撰写出的独立权利要求等作为第一独立权利要求，这样更有利于其从属权利要求的撰写。

当撰写出的独立权利要求有多个时，还需进一步判断该多个独立权利要求之间是否具备单一性。特别是，如果试题中已明确指出对于所撰写出的多个独立权利要求，应当说明该多个独立权利要求可以合案或应当分案的理由时，需按照单一性的判断原则，详细分析具备单一性可合案的理由，或不具备单一性需分案的说明，具体分析方法可参见本章第一节中关于单一性判断的相关内容，此处不再赘述。

（二）撰写从属权利要求

在撰写从属权利要求时，需对除了写入独立权利要求以外的其余所有技术特征进行分析，撰写出多个层级清晰、引用关系正确、保护范围清楚的从属权利要求。一般优先考虑将那些对于体现本申请创造性起作用的技术特征写入从属权利要求中。此外，如前所述，若独立权利要求是基于不同实施例概括写出的，则可将各实施例的具体内容对应写入不同的从属权利要求中；当解决的技术问题有多个时（如两个），虽然针对技术问题一撰写独立权利要求时不必考虑解决技术问题二的必要技术特征，但是可将后者写入前者的从属权利要求中。

同时还应注意从属权利要求之间的引用关系清楚、主题名称一致，避免出现导致从属权利要求不清楚的情况。一般而言，试题中的技术交底材料或说明书中会存在多个实施例，撰写从属权利要求时需注意，其附加技术特征进一步限定的技术内容必须与其引用的权利要求的技术内容属于同一实施例，若出现了不同实施例的组合情况，则容易导致所撰写出的从属权利要求得不到说明书的支持。

六、权利要求撰写完成后的分析

若试题还进一步要求应试者陈述所撰写的独立权利要求相对于现有技术具有新颖性和创造性的理由，或者分析所撰写的独立权利要求相对于现有技术所解决的技术问题和产生的技术效果，这实质上均是要求应试者将前一题撰写权利要求书所进行的思考、分析和判断过程还原出来，同时也检验一下权利要求是否具有新颖性、创造性。

上文中已经详细分析了技术交底材料相对于现有技术解决的技术问题，并以此为基础撰写出了独立权利要求，其分析思路与此处权利要求撰写完成后分析的答题思路是一致的。因此，应试者只需按照试题要求，结合前述分析的具体思路和结论进行思考作答即可。

需要注意的是，新颖性的论述需要遵循单独对比原则并体现出"四相同"，发明申请的创造性分析中关于"突出的实质性特点"的论述应按照"三步法"进行规范的表述，同时不能遗漏关于具有"显著的进步"的说明，实用新型申请的创造性分析中则是按照相同的方式分析其"实质性特点"和"进步"，二者不能混淆。

第三节 对无效宣告请求书的分析及撰写题型

涉及无效宣告请求的考题一般有两种形式：一种是要求应试者依据《专利法实施细则》第六十五条的规定，对考题所提供的、客户自行撰写的无效宣告请求是否符合《专利法》及其实施细则的相关规定作出判断和分析，随之还要求应试者基于前面的判断和分析，根据客户提供的资料，重新撰写一份无效宣告请求书。另一种则是考题只给出涉案专利资料和相关对比文件，要求应试者直接为客户撰写无效宣告请求书。形式上虽然有差异，但是两者考查的要点实质上是相同的，都是对《专利法实施细则》第六十五条及所涉及法条的准确理解和正确适用。而且，无效实务考题中的主要知识点与本章第一节所述的对权利要求书的分析题型具有较大相似性,也是主要涉及《专利法》第二十二条规定的新颖性、创造性,《专利法》第二十六条第四款规定的"清楚"和"支持"问题、《专利法实施细则》第二十条第二款规定的必要技术特征等。只是无效实务中需要考虑无效宣告请求的一些特定要求。此外,《专利法》第三十一条第一款规定的单一性,虽然不是《专利法实施细则》第六十五条规定的无效宣告请求理由,但其是驳回条款,容易让人产生混淆,因此也经常作为干扰项在无效实务试题中出现,需应试者斟酌分辨。本节将以前述第一种无效实务试题形式为例,给出逐层分析的解题思路,其中与本章第一节相似的知识点将适当简写,重点分析阐述不同之处。

一、分析无效宣告请求意见

针对客户自行撰写的无效宣告请求书给出分析意见的题型,通常会在考题中给出多份资料,包括涉案专利、多篇对比文件、客户自行撰写的无效宣告请求书等。要求应试者根据这些资料,分析客户所撰写的无效宣告请求书中的各项无效宣告请求理由是否成立,并将结论和具体理由以信函的形式提交给客户。以下给出具体答题思路,供参考。

(一)分析客户提供的涉案专利

透彻理解涉案专利和对比文件的内容是准确判断涉案专利是否存在缺陷的基础。因此,在具体分析涉案专利存在哪些缺陷之前,应试者首先需要详细解读客户提供的涉案专利和相关对比文件的内容。分析涉案专利时,应当充分全面地理解说明书中记载的发明内容,详细解读各实施例的技术方案,同时对技术问题、技术效果等也必须给予高度关注,因为这些均是判断新颖性、创造性、缺少必要技术特征等无效宣告请求理由是否成立的关键因素。由于客户撰写的无效宣告请求理由通常都是针对涉案专利的权利要求书,因此在充分理解技术方案的前提下,还需进一步重点分析涉案专利权利要求书中所记载的客观事实,切忌直接将说明书中记载的技术方案等同理解为权利要求的技术方案。在分析梳理权利要求的内容时,一般先重点分析独立权利要求,再认真考虑从属权利要求,并可适当采用列表形式梳理出一些关键信息。

(二)分析客户提供的对比文件

不具备新颖性或创造性是十分常见的无效宣告请求理由,而分析对比文件是判断涉案专利的新颖性和创造性无效宣告请求理由是否成立必不可少的环节,因此在充分理解涉案专利的基础上,还需要进一步详细解读客户所提供相关对比文件。

值得注意的是，对于新颖性和创造性的判断，除了需在内容上进行严谨分析之外，还得注意对比文件的时间是否可用，即对比文件是否真正构成了涉案专利的现有技术或者是否属于在涉案专利的申请日以前向专利局提出并且在涉案专利的申请日以后（含申请日）公布的专利申请或者公告的专利文件。因此，分析对比文件时，应当从其时间和内容两个方面展开。无效实务考题中有时候会故意给出时间不合适的干扰性文件，应试者如果没有关注到该问题，错误地选用了该对比文件，其后果不言而喻，这也是无效实务试题与本章前两节所述题型中知识点设置的主要不同点之一。应试者在审题时，需要关注涉案专利及考题所提供相关文件的各个时间点，必要时可能还需要考虑优先权的核实问题等。总之，需严谨核实涉案专利和全部相关文件的时间要素。

厘清涉案专利及相关文件资料的时间关系后，便可从时间上初步确定出哪些文件可能作为现有技术或抵触申请证据。对于那些从时间上已不能构成涉案专利的现有技术或抵触申请的文件，则可直接排除，无需浪费时间去理解其技术内容。对于那些时间上满足要求的文件资料，则需进一步解读其技术内容，建议技术领域、技术方案、要解决的技术问题和达到的技术效果四个方面来详细解读与涉案专利的相关程度。同时，可以在全面分析涉案专利和对比文件内容的基础上，采取特征对比表的方式将涉案专利与全部满足时间要求的对比文件进行对比和梳理，以便于后续针对涉案专利的权利要求作出新颖性和创造性判断。

（三）分析判断客户撰写的无效宣告请求理由

在对比研究了涉案专利的技术方案与现有技术或抵触申请的技术方案后，应当按照考题中的顺序依次分析判断客户撰写的无效宣告请求理由是否成立，需同时注意无效宣告请求理由结论是否成立、支撑无效宣告请求理由的分析过程是否正确或充分两个方面。

1. 无效宣告请求理由结论

《专利法实施细则》第六十五条第二款明确规定了无效宣告请求理由所覆盖的法律条款。一般而言，判断无效宣告请求理由的结论是否成立，需要按照各理由（如新颖性、创造性等）的评判标准仔细分析之后，才能给出准确的结论判断。但是，对于客户提出的第六十五条并不包含的无效宣告请求理由，如权利要求之间不具备单一性，从属权利要求存在"多项引用多项"缺陷等，可以直接依据《专利法实施细则》第六十五条确定该无效宣告请求理由不成立，无需进一步判断支撑该结论的分析过程是否正确或充分。特别是关于《专利法》第三十一条规定的单一性，如上文中所述，其属于驳回条款，但不是无效宣告请求理由，容易让人产生混淆，应试者需注意。对于包括在《专利法实施细则》第六十五条中的无效宣告请求理由，则需进一步考虑其分析过程是否正确或充分。

2. 无效宣告请求理由的分析过程

客户撰写的无效宣告请求书通常包含多条无效宣告请求理由，主要涉及新颖性、创造性，缺少必要技术特征、不清楚、不支持等多种情况，可将其概括为"新颖性和创造性无效宣告请求理由"和"其他无效宣告请求理由"两大类，各理由的基本分析判断思路与本章第一节基本相同，应试者可参照前述第一节的思路分析答题，此处不再赘述，只重点针对无效实务题型中容易出现的情况进行说明。

（1）关于新颖性和创造性

对于新颖性和创造性无效宣告请求理由的判断，总体上如本章第一节所述，分析新颖性时需遵循单独对比原则，需注意"四相同"，判断创造性时则应遵循组合原则，需规范使用"三步法"。需要进一步注意的是，在客户提交的无效宣告请求理由中，有可能会出现仅给出无效宣告请求结论，而未进行具体理由分析，或者给出无效宣告请求理由结论成立，但其分析过程错误或不完整的情形。例如，在指出某权利要求不具备新颖性时，出现了如本章第一节中所述的"注重技术方案相同，忽略其他三个方面是否相同"或者"重技术特征轻技术方案"的情形，在分析创造性时，出现未使用"三步法"或使用得不完整等情形（具体可参见本章第一节中的相关内容）。此时应试者应当仔细分析上述无效宣告请求理由为何不成立，并给出相应正确的无效宣告请求理由。

此外，本章第一节中所指出的"对于新颖性和创造性的判断，通常还需关注对比文件在时间上是否构成了本申请的现有技术或抵触申请"相关知识点，在无效实务试题中时常出现，例如，试题中客户所提供的对比文件中的某一篇在时间上并不能构成涉案专利的现有技术或抵触申请，对于这一点，在本节"（二）分析客户提供的对比文件"中已有具体说明。此时应当注意，既不构成现有技术又不构成抵触申请的对比文件应当直接排除，作为抵触申请的对比文件则只能用于评价新颖性，而不能与其他现有技术相结合来评价创造性。对此，有些应试者在刚开始审题时往往比较清醒，但具体判断创造性时，却不能仔细甄辨，特别是在针对从属权利要求的创造性分析时容易忽视。例如，在客户提交的无效宣告请求理由中，分析完涉案专利的独立权利要求相对于某篇抵触申请文件不具备新颖性后，再分析其从属权利要求时，直接指出由于其附加技术特征已被另一篇对比文件（现有技术）公开，因此在其引用的独立权利要求不具备新颖性的情况下，该从属权利要求不具备创造性。这种分析思路本质上是结合现有技术和抵触申请评述了该从属权利要求不具备创造性，这种做法是错误的，该无效宣告请求理由显然不成立。

（2）其他无效宣告请求理由

除新颖性和创造性之外，客户撰写的无效宣告请求理由中还时常会涉及独立权利要求缺少必要技术特征、权利要求得不到说明书支持、权利要求不清楚等。针对这些无效宣告请求理由（即权利要求缺陷）的分析思路和需要注意的问题，可以参考本章第一节之"三、分析是否存在其他实质性缺陷"部分的相关内容，此处不再赘述。此外，如果客户撰写的无效宣告请求理由中还指出了权利要求之间不具备单一性的问题，则由于单一性并非《专利法实施细则》第六十五条所规定的无效宣告请求理由，因此可以直接据此判断指出客户所撰写的该条无效宣告请求理由不成立。

二、无效宣告请求书的撰写

如前所述，无效实务考题中涉及撰写无效宣告请求书的情形通常有两种：一种是对客户自行撰写的无效宣告请求书进行分析之后，在此基础之上进一步撰写出一份新的无效宣告请求书；另一种则是考题中并未提供客户撰写的无效宣告请求书，而是直接要求应试者根据试题资料撰写一份无效宣告请求书。对于前者，由于在分析客户撰写的无效宣告请求书时已经对涉案专利和对比文件进行过详细分析，因此在随后的撰写无效宣告请求书阶段，可以直接利用分析结果；对于后者，在撰写无效宣告请求书时，则需从分析涉案专利和对比文件开始。两者总体思路相同，并无本质区别。鉴于上文中"一、分析无效宣告请求意见"时是以第一种无效实务试题形式为例进行的，为保持前后一致，以下将继续以第一种情况为例，给出撰写无效宣告请求书一般应遵循的思路，供参考。

（一）分析无效证据以及与证据相关的无效宣告请求理由

《专利法实施细则》第六十五条第一款中指出，无效宣告请求书应当结合提交的证据，具体说明无效宣告请求的理由，并指明每项理由所依据的证据。因此，在撰写无效宣告请求书时，首先得从确立证据以及与证据相关的无效宣告请求理由着手。

1. 证据分析

关于证据的分析确认，在本节"一、分析无效宣告请求意见"之"（二）

分析客户提供的对比文件"中已有详细解读,即应当从时间和内容两方面考虑。应试者可以基于上文中的具体分析,进行一下总结提炼,并结合主要理由明确指出哪些对比文件可以作为证据提交,哪些对比文件则应当排除。例如,对比文件1和2可作为评价权利要求1和2的创造性的证据提交等。应当选择无效宣告成功可能性最大的对比文件作为首要的证据。

2. 与证据相关的理由

新颖性与创造性是无效宣告请求中最常见的理由,也是与证据直接相关的理由。而对于涉案专利权利要求新颖性和创造性的分析判断,已在上文"(三)分析判断客户撰写的无效宣告请求理由"之"(1) 关于新颖性和创造性"中进行过详细解读。因此,应试者已对涉案专利权利要求的新颖性和创造性有较清晰的认识,此时只需结合具体的文件资料,将正确完整的分析思路以文字的形式规范地呈现在答题中即可,具体思路可结合参考本章第一节。

(二) 分析涉案专利是否存在其他无效宣告请求理由

《专利法实施细则》第六十五条第二款规定的无效宣告请求理由条款中,除了与对比文件等证据直接相关的新颖性和创造性条款之外,还包括其他无效宣告请求理由条款,如涉及权利要求不清楚、不支持、缺少必要技术特征等方面的条款。因此,应试者在撰写无效宣告请求书时,还需进一步指出涉案专利中是否存在此类无效宣告请求理由。具体分析思路已在上文"(三) 分析判断客户撰写的无效宣告请求理由"之"(2) 其他无效宣告请求理由"中进行过详细解读,同时也可结合参考本章第一节的内容,此时只需进行补充完善和规范表述即可,注意需逐条梳理全部权利要求,避免遗漏。

(三) 确定无效宣告请求的范围、理由和证据的使用

在前述分析的基础上,还需进一步结合具体的理由和证据明确请求涉案专利的无效范围(即全部无效或部分无效),并按照试题要求准确、全面地撰写无效宣告请求书。

撰写无效宣告请求书时,应当注意无效宣告请求书的格式。首先写明受理单位、涉案专利号及法律依据,然后列出作为证据的对比文件及公开日期,再按照权利要求的顺序依次表述规范的撰写无效宣告请求的各项理由,并在最后写明请求无效的范围和结论。

此外,有时在撰写无效宣告请求书之后,试题还会要求应试者进一步提出工作建议和/或撰写修改后的权利要求书等,这样的题型与前述的题型相比虽然有变化,但是实质考查的主要内容是大体相同的。因此,仍然可以上文中的分析思路为主,同时结合题面要求进一步细化和完善,逐一分析作答。

第五章 "专利代理实务"考试真题解析

在"专利代理实务"考试试题中,通常会在试卷的开篇之处给出"答题须知",且近几年的"答题须知"所包含的内容都基本相同,具体如下:

1. 答题时请以现行、有效的法律和法规的规定为准。

2. 作为考试,应试者在完成题目时应当接受并仅限于本试卷所提供的事实,并且无需考虑素材的真实性、有效性问题。

3. 本专利代理实务试题包括第一题、第二题、第三题、第四题,满分150分。

应试者应当将各题答案按顺序清楚地撰写在相对应的答题区域内。

其中,第1点提醒应试者只需牢记现行的《专利法》《专利法实施细则》和《专利审查指南2010》相关规定,在考试中应当按照现行有效的上述相关条文进行作答,无需关注以前版本的法律法规,更不能按照以前版本的规定进行答题,应试者切勿出现混淆,特别是在新旧版本的法律法规过渡时期,需特别关注"答题须知"中的具体说明。

第2点则需注意,应试者对技术的理解不可超过试卷所给出的内容,不要把自己对技术的延伸理解带入到考试中。例如,本发明所要解决的技术问题一定会在试卷所给出的材料中明确给出,在依据本发明所要解决的技术问题判断哪些技术特征是关键的必要技术特征(即有可能为本发明带来新颖性和创造性的技术特征)时,该技术特征一般来说都是在说明书或技术交底材料中花费较多篇幅去描写且具有技术效果的那些技术特征。此外,切忌使用自行认定的公知常识,一切应以试题给出的材料为依据,应试者千万不要加入自己对技术的延伸理解。

上述第 3 点较好理解，在此不多作说明，应试者注意不要出现漏题或答题错位的情况。

下面将依次给出"专利代理实务"考试 2015 年至 2018 年的真题解析。

第一节 2015 年"专利代理实务"试题分析与参考答案

2015 年"专利代理实务"试题包括无效实务和撰写实务两个部分，涉及三种题型，分别为：撰写无效咨询意见、撰写权利要求书以及简述撰写的独立权利要求具备新颖性和创造性的理由，该三种题型是近年来"专利代理实务"考试中出现频率颇高的题型，应当给予足够重视。此外，在撰写无效咨询意见的题型中，还进一步涉及给出后续工作建议的内容，对此也不能忽略。下文将从试题说明、试题分析及参考答案两个方面对 2015 年的实务试题深入展开分析。

一、试题说明

客户 A 公司遭遇 B 公司提出的专利侵权诉讼，拟对 B 公司的实用新型专利（下称涉案专利）提出无效宣告请求，同时 A 公司自行研发了相关技术。为此，A 公司向你所在的代理机构提供了涉案专利和三份对比文件及该公司所研发的技术的交底材料。现委托你所在的专利代理机构办理相关事务。

第一题：请你根据客户提供的涉案专利和对比文件为客户撰写咨询意见，要求说明可提出无效宣告请求的范围、理由和证据，其中无效宣告请求理由要根据专利法以及实施细则的有关条、款、项逐一阐述；如果基于你所撰写的咨询意见提出无效宣告请求，请你分析在提出本次无效宣告请求之后进一步的工作建议，例如是否需要补充证据等。如果需要，说明理由以及应当符合的要求。

第二题：请你根据技术交底材料，综合考虑客户提供的涉案专利和三份对比文件所反映的现有技术，为客户撰写一份发明专利申请的权利要求书。

如果认为应当提出一份专利申请，则应撰写独立权利要求和适当数量的从属权利要求；如果在一份专利申请中包含两项或两项以上的独立权利要求，则应说明这些独立权利要求能够合案申请的理由；如果认为应当提出多份专利申请，则应说明不能合案申请的理由，并针对其中的一份专利申请撰写独立权利要求和适当数量的从属权利要求，对于其他专利申请，仅需撰写独立权利要求。

第三题：简述你撰写的独立权利要求相对于现有技术具备新颖性和创造性的理由。如有多项独立权利要求，请分别对比和说明。

涉案专利：

[19] 中华人民共和国国家知识产权局

[12] 实用新型专利说明书

专利号 ZL 201425634028.x

[45] 授权公告日 2015年2月11日

[22] 申请日 2014.3.23
[21] 申请号 201425634028.x
[73] 专利权人 B公司

（其余著录项目略）

权利要求书

1. 一种卡箍，包括第一本体（1），第二本体（2）和紧固装置（3），所述紧固装置（3）包括螺栓（32），其特征在于，所述第一本体（1）的一端与第二本体（2）的一端铰接，第一本体（1）的另一端与第二本体（2）的另一端通过螺栓（32）连接。

2. 根据权利要求1所述的卡箍，其特征在于：所述紧固装置（3）包括与所述第一本体（1）铰接的连接板（31），所述连接板（31）的一端开设有插槽（321），另一端面上有螺纹孔，所述第二本体（2）上具有可插入插槽（321）的固定部（4），所述固定部（4）上开有螺纹孔（41），所述螺栓（32）穿过螺纹孔将第一本体（1）和第二本体（2）连接。

3. 根据权利要求2所述的卡箍，其特征在于：所述第一本体（1）和第二本体（2）上设置有预定位装置（5），其包括位于第一本体（1）上的卡钩（51）和位于第二本体（2）上的环形钩件（522），所述环形钩件用于与所述卡钩（51）连接。

4. 根据权利要求1~3任一项所述的卡箍，其特征在于：所述环形钩件（522）是弹性钩件，最好是环形橡胶圈。

说 明 书

新型卡箍

本实用新型涉及一种卡紧装置，更具体地说，涉及一种新型卡箍。

目前，卡箍连接技术已广泛应用于液体、气体管道的连接。卡箍连接在管道的接口处，起到连接、紧固的作用。

现有技术中的卡箍，如图1所示，包括两个半圆形夹环、螺栓和螺母，两夹环的槽口相对拼接形成一个圆形通道；夹环本体的两端分别形成凸耳，凸耳处预留穿孔，用于穿过螺栓后旋紧螺母固定连接。这种卡箍属于分体式结构，零件繁多，容易丢失，并且安装时两个夹环不易对准，增加了安装的难度。

为了克服传统卡箍的技术缺陷，本实用新型的目的在于提供一种新型卡箍，其包括第一本体、第二本体和紧固装置，紧固装置包括螺栓，第一本体的一端与第二本体的一端铰接，另一端通过螺栓与第二本体的另一端连接，从而实现对管道的夹紧，降低安装工作量和安装成本；

进一步地，所述紧固装置的一端与第一本体铰接，从而进一步减少零件的数量；

更进一步地，在所述卡箍的第一本体和第二本体上设置预定位装置，以便预先定位，方便安装。

图1为现有分体式卡箍的结构示意图；

图2为本实用新型第一实施例的卡箍结构示意图；

图3为本实用新型第二实施例的卡箍结构示意图；

图4为本实用新型第二实施例的卡箍的局部放大示意图。

如图2所示，本实用新型第一实施例的新型卡箍包括第一本体1和第二本体2，第一本体1的一端与第二本体2的一端通过两个销轴和一个连接板铰接，另一端与紧固装置3铰接。第二本体2的另一端具有固定部4，其上开有螺纹孔41；紧固装置3包括与第一本体1铰接的连接板31，连接板31的端面开设有螺纹孔，另一端开设有贯通的插槽321，用于插入固定部4。螺栓32通过连接板31上的螺纹孔与第二本体2螺纹连接，螺栓32的自由端套装有调节手柄33。

在工作过程中，当需要闭合卡箍的时候，将第二本体2向第一本体1靠拢，使第二本体2上的固定部4插入连接板31的插槽321，再施力于调节手柄33使其旋转，调节手柄33带动螺栓32穿过连接板31上的螺纹孔以及固定部4上的螺纹孔41，并拧紧，完成卡箍的闭合过程。

图3、图4示出了本实用新型的第二实施例,在第一实施例的基础上,在第一本体1和第二本体2上设有能够使二者在靠拢时预先配合的预定位装置5。预定位装置5包括位于第一本体1上的卡钩51,位于第二本体2上的固定板521,以及连接在固定板521上的环形弹性钩件522,例如环形橡胶圈。工作中,当第一本体1和第二本体2靠拢闭合时,先将环形橡胶圈钩在卡钩51上,利用环形橡胶圈的弹力将第二本体2的固定部4与第一本体1的相应端部拉近,完成预定位,然后通过调节手柄33旋转螺栓32夹紧第一本体1和第二本体2。为了避免预定位的操作影响螺栓32对准螺纹孔41,第一本体1和第二本体2的预定位连接不能是刚性的,而是弹性的,这样,环形橡胶圈的弹性能在螺栓32对准螺纹孔41的过程中协助调整二者之间的相对位置,方便二者的对准。实践中,也可以使用其他的弹性钩件,例如环形弹簧挂钩,来代替环形橡胶圈实现与卡钩51的接合。

涉案专利附图：

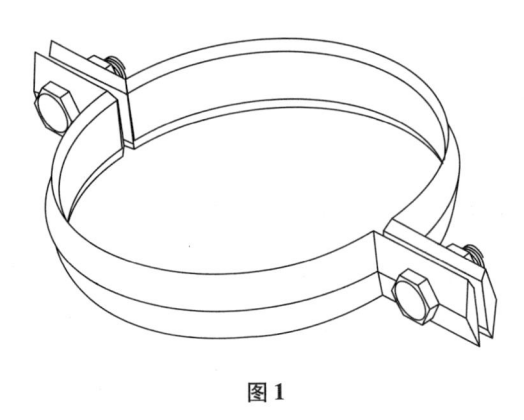

图1

图2

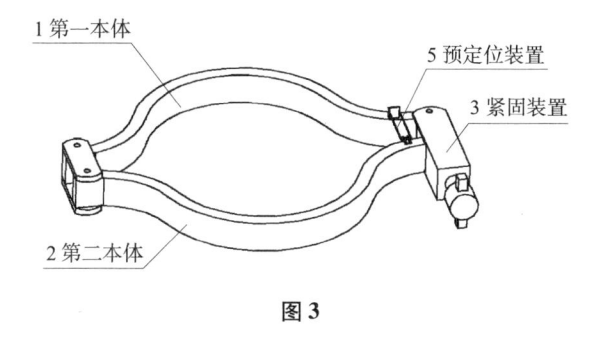

图 3 中标注：
- 1 第一本体
- 2 第二本体
- 5 预定位装置
- 3 紧固装置

图 3

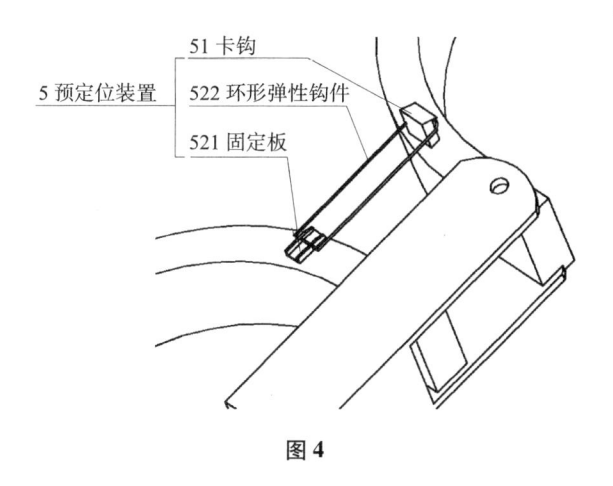

图 4 中标注：
- 5 预定位装置
- 51 卡钩
- 522 环形弹性钩件
- 521 固定板

图 4

对比文件1：

[19] 中华人民共和国国家知识产权局

[12] 实用新型专利说明书

专利号 ZL 201020156782.1

[45] 授权公告日 2011年8月6日

[22] 申请日 2010.12.25
[21] 申请号 201020156782.1
[73] 专利权人 李××

（其余著录项目略）

说　明　书

管道连接卡箍

本实用新型涉及一种管道连接卡箍。

排水系统的管道都很长，如果发生破损或者泄漏，维修很麻烦，不可能为一点破损就整体换管。本实用新型提供一种抱式卡箍，能够实现换管对接。

图1为本实用新型的卡箍结构示意图。

如图1所示，一种管道连接卡箍，包括：第一箍套1和第二箍套2，第一箍套1和第二箍套2均呈半圆形，在第一箍套1和第二箍套2的两侧设有连接机构，连接机构分为预连接端和固定连接端。预连接端是在第一箍套上设置挂轴11，在第二箍套的对应端设置与挂轴11对应的轴套21；固定连接端是在第一箍套1和第二箍套2各自的另一端设置连接耳，连接耳上设有供连接螺栓穿过的通孔。

使用时，首先将卡箍预连接端的挂轴11套入轴套21，然后将固定连接端通过螺栓拧紧。

本实用新型改变以往两侧均采用螺栓的方式，采用一边挂轴的方式进行枢轴连接，这样可减少连接时间，同时在固定连接端紧扣的时候，预连接端不会被打开，保证连接的安全性。

对比文件1附图：

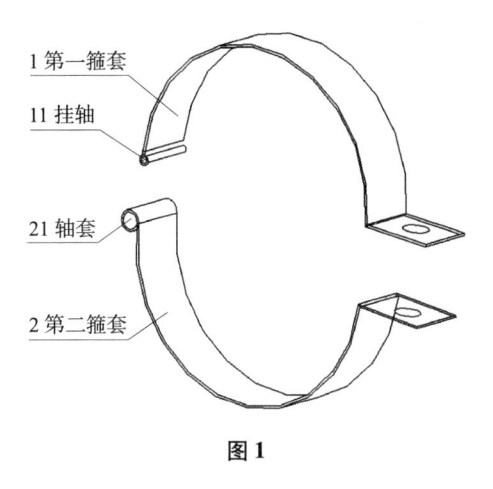

1 第一箍套
11 挂轴
21 轴套
2 第二箍套

图1

对比文件2：

[19] 中华人民共和国国家知识产权局

[12] **实用新型专利说明书**

专利号 ZL 201220191962.5

[45] 授权公告日　2013年10月9日

[22] 申请日　2012.9.10
[21] 申请号 201220191962.5
[73] 专利权人　王××　　　　　　　　　（其余著录项目略）

说　明　书

卡箍组件

本实用新型涉及一种卡箍组件。

传统的卡箍结构一般由上半部、下半部、螺栓、螺母等多个松散零件组成，这样的结构在安装过程中比较繁琐，且受安装空间限制，比较容易发生零件掉落的情况，导致工作延误。为此本实用新型提供一种新型卡箍组件。

图1为本实用新型的卡箍组件的结构示意图；

图2为U型连接杆的结构示意图。

如图1、图2所示，本实用新型的卡箍组件包括：卡箍本体1、U型连接杆2、销轴3、螺栓4。卡箍本体1由塑料材料注塑一次成型，其具有两个连接端，一端与U型连接杆2的开口端铰接，另一端开设有贯穿的螺纹孔，用于与旋过U形连接杆2的封闭端的螺栓4螺纹连接。

本实用新型的卡箍组件，结构简单紧凑，无过多松散零件，安装时能够有效地降低零件掉落的概率。

对比文件2附图：

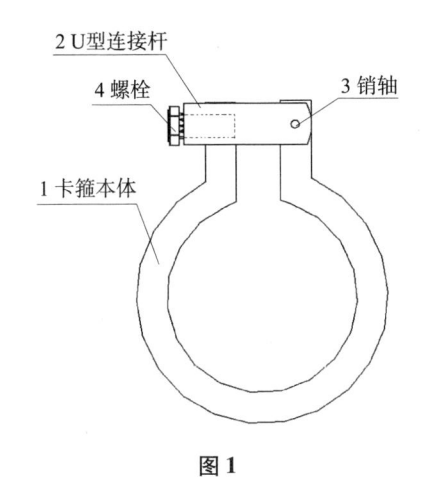

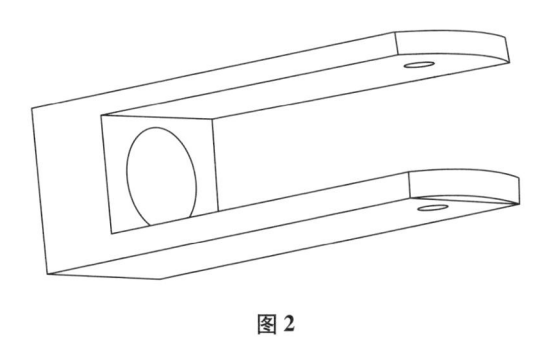

图1

图2

对比文件3：

[19] 中华人民共和国国家知识产权局

[12] 实用新型专利说明书

专利号 ZL 201320123456.7

[45] 授权公告日 2014年3月23日

[22] 申请日 2013.9.4
[21] 申请号 201320123456.7
[73] 专利权人 B公司　　　　　　　（其余著录项目略）

说　明　书

塑料卡箍

本实用新型涉及一种适用于将软管紧固连接在硬管上的塑料卡箍。

软管与硬管的连接通常被用作输送液体或气体。为了防止连接后的软管在工作中脱落，往往在其连接处使用卡箍加以固定。本实用新型提供了一种结构简单合理、拆装过程方便快捷的塑料卡箍。

图1为本实用新型的塑料卡箍结构示意图；

图2为本实用新型中箍体的结构示意图。

如图1、图2所示，本实用新型的塑料卡箍，包括箍体1和紧迫螺栓2，所述箍体1包括抱紧段11、一体成型于所述抱紧段两端的迫近段12和拉紧段13，所述抱紧段11呈弧形薄带状，所述迫近段12上开有圆孔14，所述拉紧段13上设置有安装孔15，内设内螺纹。安装前，紧迫螺栓2可以旋在安装孔15上，避免出现用户遗失零件的情况。需要安装时，首先从安装孔15上旋下紧迫螺栓2，弯曲抱紧段11使其形成圆环形，然后将紧迫螺栓2穿过迫近段12上的圆孔14，再旋转拧入拉紧段13上的安装孔15，即可实现软管和硬管的快速紧固，操作简便高效。

对比文件3附图：

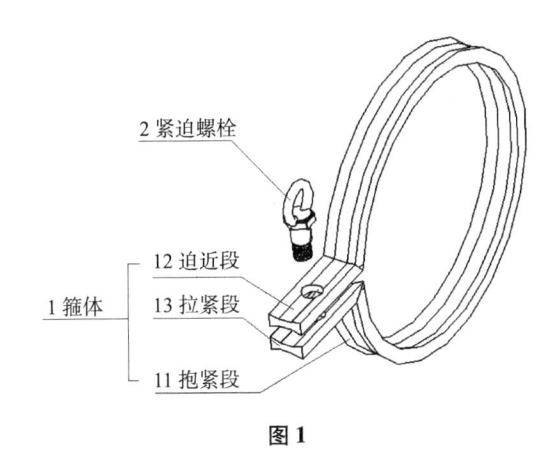

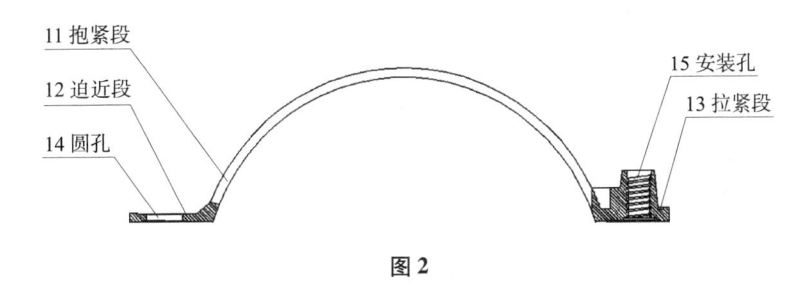

图1

图2

客户提供的交底材料：

传统结构的卡箍使用螺栓将卡箍相连，通过拧紧螺栓完成管道的安装固定。此结构在装配和分解过程中都需要将螺栓完全拧入或拧出螺母以分解卡箍完成管道的装拆，这样需要足够的操作空间和时间，拆装费时费力，不能满足对卡箍进行快速装配、及时维护管道等要求；另一方面，现有卡箍上一般都会嵌有或套有橡胶垫圈，橡胶垫圈与管道之间的抱紧力小，当管道由于外部原因震动时，会导致卡箍在管道上转动或串动，进而影响紧固效果。

在现有技术的基础上，我公司提出改进的卡箍结构。

图1至图3示出了第一实施例，包括通过轴A铰接在一起的左卡箍1和右卡箍2，以及紧固装置3。左右卡箍均为板状，可采用金属材料，例如不锈钢板材，冲压一次成型，然后弯折形成180度的圆弧。左卡箍1的端部具有第一连接端11，右卡箍2的端部具有与第一连接端11对应的第二连接端21。紧固装置3包括可旋转闩锁31和连杆32，连杆32的两端分别通过销钉与第二连接端21和闩锁31枢轴连接，连杆32上有杆孔33。第一连接端11的相应位置上设有销孔12，销孔12内插有一可活动的方形卡块13（图1未示出）。

如图1所示，在打开位置，第一连接端11和第二连接端21分开一定距离。当需要紧固时，首先将卡块13取出，然后旋转闩锁31，其带动连杆32活动。当连杆32旋转到杆孔33与销孔12对准时，将方形卡块13卡入孔内，从而将第一连接端11和第二连接端21连接。继续旋转闩锁31，当旋转到图2所示的锁紧位置时，可旋转闩锁31的端部321紧压第一连接端11的外侧表面，从而使闩锁31在锁紧位置保持稳定。

左右卡箍的圆弧内周面上设有凹槽，其内嵌有橡胶垫圈（图中未示出）。图4示出了橡胶垫圈的局部放大图，橡胶垫圈与管道接触的内环壁14上设置有多个三角形防滑凸起141，其规则地排布在内环壁上，增大了卡箍与管道间的抱紧力，进一步增大了卡箍与管道间的摩擦力，从而有效防止卡箍相对管道滑动，提高了卡箍的安全性。

图4至图5示出了第二实施例，包括卡箍带10和紧固装置3。卡箍带10可采用非金属材料注塑成型。紧固装置3包括锁盖301、环形锁扣302和锁钩303。锁盖301与卡箍带10的一个连接端铰接。锁钩303固定在卡箍带10的另一个连接端。环形锁扣302的一端铰接在锁盖301的内侧下方，另一端可卡入

锁钩303。

如图4所示，安装时，将锁扣302卡入锁钩303，实现卡箍带10两个连接端的连接。然后向下旋动锁盖301，卡箍锁紧。若需要将卡箍松开，如图5所示，向上旋动锁盖301，锁扣302的一端随着锁盖301向上旋起，锁扣302的另一端从锁钩303滑出，卡箍打开。

卡箍带10与管道接触的内表面套有一个橡胶圈（未示出），橡胶圈与管道接触的内环壁上设有点状凸起，以起到防滑的作用。

图6示出了第三实施例，包括上卡箍100、下卡箍200、螺杆5和螺母7。螺杆5的一端铰接在上卡箍100的连接端，另一端旋有螺母7，形成螺杆螺母组件。下卡箍200的连接端上开设U型开口6，所述U型开口6的宽度大于螺杆5的直径且小于螺母7的外周宽度。

安装时，转动螺杆螺母组件，使其嵌入U型开口6，之后进一步旋紧螺母，即完成上卡箍100和下卡箍200的锁紧，从而将管道固定在卡箍内。拆卸时，只要松动螺母，无需螺杆与螺母的完全分离，即可以将螺杆螺母组件从U型开口6取出，打开卡箍。

为了防止装配好后螺杆螺母组件与卡箍之间相互脱落，U型开口6的两边向外弯折，形成卡紧部8，卡紧部8可垂直于下卡箍200的连接端，用于限制螺母沿U型开口方向的自由度，进一步达到防脱落的目的。

技术交底材料附图

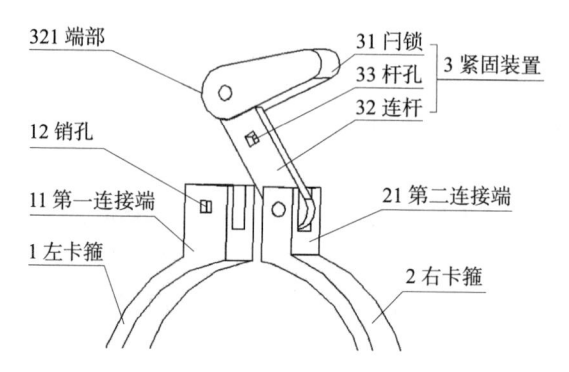

图1 第一实施例打开状态示意图

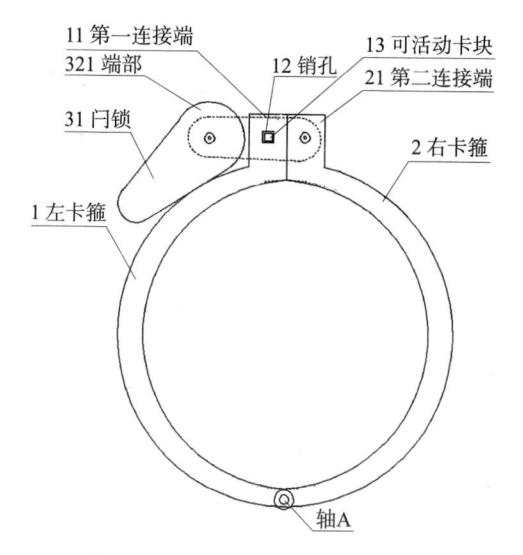

图2 第一实施例锁紧状态示意图

图3 第一实施例橡胶垫圈局部放大图

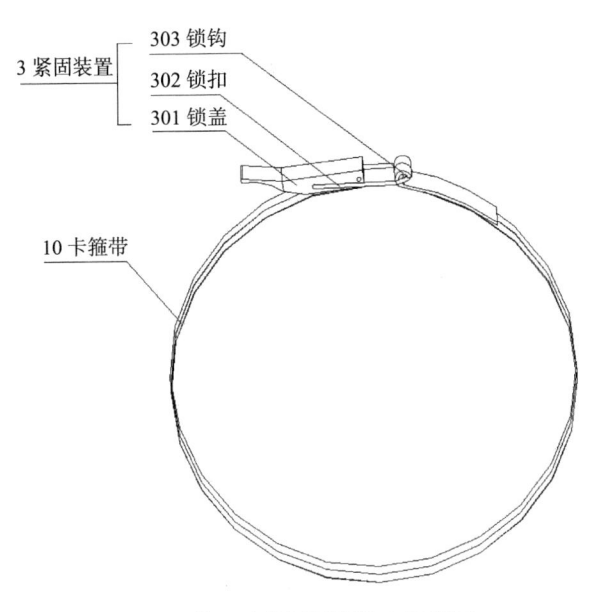

图 4　第二实施例锁紧状态示意图

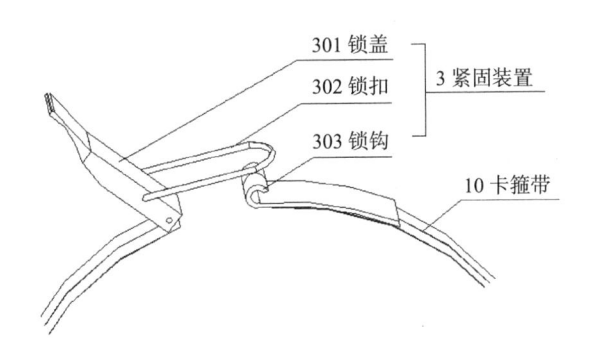

图 5　第二实施例打开状态示意图

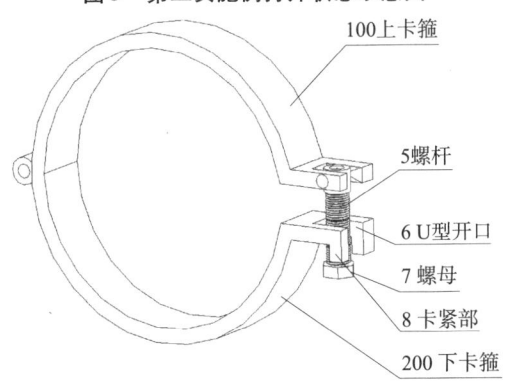

图 6　第三实施例示意图

二、试题分析及参考答案

如前所述，无效题型和撰写题型是近年来常会出现的实务考试题型，但是每年的试题会在知识点设置方面有所不同或侧重。2015年考题中，无效实务包含两个方面的特点：一是通过提供的材料特点考查对新颖性（含抵触申请）和创造性概念的理解和运用，二是考查对权利要求清楚、支持概念的理解和运用。撰写实务则包含三个方面的特点：一是考查依据多个实施例概括撰写保护范围稳定合理的独立权利要求的能力；二是考查撰写层次清晰、结构合理的从属权利要求的能力；三是考查在厘清技术问题的基础上撰写出多个独立权利要求的能力，以及对单一性概念的掌握。相比较而言，2015年实务考题中，撰写实务的特点比无效实务的特点更为突出。

（一）第一题（撰写无效宣告请求咨询意见）

第一题要求根据题目给出的素材为客户撰写无效宣告请求咨询意见，该题目共给出四份素材，包括涉案专利以及客户提供的对比文件1~3。对于撰写无效宣告请求咨询意见的题型，本书第四章中已给出了相关的答题思路，下面将参照该思路展开分析。

1. 分析客户提供的涉案专利

涉案专利指出，现有技术中分体式结构卡箍本体两端均需要通过拧紧螺栓完成管道的安装固定，这种卡箍零件繁多、安装时两个夹环不易对准，增加了安装难度。因此，"如何减少卡箍的安装零件、方便夹环对准，进而降低安装难度"是涉案专利需要解决的技术问题。

为了解决上述技术问题，涉案专利给出了两个实施例。其中实施例一的卡箍，包括第一本体、第二本体、紧固装置，紧固装置包括螺栓，第一本体的一端与第二本体的一端铰接，紧固装置的一端与第一本体的一端铰接，另一端通过螺栓与第二本体的另一端连接，实现对管道的夹紧。即实施例一通过使两个本体铰接，以及紧固装置与本体铰接等关键技术手段，解决了减少零件这个技术问题，取得了降低安装工作量和安装成本的技术效果。在实施例一的基础上，实施例二进一步在所述卡箍的第一本体和第二本体上设置能够使二者在靠拢时预先配合的预定位装置，其中预定位连接是弹性的，以便于协助调整二者之间的相对位置，方便二者的对准。即实施例二通过设置预定位装置的关键技术手段解决了安装时两个夹环不易对准的技术问题，获得预先定位方便安装的技术效果。

基于这两个实施例，涉案专利的权利要求书包括四项权利要求，一项独立权利要求1和三项从属权利要求2~4。其中，独立权利要求1要求保护的卡箍，包括第一本体1、第二本体2和紧固装置3；所述紧固装置3包括螺栓32，所述第一本体1的一端与第二本体2的一端铰接，第一本体1的另一端与第二本体2的另一端通过螺栓32连接。在该独立权利要求1中，两个本体铰接在一起构成卡箍本体，进而减少了安装零件，实现降低安装工作量和成本的技术效果。

从属权利要求2的附加技术特征优化了紧固装置的结构，将紧固装置限定为一端与一个本体铰接，另一端通过螺栓与另一个本体连接，进一步优化解决了减少安装零件的技术问题，取得了降低安装工作量和成本的技术效果。从属权利要求3的附加技术特征进一步限定了在两个本体上设置预定位装置，以便预先定位，解决两个本体对准的技术问题，实现方便安装的技术效果。从属权利要求4则是通过优化预定位装置的结构，以便进一步更好地预先定位，优化解决了两个本体对准的技术问题，实现方便安装的技术效果。

权利要求书往往是提出无效宣告请求理由的重点对象，为提高理解权利要求时的条理性，便于后续进一步分析，可结合说明书中所记载的技术问题和技术效果，以表格的形式梳理出关于权利要求书的如下内容（见表5-1）。

表5-1 涉案专利权利要求的相关内容

权利问题/效果	主题名称	技术特征	技术问题
独立权利要求1	卡箍	包括第一本体1，第二本体2和紧固装置3；所述紧固装置3包括螺栓32，所述第一本体1的一端与第二本体2的一端铰接，第一本体1的另一端与第二本体2的另一端通过螺栓32连接	减少安装零件，降低安装工作量和安装成本
从属权利要求2	引用权1	所述紧固装置3包括与所述第一本体1铰接的连接板31，所述连接板31的一端开设有插槽321，另一端面上有螺纹孔；所述第二本体2上具有可插入插槽321的固定部4，所述固定部4上开有螺纹孔41；所述螺栓32穿过螺纹孔将第一本体1和第二本体2连接	
从属权利要求3	引用权1或2	所述第一本体1和第二本体2上设置有预定位装置5，其包括位于第一本体1上的卡钩51和位于第二本体2上的环形钩件522，所述环形钩件用于与所述卡钩51连接	预先定位，方便夹环对准
从属权利要求4	引用权1~3中任一	所述环形钩件522是弹性钩件，最好是环形橡胶圈	

2. 分析客户提供的对比文件

在充分理解涉案专利的发明内容和所要求保护的技术方案之后，接下来需要对照涉案专利和对比文件进行对比分析。如本书第四章所述，在分析客户提供的对比文件时，不仅要全面分析对比文件的相关内容，还需要关注涉案专利及考题所提供相关文件的各个时间点。下面将从时间和内容两个方面展开分析。

(1) 对比文件的时间

本案中，涉案专利的申请日为 2014 年 03 月 23 日；对比文件 1 的授权公告日为 2011 年 08 月 06 日，对比文件 2 的授权公告日为 2013 年 10 月 09 日，对比文件 1 和 2 的公告日均早于涉案专利的申请日，因此构成了涉案专利的现有技术。对比文件 3 的申请日为 2013 年 09 月 04 日，早于涉案专利的申请日 2014 年 03 月 23 日，授权公告日是涉案专利申请日当天，为 2014 年 03 月 23 日，符合《专利法》关于抵触申请所规定的时间条件，但其是否能够构成抵触申请，还需要分析其公开的内容是否与涉案专利构成同样的发明或实用新型。

(2) 对比文件的内容

首先，从技术领域上，对比文件 1~3 与涉案专利都涉及相同的技术领域"一种卡箍"。

其次，从技术问题、技术方案和技术效果加以分析可知：对比文件 1 要解决的技术问题是实现换管对接、便于维修。针对该技术问题，其提供了一种分体式管道连接卡箍，包括第一箍套和第二箍套，两个箍套的一侧采用挂轴的方式进行枢轴连接，另一侧通过螺栓连接。该卡箍由于采用了在两个箍套的一侧进行枢轴连接的关键技术手段，进而实现了减少安装零件、降低安装工作量和时间的技术效果。

对比文件 2 要解决的技术问题是"减少零件提高安装效率"，针对该技术问题，其采用的关键技术手段是"U 型连接杆""卡箍本体一端与 U 型连接杆开口端铰接""螺栓与 U 型连接杆封闭端螺纹连接"等。具体技术方案为：一种(一体式)卡箍组件，包括卡箍本体、U 型连接杆、销轴、螺栓，卡箍本体由塑料材料注塑一次成型，其具有两个连接端，一端与 U 型连接杆的开口端铰接，另一端开设有贯穿的螺纹孔，用于与旋过 U 形连接杆的封闭端的螺栓螺纹连接。该卡箍组件具有结构简单紧凑、零件少、安装时能够有效地降低零件掉落概率的技术效果。

对比文件 3 要解决的技术问题是如何使软管和硬管连接时简化结构、拆装方便。针对该技术问题，其提供了一种一体式塑料卡箍，包括箍体和紧迫螺栓，箍体两端分别形成迫近段和拉紧段。安装时，螺栓穿过迫近段上的通孔和拉近段上的螺纹孔进行连接，进而可实现卡箍在管道上的快速紧固。该卡箍具有操作简便高效的技术效果。值得注意的是，该卡箍本体是一体式的，与涉案专利的分体式卡箍在结构上有明显区别，进而使得两者的技术方案以及技术效果均有明显差异。

在以上对涉案专利和对比文件1~3分析的基础上，可以采用特征对比表的形式，将涉案专利的权利要求1~4要求保护的技术方案所涉及的技术特征与对比文件1~3公开的技术方案所涉及的技术特征进行对比和梳理，以利于后续针对涉案专利的权利要求1~4作出新颖性和创造性判断（见表5-2）。

表5-2 涉案专利和对比文件特征对比表

涉案专利	技术特征	对比文件1	对比文件2	对比文件3
独立权利要求1	卡箍	卡箍	卡箍	卡箍
	第一本体 第二本体	第一箍套 第二箍套 √	一体式卡箍本体 ×	一体式箍体 ×
	紧固装置（包括螺栓）	紧固装置（螺栓）√	紧固装置（包括螺栓）√	紧固装置（包括螺栓）√
	第一本体的一端与第二本体的一端铰接	第一箍套一端与第二箍套的一端采用挂轴和轴套的方式进行枢轴连接√	一体式卡箍本体，不存在与涉案专利相对应的枢轴铰接端×	一体式箍体，不存在与涉案专利相对应的枢轴铰接端×
	第一本体的另一端与第二本体的另一端通过螺栓连接	另一端通过螺栓拧紧连接√	卡箍本体的两端通过U型连接杆和螺栓连接√	箍体两端（即迫近段和拉近段）通过紧迫螺栓连接√
从属权利要求2	紧固装置包括与第一本体铰接的连接板，连接板的一端开设有插槽，另一端面上有螺纹孔	紧固装置为螺栓×	与本体一端铰接的U型连接杆，一个端面上具有卡箍本体插入的插槽；另一端开设有可旋过螺栓的螺纹孔√	箍体两端（即迫近段和拉近段）通过紧迫螺栓连接（即紧固装置为螺栓）×
	第二本体上具有可插入插槽的固定部，固定部上开有螺纹孔		本体另一端具有插入插槽的固定部分，该部分设有贯穿的螺纹孔√	
	螺栓穿过螺纹孔将第一本体和第二本体连接		螺栓穿过螺纹孔将卡箍本体的两端连接√	

· 111 ·

续表

涉案专利	技术特征	对比文件1	对比文件2	对比文件3
从属权利要求3	第一本体和第二本体上设置有预定位装置，其包括位于第一本体上的卡钩和位于第二本体上的环形钩件，环形钩件用于与卡钩连接	无预定位装置 ×	无预定位装置 ×	无预定位装置 ×
从属权利要求4	环形钩件是弹性钩件，最好是环形橡胶圈	无预定位装置 ×	无预定位装置 ×	无预定位装置 ×

基于上述特征对比表可知，对比文件1仅公开权利要求1要求保护的技术方案的所有技术特征，未公开从属权利要求2~4的附加技术特征；对比文件2未公开权利要求1要求保护的技术方案的所有技术特征，但公开了从属权利要求2的附加技术特征（未公开从属权利要求3~4的附加技术特征）。对比文件3既未公开独立权利要求1的全部技术特征，也未公开从属权利要求2~4的附加技术特征。

3. 分析无效证据以及与证据相关的无效宣告请求理由

如本书第四章第三节所述，在着手撰写无效宣告请求书之前，首先得分析出可以提交的证据，以及与证据相关的理由。

（1）证据分析

本案中客户提供了三篇对比文件，即对比文件1~3，根据前述对于对比文件1~3的具体分析可知：对比文件1~3与涉案专利的技术领域都相同，其中，对比文件1和2在时间上都构成了涉案专利的现有技术，且对比文件1在内容上公开权利要求1要求保护的技术方案的所有技术特征（未公开从属权利要求2~4的附加技术特征），对比文件2在内容上公开了权利要求1的部分技术特征和从属权利要求2的全部附加技术特征（未公开权利要求3和4的附加技术特征）。据此可以初步判断出：对比文件1可考虑用于评价权利要求1的新颖性；对比文件1和2结合可考虑用于评价权利要求2的创造性，具体理由将在下文中进行详细分析。

对比文件3的申请日早于涉案专利的申请日，公告日和涉案专利的申请日相同，属于"申请在前，公告在后"的专利文件，不是涉案专利的现有技术，不管其内容如何，已不能用于评价涉案专利的创造性。同时，对比文件3在内容上既未公开权利要求1的全部特征也未公开从属权利要求2~4的附加技术特征，即其公开的技术方案与涉案专利独立权利要求1及其从属权利要求2~4的技术方案都不相同，因此不能构成与涉案专利相同的发明或者实用新型，不是涉案专利的抵触申请，不能用于评价涉案专利的新颖性。

综上可知，能够提交的证据是对比文件1和2，同时建议放弃对比文件3。

(2) 与证据相关的理由

在确定出能够提交的证据之后，还需进一步结合提交的证据，具体分析无效宣告请求的理由。很显然，《专利法》第二十二条所规定的新颖性和创造性是与证据（对比文件）直接相关的无效宣告请求理由，因此，下文中将结合前面对比文件1和2具体分析的内容，以及"对比文件1可用于评价权利要求1的新颖性；对比文件1和2结合可用于评价权利要求2的创造性"的初步判断结果，逐项分析涉案专利权利要求1和4是否具备新颖性和创造性。需要注意的是，如本书第四章所述，在判断新颖性时，应注意"四相同"（即技术领域、技术问题、技术方案、技术效果相同），适用单独对比原则。在判断创造性时（特别是独立权利要求的创造性），通常应当采用完整的"三步法"。当独立权利要求1不具备新颖性时，对于首次评判创造性的从属权利要求，也应按照完整的"三步法"进行评述。

涉案专利的权利要求1请求保护一种卡箍，对比文件1公开了一种分体式卡箍，与涉案专利要求保护的主题相同，属于完全相同的技术领域，其包括第一箍套1和第二箍套2，分别对应于涉案专利的第一本体和第二本体；第一箍套1和第二箍套2一端通过螺栓（即固定装置）形成紧固连接；另一端通过挂轴11套入轴套21的方式形成铰接连接，对应于涉案专利的两个本体铰接的连接方式。由此可见，涉案专利权利要求1的全部技术特征均被对比文件1公开，两者的技术方案实质上相同，且能够解决相同的减少零件的技术问题，具有相同的降低安装工作量和成本的技术效果，因此涉案专利的权利要求1相对于对比文件1不具备新颖性。

涉案专利的从属权利要求2引用了权利要求1，其附加技术特征对紧固装置作出进一步限定，将紧固装置限定为包括连接板，同时还限定了连接板与本体的连接方式。前述关于对比文件1~3的具体分析中已经指出对比文件1破坏了权利要求1的新颖性，但是并未公开从属权利要求2的附加技术特征。因此可以将对比文件1作为权利要求2最接近的现有技术，且权利要求2与对比文件1

相比，区别特征正是从属权利要求2的附加技术特征，即"紧固装置包括与第一本体铰接的连接板，连接板的一端开设有插槽，另一端面上有螺纹孔，第二本体上具有可插入插槽的固定部，固定部上开有螺纹孔，螺栓穿过螺纹孔将第一本体和第二本体连接。"基于该区别特征在涉案专利中所起的作用可以确定，涉案专利相对于对比文件1实际解决的技术问题是如何进一步减少零件的数量，降低安装难度和成本。然而，根据前述对于对比文件2的具体分析以及前述特征对比表显示的内容可知，该区别特征（即从属权利要求2的附加技术特征）已经被对比文件2公开，且其在对比文件2中所起的作用与在涉案专利中所起的作用相同，都是减少了零件数量、降低了安装难度和成本。因此，为了解决减少安装零件的技术问题，本领域技术人员有动机将对比文件2中的紧固装置以及与本体的连接方式直接应用到对比文件1，从而获得权利要求2所要求保护的技术方案，这对于本领域技术人员来说是显而易见的，权利要求2不具备突出的实质性特点和显著的进步，不具备创造性。

涉案专利的从属权利要求3和4的附加技术特征进一步限定了卡箍包括预定位装置，并对预定位装置的结构和材质做出具体限定。但是，如前所述，对比文件1和2均无涉及预定位装置的技术内容。因此，涉案专利的从属权利要求3和4具备创造性。

综上可知，与证据（对比文件）相关的无效宣告请求理由是：涉案专利的权利要求1相对于对比文件1不具备创造性；涉案专利的权利要求2相对于对比文件1和2的结合不具备创造性。

4. 分析涉案专利是否存在其他无效宣告请求理由

《专利法实施细则》第六十五条第二款规定的无效宣告请求理由中，除了《专利法》第二十二条之外，还包括《专利法》第二条、第二十条第一款、第二十六条第三款、第四款等多个无效条款。这些也是较为常用的无效条款，尤其是对于那些不能以新颖性和创造性作为无效宣告请求理由的权利要求而言，更应该进一步关注这些条款的使用。基于前面的分析可知，涉案专利的从属权利要求3和4并不能用对比文件1～3否定其新颖性或创造性。因此，可特别针对这两个权利要求进一步分析是否存在其他无效宣告请求理由。

（1）权利要求3的无效宣告请求理由分析

《专利法》第二十六条第四款规定，权利要求书应当以说明书为依据，清楚、简要地限定要求专利保护的范围。

根据前述对涉案专利的具体分析可知，涉案专利从属权利要求3的附加技术特征对预定位装置的具体结构做出了进一步限定，但是并未对具体构件的材质进行限定，其解决的技术问题是实现夹环形卡箍本体的对准。然而，根据涉案专利说明书实施例二记载的具体内容可知，预定位装置5包括：位于第一本体1上的卡钩51，位于第二本体2上的固定板521，以及连接在固定板521上的环形弹性钩件522，如环形橡胶圈。还进一步明确，为了避免预定位的操作影响螺栓32对准螺纹孔41，第一本体1和第二本体2的预定位连接不能是刚性的，而是弹性的。在实践中，也可以使用其他的弹性钩件如环形弹簧挂钩来代替环形橡胶圈实现与卡钩51的接合。可见，预定位装置中环形钩件只能为弹性形式，且本领域技术人员也不能确定非弹性环形钩件如刚性环形钩件可以解决相应的技术问题。然而，涉案专利从属权利要求3中并未对预定位装置具体的材质进行限定，即未将其包含的环形构件限定为弹性材质，因此其涵盖了包括弹性材质和非弹性材质的范围，显然，该范围未以说明书为依据。因此，涉案专利的从属权利要求3不符合《专利法》第二十六条第四款的规定。

（2）权利要求4的无效宣告请求理由分析

涉案专利的从属权利要求4择一地引用了在先权利要求1~3，其附加技术特征进一步限定了环形钩件的结构和材质，然而权利要求1和2均未记载"环形钩件"的技术特征，权利要求4引用权利要求1和2时，缺乏引用基础，进而导致其引用权利要求1和2的技术方案不清楚。因此，涉案专利的从属权利要求4引用权利要求1或2的技术方案不符合《专利法》第二十六条第四款的规定。

5. 确定无效宣告请求的范围、理由和证据的使用

在前述分析的基础上，可以确定无效宣告请求的范围、理由和证据为：权利要求1相对于对比文件1不具备新颖性；权利要求2相对于对比文件1和对比文件2的结合不具备创造性；权利要求3未以说明书为依据，权利要求4引用权利要求1和权利要求2的技术方案保护范围不清楚，因此请求宣告权利要求1~3以及权利要求4引用权利要求1和2的技术方案无效。

同时，在无效宣告请求中，对比文件1和对比文件2可以作为现有技术证据提交，对比文件3不能构成涉案专利的抵触申请文件，建议不作为证据提交。

6. 后续工作意见

完成上述关于无效宣告请求的相关分析工作之后，还需注意，第一题的题面中还明确要求：分析在提出本次无效宣告请求之后进一步的工作建议，如是否需要补充证据等，如果需要，说明理由以及应当符合的要求。应试者需注意全面审题和作答。

关于进一步的工作建议，根据前述分析可知，目前所掌握的证据无法请求

宣告权利要求 4 引用权利要求 3 的技术方案无效。对于请求人而言，在提出无效宣告请求之日起一个月内可以增加无效宣告请求理由以及补充证据，因此建议在提出无效宣告请求之后做进一步检索，重点检索权利要求 4 引用权利要求 3 的技术方案，以期在提出无效宣告请求之后的一个月内补充证据，并结合该证据增加相应的权利要求不具备新颖性或创造性的理由。

7. 参考答案

咨询意见样例。

尊敬的客户：

我方根据贵方提供的涉案专利以及对比文件 1 和 3，提出如下意见：

(1) 关于证据的使用

对比文件 1 和对比文件 2 的公开日均早于涉案专利的申请日，构成了涉案专利的现有技术。

对比文件 3 属于涉案专利的专利权人于涉案专利的申请日前提出的，并于涉案专利的申请日当天公开的专利文件，从时间上可用于评价权利要求的新颖性，但对比文件 3 公开的卡箍箍体是一体成型的，没有公开权利要求 1 中的卡箍的第一本体和第二本体铰接的技术方案，因此对比文件 3 不能破坏权利要求 1 的新颖性，不能构成涉案专利的抵触申请，建议放弃使用对比文件 3。

(2) 权利要求 1 不具备《专利法》第二十二条第二款规定的新颖性

权利要求涉及一种卡箍，对比文件 1 公开了一种管道连接卡箍，并具体公开了包括第一箍套 1 和第二箍套 2，第一箍套上设置挂轴 11，在第二箍套的对应端设置与挂轴 11 对应的轴套 21；在第一箍套 1 和第二箍套 2 各自的另一端设置连接耳，连接耳上设有供连接螺栓穿过的通孔。对比文件 1 公开了一边采用挂轴的方式进行枢轴连接，另一边通过螺栓连接的卡箍，即公开了权利要求 1 所要求保护的技术方案的全部技术特征，且二者的技术领域、技术方案、解决的技术问题和取得的技术效果相同，因此权利要求 1 不具备新颖性，不符合专利法第二十二条第二款的规定。

(3) 权利要求 2 不具备《专利法》第二十二条第三款规定的创造性

对比文件 1 公开了如前所述的技术内容，权利要求 2 与对比文件 1 的区别在于："所述紧固装置（3）包括与所述第一本体（1）铰接的连接板（31），所述连接板（31）的一端开设有插槽（321），另一端面上有螺纹孔，所述第二本体（2）上具有可插入插槽（321）的固定部（4），所述固定部（4）上开有螺纹孔（41），所述螺栓（32）穿过螺纹孔将第一本体（1）和第二本体（2）连接"，该区别特征实际解决的技术问题是如何设计紧固装置的具体结构从而进一步减少零件的数量。

对比文件2公开的卡箍组件包括：卡箍本体1、U型连接杆2、销轴3和螺栓4。卡箍本体1由塑料材料注塑一次成型，其具有两个连接端，一端与U型连接杆2的开口端铰接，另一端开设有贯穿的螺纹孔，用于与穿过U形连接杆2的封闭端的螺栓4螺纹连接。对比文件2公开了通过铰接的U型连接杆来实现紧固的技术方案，并且其在对比文件2中所起的作用也是为了减少零件的数量。可见，对比文件2给出了将上述区别特征应用于对比文件1以解决其技术问题的启示，因此在对比文件1的基础上结合对比文件2从而获得权利要求2所要求保护的技术方案，对本领域的技术人员来说是显而易见的，权利要求2不具有实质性特点和进步，不具备创造性，不符合《专利法》第二十二条第三款的规定。

(4) 权利要求3没有以说明书为依据，不符合《专利法》第二十六条第四款的规定

涉案专利的说明书最后一段记载了"预定位装置5包括位于第一本体1上的卡钩51，位于第二本体2上的固定板521，以及连接在固定板521上的环形弹性钩件522，例如环形橡胶圈"，"为了避免预定位的操作影响螺栓32对准螺纹孔41，第一本体1和第二本体2的预定位连接不能是刚性的，而是弹性的，这样，环形橡胶圈的弹性能在螺栓32对准螺纹孔41的过程中，协助调整二者之间的相对位置，方便二者的对准"，而权利要求3中记载的是"预定位装置(5)，其包括位于第一本体(1)上的卡钩(51)和位于第二本体(2)上的环形钩件(522)"，权利要求4中对环形钩件进一步限定为是弹性的，由此可见，权利要求3的技术方案包括环形钩件不是弹性的情况，这种情况在说明书中没有记载，而且也会影响螺栓32对准螺纹孔41，使得相应的技术问题无法解决，因此权利要求3没有以说明书为依据，不符合《专利法》第二十六条第四款的规定。

(5) 权利要求4引用权利要求1和2的技术方案不清楚，不符合《专利法》第二十六条第四款的规定

权利要求4的附加技术特征进一步限定了环形钩件的结构，但是在其引用的权利要求1和2中均没有记载"环形钩件"，因此权利要求4引用权利要求1和2的技术方案缺乏引用基础，造成保护范围不清楚，不符合《专利法》第二十六条第四款的规定。

因此请求宣告权利要求1~3以及权利要求4引用权利要求1和2的技术方案无效。

(6) 后续工作意见

根据前述分析，目前所掌握的证据无法请求宣告权利要求4引用权利要求3的技术方案无效。对于请求人而言，在提出无效宣告请求之日起一个月内可以增加无效宣告请求理由以及补充证据，因此建议在提出无效宣告请求之后作进一步的检索，重点检索权利要求4引用权利要求3的技术方案，以期在提出无效宣告请求之后的一个月内补充证据，并结合该证据增加相应的权利要求不具备新颖性或创造性的理由。

(二) 第二题（撰写权利要求书）

权利要求书的撰写不仅是历年"专利代理实务"科目的必考点，更是衡量一名专利代理师专利代理实务能力高低的重要标志之一。如何在专利法允许的范畴之内，撰写出保护范围合适且层次清晰的权利要求书，既是申请人的普遍诉求，也是实务考试考查的重要知识点。如前所述，2015年实务考题中，撰写实务的特点比无效实务的特点更为突出。具体而言，该年度的撰写实务涉及依据多个实施例概括出保护范围合理的权利要求，以及撰写多个独立权利要求的知识点。下面，将按照本书第四章给出的撰写思路，逐层展开分析。

1. 理解发明内容

阅读技术交底材料、准确理解发明的实质内容是撰写一份保护范围合理的权利要求书的基础。如本书第四章所述，在理解发明时，可以技术问题为切入点，有针对性地去梳理为解决相应的技术问题而采用的技术方案和取得的技术效果，以使其条理更加清晰。对于有多个实施例的情形，需注意区分各实施例之间共有的技术特征和非共有的技术特征，以便为后续撰写权利要求时的合理概括做好铺垫和准备。

具体到2015年度的考题，根据客户提供的技术交底材料可知，一方面，传统结构的卡箍使用螺栓将卡箍相连，此结构在装配和分解过程中都需要将螺栓完全拧入或拧出螺母以分解卡箍完成管道的装拆，这样需要足够的操作空间和时间，拆装费时费力；另一方面，现有卡箍上一般都会嵌有或套有橡胶垫圈，橡胶垫圈与管道之间的抱紧力小，当管道由于外部原因震动时，会影响紧固效果。为此，技术交底材料提出需要解决两个技术问题，一个是"无需将螺栓完全拧入或拧出螺母以连接和分解卡箍完成管道的快速装拆"（下称"技术问题一"）；另一个是"防止卡箍在管道上转动或串动"（下称"技术问题二"）。

(1) 针对技术问题一

为解决技术问题一，技术交底材料提供了三个实施例，各实施例卡箍的基本结构大致相同，即主要包括卡箍本体和紧固装置，卡箍本体通过紧固装置连接在一起，但是各自采用的关键技术手段（即紧固装置的结构和连接方式）各不相同。因此，总体上，大致相同的基本结构所包含的技术特征是实施例之间的共有特征，各不相同的关键技术手段则构成了实施例之间的非共有技术特征。具体分析如下。

根据技术交底材料中记载的内容并结合其附图信息可知：

实施例一的卡箍包括通过轴A铰接在一起的左卡箍1和右卡箍2，以及紧固装置3。紧固装置3包括可旋转闩锁31和连杆32，连杆32的两端分别通过销钉与（右卡箍2上的）第二连接端21和闩锁31枢轴连接。连杆32上有杆孔33，（左卡箍2上的）第一连接端11的相应位置上设有销孔12，销孔12内插有一可活动的方形卡块13。紧固时，连杆32上的杆孔33与第一连接端11上的销孔12对准，方形卡块13插入这两个孔之中，实现卡紧锁定。由此可见，实施例一的卡箍包括左右两个分体式卡箍本体和连接卡箍本体的紧固装置，其中紧固装置的一端与卡箍本体的一端通过销钉枢轴连接，紧固装置的另一端与卡箍本体的另一端通过卡块和孔的配合实现卡紧锁定。

实施例二的卡箍包括卡箍带10和紧固装置3。紧固装置3包括锁盖301、环形锁扣302和锁钩303。锁盖301与卡箍带10的一个连接端铰接。锁钩303固定在卡箍带10的另一个连接端。环形锁扣302的一端铰接在锁盖301的内侧下方，另一端可卡入锁钩303。安装时，将锁扣302卡入锁钩303，实现卡箍带10两个连接端的连接，随后旋转锁盖310，卡箍锁紧；拆卸时，只需向上旋转锁盖301。无需将螺栓完全拧入或拧出螺母就能实现卡箍快速连接或拆卸。由此可见，实施例二的卡箍包括一体式卡箍本体和连接卡箍本体两端的紧固装置，其中紧固装置的一端与卡箍本体的一端铰接，紧固装置的另一端与卡箍本体的另一端卡接锁紧。

实施例三的卡箍包括上卡箍100、下卡箍200、螺杆5和螺母7。螺杆5的一端铰接在上卡箍100的连接端，另一端旋有螺母7，形成螺杆螺母组件。下卡箍200的连接端上开设U型开口6，所述U型开口6的宽度大于螺杆5的直径且小于螺母7的外周宽度。虽然实施例三记载的卡箍安装和拆卸需要将螺杆拧入或拧出螺母，但由于设置在下卡箍200的连接端上的U型开口6的宽度大于螺杆5的直径且小于螺母7的外周宽度，无论在安装还是拆卸时，均不需要将螺栓完全拧入或拧出螺母便能实现卡箍的快速拆装。由此可见，实施例三的卡箍包括上下两个分体式卡箍本体和连接卡箍本体的紧固装置，其中紧固装置包括螺杆螺母组件，螺杆的一端与卡箍本体的一端铰接，卡箍本体的另一端通过

U 型开口与螺杆螺母尺寸的配合设置实现连接（具体细节结构可详见技术交底材料）。

基于上述分析可知，针对上述技术问题一，三个实施例中所包括的共有特征是卡箍本体和紧固装置。同时，实施例一和三中的卡箍本体都是分体式，实施例二中的卡箍本体是一体式。实施例一和实施例二的紧固装置虽然在细节方面有较大区别，但是两者之间还存在共有或比较相似的特征：紧固装置的一端与卡箍本体的一个连接端铰接；紧固装置的另一端与卡箍本体的另一个连接端通过卡块或卡锁的方式等实现连接。实施例三的紧固装置与实施例一和二的区别较大，不存在"紧固装置"结构细节方面的共有技术特征。除此以外，技术交底材料中记载的其他细节特征则均是三个实施例之间的非共有特征，在此不再一一赘述。

（2）针对技术问题二

为了解决上述技术问题二，即"防止卡箍在管道上转动或串动"，实施例一和二均给出了相应的解决方案。

实施例一中采用的技术手段为：左右卡箍的圆弧内周面上设有凹槽，其内嵌有橡胶垫圈，橡胶垫圈与管道接触的内环壁 14 上设置有多个三角形防滑凸起 141。通过设置防滑凸起增大了卡箍与管道间的紧抱力以及卡箍与管道间的摩擦力，实现防止卡箍在管道上转动或串动的技术效果。

实施例二中采用的技术手段为：卡箍带 10 与管道接触的内表面套有一个橡胶圈，橡胶圈与管道接触的内环壁上设有点状凸起，以起到防滑的作用。

实施例三则未针对该技术问题二给出其他技术手段。

综上可知，针对上述技术问题二，技术交底材料在实施例一和实施例二中均采用了相似的技术手段，即在卡箍本体的内侧表面设置橡胶垫圈，同时在橡胶垫圈的内环壁上设置防滑凸起，其中所包含的特征则是共有技术特征。对于防滑凸起的不同形状等细节特征则是非共有特征。

2. 确定技术交底材料中可保护的主题

在确定可保护的主题时，首先需确定可保护的主题类型（产品或方法），同时还需关注同一类型的主题下是否存在多个技术问题，以及针对每一个技术问题是否具有多种解决技术问题的技术方案。进而可初步确定出是否需要撰写多个独立权利要求。

本案中，技术交底材料记载的三个实施例给出的均是一种卡箍，而并未针对卡箍的制造、使用方法或者其生产设备等其他方面做出系统说明，由此可以确定出可保护的主题只有产品类型，只需撰写产品权利要求，且同时可以确定出其主题名称为"一种卡箍"。但是，如前所述，技术交底材料中提出了两个技术问题，且针对每一个技术问题都给出了不同的解决方案。这种情况往往需要考虑是否可以同一主题名称撰写多个独立权利要求。

具体而言，针对技术问题一，三个实施例中均采用了关键技术手段"紧固装置"来解决问题，但是三种紧固装置在具体细节结构上存在较大差异，初步看来，似乎可以考虑分别基于三个实施例各自撰写一个独立权利要求，但是，如此则没有基于实施例的内容进行合理概括，既不利于保障申请人的合理利益，又不利于形成有层次、有梯度、逻辑严谨、结构清楚的权利要求书。与此同时，基于前面的分析可知，实施例一和二中的紧固装置存在共有或比较相似的特征：紧固装置的一端与卡箍本体的一个连接端铰接；紧固装置的另一端与卡箍本体的另一个连接端通过卡块或卡锁的方式等实现连接。实施例三的紧固装置与实施例一和二的区别较大，不存在"紧固装置"具体结构方面的共有技术特征。因此，可考虑基于具有一定相似性的实施例一和实施例二合理概括撰写出一个独立权利要求，对于差异大、不存在共有特征的实施例三，则单独撰写一个独立权利要求。

针对技术问题二，实施例一和实施例二中均采用了关键且相似的技术手段"在卡箍本体的内侧表面设置橡胶垫圈，同时在橡胶垫圈的内环壁上设置防滑凸起"，进而实现了防止卡箍在管道上转动或串动的技术效果。值得注意的是，技术问题二和技术问题一之间并不存在相互依存关系，两者之间是相互并列、独立存在的一种状态，即并非是解决了技术问题一之后才能解决技术问题二，且解决技术问题二的防滑手段与解决技术问题一的紧固装置之间也互不依存、并列存在。因此，完全可以考虑基于解决技术问题二的防滑方案撰写出另外一个独立权利要求。

综上，基于技术交底材料中以解决两个技术问题为基础提出的三个实施例，可考虑撰写出技术主题名称为"一种卡箍"的三个独立权利要求。

3. 分析研究并确定最接近的现有技术

对于第二题的撰写环节中客户提交的技术交底材料而言，第一题中所列出的涉案专利和对比文件1~3均构成其现有技术，对于其具体内容的分析已在上文中给出详细介绍，在此不再赘述。在其基础上可以技术问题为切入点，通过表格对比分析的形式，对比列出技术交底材料以及各现有技术公开的关键信息，以便于准确确定出最接近的现有技术（见表5-3）。

表5-3 技术交底材料与现有技术的对比分析表

	技术问题	主要技术内容
技术交底材料	1. 无需将螺栓完全拧入或拧出螺母以连接和分解卡箍完成管道的快速装拆	卡箍本体、紧固装置（实施例一和二中紧固装置的一端与卡箍本体的一个连接端铰接；紧固装置的另一端与卡箍本体的另一个连接端通过卡块或卡锁的方式等实现连接；实施例三中紧固装置通过U型开口与螺杆螺母尺寸的配合设置实现连接）
	2. 防止卡箍在管道上转动或串动	卡箍本体的内侧表面设置橡胶垫圈，橡胶垫圈的内环壁上设置防滑凸起
涉案专利	如何减少卡箍的安装零件、方便夹环对准，进而降低安装难度	分体式卡箍本体和紧固装置，紧固装置的一端与卡箍本体的一端铰接，紧固装置的另一端通过螺栓与卡箍本体的另一端连接（进一步地可设置预定位装置，协助定位）
对比文件1	如何实现换管对接、便于维修	分体式卡箍，两个箍套（即卡箍本体）的一侧采用挂轴的方式进行枢轴连接，另一侧通过螺栓连接
对比文件2	如何减少零件提高安装效率	一体式卡箍，卡箍本体一端与U型连接杆开口端铰接，另一端开设有贯穿的螺纹孔，用于与旋过U形连接杆的封闭端的螺栓螺纹连接
对比文件3	如何使软管和硬管连接时简化结构、拆装方便	一体式卡箍，卡箍本体两端通过紧迫螺栓加以连接

根据表5-3的对比分析可知，虽然涉案专利和对比文件1~3中公开的卡箍都包括卡箍本体和连接卡箍本体的紧固装置，但是其紧固装置与技术交底材料中的紧固装置并不相同。相比较而言，涉案专利中公开了"紧固装置的一端与卡箍本体的一端铰接"，即公开了技术交底材料的实施例一和实施例二中的部分内容。对于技术交底材料中的实施例三所采用的U型开口紧固装置，以及为了解决技术问题二而采用的防滑设置，则在涉案专利以及对比文件1~3中均未涉及。因此，涉案专利是技术交底材料最接近的现有技术。

4. 撰写独立权利要求

上文中已经分析指出：基于技术交底材料中以解决两个技术问题为基础提出的三个实施例，可考虑撰写出技术主题名称为"一种卡箍"的三个独立权利要求。下面，将按照本书第四章给出的思路，从技术问题和必要技术特征出发，逐步分析撰写出这三项独立权利要求。

（1）撰写第一个独立权利要求

如前所述，技术交底材料要解决的技术问题一是"无需将螺栓完全拧入或拧出螺母以连接和分解卡箍完成管道的快速装拆"。针对该技术问题,实施例一和实施例二的紧固装置存在共有或比较相似的技术特征,可考虑基于这两个实施例中的紧固装置合理概括撰写出一个独立权利要求。同时考虑到,实施例一和实施例二中关于紧固装置的具体细节结构特征较多,较利于撰写从属权利要求,因此可将其作为第一个独立权利要求。

针对上述技术问题一,卡箍本体、紧固装置,以及紧固装置与卡箍本体的连接方式都是解决技术问题的必要技术特征,具体而言,"卡箍本体"和"紧固装置"是构成发明技术方案所不可缺少的必要技术特征;"紧固装置的一端与卡箍本体的一个连接端铰接"和"紧固装置的另一端与卡箍本体的另一个连接端通过卡块或卡锁连接"则是解决上述技术问题一的关键技术手段。进一步地,卡块或卡锁都是卡扣的一种具体形式,本领域技术人员完全能够理解,其他的卡扣形式也可实现快速的卡紧连接,因此,可将该卡块或卡锁连接适当地上位概括为"卡扣连接",即"紧固装置的另一端与卡箍本体的另一个连接端通过卡扣连接"。

需要注意的是,实施例一和实施例二中还均包括"在卡箍本体的内侧表面设置橡胶垫圈,同时在橡胶垫圈的内环壁上设置防滑凸起"的技术手段,但是根据上文的分析可知,该技术手段是用以解决技术问题二的,即这些技术手段所包括的技术特征是解决技术问题二的必要技术特征,而并不是解决技术问题一的必要技术特征,在以技术问题一为出发点撰写独立权利要求时,不必考虑解决技术问题二的必要技术特征,若将其写入此时的第一个独立权利要求中,将导致独立权利要求的保护范围缩小,损害申请人的利益。这些特征是在以技术问题二为出发点撰写独立权利要求时应当考虑的,同时其也可以写入第一个独立权利要求的从属权利要求中。至于实施例一和实施例二中所包含的对于紧固装置的细节结构描述,则并非解决上述技术问题一的必要技术特征,而是实现卡扣连接的具体方式,可考虑放入从属权利要求中。

此外,"卡箍本体""紧固装置""紧固装置的一端与卡箍本体的一个连接端铰接"是与涉案专利共有的必要技术特征,应写入前序部分;"紧固装置的另一端与卡箍本体的另一个连接端通过卡扣连接"则是未被试题中提供的任何现有技术公开的必要技术特征,应写入特征部分。具体可撰写出如下第一个独立权利要求:

一种卡箍,包括卡箍本体和紧固装置,所述紧固装置的一端与卡箍本体的一个连接端铰接,其特征在于所述紧固装置的另一端与卡箍本体的另一个连接端卡扣连接。

(2) 撰写第二个独立权利要求

针对第一个技术问题，实施例三中的紧固装置与实施例一和实施例二的区别较大，不存在"紧固装置"具体结构方面的共有技术特征，可考虑另外单独撰写一个独立权利要求。与实施例一和实施例二相同的是，实施例三中也包含"卡箍本体"和"紧固装置"这些构成发明技术方案所不可缺少的必要技术特征。与实施例一和实施例二不同的是，实施例三中的紧固装置技术特征为：包括螺杆螺母组件，螺杆的一端与卡箍本体一端铰接，卡箍本体的另一端通过U型开口与螺杆螺母尺寸的配合设置实现连接，即通过"螺杆螺母组件与卡箍本体的一个连接端铰接""卡箍本体的另一个连接端上设有U型开口""U型开口的宽度大于螺杆的直径且小于螺母的最小外周宽度"这些关键技术手段，实现了无需螺杆与螺母的完全分离，便可快速拆装卡箍的技术效果。因此，这些技术特征是实施例三中为解决技术问题一的关键必要技术特征。

基于与撰写第一个独立权利要求相同的原则，可撰写出如下第二个独立权利要求：

一种卡箍，包括卡箍本体和紧固装置，其特征在于：所述紧固装置包括螺杆螺母组件，所述螺杆螺母组件与卡箍本体的一个连接端铰接，卡箍本体的另一个连接端上设有U型开口，所述U型开口的宽度大于螺杆的直径且小于螺母的最小外周宽度。

(3) 撰写第三个独立权利要求

如前所述，技术交底材料要解决的技术问题二是"防止卡箍在管道上转动或串动"，技术问题二和技术问题一是相互独立的，且技术交底材料中解决技术问题二的防滑手段与解决技术问题一的紧固装置之间也互不依存，并列存在。因此，完全可以考虑基于解决技术问题二的防滑方案撰写出另外一个独立权利要求（即第三个独立权利要求）。

具体而言，为解决该技术问题二，技术交底材料在实施例一和实施例二中均采用了相似的技术手段，即"在卡箍本体的内侧表面设置橡胶垫圈，同时在橡胶垫圈的内环壁上设置防滑凸起"，其中所包含的特征既是两个实施例之间的共有技术特征，又是解决该技术问题二的关键必要技术特征，应当写入独立权利要求中。值得注意的是，针对该技术问题二，"紧固装置"并非解决该技术问题的必要技术特征，而只是解决技术问题一的必要技术特征，因此不应当写入以技术问题二为出发点的第三个独立权利要求中。同时，对于防滑凸起的不同形状等细节特征，只是防滑凸起的具体选择方式，既是两个实施例之间的非共有特征，又是解决技术问题二的非必要技术特征，不必写入独立权利要求中。

此外，考虑到技术交底材料中已经指出"现有卡箍上一般都会嵌有或套有橡胶垫圈"，因此，建议将必要技术特征"在卡箍本体的内侧表面设置橡胶垫圈"写入独立权利要求的前序部分。

综上所述，可撰写出如下第三个独立权利要求：

一种卡箍，在卡箍本体的内侧表面嵌有或套有橡胶垫圈，其特征在于在所述橡胶垫圈的内环壁上设有防滑凸起。

5. 确定撰写的独立权利要求分案申请的必要性

第二题题面中明确指出：如果在一份专利申请中包含两项或两项以上的独立权利要求，则应说明这些独立权利要求能够合案申请的理由；如果认为应当提出多份专利申请，则应说明不能合案申请的理由。因此，还需进一步分析前面所撰写的三个独立权利要求是能够合案，还是应当分案，即分析三个独立权利要求之间是否具备单一性。三个独立权利要求的具体内容详见上文。

根据上文中撰写独立权利要求时的分析过程可知，现有技术（即涉案专利和对比文件1~3）中已经公开了一种卡箍，并具体公开了"卡箍本体""紧固装置""紧固装置的一端与卡箍本体的一个连接端铰接"等特征，因此这几个特征并不能构成上述三个独立权利要求的特定技术特征（即对现有技术作出贡献的特征）。同时，第一个独立权利要求中的技术特征"紧固装置的一端与卡箍本体的一个连接端卡扣连接"，第二个独立权利要求中的技术特征"紧固装置所包含的螺杆、螺母组件，所述螺杆螺母组件与卡箍本体的一个连接端铰接，卡箍本体的另一个连接端上设有U型开口，所述U型开口的宽度大于螺杆的直径且小于螺母的最小外周宽度"，第三个独立权利要求中的技术特征"橡胶垫圈的内环壁上设有防滑凸起"均未被现有技术公开，分别构成了上述三个独立权利要求对现有技术（即解决技术问题一和技术问题二）作出贡献的技术特征（即特定技术特征），然而这些特征彼此之间既不相同也不相应。综上可知，上述三个独立权利要求之间不包含相同或相应的特定技术特征，不属于一个总的发明构思，彼此之间不具备单一性，应当作为三个独立申请分别提出。

6. 撰写从属权利要求

第二题的题面中还进一步指出：（提出多份专利申请时）针对其中的一份专利申请撰写独立权利要求和适当数量的从属权利要求，对于其他专利申请，仅需撰写独立权利要求。上文中在撰写第一个独立权利要求时，已经指出过"考虑到实施例一和实施例二中关于紧固装置的具体细节结构特征较多，较利于撰写从属权利要求，因此可将其作为第一个独立权利要求"，因此，下面只需针对第一个独立权利要求撰写出适当数量的从属权利要求即可。

在撰写从属权利要求时，需对除了独立权利要求外的其余所有技术特征进行分析，且应优先考虑将那些对于体现该申请的创造性起作用的技术特征写入从属权利要求中。

针对要解决的技术问题一，实施例一和实施例二中对发明起到创造性作用的技术特征为紧固装置的具体结构，两者细节差异较大，可分别撰写在不同的从属权利要求中，并分别直接引用独立权利要求。具体而言，实施例一的紧固装置包含连杆和可旋转闩锁两个部件，连杆上设置的杆孔、卡箍本体一个连接端设置的销孔是实现卡扣连接的关键部件，可旋转闩锁是在形成卡箍两端后进一步完成锁紧的部件，因此可优先将连杆实现卡扣连接的关键部件撰写成一个从属权利要求，在其基础上，将旋转闩锁叠加在连杆上的方式撰写成下一个从属权利要求。具体如下：

2. 如权利要求1所述的卡箍，其特征在于所述紧固装置包括连杆，所述连杆上设有杆孔，所述卡箍的另一个连接端上设有销孔，所述杆孔和销孔通过卡块卡扣连接。

3. 如权利要求2所述的卡箍，其特征在于所述连杆的另一端与可旋转闩锁铰接，所述可旋转闩锁的端面在锁紧状态下紧压所述卡箍本体另一个连接端的外侧表面。

实施例二的紧固装置包括锁扣、锁钩和锁盖，在卡箍拆装过程中这三者共同作用缺一不可，因此，该三个部件及其之间的连接关系应撰写在同一从属权利要求中，并且如前所述，该从属权利要求只能引用独立权利要求1，而不能引用体现了实施例一的具体固定装置结构的从属权利要求2或3，否则会造成保护范围不清楚。具体如下：

4. 如权利要求1所述的卡箍，其特征在于所述紧固装置包括锁扣、锁钩和锁盖，所述锁盖与卡箍本体的一个连接端铰接，所述锁钩固定在卡箍本体的另一个连接端，所述锁扣的一端铰接所述锁盖的内侧下方，另一端可卡入锁钩。

进一步地，实施例一和实施例二中的卡箍本体分别为分体式和一体式两种形式，可据此撰写两个不同的从属权利要求。同时，考虑到本领域技术人员完全能够理解，实施例一和实施例二均可以是分体式或者一体式的，因此这两个从属权利要求均可以引用前述权利要求1~4任一项。具体如下：

5. 如权利要求1~4任意一项权利要求所述的卡箍，其特征在于所述卡箍本体包括左卡箍和右卡箍，所述左卡箍和右卡箍铰接。

6. 如权利要求1~4任意一项权利要求所述的卡箍，其特征在于所述卡箍本体是一体成形的卡箍带。

此外，上文中撰写独立权利要求时，已经分析指出过：实施例一和实施例二中包括的"在卡箍本体的内侧表面设置橡胶垫圈，同时在橡胶垫圈的内环壁上设置防滑凸起"的技术手段，是用以解决技术问题二的，这些技术手段所包含的具体技术特征是在以技术问题二为出发点撰写第二个独立权利要求时应当考虑的，同时也可以写入第一个独立权利要求的从属权利要求中。而且，这些特征也是能对发明起到创造性作用的技术特征，将其写入第一个独立权利要求的从属权利要求中，有利于形成一组保护范围逐层递进的权利要求，这也不会影响到第二个独立权利要求的撰写。具体如下：

7. 如权利要求1~4任意一项权利要求所述的卡箍，其特征在于所述卡箍本体内侧设有橡胶垫圈。

8. 如权利要求7所述的卡箍，其特征在于所述橡胶垫圈与管道接触的内环壁上设有防滑凸起。

9. 如权利要求8所述的卡箍，其特征在于所述防滑凸起是三角形凸起。

10. 如权利要求8所述的卡箍，其特征在于所述防滑凸起是点状凸起。

7. 参考答案

撰写的权利要求书样例。

1. 一种卡箍，包括卡箍本体和紧固装置，所述紧固装置的一端与卡箍本体的一个连接端铰接，其特征在于所述紧固装置的另一端与卡箍本体的另一个连接端卡扣连接。

2. 如权利要求1所述的卡箍，其特征在于所述紧固装置包括连杆，所述连杆上设有杆孔，所述卡箍的另一个连接端上设有销孔，所述杆孔和销孔通过卡块卡扣连接。

3. 如权利要求2所述的卡箍，其特征在于所述连杆的另一端与可旋转闩锁铰接，所述可旋转闩锁的端面在锁紧状态下紧压所述卡箍本体另一个连接端的外侧表面。

4. 如权利要求1所述的卡箍，其特征在于所述紧固装置包括锁扣、锁钩和锁盖，所述锁盖与卡箍本体的一个连接端铰接，所述锁钩固定在卡箍本体的另一个连接端，所述锁扣的一端铰接所述锁盖的内侧下方，另一端可卡入锁钩。

5. 如权利要求1~4任意一项权利要求所述的卡箍，其特征在于所述卡箍本体包括左卡箍和右卡箍，所述左卡箍和右卡箍铰接。

6. 如权利要求1~4任意一项权利要求所述的卡箍，其特征在于所述卡箍本体是一体成形的卡箍带。

7. 如权利要求1~4任意一项权利要求所述的卡箍，其特征在于所述卡本体内侧设有橡胶垫圈。

8. 如权利要求 7 所述的卡箍, 其特征在于所述橡胶垫圈与管道接触的内环壁上设有防滑凸起。

9. 如权利要求 8 所述的卡箍, 其特征在于所述防滑凸起是三角形凸起。

10. 如权利要求 8 所述的卡箍, 其特征在于所述防滑凸起是点状凸起。

需要另案提交申请的独立权利要求样例。

1. 一种卡箍, 包括卡箍本体和紧固装置, 其特征在于: 所述紧固装置包括螺杆螺母组件, 所述螺杆螺母组件与卡箍本体的一个连接端铰接, 卡箍本体的另一个连接端上设有 U 型开口, 所述 U 型开口的宽度大于螺杆的直径且小于螺母的最小外周宽度。

需要另案提交申请的独立权利要求样例。

1. 一种卡箍, 在卡箍本体的内侧表面嵌有或套有橡胶垫圈, 其特征在于在所述橡胶垫圈的内环壁上设有防滑凸起。

需要提出三份专利申请的理由。

第一份专利申请的独立权利要求对现有技术作出贡献的技术特征为"紧固装置的另一端与卡箍本体的另一个连接端卡扣连接", 从而不需要使用螺栓就可以快速打开和锁紧卡箍; 第二份专利申请的独立权利要求对现有技术作出贡献的技术特征是"卡箍本体的另一个连接端上设有 U 型开口, 所述 U 型开口的宽度大于螺杆的直径且小于螺母的最小外周宽度", 从而只需松动螺母, 无需螺母与螺杆的完全分离即可将螺杆从 U 形开口取出, 完成卡箍的快速安装; 第三份专利申请的独立权利要求对现有技术作出贡献的技术特征是"在橡胶垫圈的内环壁上设有防滑凸起", 从而防止卡箍在管道上移动或串动。

三个独立权利要求对现有技术作出的贡献的技术特征并不相同, 彼此在技术上也无相互关联, 因此三个独立权利要求之间不包含相同或相应的特定技术特征, 不属于一个总的发明构思, 彼此之间不具备单一性, 应当作为三个独立申请提出。

(三) 第三题 (简述新颖性和创造性的理由)

本题要求简述所撰写的独立权利要求相对于现有技术具备新颖性和创造性的理由。需要注意的是, 虽然在前面两题的分析基础上, 已基本上能够确定所撰写出的三个独立权利要求是具备新颖性和创造性的, 但是在本题中简述理由时, 还需按照新颖性和创造性的具体评判标准严谨地进行分析和作答, 不能重结论而轻过程。

根据上文中的分析可知, 涉案专利和对比文件 1~3 均构成了技术交底材料的现有技术，其中涉案专利是最接近的现有技术，且各篇现有技术中所公开的具体内容以及解决的技术问题和具有的技术效果等均已进行过详细分析，所有内容均可作为本题展开分析的基础。

1. 新 颖 性

（1）第一份申请的独立权利要求的新颖性

第一份申请的独立权利要求 1 与涉案专利的技术方案相比，涉案专利没有公开权利要求 1 中紧固装置的"另一端与卡箍本体的另一个连接端卡扣连接"的技术特征，因此权利要求 1 的技术方案与涉案专利所公开的技术方案存在实质不同，因此权利要求 1 相对于涉案专利具备新颖性，符合《专利法》第二十二条第二款的规定。

对比文件 1~3 均没有公开权利要求 1 中紧固装置的"另一端与卡箍本体的另一个连接端卡扣连接"的技术特征，因此权利要求 1 的技术方案与对比文件 1、2 或 3 所公开的技术方案均存在实质不同，因此权利要求 1 相对于对比文件 1、2 或 3 具备新颖性，符合专利法第二十二条第二款的规定。

（2）第二份申请的独立权利要求的新颖性

第二份申请的独立权利要求与涉案专利的技术方案相比，涉案专利没有公开权利要求 1 中"紧固装置包括螺杆螺母组件，所述螺杆螺母组件与卡箍本体的一个连接端铰接，卡箍本体的另一个连接端上设有 U 型开口，所述 U 型开口的宽度大于螺杆的直径且小于螺母的最小外周宽度"的技术特征，使得权利要求 1 的技术方案与涉案专利所公开的技术方案均存在实质不同，因此权利要求 1 具备新颖性，符合专利法第二十二条第二款的规定。

对比文件 1~3 均没有公开权利要求 1 中"紧固装置包括螺杆螺母组件，所述螺杆螺母组件与卡箍本体的一个连接端铰接，卡箍本体的另一个连接端上设有 U 型开口，所述 U 型开口的宽度大于螺杆的直径且小于螺母的最小外周宽度"的技术特征，因此权利要求 1 的技术方案与对比文件 1、2 或 3 所公开的技术方案均存在实质不同，因此权利要求 1 相对于对比文件 1、2 或 3 具备新颖性，符合专利法第二十二条第二款的规定。

（3）第三份申请的独立权利要求的新颖性

第三份申请的独立权利要求 1 与涉案专利的技术方案相比，涉案专利没有公开"橡胶垫圈"，也没有公开"橡胶垫圈的内环壁上设有防滑凸起"，因此权利要求 1 的技术方案与涉案专利所公开的技术方案不同，因此权利要求 1 相对于涉案专利具备新颖性，符合《专利法》第二十二条第二款的规定。

对比文件 1~3 均没有公开"橡胶垫圈"，也没有公开"橡胶垫圈的内环壁上设有防滑凸起",因此权利要求1的技术方案与对比文件1、2或3所公开的技术方案均存在实质不同,因此权利要求1相对于对比文件1、2或3具备新颖性,符合《专利法》第二十二条第二款的规定。

2. 创 造 性

(1) 第一份申请独立权利要求的创造性

第一份申请的独立权利要求1与最接近的现有技术(涉案专利)所公开的技术方案相比,区别特征在于,涉案专利没有公开紧固装置的另一端与卡箍本体的另一个连接端卡扣连接。根据该区别特征可以确定,权利要求1实际解决的技术问题是如何实现卡箍的快速装卸,对比文件1~3公开的均是螺栓连接的固定方式,没有公开上述区别特征,也没有给出相应的技术启示,因此权利要求1的技术方案是非显而易见的,而采用卡扣连接可以避免现有技术中需要将螺栓全部拧入或拧出螺母而造成的装卸麻烦的缺陷,具有有益的技术效果,因此权利要求1相对于涉案专利或者涉案专利与其他对比文件的结合均具备突出的实质性特点和显著的进步,因而具备创造性,符合《专利法》第二十二条第三款的规定。

(2) 第二份申请独立权利要求的创造性

第二份申请的独立权利要求1与最接近的现有技术(涉案专利)所公开的技术方案相比,区别特征在于,涉案专利没有公开紧固装置包含螺杆螺母组件,所述螺杆螺母组件与卡箍本体的一个连接端铰接,卡箍本体的另一个连接端上设有U型开口,所述U型开口的宽度大于螺杆的直径且小于螺母的最小外周宽度。根据该区别特征可以确定,权利要求1实际解决的技术问题是如何不需要螺母与螺杆完全分离从而实现卡箍的快速装卸,其他对比文件均公开了螺栓需要完全拧入拧出进行连接的固定方式,没有公开上述区别特征,也没有给出相应的技术启示,因此权利要求1的技术方案是非显而易见的,而含有上述区别特征的技术方案可以避免现有技术中需要将螺栓全部拧入或拧出螺母而造成的装卸麻烦的缺陷,具有有益的技术效果,因此权利要求1相对于涉案专利或者涉案专利与其他对比文件的结合均具备突出的实质性特点和显著的进步,因而具备创造性,符合《专利法》第二十二条第三款的规定。

(3) 第三份申请独立权利要求的创造性

第三份申请的独立权利要求1与最接近的现有技术(涉案专利)所公开的技术方案相比,区别特征在于,涉案专利没有公开橡胶垫圈,也没有公开橡胶垫圈的内环壁上具有防滑凸起的技术特征。根据该区别特征可以确定,权利要求1实际解决的技术问题是如何防止卡箍在管道上滑动或串动,其他对比文件也没有公开上述区别特征，并且也没有给出相应的技术启示，因此权利要求1的技术方案是非显而易见的，而含有上述区别特征的技术方案可以实现防滑，具有有益的技术效果，因此权利要求1相对于涉案专利或者涉案专利与其他对比文件的结合均具备突出的实质性特点和显著的进步，均存在具备创造性，符合《专利法》第二十二条第三款的规定。

综上，撰写的三份申请的独立权利要求相对于涉案专利和对比文件1~3而言，均具备新颖性和创造性。

3. 参考答案

本题的参考答案与上述分析过程基本相似，在此不再赘述。

第二节 2016年"专利代理实务"试题分析与参考答案

2016年"专利代理实务"试题包括无效实务和撰写实务两个部分，涉及四种题型，分别为：无效宣告请求书咨询意见、无效宣告请求书的撰写、权利要求的撰写以及简要分析所撰写的独立权利要求能解决的技术问题和取得的技术效果。下文将从试题说明、试题分析及参考答案两个方面深入展开分析。

一、试题说明

第一题：客户A公司拟对B公司的发明专利（下称涉案专利）提出无效宣告请求，为此，A公司向你所在的代理机构提供了涉案专利（附件1）和对比文件1~3，以及A公司技术人员撰写的无效宣告请求书（附件2），请你具体分析客户所撰写的无效宣告请求书中的各项无效宣告理由是否成立，并将结论和具体理由以信函的形式提交给客户。

第二题：请你根据客户提供的材料为客户撰写一份无效宣告请求书，在无效宣告请求书中要明确无效宣告请求的范围、理由和证据，要求以专利法及其实施细则中的有关条、款、项作为独立的无效宣告理由提出，并结合给出的材料具体说明。

第三题：客户A公司同时向你所在的代理机构提供了技术交底材料（附件3），希望就该技术申请实用新型专利。请你综合考虑涉案专利和对比文件1~3所反映的现有技术，为客户撰写实用新型专利申请的权利要求书。

第四题：简述你撰写的独立权利要求相对于涉案专利解决的技术问题和取得的技术效果。

附件1（涉案专利）：

[19] 中华人民共和国国家知识产权局

[12] 发明专利

[45] 授权公告日 2016年2月11日

[21] 申请号 201311234567.x
[22] 申请日 2013.9.4
[73] 专利权人 B公司　　　　　　　　　（其余著录项目略）

权利要求书

  1. 一种茶壶，包括壶身、壶嘴、壶盖及壶把，其特征在于：壶盖底面中央可拆卸地固定有一个向下延伸的搅拌棒，搅拌棒的端部可拆卸地固定有搅拌部。

  2. 根据权利要求1所述的茶壶，其特征在于：所述搅拌部为一叶轮，所述叶轮的底部沿径向方向设有齿板。

  3. 根据权利要求1或2所述的茶壶，其特征在于：所述齿板上设有多个三角形凸齿。

  4. 一种茶壶，包括壶身、壶嘴、壶盖及壶把，其特征在于：壶身上设有弦月形护盖板。

说　明　书

茶壶

本发明涉及品茗茶壶的改良。

一般茶叶在冲泡过程中，茶叶经常聚集在茶壶底部，需要长时间浸泡才能伸展出味。当需要迅速冲泡茶叶的时候，有人会使用搅拌棒或者筷子对茶壶里面的茶叶进行搅拌，这样既不方便也不卫生。

再者，茶壶在倾倒过程中，壶盖往往向前滑动，容易使得茶水溢出，甚至烫伤他人。

本发明的主要目的是提供一种具有搅拌工具的茶壶，所述搅拌工具可拆卸地固定在壶盖底面中央，并向壶身内部延伸。

本发明的另一个目的是提供一种具有护盖板的茶壶，所述护盖板呈弦月型，位于壶身靠近壶嘴的前沿开口部分，并覆盖部分壶盖。

图1为本发明的茶壶的立体外观图；

图2为本发明的茶壶的立体分解图。

如图1、图2所示，本发明的茶壶包括有壶身1、壶嘴2、带有抓手的壶盖3、壶把4及搅拌工具5。搅拌工具5包括搅拌棒11和作为搅拌部的叶轮12。壶身1内可放入茶叶，并供茶叶在冲泡后具有伸展空间。壶盖3的底面中央安装有一个六角螺母。搅拌棒11的两端具有螺纹，其一端旋进六角螺母，从而实现与壶盖3的可拆卸安装，另一端与叶轮12螺纹连接。由于搅拌工具为可拆卸结构，因此易于安装和更换。

壶身1上设置有一弦月形护盖板13，该护盖板13从壶身1近壶嘴2的前缘开口部位沿壶盖3的周向延伸，并覆盖部分壶盖3，护盖板13可以防止壶盖在茶水倾倒过程中向前滑动，从而防止茶水溢出。

使用时，先在壶身1内置入茶叶等冲泡物，倾斜壶盖3，使搅拌工具5置于壶身1内，然后向下将壶盖3置于护盖板13的下方。旋转壶盖3，搅拌工具5随着壶盖3的转动而转动，实现对壶身1内的茶叶及茶水搅拌。

为了更好对茶叶进行搅拌，可在叶轮12的底部设置齿板。如图1、图2所示，在叶轮12的底部，沿径向向外延伸设有若干个齿板14，每个齿板14上至少设有两个三角形凸齿，配合搅拌工具在茶壶内的旋转，三角形的尖锐凸齿可以进一步搅拌壶身内的茶叶。

说明书附图

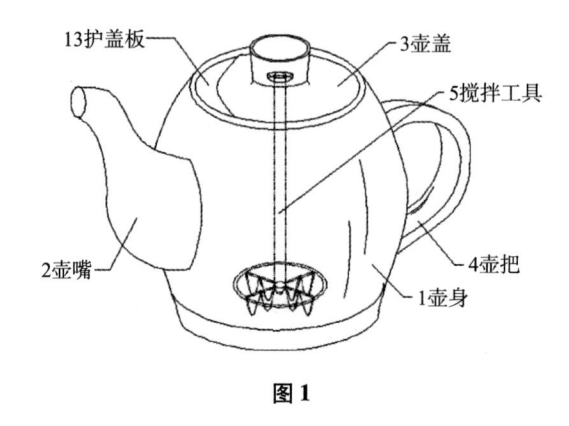

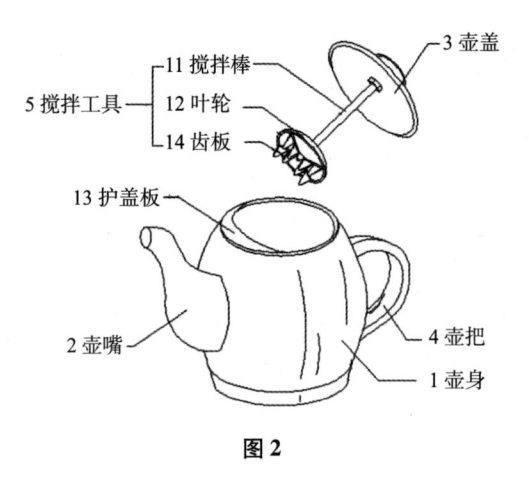

图1

图2

对比文件1：

[19] 中华人民共和国国家知识产权局

[12] 实用新型专利

[45] 授权公告日 2014年5月9日

[21] 申请号 201320123456.5
[22] 申请日 2013.8.22
[73] 专利权人 赵××　　　　　　　　　　　（其余著录项目略）

说　明　书

一种多功能杯子

本实用新型涉及一种盛装饮用液体的容器，具体地说是一种多功能杯子。

人们在冲泡奶粉、咖啡等饮品时，由于水温及其他各种因素的影响，固体饮品不能迅速溶解，容易形成结块，影响口感。

本实用新型的目的在于提供一种多功能杯子，该杯子具有使固体物迅速溶解、打散结块的功能。

图1为本实用新型的多功能杯子的第一实施例的结构示意图，图2为本实用新型的多功能杯子的第二实施例的结构示意图。

如图1所示，本实用新型的多功能杯子包括杯盖21A、搅拌棒22A和杯体23A，搅拌棒22A位于杯盖21A的内侧，并与杯盖一体成型。搅拌棒22A的端部可插接一桨型搅拌部24A。

图2示出了本实用新型的多功能杯子的另一个实施例，包括杯盖21B、搅拌棒22B和杯体23B。所述搅拌棒22B的头部呈圆柱形。杯盖21B的内侧设有内径与搅拌棒22B的头部外径相同的插槽，搅拌棒22B的头部插入至杯盖21B的插槽内。搅拌棒22B采用可弯折的材料制成，其端部弯折出一个搅拌匙以形成搅拌部，从而方便搅拌。

使用时，取下杯盖，向杯内放入奶粉、咖啡等固态饮料并注入适宜温度的水，盖上杯盖，握住杯体，转动杯盖，此时搅拌棒也随杯盖的旋转而在杯体内转动，从而使固态饮料迅速溶解，防止结块产生，搅拌均匀后取下杯盖，直接饮用饮品即可。

说明书附图

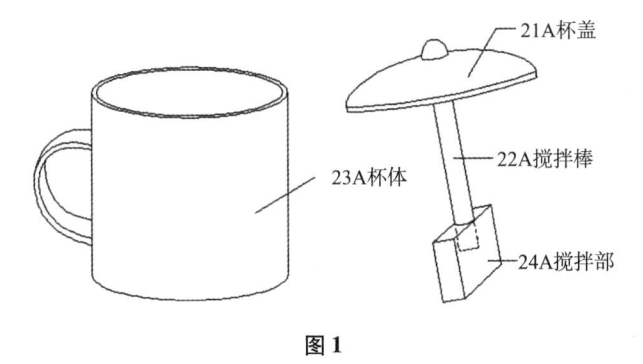

图 1

- 21A杯盖
- 22A搅拌棒
- 23A杯体
- 24A搅拌部

图 2

- 21B杯盖
- 22B搅拌棒
- 23B杯体

对比文件 2：

[19] 中华人民共和国国家知识产权局

[12] 实用新型专利

[45] 授权公告日 2011 年 3 月 23 日

[21] 申请号 201020789117.7
[22] 申请日 2010.4.4
[73] 专利权人 孙××　　　　　　　　　　（其余著录项目略）

说　明　书

本实用新型涉及一种新型泡茶用茶壶。

泡茶时，经常发生部分茶叶上下空间展开不均匀不能充分浸泡出味的情况，影响茶水的口感。

本实用新型的目的是提供一种具有搅拌匙的茶壶。

图 1 为本实用新型的茶壶的立体外观图，图 2 为本实用新型的茶壶的剖视图。

如图 1 所示，本实用新型的茶壶包括有壶身 30、壶嘴 31、壶盖 32 及壶把 33。壶盖 32 的底面中央一体成型有一向下延伸的搅拌匙 34，此搅拌匙 34 呈偏心弯曲状，在壶盖 32 盖合在壶身 30 时，可伸置在壶身 30 内部。

如图 2 所示，在壶身 30 内置茶叶等冲泡物时，搅棒匙 34 随壶盖 32 转动，由于搅拌匙 34 呈偏心弯曲状，弯曲部分可以加速茶壶内的茶叶在上下方向上运动，从而对壶身 30 内的茶叶及茶水搅拌，使冲泡过程不致有茶叶长时间聚集在茶壶的底部，从而提高冲泡茶水的口感。

说明书附图

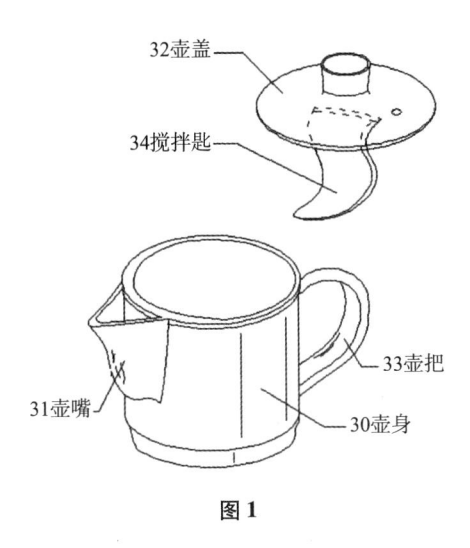

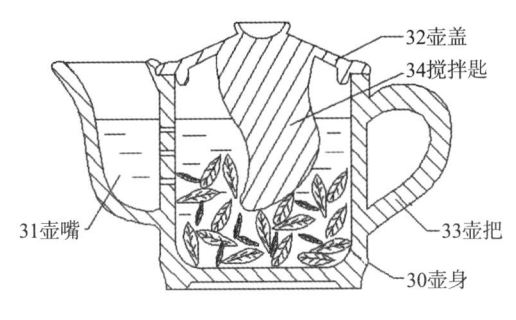

图1

图2

对比文件3：

[19] 中华人民共和国国家知识产权局

[12] 实用新型专利

[45] 授权公告日 2000年10月19日

[21] 申请号 99265446.9
[22] 申请日 1999.11.10
[73] 专利权人 钱××

（其余著录项目略）

说 明 书

茶杯

本实用新型有关一种具有改良结构的新型茶杯。

传统茶杯在冲泡茶叶时需要耗费较多的冲泡时间才能将茶叶冲开饮用。

本实用新型的目的是提供一种新型茶杯，其能够通过对冲泡中的茶叶的搅拌来加速茶叶的冲泡。

图1是本实用新型的茶杯的剖视图。

如图1所示，本实用新型改良结构的茶杯，具有一杯体40、杯盖41、塞杆42，以及塞部43。塞杆42可拆卸地固定安装在杯盖41的下表面上。塞杆42的下端部插接有一个塞部43，塞部43表面包覆有滤网，底部沿径向方向上设有两片微弧状的压片2B。塞部43可与圆柱形杯体40配合，藉以供作茶叶的搅拌及过滤的结构装置。

该茶杯在实际应用时，配合杯盖41的旋转操作，塞部43底部设有的压片2B搅拌、搅松置放于杯体40底部的茶叶，方便地完成茶叶的冲泡工作。

由于塞杆42、塞部43与杯盖41之间均采用可拆卸连接，一方面，当茶杯没有浸泡茶叶时，可以将用于搅拌的塞杆42、塞部43取下，另一方面，如果出现了零件损坏的情况，可以进行更换。

说明书附图

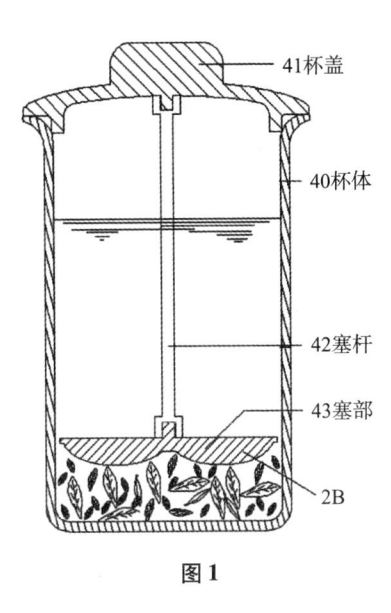

图1

附件2（客户撰写的无效宣告请求书）：

（一）关于新颖性和创造性

1. 对比文件1与涉案专利涉及相近的技术领域，其说明书的附图1所示的实施例公开了一种多功能杯子，包括杯盖21A、搅拌棒22A和杯体23A，搅拌棒22A位于杯盖21A的内侧，并与杯盖一体成型。搅拌棒22A的端部可插接一桨型搅拌部24A。附图2示出了另一个实施例，包括杯盖21B、搅拌棒22B和杯体23B，所述搅拌棒22B的头部呈圆柱形。杯盖21B的内侧设有内径与搅拌棒22B的头部外径相同的插槽，搅拌棒22B的头部插入至杯盖21B的插槽内。搅拌棒22B采用可弯折的材料制成，其端部弯折出一个搅拌匙以形成搅拌部。因此，实施例一公开了可拆卸的搅拌部，实施例二公开了可拆卸的搅拌棒，对比文件1公开了权利要求1的全部特征，权利要求1相对于对比文件1不具备新颖性。

2. 对比文件2公开了一种茶壶，并具体公开了本实用新型的茶壶包括有壶身30、壶嘴31、壶盖32及壶把33。壶盖32的底面中央一体成型有一向下延伸的搅拌匙34，此搅拌匙34呈偏心弯曲状，在壶盖32盖合在壶身30时，可伸置在壶身30内部。因此其公开了权利要求1的全部技术特征，二者属于相同的技术领域，解决了同样的技术问题，并且达到了同样的技术效果，因此权利要求1相对于对比文件2不具备新颖性。

3. 对比文件2公开了一种带有搅拌匙的茶壶，对比文件3公开了一种改良结构的茶杯，二者结合公开了权利要求2的全部技术特征，因此权利要求2相对于对比文件2和对比文件3不具备创造性。

（二）其他无效宣告请求理由

4. 权利要求1没有记载搅拌部的具体结构，因此缺少必要技术特征。

5. 权利要求3保护范围不清楚。

6. 权利要求1的特定技术特征是壶盖底面中央可拆卸地固定有一个向下延伸的搅拌棒，搅拌棒的端部可拆卸地固定有搅拌部，从而实现对茶叶的搅拌；权利要求4的特定技术特征是壶身上设有弦月形护盖板，以防止壶盖向前滑动，权利要求4与权利要求1不属于一个总的发明构思，没有单一性。

因此请求宣告涉案专利全部无效。

附件3（技术交底材料）：

茶叶在冲泡过程中，一般需要数十秒到数分钟左右，才能使其味道浸出。保证茶叶的浸出时间，对于泡出香味浓郁的茶水非常重要。当突然来了客人需要泡茶时，往往会因为茶叶的浸出时间不足，而造成茶水的色、香、味过于清淡。对此，通常采取的方法都是用筷子或勺子放入茶壶搅拌。但是，一方面，寻找合适的搅拌工具很不方便，另一方面，使用后的搅拌工具没有固定地方放置，经常被随意地放在桌上，很不卫生。

在现有技术的基础上，我公司提出一种改进的茶壶。

如图1所示的茶壶，在壶身101的侧面设有壶嘴102和壶把103。壶身101的上部开口处具有壶盖104。壶盖104的中央安装有抓手105。在抓手105的旁边有一个穿透壶盖的通气孔H，在通气孔H中贯穿地插入一搅拌工具110。

如图2所示，搅拌工具110具有杆部111、搅拌部112和把手114。杆部111可自由地穿过通气孔H，并可在通气孔H内拉动和旋转。杆部111的前端可拆卸地安装有把手114，后端一体成型有搅拌部112。搅拌部112的形状可以采用现有搅拌工具的形状，但这样的形状在茶水中的移动速度慢，不利于茶叶的快速浸出。优选地，搅拌部112为螺旋形，在杆部111的轴向上保持规定的间距而螺旋形延伸。螺旋的内侧空间还可以容纳水质改良剂。例如，将由天然石头做成的球体放入搅拌部112，可以从球体溶出矿物质成分，使茶的味道更加温和。

使用茶壶时，如图1所示，在壶身101内放入茶叶，倒入适量的热水浸泡茶叶。在茶壶中倒入热水后，立即盖上壶盖104。在盖着壶盖104的状态下，拉动和旋转搅拌工具110。在茶壶内，随搅拌工具110的运动，茶叶在热水中移动，茶叶的成分迅速在整个热水中扩散。将搅拌工具110上下移动时，搅拌部112还可以起到泵的作用，在茶壶内部促使茶水产生对流，因此，可以高效泡出味道浓郁且均匀的茶水。

图3示出了另一种搅拌工具210。搅拌工具210具有杆部211、搅拌部212和把手214。把手214与杆部211可拆卸连接，杆部211的轴周围伸出螺旋形的叶片板形成螺旋形的搅拌部212，所述杆部211与所述搅拌部212一体成型。

图4为另一种结构的搅拌工具310。搅拌工具310具有杆部311、搅拌部312和把手314。杆部311与把手314一体成型，与搅拌部312之间可拆卸连

接。搅拌部 312 的上端固定有十字接头 316。杆部 311 的下端插入十字接头 316 的突出部。搅拌部 312 可以使用弹性材料制成，由于弹性材料的作用，螺旋形搅拌部容易变形，使得搅拌更容易进行。

　　带有搅拌工具的茶壶，结构简单、成本低廉、操作方便。将搅拌工具穿入通气孔 H，拉动和旋转把手，杆部带动搅拌部对壶身内的茶水和茶叶进行搅拌，使容器内有效地产生对流，方便地完成茶叶的冲泡。其利用了茶壶上现有的通气孔，将搅拌工具安装在茶壶上，不需要改变茶壶的结构就可以方便卫生地实现对茶叶的搅拌操作。

技术交底材料附图

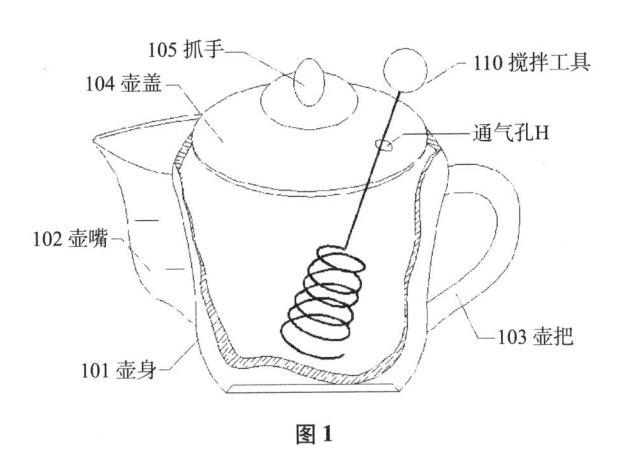

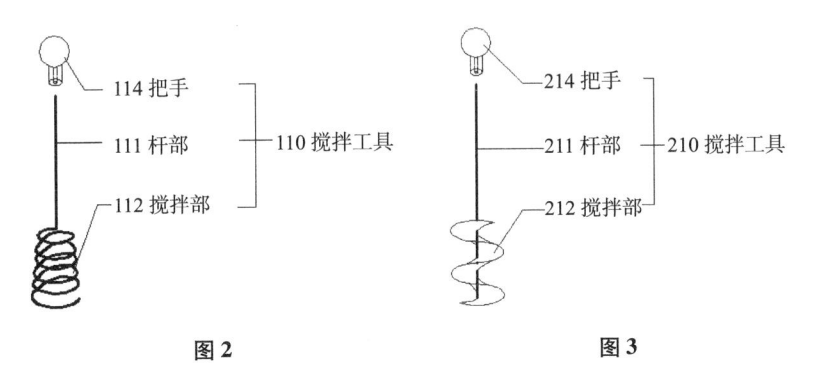

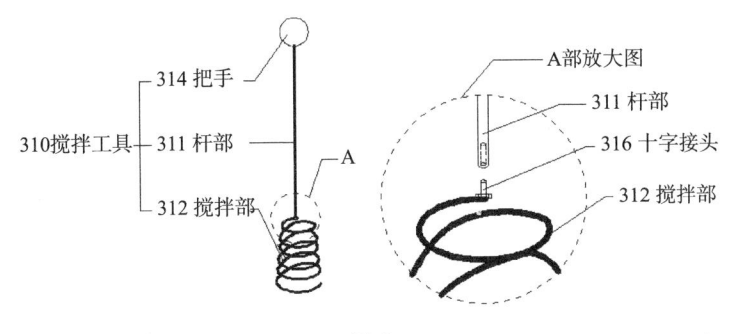

图1

图2

图3

图4

二、试题分析及参考答案

如前所述，第一题要求应试者根据客户提供的资料具体分析客户自行撰写的无效宣告请求书中的各项理由是否成立；第二题要求应试者根据客户提供的资料为客户撰写一份无效宣告请求书。本质上，这两题考查的专利法知识点是相同的，即都是对于《专利法实施细则》第六十五条的准确理解和正确适用能力。其中，重要考点涉及：对于新颖性判断原则的严谨把握，包括"四相同"和"单独对比原则"；创造性分析时按照"三步法"的逻辑推理过程；必要技术特征的分析判断；权利要求的清楚问题；单一性是否能作为无效宣告请求理由的准确判断和适用等。

第三题要求应试者为客户撰写实用新型专利申请的权利要求书；第四题要求应试者进一步简述所撰写的独立权利要求相对于涉案专利解决的技术问题和取得的技术效果。总体而言，本年度的这两道考题所涉及的知识点比较常规，其中需要特别提醒注意的是，第三题题面中已明确表明"撰写实用新型专利申请的权利要求书"，因此只能撰写产品权利要求。

下面将结合各题的特点和要求，逐题展开分析。

（一）第一题（分析客户所撰写的无效宣告请求书中的各项理由是否成立）

题目中共给出四份资料：包括涉案专利以及客户提供的对比文件1~3。在具体分析各项无效宣告请求理由是否成立之前，应试者需要认真阅读题目中给出的四份资料，从技术领域、所要解决的技术问题、技术方案和技术效果四个方面全面了解涉案专利以及所有对比文件的相关内容，并按照以下思路进行分析和答题。

1. 分析客户提供的涉案专利

虽然如本书第四章所述，客户撰写的无效宣告请求理由针对的均是涉案专利的权利要求，理应重点分析其权利要求书所要求保护的技术方案。但是，与技术方案相对应的技术问题和技术效果均是判断新颖性、创造性、缺少必要技术特征等无效宣告请求理由是否成立的关键因素，因此首先应当充分全面地理解说明书中记载的整体发明内容，同时对技术问题、技术效果等给予高度关注。

根据涉案专利说明书的记载可知，其所要解决的技术问题有两方面：一是"方便且卫生地搅拌茶叶，使其尽快地浸泡"，二是"防止倾倒时壶盖向前滑动，避免茶水溢出"。针对第一个技术问题，采取了在壶盖底面中央可拆卸地固定有一个向下延伸的搅拌棒的关键技术手段，进而使得茶壶上的搅拌工具可以方便且卫生地对聚集在茶壶底部的茶叶进行搅拌，从而使其尽快地浸泡出味；

进一步地，搅拌工具为可拆卸结构，进而获得了易于安装和更换的效果。针对第二个技术问题，采取了在壶身上设置弦月形护盖板的关键技术手段，进而获得了可防止茶壶在倾倒过程中壶盖向前滑动，避免茶水溢出的技术效果。

相应地，涉案专利的权利要求书包括四项权利要求，即两项独立权利要求和两项从属权利要求。其中独立权利要求1涉及一种具有搅拌工具（搅拌棒和搅拌部）的茶壶，从属权利要求2、3分别对搅拌部以及其上的叶轮做进一步限定；独立权利要求4涉及一种具有弦月形护盖板的茶壶。结合涉案专利说明书中记载的具体内容，可梳理出如表5-4所示的相关内容，以便提高后续分析的针对性和条理性。

表5-4 涉案专利权利要求的相关内容

权利要求	主题名称	技术方案	技术问题/效果
独立权利要求1	茶壶	包括壶身、壶嘴、壶盖及壶把；壶盖底面中央可拆卸地固定有一个向下延伸的搅拌棒，搅拌棒的端部可拆卸地固定有搅拌部	方便且卫生地搅拌茶叶，使其尽快地浸泡出味；其中"可拆卸"结构易于安装和更换
从属权利要求2	引用权1	搅拌部为一叶轮，叶轮的底部沿径向方向设有齿板	
从属权利要求3	引用权1或2	所述齿板上设有多个三角形凸齿	
独立权利要求4	茶壶	包括壶身、壶嘴、壶盖及壶把；壶身上设有弦月形护盖板	防止倾倒时壶盖向前滑动，避免茶水溢出

2. 分析客户提供的对比文件

在充分理解涉案专利的发明内容和所要求保护的技术方案之后，接下来需要对照涉案专利针对所给出的对比文件做对比分析。如本书第四章所述，分析对比文件时，应当从时间和内容两个方面展开。

在时间上，本案中的对比文件1是在先申请在后公开的中国专利文件，并非涉案专利的现有技术，因此，仅可能作为抵触申请文件，用来评价涉案专利权利要求的新颖性，而不可能用其评述创造性。而对比文件2和对比文件3则均构成了涉案专利的现有技术，因此，有可能用来评价权利要求的新颖性和创造性，具体应进一步从内容上加以分析。

在内容上，对比文件1~3公开的内容分析如下。

首先，从技术领域来看，在对比文件1~3中，对比文件2的技术领域是一种茶壶，对比文件1和3的技术领域均是一种杯子，不是茶壶，但是二者涉及的均是用于冲泡茶叶的容器，属于相近的技术领域，即三者均属于相同或相近的技术领域。

其次，从技术问题、技术方案和技术效果加以分析可知，对比文件1公开了一种多功能杯子，其要解决的技术问题是"使（杯子内冲泡的）固体物迅速溶解、打散结块"，为了解决该技术问题，相应地采用了在杯盖内侧设置搅拌棒的关键技术手段，并具体给出了两个实施例。实施例一的多功能杯子包括杯盖、搅拌棒和杯体，搅拌棒位于杯盖的内侧，并与杯盖一体成型。搅拌棒的端部可插接一桨型搅拌部。实施例二的杯子包括杯盖、搅拌棒和杯体。搅拌棒的头部呈圆柱形。杯盖的内侧设有内径与搅拌棒的头部外径相同的插槽，搅拌棒的头部插入至杯盖的插槽内。搅拌棒采用可弯折的材料制成，其端部弯折出一个搅拌匙以形成搅拌部，从而方便搅拌。两个实施例均具备可使"固态饮料迅速溶解、防止结块产生"的技术效果。对比文件2公开了一种茶壶，其要解决的技术问题是如何使茶叶均匀、充分浸泡出味。针对该技术问题，其采用的关键技术手段是"壶盖的底面中央一体成型有一向下延伸的搅拌匙"。具体技术方案为：一种茶壶，包括有壶身、壶嘴、壶盖及壶把，壶盖的底面中央一体成型有一向下延伸的搅拌匙，此搅拌匙呈偏心弯曲状，在壶盖盖合在壶身时，可伸置在壶身内部。对比文件3公开了一种具有改良结构的茶杯，其要解决的技术问题是如何加速茶叶的冲泡。针对该技术问题，其采用的关键技术手段是在茶杯盖的下表面上可拆卸地固定安装一用以搅拌茶叶的塞杆。具体技术方案为：一种茶杯，具有杯体、杯盖、塞杆，以及塞部。塞杆可拆卸地固定安装在杯盖的下表面上。塞杆的下端部插接有一个塞部，塞部表面包覆有滤网，底部沿径向方向上设有两片微弧状的压片。塞部可与圆柱形杯体配合，藉以供作茶叶的搅拌及过滤的结构装置。对比文件2和3均具有加速浸泡茶叶的技术效果。

值得注意的是，对比文件1公开了两个实施例，实施例1中搅拌棒与杯盖一体成型、搅拌棒与搅拌部插接，实施例2中搅拌棒与杯盖插接，而搅拌棒的弯折尾端形成了搅拌部，也就是说，对比文件1中并没有搅拌棒同时与杯盖、搅拌部均可拆卸连接的技术方案；对比文件2和3均只公开了一个实施例，对比文件2中的搅拌匙与壶盖一体成型，对比文件3中的塞杆、塞部与杯盖之间均采用可拆卸连接。这些关键信息在判断新颖性和创造性的无效宣告请求理由是否成立时至关重要，同时又是应试者在分析对比文件时很容易忽漏之处，因此在分析对比文件时应格外引起重视。

为了更好地给下一步的新颖性和创造性判断打好基础，在仔细分析涉案专利和对比文件内容时，还可采取如表5-5所示的特征对比表。

表5-5 涉案专利和对比文件特征对比表

涉案专利	技术特征	对比文件1	对比文件2	对比文件3
独立权利要求1	茶壶	杯子（相近）	茶壶	杯子（相近）
	包括壶身、壶嘴、壶盖及壶把	杯体、杯盖×	包括壶身、壶嘴、壶盖及壶把√	杯体、杯盖×
	壶盖底面中央可拆卸地固定有一个向下延伸的搅拌棒	搅拌棒头部插入至杯盖的插槽内（即可拆卸）实施例2√	搅拌匙与壶盖一体成型×	塞杆可拆卸地固定安装在杯盖的下表面上√
	搅拌棒的端部可拆卸地固定有搅拌部	搅拌棒的端部可插接一搅拌部（即可拆卸）实施例1√	搅拌匙呈偏心弯曲状×	塞杆的下端部可拆卸地连接塞部√
从属权利要求2	搅拌部为一叶轮，叶轮的底部沿径向方向设有齿板	桨型搅拌部 搅拌棒头部呈圆柱形，弯折成搅拌匙×	搅拌匙呈偏心弯曲状×	塞部底部沿径向方向上设有两片微弧状的压片√
从属权利要求3	齿板上设有多个三角形凸齿	×	×	微弧状的压片×
独立权利要求4	一种茶壶，包括壶身、壶嘴、壶盖及壶把，其特征在于：壶身上设有弦月形护盖板	无弦月形护盖板×	无弦月形护盖板×	无弦月形护盖板×

3. 分析判断客户撰写的无效宣告请求理由

在前述"分析客户提供的涉案专利"和"分析客户提供的对比文件"的基础上，逐条分析客户撰写的无效宣告请求书中提出的各项理由是否成立。具体如下。

（1）关于新颖性和创造性

理由1认为，对比文件1中，实施例一公开了可拆卸的搅拌部，实施例二公开了可拆卸的搅拌棒，对比文件1公开了权利要求1的全部特征，权利要求1相对于对比文件1不具备新颖性。

对此，首先应当注意的是，新颖性的评价需要把握两个基本原则：一是，同样的发明或者实用新型，即如果根据两者的技术方案可以确定两者能够适用相同的技术领域，解决相同的技术问题，具有相同的预期技术效果，则认为两者为同样的发明或者实用新型；二是，单独对比，即新颖性判断中，不能将几项现有技术或者一份对比文件中的多项技术方案进行组合对比。首先，对比文件1虽然如理由1在实施例一公开了"可拆卸的搅拌部"，在其实施例二中公开了"可拆卸的搅拌棒"，但是实施例一和实施例二其实是两个独立的技术方案，理由1将两个实施例的技术方案组合起来评价涉案专利的权利要求1的新颖性，违背了新颖性判断中的单独对比原则。其次，根据前述对比文件的分析可知，对比文件1中并未公开涉案专利权利要求1中的"壶嘴""壶把"等特征。由此可见，对比文件1所公开的内容与权利要求1的技术方案不是同样的发明，不能破坏权利要求1的新颖性，因此理由1不成立。

理由2认为，对比文件2公开了一种茶壶，并公开了权利要求1的全部技术特征，二者属于相同的技术领域，解决了同样的技术问题，并且达到了同样的技术效果，因此权利要求1相对于对比文件2不具备新颖性。

对此，根据前述对比文件的分析可知，对比文件2中的搅拌匙与壶盖一体成型，且搅拌匙呈偏心弯曲状。其并未公开涉案专利权利要求1中的"壶盖底面中央可拆卸地固定有一个向下延伸的搅拌棒，搅拌棒的端部可拆卸地固定有搅拌部"，由此可见，对比文件2并未公开权利要求1的全部技术特征，两者的技术方案并不相同，因此权利要求1相对于对比文件2具备新颖性，理由2不成立。

理由3认为，对比文件2公开了一种带有搅拌匙的茶壶，对比文件3公开了一种改良结构的茶杯，两者结合公开了权利要求2的全部技术特征，因此权利要求2相对于对比文件2和对比文件3不具备创造性。

对此，对比文件2和对比文件3相结合是否能破坏权利要求2的创造性，需按照"三步法"（即根据最接近的现有技术，确定发明或实用新型实际解决的技术问题，并判断现有技术是否存在采用区别特征的技术启示）来进行逐步分析，严谨判断。

根据前述对比文件的分析可知，对比文件2的技术领域"茶壶"与涉案专利完全相同，而对比文件3的技术领域"杯子"只是相近的技术领域，因此相比较而言，优选对比文件2作为涉案专利权利要求1的最接近现有技术。进一步地，权利要求1与对比文件2的区别在于，权利要求1的壶盖底面中央可拆卸地固定有一个向下延伸的搅拌棒，搅拌棒的端部可拆卸地固定有搅拌部，而对比文件2中的搅拌匙与壶盖一体成型。由上述区别特征可以确定出权利要求1实际解决的技术问题是如何实现搅拌工具的安装和更换。但是对比文件3中公开了一种泡茶用的杯子，并具体公开了"塞杆、塞部与杯盖之间均采用可拆卸连接"，且其作用也是为了便于取下（即安装）和更换。由此可见，对于本领域技术人员来说，在对比文件3技术方案的启示下，很容易想到，为了解决对比文件2中存在的搅拌工具的安装和更换问题，将其一体成型的搅拌结构替换为如对比文件3公开的可拆卸结构，从而得出权利要求1的技术方案。因此，权利要求1相对于对比文件2和对比文件3的结合不具备创造性。

综上可知，理由3的结论是成立的，但是分析过程不够严谨和充分。《专利法实施细则》第六十五条第一款规定，无效宣告请求书应当结合提交的所有证据，具体说明无效宣告请求的理由，并指明每项理由所依据的证据。所以，尽管理由3的结论成立，但还需要对其具体理由进行分析说明。

（2）其他无效宣告请求理由

理由4认为，权利要求1没有记载搅拌部的具体结构，因此缺少必要技术特征。

对此，首先应当注意：必要技术特征是指，发明或实用新型为解决其技术问题所不可缺少的技术特征，其总和足以构成发明或者实用新型的技术方案，使之区别于背景技术中所述的其他技术方案。判断某一技术特征是否是必要技术特征应当从所要解决的技术问题出发并考虑说明书描述的整体内容，不应简单地将实施例中的技术特征直接认定为必要技术特征。其次，对于本案的权利要求1而言，其包括：壶身、壶嘴、壶盖及壶把，壶盖底面中央可拆卸地固定有一个向下延伸的搅拌棒，搅拌棒的端部可拆卸地固定有搅拌部等特征，根据说明书的记载可知，所要解决的技术问题之一是，如何能够方便且卫生地搅拌茶叶，同时搅拌工具易于安装和更换。目前的权利要求1所包含的特征，已构成了完整的茶壶结构，且其中可拆卸的搅拌棒和搅拌部，完全能够解决上述技术问题，因此并不存在缺少必要技术特征的问题。至于说明书实施例中进一步记载的叶轮和齿板等搅拌部的具体结构特征是为了进一步优化搅拌效果，对于"方便且卫生地搅拌茶叶"这个技术问题而言并非必要技术特征。因此理由4不成立。

理由5认为，权利要求3保护范围不清楚。

对此，权利要求3的内容是，根据权利要求1或2所述的茶壶，其特征在于：所述齿板上设有多个三角形凸齿，即，从属权利要求3中的附加技术特征对齿板做出了进一步限定，但是在其引用的权利要求1中并未出现技术特征"齿板"，因此当权利要求3引用权利要求1时，引用基础不存在，进而导致权利要求3的保护范围不清楚。由此可见，理由5的结论是成立的，但是也没有具体说明理由，不满足《专利法实施细则》第六十五条第一款的要求。

理由6认为，权利要求4与权利要求1之间不具备单一性。

对此，根据前述对涉案专利的分析可知，独立权利要求1的技术方案是通过可拆卸的搅拌部和搅拌棒解决了"方便且卫生地搅拌茶叶"的技术问题，同时搅拌工具易于安装和更换；独立权利要求4的技术方案则是通过弦月形护盖板解决了防止倾倒时壶盖向前滑动，避免茶水溢出的技术问题，两者所采用的技术手段和所解决的技术问题均不相同，彼此之间确实明显缺乏单一性。但是，根据《专利法实施细则》第六十五条第二款规定的无效宣告请求理由的范围可知，单一性并不是无效宣告请求理由，因此理由6不成立。

4. 将具体意见以信函的形式提交给客户

需注意的是，第一题的题面中明确指出"请你具体分析客户所撰写的无效宣告请求书中的各项无效宣告请求理由是否成立，并将结论和具体理由以信函的形式提交给客户"，因此，在完成前述分析之后，还需以信函的形式将如前所述的具体分析理由及结论提交给客户，具体内容可参见下文中该题的参考答案。

5. 参考答案

尊敬的A公司：

很高兴贵方委托我代理机构代为办理有关请求宣告专利号为201311234567.x、名称为"茶壶"的发明专利无效的有关事宜。经仔细阅读贵方提供的附件1和2以及对比文件1~3，我认为附件中各项理由是否成立的结论和理由如下。

1. 权利要求1相对于对比文件1不具备新颖性的理由不成立

理由是：对比文件1是申请在先、公开在后的中国专利文件，仅能用来评价权利要求的新颖性。但是，对比文件1公开的技术方案不能评价权利要求1的新颖性，因为，在内容上，对比文件1公开了一种多功能杯子，并公开了两个实施例。实施例一的多功能杯子包括杯盖、搅拌棒和杯体，搅拌棒位于杯盖的内侧，并与杯盖一体成型。搅拌棒的端部可插接一桨型搅拌部。实施例二的杯子包括杯盖、搅拌棒和杯体。搅拌棒的头部呈圆柱形。杯盖的内侧设有内径与搅拌棒的头部外径相同的插槽，搅拌棒的头部插入至杯盖的插槽内。搅拌棒采用可弯折的材料制成，其端部弯折出一个搅拌匙以形成搅拌部，从而方便搅拌。由此可见，对比文件1与涉案专利所涉及的并不是相同的技术领域，对比文件1没有公开权利要求1中的一种茶壶，包括壶身、壶嘴、壶盖及壶把，也没有公开在壶盖底面中央可拆卸地固定有一个向下延伸的搅拌棒，搅拌棒的端部可拆卸地固定有搅拌部，即对比文件1并没有公开权利要求1的技术方案，因此对比文件1不构成权利要求1的抵触申请。

附件2指出对比文件1的两个实施例分别公开了权利要求1特征部分的特征，实际上是使用了对比文件1的两个实施例的结合来评述权利要求1的新颖性，违反了新颖性判断的单独对比原则。

2. 权利要求 1 相对于对比文件 2 不具备新颖性的理由不成立

对比文件 2 的公开日早于涉案专利的申请日，构成了现有技术。其公开了一种带有搅拌匙的茶壶，但是其中的搅拌匙与壶盖是一体成型的，因此对比文件 2 没有公开权利要求 1 的全部技术特征，二者的技术方案实质不同，因此对比文件 2 不能评价权利要求 1 的新颖性。

3. 使用对比文件 2 和对比文件 3 的结合可以评价权利要求 2 的创造性，理由成立

根据《专利法实施细则》第六十五条第一款的规定，请求人应当具体说明无效宣告请求的理由，提交有证据的，应当结合所提交的证据具体说明。因此针对以不符合《专利法》第二十二条第三款有关创造性的规定为由提出的无效宣告请求，应当指明最接近的现有技术，说明证据的组合方式，并结合涉案专利与对比文件的技术方案进行比较分析。

另一方面，鉴于之前关于权利要求 1 不具备新颖性的理由不成立，这里还需要指出权利要求 1 相对于对比文件 2 和对比文件 3 的结合不具备创造性的无效理由。

（注：本题仅要求对于附件 2 中所涉及的各项理由是否成立作答，因此在本题的答案中不需要具体分析对比文件 2 结合对比文件 3 评价权利要求 1、2 创造性的具体理由。）

4. 权利要求 1 缺少必要技术特征的理由不成立

根据说明书背景部分的记载：现有技术中存在的问题是使用搅拌棒或者筷子进行搅拌不方便不卫生，权利要求 1 通过在壶盖底面中央可拆卸地固定有一个向下延伸的搅拌棒，搅拌棒的端部可拆卸地固定有搅拌部，因此权利要求 1 的技术方案能够解决背景技术存在的技术问题，是一个完整的技术方案，不缺少必要技术特征。而搅拌部的结构能够进一步提高搅拌效率，是在权利要求 1 的技术方案的基础上的进一步限定，不是必要技术特征。

5. 权利要求 3 的保护范围不清楚，理由成立

权利要求 3 引用权利要求 1 的技术方案缺乏引用基础，导致该技术方案不清楚，权利要求 3 引用权利要求 2 的技术方案是清楚的。

6. 权利要求 4 因缺乏单一性而应当被无效的理由不成立

根据《专利法实施细则》第六十五条第二款的规定，在无效宣告程序中，单一性不是无效宣告请求的理由，因此不能以权利要求之间不具备单一性为由提出无效宣告请求。

(二) 第二题（撰写无效宣告请求书）

第二题与第一题在知识点和分析思路上均有较强的关联性，第一题是从挑错的角度去体现对法条的准确理解和正确适用能力，第二题则需要条理清晰、有理有据地全面分析客户提供的资料，选择合适的证据，提出具有说服力的理由。在作答第一题时已经全面分析了涉案专利以及所有对比文件的相关内容，在此基础上，可以按照以下思路进行分析和答题。

1. 分析无效证据以及与证据相关的无效宣告请求理由

如第四章第三节所述，分析客户提供的对比文件是否能够作为证据提交，以及与作为证据的对比文件相关的新颖性和创造性分析，是在撰写无效宣告请求书之前必不可少的重要环节。

(1) 证据分析

本案中客户提供了三篇对比文件，即对比文件1~3，在前述第一题中已经从时间和内容两个方面对其进行了详细分析。如前所述，对比文件1是申请在先、公开在后的中国专利文件，并非涉案专利的现有技术，因此，显然不能用其评述涉案专利的创造性；同时，虽然对比文件1中的实施例一公开了可拆卸的搅拌部，实施例二公开了可拆卸的搅拌棒，即对比文件1中的两个实施例分别公开了涉案专利权利要求1中的一些主要技术特征，但是不能将两个实施例的技术方案组合起来评价涉案专利的权利要求1的新颖性，否则就违背了新颖性判断中的单独对比原则。由此可见，对比文件1既不能用来评价涉案专利的创造性也不能用来评价其新颖性，因此对比文件1将不作为此次无效宣告请求的证据提交。

此外，根据第一题的分析可知，对比文件2和对比文件3的结合将影响涉案专利的权利要求1的创造性，而且，涉案专利从属权利要求2的附加技术特征已经被对比文件3公开，因此对比文件2和对比文件3可作为评价权利要求1和2的创造性的证据提交。

(2) 与证据相关的理由

如前所述，对比文件2和对比文件3的结合将影响涉案专利的权利要求1的创造性，而且，涉案专利从属权利要求2的附加技术特征已经被对比文件3公开，即，权利要求1和2相对于对比文件2和3的结合而言不具备创造性。

进一步地，第一题分析中所列出的技术特征对比表已经明确表明，涉案专利从属权利要求3的附加技术特征（即齿板上设有多个三角形凸齿）并未被对比文件2或3公开；涉案专利独立权利要求4所述的在壶身上设有弦月形护盖板的技术手段也并未被对比文件1~3任一公开，因此根据试题中所提供的证据，不能以权利要求3和4不具备新颖性或创造性为由而提出无效宣告请求。

综上，能够作为证据提交的是对比文件2和3，与之相关的无效宣告请求理由是，涉案专利的权利要求1和2相对于对比文件2和3的结合不具备创造性。

2. 分析涉案专利是否存在其他无效宣告请求理由

《专利法实施细则》第六十五条第二款规定的无效宣告请求理由中，除了《专利法》第二十二条之外，还包括《专利法》第二条、第二十条第一款、第二十三条、第二十六条第三款和第四款，或者《专利法实施细则》第二十条第二款等多个法条。其中，《专利法实施细则》第二十条第二款和《专利法》第二十六条第四款是无效宣告请求中常会涉及的条款，应给予重点关注。

（1）关于《专利法实施细则》第二十条第二款

《专利法实施细则》第二十条第二款规定，独立权利要求应当从整体上反映发明或者实用新型的技术方案，记载解决技术问题的必要技术特征。

涉案专利包含两个独立权利要求，即独立权利要求1和独立权利要求4。如前第一题的分析中所述，权利要求1所包含的特征，已构成了完整的茶壶结构，且其中可拆卸的搅拌棒和搅拌部，完全能够解决"能够方便且卫生地搅拌茶叶，同时搅拌工具易于安装和更换"技术问题，因此独立权利要求1并不存在缺少必要技术特征的问题。独立权利要求4是一种茶壶，包括壶身、壶嘴、壶盖及壶把，其特征在于壶身上设有弦月形护盖板。根据说明书的记载可知，该技术方案所要解决的技术问题是，防止倾倒时壶盖向前滑动，避免茶水溢出。而权利要求4中所包含的特征，已构成了完整的茶壶结构，且其中"弦月形护盖板"正是解决上述技术问题的关键技术手段，因此独立权利要求4也不存在缺少必要技术特征的问题。

（2）关于《专利法》第二十六条第四款

《专利法》第二十六条第四款规定，权利要求书应当以说明书为依据，清楚、简要地限定要求专利保护的范围。

首先，根据第一题的分析可知，当权利要求3引用权利要求1时，"所述齿板"的引用基础不存在，进而导致权利要求3的保护范围不清楚，不符合《专利法》第二十六条第四款的规定。

其次，权利要求4限定了壶身上设有弦月形护盖板。根据说明书的记载，壶身1上设置有一弦月形护盖板13，该护盖板13从壶身1近壶嘴2的前缘开口部位沿壶盖3的周向延伸，并覆盖部分壶盖3，护盖板13可以防止壶盖在茶水倾倒过程中向前滑动，从而防止茶水溢出。由此可见，弦月形护盖板只有设置在说明书记载的位置和延伸方向上，才能缩小护盖板与壶盖之间的缝隙，防止茶水溢出。而权利要求4的技术方案显然是在说明书公开内容的基础上概括了一个较宽的保护范围，涵盖了不能解决技术问题的技术方案（即将护盖板设置在壶身的其他位置上），因此权利要求4得不到说明书的支持，不符合《专利法》第二十六条第四款的规定。

综上，涉案专利中还存在权利要求3引用权利要求1时的技术方案不清楚，以及权利要求4得不到说明书支持的缺陷。

3. 确定无效宣告请求的范围、理由和证据的使用

在前述分析的基础上，可以确定无效宣告请求的范围、理由和证据为：权利要求1和2相对于对比文件2和对比文件3的结合不具备创造性；权利要求3引用权利要求1的技术方案不清楚，不符合《专利法》第二十六条第四款的规定，权利要求4没有以说明书为依据，不符合《专利法》第二十六条第四款的规定。因此请求宣告权利要求1、2和4以及权利要求3引用权利要求1的技术方案无效。

4. 撰写无效宣告请求书

前述分析过程已经结合涉案专利和对比文件1~3详细分析出了涉案专利的无效宣告请求理由，并已确定出无效宣告请求的范围、理由和证据的使用，在此基础上，还需根据第二题的要求，将上述分析过程和结果撰写成一份无效宣告请求书，具体内容可参见下文中该题的参考答案。

5. 参考答案

根据《专利法》第四十五条和《专利法实施细则》第六十五条的规定，请求人请求宣告专利号为201311234567.x、名称为"茶壶"的发明专利（下称本专利）部分无效，具体理由如下：

1. 关于证据

请求人提交如下对比文件作为证据使用：

对比文件2：专利号为ZL201020789117.7的实用新型专利说明书，授权公告日为2011年3月23日；

对比文件3：专利号为ZL99265446.9的实用新型专利说明书，授权公告日为2000年10月19日。

2. 权利要求1相对于对比文件2和对比文件3的结合不具备创造性，不符合《专利法》第二十二条第三款的规定

权利要求1涉及一种茶壶，对比文件2作为最接近的现有技术，公开了一种茶壶，并具体公开了以下技术特征（参见说明书第8~10行，附图1）：本实用新型的茶壶包括有壶身30、壶嘴31、壶盖32及壶把33。壶盖32的底面中央一体成型有一向下延伸的搅拌匙34，此搅拌匙34呈偏心弯曲状，在壶盖32盖

合在壶身 30 时，可伸置在壶身 30 内部。

权利要求 1 与对比文件 2 的区别在于：权利要求 1 的壶盖底面中央可拆卸地固定有一个向下延伸的搅拌棒，搅拌棒的端部可拆卸地固定有搅拌部，而对比文件 2 中的搅拌匙与壶盖一体成型。由上述区别特征确定权利要求 1 实际解决的技术问题是如何实现搅拌工具的安装和更换。

对比文件 3 公开了一种茶杯，并具体公开了以下技术特征（参见说明书第 6~9 行，附图 1）：本实用新型改良结构的茶杯，具有一杯体 40、杯盖 41、塞杆 42，以及塞部 43。塞杆 42 可拆卸地固定安装在杯盖 41 的下表面上。塞杆 42 的下端部插接有一个塞部 43，塞部 43 表面包覆有滤网，底部沿径向方向上设有两片微弧状的压片 2B。塞部 43 可与圆柱形杯体 40 配合，藉以供作茶叶的搅拌及过滤的结构装置。由于塞杆 42、塞部 43 与杯盖 41 之间均采用可拆卸连接，一方面，当茶杯没有浸泡茶叶时，可以将用于搅拌的塞杆 42、塞部 43 取下，另一方面，如果出现了零件损坏的情况，可以进行更换。

对于本领域的技术人员来说，为了解决搅拌工具的安装和更换的问题，可以采用对比文件 3 所公开的两端可拆卸的搅拌工具，其在对比文件 3 中的作用与区别特征在权利要求 1 中的作用是相同的，因此对比文件 3 给出了将两端可拆卸的搅拌工具应用到对比文件 2 以解决上述技术问题的技术启示，因此对于本领域技术人员来说，将对比文件 2 和对比文件 3 相结合得到权利要求 1 的技术方案是显而易见的，权利要求 1 没有突出的实质性特点和显著的进步，不具备创造性，不符合《专利法》第二十二条第三款的规定。

3. 权利要求 2 不具备《专利法》第二十二条第三款规定的创造性

从属权利要求 2 的附加技术特征进一步限定了"所述搅拌部为一叶轮，所述叶轮的底部沿径向方向设有齿板"。对比文件 3 公开了塞部 43 可与圆柱形杯体 40 配合，藉以供作茶叶的搅拌及过滤的结构装置。塞部的底部沿径向方向上设有两片微弧状的压片 2B，上述特征在对比文件 3 中所起的作用与其在权利要求 2 中所起的作用相同，都是为了对茶叶进行搅拌，因此在其所引用的权利要求 1 不具备创造性的情况下，权利要求 2 相对于对比文件 2 和对比文件 3 的结合也不具备创造性，不符合专利法第二十二条第三款的规定。

4. 从属权利要求 3 引用权利要求 1 的技术方案不清楚，不符合《专利法》第二十六条第四款的规定

权利要求 3 是对齿板的进一步限定，其中的"齿板"在独立权利要求 1 中没有记载，因此权利要求 3 引用权利要求 1 的技术方案缺乏引用基础，导致其保护范围不清楚，不符合《专利法》第二十六条第四款的规定。

5. 权利要求4得不到说明书的支持,不符合《专利法》第二十六条第四款的规定

权利要求4限定了壶身上设有弦月形护盖板,根据说明书的记载:壶身1上设置有一弦月形护盖板13,该护盖板13从壶身1近壶嘴2的前缘开口部位沿壶盖3的周向延伸,并覆盖部分壶盖3,护盖板13可以防止壶盖在茶水倾倒过程中向前滑动,从而防止茶水溢出。由此可见,说明书中公开了一种具体的结构,弦月形护盖板只有设置在说明书记载的位置和延伸方向上,才能缩小护盖板与壶盖之间的缝隙,防止茶水溢出。而权利要求4的方案显然是在说明书公开内容的基础上概括了一个较宽的保护范围,涵盖了不能实现发明目的的技术方案,因此权利要求4得不到说明书的支持,不符合专利法第二十六条第四款的规定。

综上所述,请求宣告专利号为201311234567.x、名称为"茶壶"的发明专利的权利要求1、2、权利要求3引用权利要求1的技术方案,权利要求4无效。

(三) 第三题(撰写权利要求书)

第三题采用撰写权利要求书这种专利代理实务中最基本的形式,主要考查撰写权利要求书的基本技巧,要求在满足《专利法》及《专利法实施细则》有关规定的前提下,撰写合适范围的独立权利要求,逻辑清楚、层次分明的从属权利要求,以及撰写实用新型专利申请中涉及材料特征的权利要求。此题一方面要求具有较好的总结归纳能力,为客户寻求最合理范围的专利保护;另一方面也要求能够撰写出有层次、有梯度、逻辑严谨、结构清楚的从属权利要求,从而保证权利的稳定性。

在撰写权利要求书时,应当认真阅读、全面了解技术交底材料和现有技术的相关内容,撰写出既符合《专利法》和《专利法实施细则》相关规定,又能最大化地维护客户利益的权利要求书。对此,可以按照本书第四章第二节建议的思路进行分析和答题。

1. 理解发明内容

在理解发明内容时,应当从技术领域、技术问题、技术方案、技术效果四个方面逐层推进,全面分析。如本书第四章第二节所述,对于涉及多种方案的情况,还需分析其全部共有技术特征和相应的不同技术特征(即非共有的技术特征),并注意这些特征所起的作用和彼此之间的关系等,为后续的撰写权利要求做好铺垫和准备。

首先,附件3的技术交底材料涉及的技术领域是一种茶壶,其要解决的技术问题是如何方便卫生地搅拌茶叶,提高泡茶效率。针对该技术问题,其采用

的关键技术手段是"在茶壶的壶盖104上的通气孔H中贯穿地插入一搅拌工具110"。具体而言，该茶壶包括：壶身101、壶嘴102、壶把103、壶盖104、抓手105、通气孔H，在通气孔H中贯穿地插入一搅拌工具110。针对搅拌工具110，技术交底材料中进一步给出了三种具体方案，三种方案所包含的共有技术特征包括：杆部（111、211、311）、搅拌部（112、212、312）、把手（114、214、314），杆部可自由地穿过通气孔H，并可在通气孔H内拉动和旋转，进而可实现杆部带动搅拌部对壶身内的茶水和茶叶进行搅拌，使容器内有效地产生对流，方便地完成茶叶的冲泡，使其快速浸泡出味的效果，并且利用了茶壶上现有的通气孔，将搅拌工具安装在茶壶上，不需要改变茶壶的结构就可以方便卫生地实现对茶叶的搅拌操作。三种方案所包含的非共有技术特征则是：方案一中，杆部111的前端可拆卸地安装有把手114，后端一体成型有搅拌部112，搅拌部112为螺旋形；方案二中，把手214与杆部211可拆卸连接，杆部211与所述搅拌部212一体成型，搅拌部212为螺旋形的叶片板；方案三中，杆部311与把手314一体成型，与搅拌部312之间可拆卸连接，搅拌部312的上端固定有十字接头316，杆部311的下端插入十字接头316的突出部。即，这三种方案分别给出了搅拌工具110的不同的可拆卸连接方式及不同类型或材质的搅拌部，进一步获得了易于安装、可以高效泡出味道浓郁且均匀的茶水的优化技术效果。

值得注意的是，技术交底材料中已给出十分明确的信息：①在盖着壶盖104的状态下，拉动和旋转搅拌工具110，在茶壶内，随搅拌工具110的运动，茶叶在热水中移动，茶叶的成分迅速在整个热水中扩散。由此可见，拉动和旋转搅拌工具110，是提升和保障泡茶效果的关键因素。②（螺旋形）搅拌部112还可以起到泵的作用，在茶壶内部促使茶水产生对流，因此，可以高效泡出味道浓郁且均匀的茶水；搅拌部312可以使用弹性材料制成，由于弹性材料的作用，螺旋形搅拌部容易变形，使得搅拌更容易进行。由此可见，搅拌部的形状及材质均具有进一步改善泡茶效果的优化作用，也是需要加以关注的因素。

2. 确定技术交底材料中可保护的主题

需注意技术交底材料中可能会涉及多个主题，比如产品、方法、设备、用途等，多个主题的情况通常需要考虑撰写多个独立权利要求；如果只涉及一个主题，则需注意该主题下是否有多个技术方案，进而需注意多个方案之间的可概括性以及是否需要分案申请多个独立权利要求等。

具体到附件3的技术交底材料中，根据其记载的内容"在现有技术的基础上，我公司提出一种改进的茶壶"，并随之描述了茶壶的具体结构，据此首先可以确定出"一种茶壶"应当为本案的主题。与此同时，技术交底材料中还记载了一段文字"使用茶壶时，如图1所示，在壶身101内放入茶叶，倒入适量的热水浸泡茶叶。在茶壶中倒入热水后，立即盖上壶盖104。在盖着壶盖104的状态下，拉动和旋转搅拌工具110。在茶壶内，随搅拌工具110的运动，茶叶在热水中移动，茶叶的成分迅速在整个热水中扩散。将搅拌工具110上下移动时，搅拌部112还可以起到泵的作用，在茶壶内部促使茶水产生对流，因此，可以高效泡出味道浓郁且均匀的茶水。"可能不少人会认为，根据该段内容的描述，可以确定出一种与之相关的方法主题，例如"一种泡茶方法"。然而，需要提醒注意的是，试题第三题的题面要求中明确指出"为客户撰写实用新型专利申请的权利要求书"。《专利法》第二条第三款规定：实用新型，是指对产品的形状、构造或者其结合所提出的适于实用的新的技术方案。《专利审查指南2010》第一部分第二章6.1节也明确指出：实用新型专利只保护产品。因此，本案技术交底材料中虽然有泡茶方法的相关描述，但是根据试题题面要求以及《专利法》的相关规定，不能将方法主题确定为本案的技术主题。

综上，本案仅涉及一种可保护主题"茶壶"，并不涉及与之相关的方法或其他产品主题。虽然，茶壶所包含的搅拌工具部分有几种可选择的方案，但是其所解决的问题和所起的作用都是相似的，即都是为了使得茶叶成分在水中的扩散性更好，因此独立权利要求的主题名称基本上可以确定为只有一个，对于并列的"搅拌工具"技术方案，则可能需要考虑从属权利要求的布局方式，例如是逐层递进限定，还是可以适当概括，或者只能彼此并列等。

3. 分析研究并确定最接近的现有技术

对于考题中附件3的技术交底材料而言，附件1中的涉案专利及对比文件1~3均构成了现有技术，对于其具体内容的分析已在上文中给出详细介绍，在此不再赘述。在其基础上可以采用表格的形式对比列出技术交底材料以及各现有技术公开的关键信息，包括技术领域、技术问题、以及主要技术内容等，如表5-6所示。

表5-6 技术交底材料与现有技术的对比分析表

	技术领域	技术问题	主要技术内容	附图
技术交底材料	茶壶	便于搅拌，提高泡茶效率	壶身、壶嘴、壶把、壶盖、抓手、通气孔H，搅拌工具（杆部、搅拌部、把手）、拉动和旋转搅、螺旋形、弹性	

续表

	技术领域	技术问题	主要技术内容	附图
涉案专利	茶壶	①便于搅拌，提高泡茶效率；②防止烫伤	①壶身、壶嘴、壶把、壶盖、可拆卸搅拌工具（搅拌棒、叶轮搅拌部、齿板）②弦月形护盖板	
对比文件1	杯子	搅拌，加速固体饮品溶解	杯盖、杯体、搅拌棒、搅拌部（桨型、可弯折材料）	
对比文件2	茶壶	便于搅拌，提高冲泡茶水的口感	壶身、壶嘴、壶把、壶盖、抓手、搅拌匙（偏心弯曲状）、通气孔	
对比文件3	茶杯	搅拌，加速茶叶的冲泡	杯盖、杯体、可拆卸塞杆、可拆卸塞部（微弧状压片）	

在确定最接近的现有技术时，通常优先考虑技术领域相同或相近的现有技术，同时还应考虑技术问题、技术效果是否相同，公开的技术特征多少等因素。对于本案而言，涉案专利和对比文件2均与技术交底材料的技术领域相同，且涉案专利公开的技术特征最多，因此，涉案专利是技术交底材料最接近的现有技术。

4. 确定所解决的技术问题以及必要技术特征

如前所述，技术交底材料中声称的要解决的技术问题是：如何方便卫生地搅拌茶叶，提高泡茶效率。然而，基于前面对于现有技术的分析可知，该技术问题显然已经被多篇现有技术均解决（包括涉案专利、对比文件2和3）。如果还基于该技术问题确定必要技术特征，进而撰写独立权利要求，则容易导致所撰写的权利要求不具备新颖性和/或创造性。因此，最好能进一步确定出技术交底材料相对于现有技术实际能解决的技术问题。如前所述，技术交底材料中还明确记载：在盖着壶盖104的状态下，拉动和旋转搅拌工具110，在茶壶内，随搅拌工具110的运动，茶叶在热水中移动，茶叶的成分迅速在整个热水中扩散。由此可见，拉动和旋转搅拌工具110，是提升和保障泡茶效果的关键因素。与之相比较，虽然现有技术中的茶壶或杯子均带有搅拌工具，但是这些搅拌工具均固定连接在杯盖和/或壶盖上或者与壶盖一体成型，这样在进行搅拌操作时，只能在水平方向上旋转杯盖，不能在上下方向对聚集在茶壶底部的茶叶进行搅拌，使得搅拌既不充分，也不方便。而技术交底材料中记载的三种方案均利用了现有茶壶杯盖上的通气孔，将搅拌工具放置在该通气孔中，从而方便搅拌工具在通气孔中的旋转与拉动。因此，可以将技术问题确定为：如何使得搅拌更加充分，进一步提高泡茶效率。

针对确定出的上述技术问题，将前述"理解发明内容"中列出的全部技术特征逐一进行分析，确定出哪些是必要的，哪些是非必要的。具体而言，本案的技术交底材料中，壶身101、壶嘴102、壶把103、壶盖104、抓手105、通气孔H，在通气孔H中贯穿地插入一搅拌工具110以及拉动和旋转搅拌工具110都是必要技术特征。其中，"拉动和旋转搅拌工具"是解决其技术问题，实现更高效的泡茶效果的关键技术手段，自然是解决上述技术问题的必要技术特征；壶身、壶嘴、壶把等也是构成发明技术方案所不可缺少的必要技术特征。针对搅拌工具110进一步细化和改良的方案（即技术交底材料中给出的三种具体方案中对于搅拌工具110的拆装方式和具体结构、材质的限定等）则是通过分别给出搅拌工具110的不同的可拆卸连接方式以及不同类型或材质的搅拌部，进一步获得了易于安装、可以更加高效泡出味道浓郁且均匀的茶水的优化技术效果，因此针对搅拌工具110的三种具体方案中所包括的那些关于可拆卸连接方式和具体结构形状和材质的限定特征，并非针对"如何使得搅拌更加充分，进一步提高泡茶效率"这一技术问题的必要技术特征。

5. 撰写独立权利要求

撰写独立权利要求时，注意将本发明与现有技术作比较，将已被现有技公开的本发明的必要技术特征写入独立权利要求的前序部分，将本发明区别于最接近现有技术的必要技术特征写入特征部分，从而完成独立权利要求的撰写。根据上述"分析研究并确定最接近的现有技术"和"确定所解决的技术问题以及必要技术特征"的分析可知，上述必要技术特征中的壶身、壶嘴、壶把、壶盖、抓手、通气孔、搅拌工具均已被现有技术公开，应当写入独立权利要求的前序部分，而关于搅拌工具的设置位置以及可拉动和旋转的功能，则并未被现有技术公开，应当写入特征部分。综上，可以写成如下独立权利要求：

一种茶壶，包括壶身、壶嘴、壶把、壶盖和搅拌工具，所述壶盖上设置有一个穿透壶盖面的通气孔，其特征在于：所述搅拌工具穿过所述通气孔，并在通气孔中拉动和旋转。

6. 撰写从属权利要求

撰写从属权利要求时，应优先考虑将技术交底材料中对创造性起作用的那些技术特征写成相应的从属权利要求；同时应注意权利要求之间的引用关系和撰写方式，避免出现导致权利要求不清楚的情况。

本案中，如前所述针对搅拌工具110进一步细化的三种方案是可以获得易于安装、可以高效泡出味道浓郁且均匀的茶水的优化技术效果的优化方案，技术交底材料中已明确记载了"（螺旋形）搅拌部112还可以起到泵的作用，在茶壶内部促使茶水产生对流""搅拌部312可以使用弹性材料制成，由于弹性材料的作用，螺旋形搅拌部容易变形，使得搅拌更容易进行"等关于优化技术效果的相关信息，因此可以相应地针对搅拌工具的具体结构，特别是搅拌部的形状和材质等，进一步撰写出从属权利要求，而且，根据技术交底材料中的内容可知，搅拌工具的结构组成以及螺旋形状特征是三种方案里所共同具有的，因此在从属权利要求布局方面考虑，可以将其放在从属权利要求比较靠前的位置，具体可结合前述"理解发明内容"中所列出的特征，首先撰写出如下几个从属权利要求：

2. 如权利要求1所述的茶壶，其特征在于所述搅拌工具包括把手、杆部和搅拌部。

3. 如权利要求2所述的茶壶，其特征在于所述搅拌部为螺旋形搅拌部。

4. 如权利要求3所述的茶壶，其特征在于所述螺旋形搅拌部是在杆部的轴向上保持规定的间距而螺旋形延伸形成的。

5. 如权利要求4所述的茶壶，其特征在于所述螺旋形搅拌部的内部可容纳球状水质改良剂。

6. 如权利要求3所述的茶壶，其特征在于：所述螺旋形搅拌部是在杆部的轴周围伸出螺旋形的叶片板而形成的。

在此基础上，需要进一步注意的是，技术交底材料中给出的三种搅拌工具还有一些具体的结构差异，具体表现为把手、杆部和搅拌部的可拆卸连接方式不同，但是都具有拆装方便的有效效果。因此，可以根据技术交底材料中所记载的具体实施方式的内容，撰写出后续的从属权利要求，具体如下：

7. 如权利要求2~6任意一项所述的茶壶，其特征在于所述杆部和搅拌部一体成型，所述把手与所述杆部可拆卸连接。

8. 如权利要求2~5任意一项所述的茶壶，其特征在于所述杆部和把手一体成型，所述杆部和搅拌部之间可拆卸连接。

9. 如权利要求8所述的茶壶，其特征在于所述搅拌部的前端固定有十字接头，所述杆部的前端插入十字接头的突出部。

10. 如权利要求9所述的茶壶，其特征在于：所述搅拌部由弹性材料制成。

7. 撰写需分案申请的独立权利要求

如本书第四章所述，对于多种主题类型或同一主题的多个并列技术方案之间，由于不满足单一性而需分案申请时，通常应撰写出需分案申请的独立权利要求，具体得看试题说明。

具体到本案，如前分析所述，本案并不涉及多个可分案的主题，因此无需撰写分案申请的独立权利要求。

8. 参考答案

1. 一种茶壶，包括壶身、壶嘴、壶把、壶盖和搅拌工具，所述壶盖上设置有一个穿透壶盖面的通气孔，其特征在于所述搅拌工具穿过所述通气孔，并在通气孔中拉动和旋转。

2. 如权利要求1所述的茶壶，其特征在于所述搅拌工具包括把手、杆部和搅拌部。

3. 如权利要求2所述的茶壶，其特征在于所述搅拌部为螺旋形搅拌部。

4. 如权利要求3所述的茶壶，其特征在于所述螺旋形搅拌部是在杆部的轴向上保持规定的间距而螺旋形延伸形成的。

5. 如权利要求4所述的茶壶，其特征在于所述螺旋形搅拌部的内部可容纳球状水质改良剂。

6. 如权利要求3所述的茶壶，其特征在于所述螺旋形搅拌部是在杆部的轴周围伸出螺旋形的叶片板而形成的。

7. 如权利要求2~6任意一项所述的茶壶，其特征在于所述杆部和搅拌部一体成型，所述把手与所述杆部可拆卸连接。

8. 如权利要求 2~5 任意一项所述的茶壶，其特征在于所述杆部和把手一体成型，所述杆部和搅拌部之间可拆卸连接。

9. 如权利要求 8 所述的茶壶，其特征在于所述搅拌部的前端固定有十字接头，所述杆部的前端插入十字接头的突出部。

10. 如权利要求 9 所述的茶壶，其特征在于所述搅拌部由弹性材料制成。

(四) 第四题（简述技术问题和技术效果）

第四题要求简述在第三题中撰写的独立权利要求相对于涉案专利所解决的技术问题和产生的技术效果，实质上是从另一个角度考查对于创造性的把握，以及在独立权利要求撰写时对技术内容的理解和掌握情况。需要注意的是，题面中已明确指出"相对于涉案专利"，切勿将其错误地理解为其他某一篇或多篇对比文件。

1. 分析思路

前述第三题中已经详细分析了技术交底材料相对于现有技术解决的技术问题，并以此为基础进一步撰写出独立权利要求，其分析思路与此处的第四题答题思路是一致的，因此，在作答第四题时，只需按照其题面要求，结合前述分析的具体思路和结论进行分析和答题即可。具体为：

在技术问题方面，根据附件 1 中的涉案专利内容可知，涉案专利的茶壶在壶盖底面中央可拆卸地固定有一个搅拌工具，仅能够通过旋转壶盖带动搅拌工具在水平方向上的旋转而搅拌茶叶，并不能在上下方向对聚集在茶壶底部的茶叶进行搅拌，使得茶叶浸泡不均匀。而权利要求 1 的技术方案中"搅拌工具穿过通气孔，并在通气孔中拉动和旋转"，进而使得搅拌工具既可以在水平方向搅拌，又可以在上下方向拉动，茶叶浸泡能更加均匀。因此所撰写的权利要求 1 相对于涉案专利所要解决的技术问题就是由于涉案专利的茶壶与搅拌工具的固定连接而造成的茶叶搅拌不均匀的问题。

在技术效果方面，如前所述，涉案专利由于只能在水平方向搅拌，并不能在上下方向搅拌，因此茶叶浸泡不均匀。与涉案专利相比较，所撰写的权利要求 1 中搅拌工具可贯穿地穿过壶盖上的通气孔，搅拌工具在通气孔中不仅可以旋转操作，还可以上下拉动，这样搅拌工具可以起到泵的作用，使得茶壶下部的水可以流动到茶壶上部，从而达到更加方便均匀地冲泡茶叶的技术效果。

2. 参考答案

涉案专利的茶壶在壶盖底面中央可拆卸地固定有一个搅拌工具，仅能够通过旋转壶盖带动搅拌工具的旋转而搅拌茶叶，使得茶叶浸泡不均匀，权利要求 1 所要解决的技术问题就是由于涉案专利的茶壶与搅拌工具的固定连接而造成的茶叶搅拌不均匀的问题。

权利要求 1 中搅拌工作可贯穿地穿过壶盖上的通气孔，搅拌工具在通气孔中不仅可以旋转操作，还可以上下拉动，这样搅拌工具可以起到泵的作用，使得茶壶下部的水可以流动到茶壶上部，从而达到更加方便均匀地冲泡茶叶的技术效果。

第三节　2017 年"专利代理实务"试题分析与参考答案

2017 年"专利代理实务"试题仅涉及撰写实务部分，不包括无效实务试题，具体涉及三种题型，分别为：权利要求书和说明书存在问题分析、权利要求书的撰写以及简要分析撰写的权利要求具备新颖性和创造性的理由。下面将参照本书第四章给出的分析思路，从"试题说明"和"试题分析及参考答案"两个方面对该试题进行深入解析。

一、试 题 说 明

客户 A 公司向你所在代理机构提供了自行撰写的申请材料（包括说明书 1 份、权利要求书 1 份）及检索到的 2 篇对比文件。现委托你所在的代理机构为其提供咨询意见并具体办理专利申请事务。

第一题：请你撰写提交给客户的信函，为客户逐一解释其自行撰写的权利要求书是否符合专利法及其实施细则的规定并说明理由。

第二题：请你根据《专利法实施细则》第十七条的规定，依据检索到的对比文件，说明客户自行撰写的说明书中哪些部分需要修改并对需要修改之处予以说明。

第三题：请你综合考虑对比文件 1 及对比文件 2 所反映的现有技术，为客户撰写发明专利申请的权利要求书。

第四题：请你根据"三步法"陈述所撰写的独立权利要求相对于现有技术具备创造性的理由。

附件1（客户自行撰写的说明书）：

背景技术

图1示出了现有起钉锤的立体图，起钉锤大致为英文字母"T"的形状，包括把手2和锤头组件3。锤头组件3包括锤头31和起钉翼32。所述起钉翼32呈弯曲双叉形爪，并在中部形成"V"形缺口。起钉时，起钉翼32的缺口用于卡住钉子的边缘，以锤头组件3的中部作为支点，沿着方向A扳动把手2，弯曲双叉形爪与把手2一起用于在拔出钉子时通过杠杆作用将钉子拔出。

现有的起钉锤在起钉子时是通过锤头组件的中部作为支点，由于支点和起钉翼的距离有限，要拔起较长的钉子时，往往起到一定程度就无法再往上拔了，只好无奈地再找辅助工具垫高支点才能继续往上拔，费时费力。

发明内容

本发明提供一种起钉锤，包括锤头组件和把手，其特征在于所述锤头组件一端设置有起钉翼，另一端设置有锤头，所述锤头组件的中间位置具有支撑部。

具体实施例

图2示出了本发明的第一实施例。如图所示，该起钉锤的锤头组件3顶部中间向外突出形成支撑部4，用于作为起钉的支点。这种结构的起钉锤增大了起钉支点的距离，使得起钉尤其是起长钉，更加方便。

图3示出了本发明的第二实施例。如图所示，该起钉锤的锤头组件3上设置有一个调节螺杆51，通过该调节螺杆51作为调节结构，可以调节起钉支点的高度。该起钉锤的具体结构是：把手2的一端与锤头组件3固定连接，锤头组件3远离把手2的一端设有沿把手2长度方向开设的螺纹槽，其内设有内螺纹。调节螺杆51上设有外螺纹，其一端螺接于螺纹槽中并可从螺纹槽中旋进旋出，另一端固定有支撑部4。支撑部4可以是半球形等各种形状，优选的为板状并且两端具有弧形支撑面，这样可以增大支点的接触面积，避免支点对钉有钉子的物品造成损坏，同时可增加起钉时的稳定性。

使用时，可根据需要将调节螺杆51旋出一定长度，从而调节起钉支点的高度，以便能够轻松地拔起各种长度的钉子，适用范围广。不拔钉子时，可将调节螺杆旋进去隐蔽起来，不占任何空间，与普通的起钉锤外观相差无几，美观效果好。

图4示出了第二实施例的一个变型，作为本申请的第三实施例。如图所示，起钉锤包括锤头组件3、把手2、支撑部4和调节螺杆52。锤头组件3上设有贯

穿的通孔，通孔内设有与调节螺杆52配合使用的螺纹。调节螺杆52通过通孔贯穿锤头组件3，并与锤头组件3螺纹连接。在调节螺杆52穿过锤头组件3的顶部固定支撑部4。所述调节螺杆52基本与把手平行设置，在把手2的中上部设置一个固定支架7，调节螺杆52可在固定支架7内活动穿过。调节螺杆52的底部设有调节控制钮61。调节螺杆52的长度比把手2的长度短，以方便手部抓握把手。

在该实施例中，虽然调节螺杆52也是设置在锤头组件3上，但是由于其贯穿锤头组件3，使得支撑部4和调节控制钮61分别位于锤头组件3的两侧，这样在使用过程中，在将钉子拔起到一定程度后，使用者可以旋转调节控制钮61，使得支撑部4离开锤头组件3的表面升起一定的距离，继续进行后续操作，直至将钉子拔出。这种结构的起钉锤能够根据具体情况，随时调节支撑部的位置，不仅使得起钉锤起钉子的范围大大增加，而且可以一边进行起钉操作，一边进行支点调整，更加省时省力。

图5示出了本发明的第四实施例，在该实施例中，调节螺杆设置于把手上。如图5所示，起钉锤包括锤头组件3、把手2、支撑部4和调节螺杆53。锤头组件3的中部具有一个贯穿的通孔，通孔内固定设置把手2。把手2是中空的，调节螺杆53贯穿其中。把手2的中空内表面设置有与调节螺杆53配合使用的内螺纹，这样调节螺杆53可在把手2内旋进旋出。调节螺杆53靠近锤头组件3的一端固定支撑部4，另一端具有一个调节控制钮62。调节螺杆53的长度比把手2的长度长。

使用时，可以通过旋转调节控制钮62来调节支撑部4伸出的距离，从而调节起钉支点的高度。

应当注意的是，虽然在本申请的实施例二到实施例四中，调节支撑部高度的装置均采用调节螺杆，但是在不偏离本发明实质内容的基础上，其他具有锁定功能的可伸缩调节机构，例如具有多个卡位的卡扣连接结构、具有锁定装置的齿条传动结构等都可以作为调节装置应用于本发明。

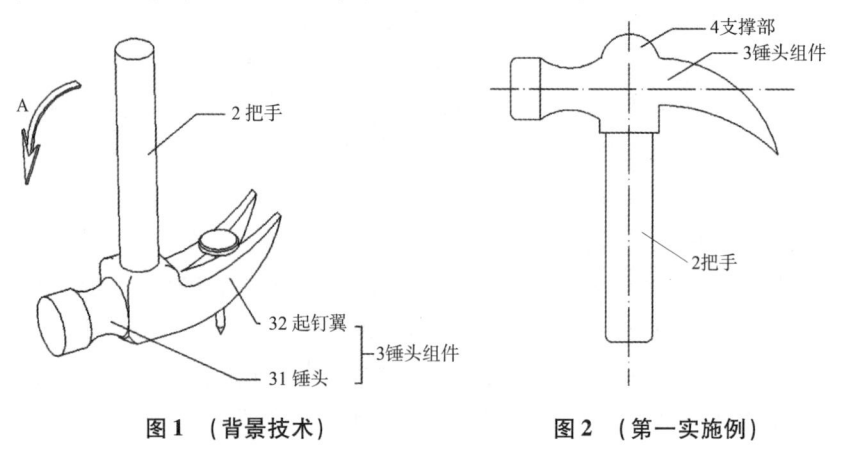

图1 （背景技术）　　　图2 （第一实施例）

图 3 （第二实施例）

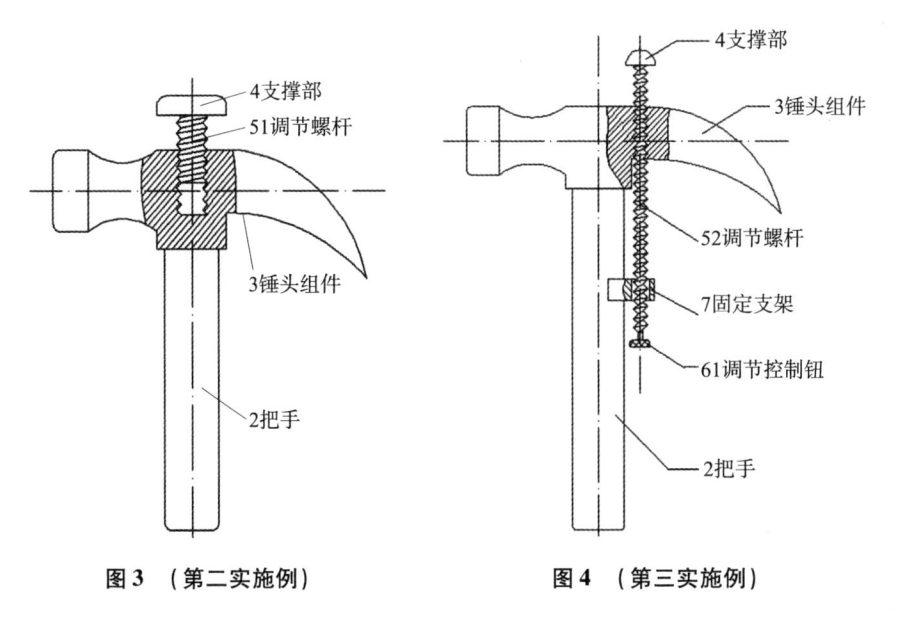

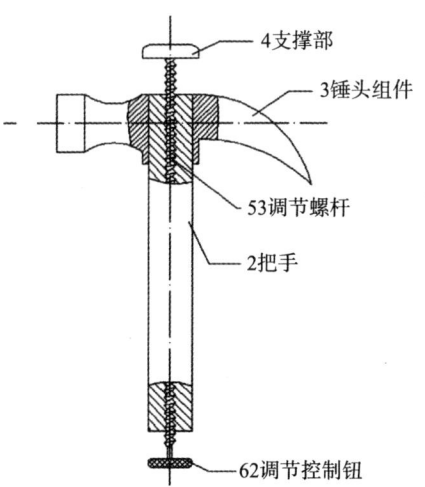

图 4 （第三实施例）

图 5 （第四实施例）

附件 2（客户撰写的权利要求书）：

1. 一种起钉锤，包括锤头组件和把手，其特征在于所述锤头组件一端设置有起钉翼，另一端设置有锤头，所述锤头组件的顶部中间位置具有支撑部。

2. 如权利要求 1 所述的起钉锤，其特征在于所述支撑部由锤头组件顶部中间向外突出的部分构成。

3. 如权利要求 1 或 2 所述的起钉锤，其特征在于所述支撑部的高度可以调节。

4. 如权利要求 3 所述的起钉锤，其特征在于所述把手为中空的，内设调节装置，所述调节装置与锤头组件螺纹连接。

5. 如权利要求 1 所述的起钉锤，其特征在于所述支撑部为板状，其两端具有弧形支撑面。

附件3（对比文件1）：

[19] 中华人民共和国国家知识产权局

[12] 实用新型专利

[45] 授权公告日 2017年5月9日

[21] 申请号 201620123456.5
[22] 申请日 2016年8月22日
[73] 专利权人 赵××　　　　　　　　　　　（其余著录项目略）

说　明　书

一种多功能起钉锤

技术领域

本实用新型涉及手工工具领域，尤其涉及一种多功能起钉锤。

背景技术

目前，人们使用的起钉锤如图1所示包括锤柄，锤柄一端设置起钉锤头，起钉锤头的一侧是榔头，另一侧的尖角处有倒脚，用于起钉操作。起钉锤头的顶部中央向外突出形成支撑柱，设置支撑柱是为了增加起钉高度，使需要拔出的钉子能够完全被拔出。起钉锤是一种常见的手工工具，但作用单一，使用率低下，闲置时又占空间。

实用新型内容

本实用新型的目的在于解决上述问题，使起钉锤有开瓶器的作用，在起钉锤闲置不用时，可以作为开瓶器使用，提高使用率。

为达到上述目的，具体方案如下：

一种多功能起钉锤，包括一锤柄，一起钉锤头，所述起钉锤头固定于锤柄顶部。

优选地，所述锤柄底部有塑胶防滑把手。

优选地，所述起钉锤头的榔头一侧中间挖空，呈普通开瓶器状。

附图说明

图 1 是本实用新型的多功能起钉锤的示意图。

具体实施例

如图 1 所示,一种多功能起钉锤,包括锤柄 20,起钉锤头 30,所述起钉锤头 30 的榔头一侧 310 中间挖空,呈普通开瓶器状,起钉锤头 30 另一侧尖角处有倒脚,用于起钉操作。起钉锤头 30 固定于锤柄 20 顶部。优选的,所述锤柄 20 底部有塑胶防滑把手 40。本实用新型可以提高起钉锤的使用率,起钉锤头 30 的榔头一侧 310 内部挖空形成开瓶器口,开瓶时只需将挖空部分里侧对准瓶口翘起即可,使用方便,且整体结构简单,制作方便。

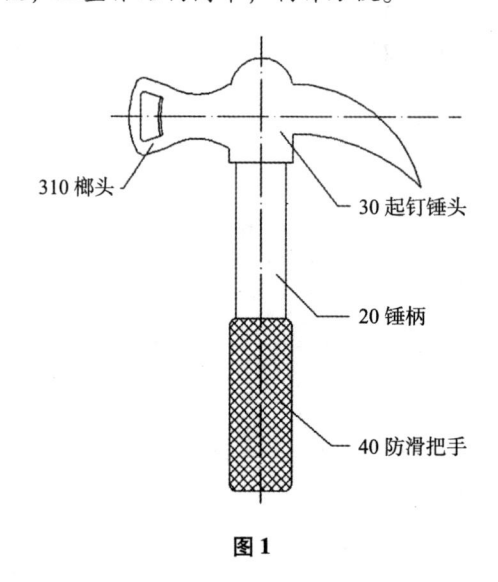

图 1

附件4（对比文件2）：

[19] 中华人民共和国国家知识产权局

[12] 实用新型专利

[45] 授权公告日　2017年9月27日

[21] 申请号　201720789117.7
[22] 申请日　2017年4月4日
[73] 专利权人　孙××　　　　　　　　　（其余著录项目略）

说　明　书

一种新型起钉锤

技术领域

本实用新型涉及一种起钉锤。

背景技术

在日常生活中，羊角起钉锤是一种非常实用的工具。羊角起钉锤一般由锤头和锤柄组成，其锤头具有两个功能，一是用来钉钉子，二是用来起钉子。现有的起钉锤在起钉子时是通过锤头的中部作为支点，受力支点与力臂长度是固定的，当钉子拔到一定高度后，由于羊角锤的长度有限，受力支点不能良好起作用，力矩太小，导致很长的钉子很难拔出来。

实用新型内容

为了克服现有羊角起钉锤的不足，本实用新型提供一种锤身长度可以加长的起钉锤，该起钉锤不仅能克服很长的钉子无法拔出来的不足，而且使用更加省力、方便、快捷。

附图说明

图1是本实用新型起钉锤的结构示意图。

具体实施例

如图1所示，该起钉锤包括锤柄200、锤体300和长度附加头500。锤体

300一端设置有锤头，另一端设置有起钉翼。

长度附加头 500 为一圆柱形附加头，其直径与锤头直径相同。所述长度附加头 500 与锤体 300 的锤头采用卡扣的方式连接在一起。使用时，如果需要起长钉，则将长度附加头 500 安装在锤体 300 上，从而增加起钉锤的锤身长度。

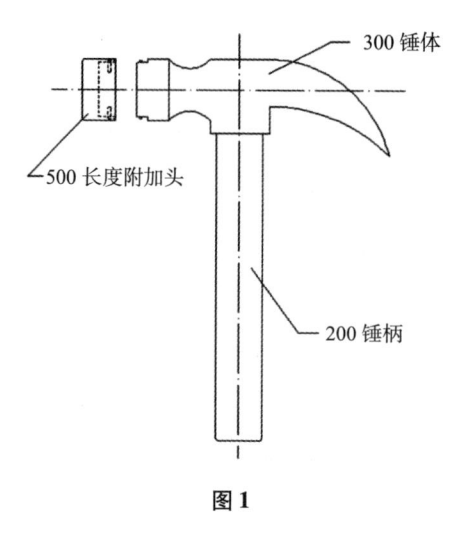

图1

二、试题分析及参考答案

2017 年"专利代理实务"考试试题主要考查与权利要求分析及撰写、创造性评判中的"三步法"运用以及说明书缺陷分析相关的知识点。值得注意的是，说明书相关内容的考查在近十年的实务考试中鲜有出现。与之相比，创造性评判中"三步法"的运用、分析权利要求是否符合相关规定以及撰写权利要求书则都是常考题型，特别是撰写权利要求书，几乎每年必考。然而，"专利代理实务"试题中关于说明书撰写相关知识点的考查虽然比较少见，但也不能忽略。

（一）第一题（分析权利要求书中存在的缺陷）

第一题为分析客户自行撰写的权利要求书是否符合《专利法》及其实施细则相关规定，并以信函的形式反馈给客户。该题主要考查对于涉及权利要求的重点法条的理解和运用能力，特别是涉及新颖性、创造性、单一性及不清楚、不支持等实质性问题。

题目共给出四份材料，即，客户自行撰写的说明书与权利要求书、对比文件1和对比文件2。在具体分析各项权利要求是否符合相关规定之前，应全面理解客户自行撰写的申请材料涉及的具体技术方案以及对比文件的相关内容，然后才能对客户撰写的权利要求书做出准确客观的评判，具体可按照以下思路进行分析。

1. 分析客户提供的申请材料

详细分析客户提供的申请材料，是分析客户对现有技术作出贡献的出发点，也是做好试题应答的基础。如果对申请材料中的技术内容理解不到位，没有把握住发明构思，则在后面的答题过程中，很难进行准确分析和比对以及给出正确的答案。在分析客户提供的申请材料时，要特别注意本申请中声称的要解决的技术问题，解决该技术问题所采用的技术方案以及该技术方案所取得的技术效果。只有准确理解本申请中记载的技术方案，才能在后续的分析中客观确定本申请对现有技术作出的贡献并在此基础上进行其他分析。

从客户提交的说明书记载的内容来看，本申请涉及一种起钉锤。其声称要解决的技术问题是，现有的起钉锤支点和起钉翼的距离有限，要拔起较长的钉子时，往往起到一定程度就无法再往上拔了。针对如何解决该技术问题，本申请中给出了四个具体的实施例，第一个实施例是在锤头组件的顶部中间向外突出，形成支撑部用作起钉的支点，其带来的技术效果是增大了起钉支点的距离，实现了可以起出较长钉子的功能。进一步地，为了能起出不同长度的钉子，本申请的第二至第四实施例还提供了一种起钉支点高度可调节的起钉锤。其中，第二实施例是支撑部通过调节螺杆与锤头组件上设置的螺纹槽螺纹连接，通过旋出调节螺杆的长度来改变起钉支点的高度，进而起出不同长度的钉子。第三实施例是锤头组件上设置有贯穿的通孔，孔内设有螺纹，调节螺杆与通孔螺纹配合。为了保证调节螺杆的稳定性，在把手中上部设置一个固定支架，调节螺杆的另一端在固定支架内穿过，通过旋转调节控制钮来调节支撑部升起的距离，进而实现起出不同高度的钉子。为了方便手部抓握把手，调节螺杆的长度比把手短。第四实施例是锤头组件上设置有贯穿的通孔，通孔内固定设置把手，把手是中空的，调节螺杆贯穿把手。把手中空内表面设置有与调节螺杆配合的内螺纹，调节螺杆的长度比把手的长度长，这样通过旋转调节控制钮来调节支撑部伸出的距离，进而调节起钉支点的高度。第二至第四实施例所带来的技术效果，都是增加起钉锤起钉子的长度范围，也就是能拔出不同长度的钉子。另外，第二实施例中还指出，为了避免支点对有钉子的物品造成损坏，同时增加起钉的稳定性，支撑部可以为半球形等形状，优选为板状并且两端具有弧形支撑面，以增大接触面积。

需要注意的是，说明书最后一段进一步指出：第二至第四实施中，调节支撑部高度的装置均采用调节螺杆,但也可采用其他具有锁定功能的可伸缩调节机构,如具有多个卡位的卡扣连接结构,具有锁定装置的齿条传动结构等都可作为调节装置。应特别注意这段话给出的信息,即,调节螺杆及其他类型的调节机构都是"调节装置",均具有可调节支撑部高度的作用,能起出不同长度的钉子。该信息在后续撰写权利要求时非常重要,在此先给予关注,具体情况将在下文第二题的分析中进行详细分析。

其中,关于"调节装置",第二至四实施例给出了不同的具体结构,这些具体结构的区别见表 5-7。

表 5-7 申请材料实施例二至四的具体结构区别表

	实施例二	实施例三	实施例四
	调节螺杆	调节螺杆	调节螺杆
调节装置	调节螺杆与锤头组件螺纹连接	锤头组件上设置一个贯穿的内螺纹孔,调节螺杆通过螺纹与锤头组件连接	锤头组件具有一个贯穿的孔,把手通过该孔固定在锤头组件上,调节螺杆与把手螺纹连接
	锤头组件上开设螺纹槽,调节螺杆与螺纹槽螺纹连接	调节螺杆远离锤头组件的一端固定有调节控制扭	把手是中空的,其内表面设有螺纹,调节螺杆设置在中空把手内,并与中空把手螺纹连接
		把手上设置有固定支架,调节螺杆与把手平行设置并穿过固定支架	调节螺杆远离锤头组件的一端固定有调节控制扭
		调节螺杆的长度小于把手的长度	调节螺杆的长度大于把手的长度

此外,由于本题是分析权利要求书中存在的缺陷,因此还需对权利要求给予重点关注。申请材料的权利要求书中共包括五项权利要求,其中一项独立权利要求,四项从属权利要求,具体如表 5-8 所示。

表 5-8 申请材料权利要求的相关内容

权利要求	主题名称	技术方案	技术问题/效果
独立权利要求 1	起钉锤	包括锤头组件和把手,锤头组件一端设置有起钉翼,另一端设置有锤头,锤头组件的顶部中间位置具有支撑部	拔起较长的钉子
从属权利要求 2	引用权 1	支撑部由锤头组件顶部中间向外突出的部分构成	

续表

权利要求	主题名称	技术方案	技术问题/效果
从属权利要求3	引用权1或2	支撑部的高度可以调节	拔起不同长度的钉子
从属权利要求4	引用权3	把手为中空的,内设调节装置,调节装置与锤头组件螺纹连接	
从属权利要求5	引用权1	支撑部为板状,其两端具有弧形支撑面	增加稳定性

对比上述权利要求内容以及说明书中第一至四实施例内容可知,权利要求1和2的技术方案与第一实施例相关,权利要求3~5的技术方案与第二至四实施例相关。

2. 分析客户提供的对比文件

分析对比文件的目的是准确把握现有技术,进而准确确定本申请对现有技术所作出的贡献。本案中,由于申请材料还只是客户自行撰写的说明书和权利要求书,并未形成实际的专利申请,因此已经公开的对比文件1和对比文件2都构成了本申请的现有技术。其中:

对比文件1公开了一种多功能起钉锤,其声称要解决的技术问题是起钉锤作用单一的问题,采用的技术方案是起钉锤的锤头一侧具有起钉部,另一侧(即榔头所在的一侧)中间挖空,成普通开瓶器状,这样起钉锤就具有了起钉和开瓶器的双重功能。

但是,需要注意的是,对比文件1的背景技术部分公开了锤头的顶部中央向外突出形成支撑柱,设置该支撑柱的目的就是为了增加起钉高度,使需要拔出的钉子能够完全被拔出。无论是说明书背景技术部分公开的内容,还是说明书其他部分公开的内容,都是说明书公开的内容,在对比文件1构成本申请的现有技术时,其背景技术部分公开的内容同样构成本申请的现有技术,可以影响或用来评述本申请权利要求的新颖性或创造性。可见,对比文件1背景技术部分已经公开了本申请中的第一实施例,且两者所属技术领域、要解决的技术问题、采用的技术方案及达到的技术效果均相同。

对比文件2公开了一种新型起钉锤,其要解决的技术问题是,现有的起钉锤在起钉子时是通过锤头的中部作为支点,受力支点与力臂长度是固定的,当钉子拔到一定高度后,由于羊角锤的长度有限,受力支点不能良好起作用,力矩太小,导致很长的钉子很难拔出来。其采用的技术手段是,起钉锤包括锤柄、锤体和设置在锤体一端的长度附加头。使用时,如果需要起长钉,则将长度附加头安装在锤体上,从而增加起钉锤的锤身长度。其带来的技术效果是,不仅能克服很长的钉子无法拔出来的问题,而且省力、方便。从技术问题的发现来说，对比文件 2 所要解决的技术问题和本申请要解决的技术问题相同，但对比文件 2 采用的技术方案和本申请不同，本申请中采用的是在锤头中部设置向外突出的支撑部，可调节支撑部的高度，而对比文件 2 采用的是将锤头的另一端设置为支点并可增加长度。

将本申请和对比文件 1 及对比文件 2 的发明构思进行比较分析，可以更清晰地体现出本申请相对于现有技术作出贡献之处。具体如表 5-9 所示。

表 5-9 本申请与对比文件的对比分析表

	本申请	对比文件 1	对比文件 2
技术领域	起钉锤	起钉锤	起钉锤
技术问题	无法拔出较长钉子	起钉锤功能单一，但背景技术部分客观上解决了能拔出较长钉子的问题	无法拔出较长钉子
技术方案	锤头中部作为支点，有如下两种方式：1. 锤头组件顶部中间向外突出形成支撑部，支撑部是固定的（第一实施例）；2. 锤头组件顶部中间向外突出形成支撑部，支撑部可调节（第二至四实施例）	锤头中部作为支点，锤头的顶部中央向外突出形成支撑柱，形成固定凸出	锤体的一端作为支点，设置在锤体一端的长度附加头，可以改变支点长度
技术效果	不仅能拔出较长钉子，还能拔出不同长度钉子	能拔出较长钉子	能拔出较长钉子

由表 5-9 比较可见，本申请声称要解决的技术问题是普通起钉锤无法拔起较长钉子的问题，其采用的技术方案是增加锤头中部支点的高度，并给出了多个实施例。其中第一实施例与对比文件 1 背景技术中公开的内容相比，技术领域、要解决的技术问题、所采用的技术方案和达到的技术效果均相同，因此第一实施例的技术方案相对于对比文件 1 不具有新颖性和创造性。而对于第二至第四实施例，其采用可调的支撑部来调节支撑部的高度，以适应不同长度的钉子的拔出。对比文件 1 和对比文件 2 均没有公开该技术方案，可见，第二至第四实施例的技术方案相对于对比文件 1 和 2 而言，具有新颖性和创造性。此外，第二至第四实施例的共同点是支撑部可调节，不同点是具体调节方式不同，具体内容可参见上文中对申请材料的分析。

在前述"分析客户提供的申请材料"和"分析客户提供的对比文件"环节

中，准确判断出本申请中各实施例的技术方案在新颖性、创造性方面的前景，并找出各个实施例的共性和个性，可进一步为下文中的第二题"权利要求书的撰写"奠定好基础。

3. 分析客户撰写的权利要求书是否存在缺陷

分析客户撰写的权利要求书是否存在缺陷的总体思路可参考本书第四章第一节。如前所述，一般情况下，在分析权利要求书存在的缺陷时，按照先独立权利要求后从属权利要求、先实体要件后形式要件的顺序来进行。

（1）是否存在不授予专利权的客体

申请材料中，客户撰写的权利要求书包括一项独立权利要求1和四项从属权利要求2~5，权利要求的主题名称为"一种起钉锤"，所包含的内容均是对"起钉锤"进行具体限定的结构特征。可见，权利要求1~5均属于对产品改进提出的新的技术方案，其符合《专利法》第二条第二款对发明创造的定义。显然，"起钉锤"也符合《专利法》第五条及第二十五条的要求。因此，申请材料中，客户所撰写的权利要求书不存在不授予专利权的客体问题。

（2）是否具备新颖性、创造性和实用性

根据上文中的分析可知，对比文件1已经公开了一种起钉锤，包括起钉锤头（即锤头组件）和把手，起钉锤头一端设置有起钉翼，另一端设置有榔头（即锤头），起钉锤头的顶部中间位置具有支撑部，支撑部由锤头组件顶部中间向外突出的部分构成，可见对比文件1已经公开了本申请权利要求1和2所述的技术方案，且对比文件1与本申请属于相同的技术领域，为解决相同的技术问题采用相同的技术手段，达到了相同的技术效果，因此，权利要求1和2相对于对比文件1不具有新颖性。

对于权利要求3，其进一步限定的附加技术特征是"所述支撑部的高度可以调节"。对比文件1公开的支撑部是与锤头一体形成的，也就是固定的。对比文件2公开的是在锤体一端设置有锤头，长度附加头与锤体的锤头采用卡扣的方式连接在一起，对比文件2公开的长度附加头虽然可调节支撑部的长度，但是其高度是固定的，也就是说，对比文件2也没有公开高度可调节的起钉支点。由此可见，对比文件1和2均没有公开支撑部的高度可以调节，也不能给出使用可调节支点以拔出不同长度钉子的技术启示。且权利要求3限定的附加技术特征带来了"能够轻松拔起各种长度的钉子，适用范围广"的技术效果，因此，权利要求3相对于对比文件1和2具有新颖性和创造性。相应地，引用权利要求3的权利要求4也具有新颖性和创造性。

对于权利要求5，其进一步限定的附加技术特征是"支撑部为板状，其两端具有弧形支撑面",然而,对比文件1和2都没有公开支撑部的形状为板状,两端具有弧形支撑面,且其带来了"增加支点的接触面积,避免支点对钉有钉子的物品造成损害"的技术效果,因此权利要求5相对于对比文件1和2也具有新颖性和创造性。

此外,关于实用性,申请材料中权利要求1~5中所要求保护的起钉锤都能够制造或者使用,并且都能够产生积极效果,因此均具备实用性。

(3)是否存在其他缺陷

除了满足新颖性和创造性的要求之外,权利要求书还应当以说明书为依据,清楚、简要地限定要求专利保护的范围、权利要求之间应当具有单一性、权利要求的撰写还应符合形式方面的要求等。独立权利要求还应当从整体上反映发明或者实用新型的技术方案,记载解决技术问题的必要技术特征。

具体到申请材料中提交的权利要求书,对于权利要求3,其引用权利要求1或2。当其引用权利要求2时,权利要求2中已经限定了支撑部由锤头组件顶部中间向外突出的部分构成,这也就意味着,支撑部是锤头组件的一部分,支撑部与锤头组件之间的距离是不可调节的。而权利要求3限定的是支撑部的高度可以调节,其表达的意思是支撑部相对于锤头组件之间的距离是可调节的,因此两者表达意思相互矛盾,所以当权利要求3引用权利要求2时,权利要求3的保护范围不清楚,不符合《专利法》第二十六条第四款的规定。

对于权利要求4,其附加技术特征为"把手为中空的,内设调节装置,调节装置与锤头组件螺纹连接"。对于该权利要求,说明书中第四实施例中公开的是把手2是中空的,调节螺杆53贯穿其中。把手2中空内表面设置有与调节螺杆53配合使用的内螺纹,螺杆可以在把手2内旋进旋出。可见,第四实施例记载的是调节螺杆与把手螺纹连接,而不是与锤头组件螺纹连接。第二实施例记载的是,支撑部4通过调节螺杆53与锤头组件3螺纹连接,但其没有记载把手是中空的。因此,权利要求4所限定的技术方案与说明书的记载不一致,其没有以说明书为依据,不符合《专利法》第二十六条第四款的规定。

对于权利要求5,根据上述分析可知,目前权利要求1不具备新颖性,而直接引用该独立权利要求1的并列从属权利要求3和5均具备新颖性和创造性。如本书第四章所述,此种情况下,还需要注意核实从属权利要求3和5之间是否具有单一性。根据上述分析,权利要求3相对于对比文件1和2具有新颖性和创造性,并由此确定权利要求3的特定技术特征是"支撑部的高度可以调节",其达到的技术效果是拔出不同高度的钉子。权利要求5限定的附加技术特征是"支撑部为板状,其两端具有弧形支撑面",其达到的技术效果是增大接触面积，避免对物品造成损坏，也未被对比文件1或2公开，构成了权利要求5的特定技术特征。可见，权利要求5与权利要求3的特定技术特征既不相同也不相应，因此，权利要求5与权利要求3之间不具有相同或相应的特定技术特征，不属于一个总的发明构思，二者之间不具有单一性，不符合《专利法》第三十一条第一款的规定。

4. 将具体意见以信函的形式提交给客户

需注意，第一题中明确指出"请你撰写提交给客户的信函，为客户逐一解释其自行撰写的权利要求书是否符合《专利法》及其实施细则的规定并说明理由"，因此，在完成上述分析之后，还需以信函的形式将具体分析理由提交给客户。在逐一解释具体理由时，可按照权利要求的顺序逐项说明，同时需注意表述规范，包括信函的基本形式、评判新颖性时的"四相同（技术领域、技术问题、技术方案、技术效果）"、评判创造性的"三步法"等，具体内容可参见下文中该题的参考答案。

5. 参考答案

尊敬的A公司：

很高兴贵方委托我代理机构代为办理有关新型起钉锤的专利申请案，经仔细阅读技术交底材料、技术人员撰写的权利要求书以及现有技术，我方认为贵公司技术人员所撰写的权利要求书存在一些不符合《专利法》和《专利法实施细则》之处，将会影响本发明专利申请的顺利授权，现逐一指出。

1. 权利要求1不具备新颖性，不符合《专利法》第二十二条第二款的规定

权利要求1要求保护一种起钉锤，对比文件1中公开了一种多功能起钉锤，并具体公开了以下技术特征：一种多功能起钉锤，包括锤柄20，锤柄一端设置起钉锤头30，所述锤头30的一侧是榔头，锤头30的另一侧尖角处有倒角，用于起钉操作。起钉锤头的顶部中央向外突出形成支撑柱，设置支撑柱是为了增加起钉高度，使需要拔出的钉子能够完全被拔出。由此可见，对比文件1已经公开了权利要求1所要求保护的技术方案的技术特征，二者采用了相同的技术方案，并且它们都属于新型起钉锤这一相同的技术领域，都解决了便于起钉锤拔出长钉的技术问题，并能达到相同的技术效果。因此，权利要求1相对于对比文件1不具备新颖性，不符合《专利法》第二十二条第二款的规定。

2. 权利要求2不具有新颖性，不符合《专利法》第二十二条第二款的规定

权利要求2进一步限定了所述支撑部由锤头组件顶部中间向外突出的部分构成，对比文件1中已经公开了起钉锤的顶部中央向外突出形成支撑柱，因此在其引用的独立权利要求1不具备新颖性的情况下，其从属权利要求2相对于

对比文件 1 也不具备新颖性，不符合《专利法》第二十二条第二款的规定。

3. 权利要求 3 引用权利要求 2 的技术方案不清楚，不符合《专利法》第二十六条第四款的规定

权利要求 3 进一步限定了支撑部的高度可以调节，但其引用的权利要求 2 中的支撑部是由锤头组件顶部中间向外突出构成的，该部分是固定的，其高度不能调节，因此权利要求 3 引用权利要求 2 时，其限定部分与其引用部分存在矛盾，导致权利要求 3 引用权利要求 2 的技术方案保护范围是不清楚的，不符合《专利法》第二十六条第四款的规定。

4. 权利要求 4 没有以说明书为依据，不符合《专利法》第二十六条第四款的规定

权利要求 4 限定了把手为中空的，内设调节装置，调节装置与锤头组件螺纹连接。根据说明书的记载，把手 2 是中空的，调节螺杆 53 贯穿其中。把手 2 的中空内表面设置有与调节螺杆 53 配合使用的内螺纹，这样调节螺杆 53 可以在把手 2 内旋进旋出，即说明书中记载的是调节螺杆与把手螺纹连接，而不是与锤头组件螺纹连接，权利要求所限定的技术方案与说明书的记载不一致，其没有以说明书为依据，不符合《专利法》第二十六条第四款的规定。

5. 权利要求 3 与权利要求 5 没有单一性，不符合《专利法》第三十一条第一款的规定

根据目前掌握的对比文件，独立权利要求 1 没有新颖性，不符合《专利法》第二十二条第二款的规定。在独立权利要求 1 不具备新颖性或创造性的情况下，需要考虑从属权利要求之间是否符合单一性的规定。

权利要求 3 引用权利要求 1 的技术方案相对于现有技术作出的贡献的技术特征为"所述支撑部的高度可以调节"，从而使支撑部的高度适用于不同长度的钉子。

权利要求 5 相对于现有技术作出贡献的技术特征为"支撑部为板状，其两端具有弧形支撑面"，从而增大支点的接触面积，避免支点对钉有钉子的物品造成损坏，同时可增加起钉时的稳定性。

由此可见，两个权利要求对现有技术作出贡献的技术特征既不相同也不相应，彼此之间不属于一个总的发明构思，在技术上也无相互关联，从而两个权利要求之间并不包含相同或相应的特定技术特征，彼此之间不具备单一性，不符合《专利法》第三十一条第一款的规定。

综上所述，目前贵公司撰写的权利要求书存在较多问题，我方专利代理人将会与贵方积极沟通，在充分理解发明内容的基础上，结合对现有技术的检索、

分析和对比，重新撰写权利要求书和说明书。

以上为咨询意见，供参考。

××专利代理公司×××
××年××月××日

(二) 第二题（分析说明书中存在的问题）

第二题要求根据《专利法实施细则》第十七条的规定，依据检索到的对比文件（即试题中提供的对比文件1和2），说明客户自行撰写的说明书中哪些部分需要修改并对需要修改之处予以说明。该题一方面考查应试者对《专利法实施细则》第十七条内容的掌握和具体运用，另一方面还涉及本申请和对比文件的准确对比分析。在答题时，可以按照以下思路进行分析。

1. 明确《专利法实施细则》第十七条对说明书撰写的要求

由《专利法实施细则》第十七条的规定可知，说明书应当写明发明名称，并且包括技术领域、背景技术、发明内容、附图说明和具体实施方式五个部分，同时《专利法实施细则》第十七条和《专利审查指南2010》的相关章节还对上述五个部分在内容、格式和用词上提出了更进一步的具体要求。应试者可自行查阅《专利法实施细则》和《专利审查指南2010》相关内容，此处不再赘述。

2. 分析目前说明书撰写存在的形式缺陷

说明书存在的缺陷包括实质缺陷（即不满足《专利法》第二十六条第三款规定的情形）和形式缺陷（即不满足《专利法实施细则》第十七条规定的情形）两个方面，本题要求"根据《专利法实施细则》第十七条的规定"分析和说明说明书存在的缺陷，因此主要分析其撰写方面的形式缺陷。本申请说明书包括如下两种缺陷。

(1) "不全面"的缺陷

从客户提供的申请材料来看，按照《专利法实施细则》第十七条的要求，说明书目前缺少发明名称，同时还缺少技术领域和附图说明两部分。其中，发明名称应当反映出要求保护的主题，即"一种起钉锤"。技术领域应写明要求保护的技术方案所属的技术领域，例如，一种五金工具。附图说明部分中，则需要对各幅附图作简略说明。

(2) "不准确"的缺陷

由前述分析可知，本申请的第一实施例已经被对比文件1公开，因此，目前说明书背景技术部分没有体现出最接近的现有技术。在修改时，应当将本申请的第一实施例写入背景技术部分，相应地，本申请所要解决的技术问题、为解决技术问题所采用的技术方案以及所带来的有益效果均会发生相应变化。具体而言：

本申请中的第一实施例支撑部的高度是固定的，该技术方案已经在对比文件1的背景技术部分公开，对比文件1构成了本申请的现有技术，其应当体现在本申请的背景技术中。基于此，背景技术中存在的技术问题是，目前的起钉锤的支撑部的高度是固定的，无法调节以适应拔出不同长度的钉子，应用范围受到限制。为解决该技术问题，本申请采用的技术方案是使支撑部的伸出高度可以调节，以满足不同长度的钉子的起钉需要，具体实施例有第二至第四实施例三种方式，带来的有益技术效果是，能够实现支撑部的高度可调节，从而能拔出不同长度的钉子。

相应地，由于实施例一已经被对比文件1公开，如前所述，应当将其写入背景技术部分，同时可以考虑将其从本申请的具体实施例部分删除。

3. 参考答案

客户自行撰写的说明书中，需要修改的内容有：

一、发明名称

应当明确记载本申请的发明名称：一种起钉锤。

二、技术领域

应当写明要求保护的技术方案所属的技术领域。

本发明涉及一种五金工具，尤其涉及一种结构新颖的起钉锤。

三、背景技术

根据目前检索到的现有技术情况，本申请的第一实施例已经被对比文件1所公开，其已经构成了本申请的背景技术，因此应当将背景技术修改为锤头组件顶部中央向外突出形成支撑部的技术方案，并且应当分析背景技术存在的不足：虽然设置支撑柱能增加起钉高度，但是由于支撑柱的高度是固定的，而现实中钉子的长度是各种各样的，这种起钉锤不能适应不同长度的钉子，应用范围是受限制的。

四、发明内容

该部分中应当明确发明所要解决的技术问题、解决其技术问题所采用的技术方案，并对照现有技术写明发明的有益效果。

首先本申请所要解决的技术问题是现有技术中起钉锤的支撑部高度不能调节、适应范围窄、不能起出不同长度的钉子的问题。

其次应当记载该申请的技术方案。

最后，应当阐明本申请与现有技术相比，优点（有益效果）在于可根据需要调节支撑部的高度，从而增大支点距离，适应不同长度钉子的需要。

五、附图说明

目前的说明书中缺少附图说明，应当写明各附图的图名并作简要说明。

六、具体实施例

目前的实施例一的技术方案已经被对比文件1所公开，其已经构成了现有技术，可以从申请文件中删除。

（三）第三题（撰写权利要求书）

第三题要求综合考虑对比文件1及对比文件2所反映的现有技术，为客户撰写发明专利申请的权利要求书。权利要求书是申请人请求保护范围的具体体现，是确权、侵权判断的重要依据。权利要求合理的保护范围既能突出发明对现有技术的贡献，又能最大程度地对该贡献进行保护。这就要求应试者既要掌握《专利法》及《专利法实施细则》对权利要求书撰写的有关规定，又要结合对本申请和现有技术的准确分析，撰写出保护范围合理的独立权利要求以及逻辑清楚、层次分明的从属权利要求。参照本书第四章第二节的答题思路，权利要求书的撰写一般按照以下思路进行。

1. 理解发明内容

对于申请材料的理解，在第一题答题分析中已经详细论述，此处不再赘述。其中需要注意的是，第一实施例解决了"拔起较长钉子"的技术问题，针对该技术问题，采用的关键技术手段是"锤头组件顶部中间向外突出形成固定支撑部"；第二至第四实施例进一步解决了"拔起不同长度的钉子"，针对该技术问题，采用了三种不同的技术方案，但是其中的关键技术手段是相同的，即"通过调节螺杆调节支撑部的高度"，进而取得了可拔出不同长度钉子的技术效果。而且说明书的最后一段明确指出"第二至第四实施中，调节支撑部高度的装置均采用调节螺杆，但也可采用其他具有锁定功能的可伸缩调节机构，如具有多个卡位的卡扣连接结构，具有锁定装置的齿条传动结构等都可作为调节装置"。因此，根据说明书中提供的该信息可以确定出，"调节装置"是对调节螺杆、可伸缩调节机构以及多卡位卡扣连接机构等装置的合理概括，同时该"调节装置"也是第二至第四实施例之间的共有特征。此外，关于"调节装置"，第二至第四实施例中给出了不同的具体结构，具体如上文中表5-7所示，这些具体结构则是第二至第四实施例之间的非共有特征。

2. 确定本申请中可保护的主题

在准确理解发明实质性内容的基础上，需注意说明书中是否涉及多个可保护的主题，如产品、方法，或不同的产品主题等，主题的种类和数量通常会关系到独立权利要求的数量；如果只涉及一种主题，则需注意该一种主题下是否有多个技术方案，进而需注意多个技术方案之间的可概括性以及是否需要进行分案申请等。由此可初步确定出权利要求书的布局。

具体到本案中，申请涉及一种起钉锤，从说明书记载的内容来看，并不涉及方法主题，且说明书的第一至第四实施例均涉及同一种主题"起钉锤"，而并未针对起钉锤的制造、使用方法或者其生产设备等其他方面做出系统说明，因此应当用产品权利要求来保护。此种情况下，还需要进一步考虑是否可以同一主题名称撰写多个独立权利要求以及是否需要分案。根据上文中的分析可知，第一实施例的技术方案相对于对比文件1不具有新颖性和创造性，显然不能基于实施例一的技术方案撰写权利要求。第二至第四实施例的技术方案相对于对比文件1和2而言，具有新颖性和创造性，可考虑基于这三个实施例撰写权利要求。同时如前所述，第二至第四实施例之间具有可以概括的共有部分"调节装置"，只是各实施例中关于"调节装置"的具体结构不同，因此可以基于第二至第四实施例概括出一个独立权利要求，同时再针对"调节装置"的具体结构撰写出不同的从属权利要求。此外，虽然实施例二中还进一步表明"支撑部为板状，两端具有弧形支撑面"，且其带来了"避免支点对物品造成损坏，同时可增加稳定性"的技术效果，但是整体分析说明书的内容可知，申请的核心发明构思在于通过"支撑部的高度可以调节"的调节装置解决"拔起不同长度钉子"的技术问题，关于对支撑部进一步限定的"支撑部为板状，两端具有弧形支撑面"可以作为次要改进点用从属权利要求进行进一步限定。

综上，基于本申请的具体情况，只需以"一种起钉锤"为主题名称撰写一个独立权利要求，在其基础上可进一步撰写多个从属权利要求。

3. 分析研究并确定最接近的现有技术

如上文中所述，在客户提供的现有技术中，对比文件1在背景技术部分公开了本申请中的第一实施例。本申请的第二实施例至第四实施例是在第一实施例或者对比文件1基础上的改进。而对比文件2尽管也提出了普通起钉锤不能起出较长钉子的问题，但其采用的是增加锤身的长度来增加支点长度进而达到了能起出较长钉子的效果。从技术领域、要解决的技术问题、公开的技术特征数量以及达到的技术效果来看，对比文件1显然比对比文件2更适合做本申请最接近的现有技术。

4. 确定所解决的技术问题以及必要技术特征

通过上述作答第一、第二题时的分析可以发现，本申请实际解决的技术问题不再是使起钉锤能拔起较长的钉子，因为，能拔出较长钉子的起钉锤（即实施例一）已经被对比文件 1 公开。本申请相对于对比文件 1 实际解决的技术问题是，解决现有技术中支撑部相对于锤头组件的高度不可调节的问题，进而使起钉锤能起出不同长度的钉子。解决这个问题，在第二至第四实施例中，都是通过调节螺杆来实现对支撑部的高度进行调节，但调节螺杆只是实现调节装置的一种手段，上文中已经分析指出：可以将第二至第四实施例中的调节螺杆以及其他可调节高度的卡扣连接结构、齿条传动结构等合理概括为"调节装置"，而该"调节装置"正是解决"拔起不同长度钉子"技术问题的关键技术手段，因此"调节装置"是解决上述技术问题的必要技术特征。此外，调节装置与支撑部固定连接以实现支撑部相对于锤头组件的高度可调节显然也是本申请解决该技术问题的必要技术特征，否则无法实现拔起不同长度的钉子。同时，作为起钉锤，锤头组件、把手、支撑部和起钉翼以及彼此之间的结构关系是构成起钉锤的必不可少的要件，也是独立权利要求的必要技术特征。

5. 撰写独立权利要求

基于以上分析，与现有技术比较，将本申请与最接近现有技术之间共有的必要技术特征写入独立权利要求的前序部分，将本申请区别于最接近现有技术的必要技术特征写入特征部分，从而完成独立权利要求的撰写。根据上述关于本申请以及对比文件的分析可知，上述必要技术特征中的锤头组件、把手和支撑部、锤头、起钉翼以及彼此之间的连接关系均已经被现有技术公开，应当写入独立权利要求的前序部分，而关于调节装置及其与相关部件的连接关系和位置关系，则并未被现有技术公开，应当写入特征部分。综上，独立权利要求撰写如下。

一种起钉锤，包括锤头组件、把手和支撑部，把手固定在锤头组件上，锤头组件一端设置有起钉翼，另一端设置有锤头，其特征在于：所述起钉锤还包括调节装置，调节装置的一端与支撑部固定连接，用于调节支撑部伸出锤头组件的高度。

6. 撰写从属权利要求

如本书第四章第二节所述，撰写从属权利要求时，应优先考虑将本申请中对现有技术作出贡献的那些技术方案写成相应的从属权利要求；同时应注意权利要求之间的引用关系和撰写方式，避免出现导致权利要求不清楚的情况。权利要求的最小单元是技术方案，而不是技术特征的进一步叠加/限定。

具体到本申请，在撰写独立权利要求时已经将第二至第四实施例进行了概括。如前所述，可针对第二至第四实施例中关于"调节装置"的具体结构撰写出不同的从属权利要求。需要注意的是，对于每个实施例可以根据具体情况撰写出一至多个关系递进的从属权利要求，但是三个具体实施例彼此之间只能是并列关系的从属权利要求，不能互相引用，否则会导致其得不到说明书支持。而关于支撑部的形状，如前所述，可以作为次要改进点写入从属权利要求中，但是可以将其作为从属于独立权利要求 1 的从属权利要求，以使得该从属权利要求获得尽可能大的保护范围。结合第一题中对申请材料理解的分析，表 5-10 列出了各项从属权利要求的内容和撰写该项从属权利要求的依据/理由。

表 5-10　各项从属权利要求及撰写的依据/理由

从属权利要求编号	引用的权利要求	技术特征	撰写的依据/理由
2	1	所述调节装置是调节螺杆	第二至第四实施例中调节装置的具体形式
3	2	调节螺杆与锤头组件螺纹连接	第二实施例中具体连接方式的限定
4	3	锤头组件上开设有螺纹槽，所述调节螺杆与所述螺纹槽螺纹连接	第二实施例中具体连接方式的进一步限定
5	3	锤头组件上设置一个贯穿的孔，孔内设有螺纹，所述调节螺杆通过所述贯穿的孔与锤头组件螺纹连接	第三实施例中连接方式的具体限定
6	5	调节螺杆远离锤头组件的一端固定有调节控制扭	第三实施例中如何调节螺杆的具体限定
7	5	调节螺杆与把手平行设置，把手上设置有固定支架，所述螺杆可以在固定支架内活动穿过	第三实施例中如何稳定螺杆的具体限定
8	5~7	调节螺杆的长度小于把手的长度	第三实施例中方便手部抓握把手的进一步限定
9	2	锤头组件具有一个贯穿的孔，所述把手通过该孔固定在锤头组件上，所述调节螺杆与把手螺纹连接	第四实施例中连接方式的进一步限定
10	9	把手是中空的，其内表面设有螺纹，所述调节螺杆设置在中空把手内，并与中空把手螺纹连接	第四实施例中中空把手连接方式的具体限定

续表

从属权利要求编号	引用的权利要求	技术特征	撰写的依据/理由
11	10	调节螺杆远离锤头组件的一端固定有调节控制扭	第四实施例中如何调节螺杆的具体限定
12	9~11之一	调节螺杆的长度大于把手的长度	第四实施例中调节螺杆长度的进一步限定
13	1	支撑部为板状，两端具有弧形支撑面	本申请的次要改进点

7. 参考答案

1. 一种起钉锤，包括锤头组件、把手和支撑部，把手固定在锤头组件上，锤头组件一端设置有起钉翼，另一端设置有锤头，其特征在于：所述起钉锤还包括调节装置，调节装置的一端与支撑部固定连接，用于调节支撑部伸出锤头组件的高度。

2. 如权利要求1所述的起钉锤，其特征在于所述调节装置是调节螺杆。

3. 如权利要求2所述的起钉锤，其特征在于所述调节螺杆与锤头组件螺纹连接。

4. 如权利要求3所述的起钉锤，其特征在于所述锤头组件上开设有螺纹槽，所述调节螺杆与所述螺纹槽螺纹连接。

5. 如权利要求3所述的起钉锤，其特征在于所述锤头组件上设置一个贯穿的孔，孔内设有螺纹，所述调节螺杆通过所述贯穿的孔与锤头组件螺纹连接。

6. 如权利要求5所述的起钉锤，其特征在于所述调节螺杆远离锤头组件的一端固定有调节控制扭。

7. 如权利要求5所述的起钉锤，其特征在于所述调节螺杆与把手平行设置，把手上设置有固定支架，所述螺杆可以在固定支架内活动穿过。

8. 如权利要求5~7任意一项权利要求所述的起钉锤，其特征在于所述调节螺杆的长度小于把手的长度。

9. 如权利要求2所述的起钉锤，其特征在于所述锤头组件具有一个贯穿的孔，所述把手通过该孔固定在锤头组件上，所述调节螺杆与把手螺纹连接。

10. 如权利要求9所述的起钉锤，其特征在于所述把手是中空的，其内表面设有螺纹，所述调节螺杆设置在中空把手内，并与中空把手螺纹连接。

11. 如权利要求10所述的起钉锤，其特征在于所述调节螺杆远离锤头组件的一端固定有调节控制扭。

12. 如权利要求 9~11 任意一项权利要求所述的起钉锤，其特征在于所述调节螺杆的长度大于把手的长度。

13. 如权利要求 1 所述的起钉锤，其特征在于所述支撑部为板状，两端具有弧形支撑面。

(四) 第四题（根据"三步法"陈述独立权利要求具有创造性的理由）

第四题要求根据"三步法"陈述所撰写的独立权利要求相对于现有技术具备创造性的理由。该题主要考查的是应试者对"三步法"的掌握，或者说是对创造性判断的掌握情况。"三步法"的主要步骤是：①确定最接近的现有技术；②确定发明的区别特征和发明实际解决的技术问题；③判断要求保护的发明对本领域的技术人员来说是否显而易见。

1. 分析思路

在前述第一至第三题的分析中，已经分析了独立权利要求相对于对比文件 1 和 2 实际解决的技术问题、所采用的技术手段以及所达到的技术效果，并撰写了独立权利要求。此时只需将上述技术分析的内容与"三步法"结合进行作答即可，具体为：

① 确定最接近的现有技术：对比文件 1 为最接近的现有技术。

② 确定权利要求 1 相对于最接近的现有技术（即对比文件 1）存在的区别技术特征：调节装置，用于调节支撑部伸出锤头组件的高度。

③ 确定权利要求 1 相对于最接近的现有技术（即对比文件 1）所实际解决的技术问题：如何实现起钉锤的支撑部高度可调节，从而使起钉锤适合起出不同长度的钉子。

④ 确定现有技术是否给出使用上述区别技术特征以解决相应技术问题的技术启示：对比文件 2 公开了一种具有长度附加头的起钉锤，其虽然公开了起钉锤的长度可以加长，但是，没有公开支撑部高度可以增加，也没有公开可以通过调节装置调节支撑部的高度，因此，对比文件 2 没有公开上述区别技术特征，也没有给出将上述区别技术特征应用到对比文件 1 以解决其存在的技术问题的技术启示。

⑤ 说明权利要求 1 因上述区别技术特征的存在而带来的技术效果：通过调节装置，能够调整支撑部与起钉翼之间的距离，从而调整支点高度，适应不同长度的钉子，适用范围广。

⑥ 明确权利要求 1 具备创造性的结论：权利要求 1 具备突出的实质性特点和显著的进步，符合《专利法》第二十二条第三款的规定。

2. 参考答案

权利要求 1 保护一种起钉锤，对比文件 1 作为最接近的现有技术，公开了一种多功能起钉锤,并具体公开了以下技术特征:一种多功能起钉锤,包括锤柄20,锤柄一端设置起钉锤头30,所述锤头30的一侧是榔头,锤头30另一侧尖角处有倒角,用于起钉操作。起钉锤头的顶部向外突出形成支撑柱,设置支撑柱是为了增加起钉高度,拔出的钉子能够完全被拔出,由此可见,权利要求1与对比文件1的区别在于,对比文件1没有公开调节装置,用于调节支撑部伸出锤头组件的高度。根据上述区别技术特征,可以确定权利要求1实际解决的技术问题是如何实现起钉锤的支撑部高度可调节,从而使起钉锤适合起出不同长度的钉子。对比文件2公开了一种具有长度附加头的起钉锤,其虽然公开了起钉锤的长度可以加长,但是,没有公开支撑部高度可以增加,也没有公开可以通过调节装置调节支撑部的高度,因此,对比文件2没有公开上述区别技术特征,也没有给出将上述区别技术特征应用到对比文件1以解决其存在的技术问题的技术启示,因此,对于本领域技术人员来说,权利要求1的技术方案是非显而易见的,而且权利要求1的技术方案通过调节装置,能够调整支撑部与起钉翼之间的距离,从而调整支点高度,适应不同长度的钉子,适用范围广,具有有益的技术效果,因此权利要求1具备突出的实质性特点和显著的进步,符合《专利法》第二十二条第三款的规定。

第四节 2018年"专利代理实务"试题分析与参考答案

2018年"专利代理实务"试题包括无效实务和申请实务两个部分,共五道题,第一题至第三题为无效实务部分,第四题和第五题为申请实务部分,其中题型分别为:无效理由分析、撰写无效宣告请求书、无效应对分析、权利要求撰写和权利要求创造性相关问题分析。下面将从试题说明、试题分析及参考答案两个方面对该试题进行详细分析。

一、试题说明

客户A公司正在研发一项产品。在研发过程中,A公司发现该产品存在侵犯B公司的实用新型专利的风险,为此,A公司进行了检索并得到对比文件1、2,拟对B公司的实用新型专利(下称涉案专利)提出无效宣告请求,在此基础上,A公司向你所在代理机构提供了涉案专利(附件1)、对比文件1-2、A公司技术人员撰写的无效宣告请求书(附件2),以及A公司所研发产品的技术交底书(附件3)。

第一题：请你具体分析客户所撰写的无效宣告请求书中的各项无效宣告理由是否成立，并将结论和具体理由以信函的形式提交给客户。

第二题：请你根据客户提供的材料为客户撰写一份无效宣告请求书，在无效宣告请求书中要明确无效宣告请求的范围、理由和证据，要求以专利法及其实施细则中的有关条、款、项作为独立的无效宣告理由提出，并结合给出的材料具体说明。

第三题：针对你在第二题所提出的无效宣告请求，请你思考B公司能进行的可能应对和预期的无效宣告结果，并思考：在这些应对中，是否存在某种应对会使得A公司的产品仍存在侵犯本涉案专利的风险？如果存在，则应说明B公司的应对方式、依据和理由；如果不存在，则应说明依据和理由。

第四题：请你根据技术交底书，综合考虑客户提供的涉案专利和两份对比文件所反映的现有技术，为客户撰写一份发明专利申请的权利要求书。

如果认为应当提出一份专利申请，则应撰写独立权利要求和适当数量的从属权利要求；如果在一份专利申请中包含两项或两项以上的独立权利要求，则应说明这些独立权利要求能够合案申请的理由；如果认为应当提出多份专利申请，则应说明不能合案申请的理由，并针对其中的一份专利申请撰写独立权利要求和适当数量的从属权利要求，对于其他专利申请，仅需撰写独立权利要求。

第五题：简述你撰写的独立权利要求相对于本涉案专利所解决的技术问题和取得的技术效果以及所采用的技术手段。如有多项独立权利要求，请分别说明。

附件1（涉案专利）：

[19] 中华人民共和国国家知识产权局

[12] 实用新型专利

[45] 授权公告日　2018 年 9 月 12 日

[21] 申请号　201721234567.x
[22] 申请日　2017.12.4
[73] 专利权人　B 公司

（其余著录项目略）

权利要求书

1. 一种灯，包括灯座（11）、支撑杆（12）、发白光的光源（13），其特征在于，还包括滤光部（14），所述滤光部（14）套设在所述光源（13）外，所述滤光部（14）由多个滤光区（14a，14b，14c，14d）组成，所述滤光区（14a，14b，14c，14d）与所述光源（13）的相对位置是可以改变的，从而提供不同的光照模式。

2. 根据权利要求1所述的灯，其特征在于，所述滤光部（14）可旋转地连接在所述支撑杆（12）上，通过旋转所述滤光部（14）提供不同的光照模式。

3. 根据权利要求2所述的灯，其特征在于，所述滤光部（14）是圆柱状，所述滤光区（14a，14b，14c，14d）的分界线与所述滤光部（14）的旋转轴平行。

4. 根据权利要求2所述的灯，其特征在于，所述滤光部（14）是多棱柱状，所述多棱柱的每个侧面为一个滤光区，所述多棱柱的棱边与所述滤光部（14）的旋转轴平行。

5. 根据权利要求3或4所述的灯，其特征在于，还包括反射罩（15），所述反射罩（15）固定设置在所述滤光部（14）所包围空间内的光源承载座（121）上，并部分包围所述光源（13），所述反射罩（15）的边缘延伸到所述滤光部（14）以使所述光源（13）发出的光完全限制在单一的滤光区内，所述反射罩（15）优选为铝。

6. 根据权利要求2所述的灯，其特征在于，所述灯座（11）的材料为塑料。

说 明 书

多用途灯

本实用新型涉及灯的改良。

如图1所示,是一种现有灯的示意图。现有灯通常由灯座1、支撑杆2、光源3和部分包围光源3的反射罩4组成,灯座1可以平稳地放置在桌面上,并通过支撑杆2连接到光源3,这种灯通常仅能提供单一形态、单一色调等的光。

本实用新型的主要目的是提供一种多用途灯,可以提供不同的光照模式。

图1为现有灯的示意图;

图2为本实用新型的灯的示意图;

图3中,(a)(b)分别是本实用新型的光源为发光二极管、荧光管且无反射罩的发光角度示意图;(c)是带反射罩的发光角度示意图。

如图2、图3所示,本实用新型的灯包括灯座11、支撑杆12、发白光的光源13。灯还包括滤光部14、遮光片16和光源承载座121,光源13安装在光源承载座121上。滤光部14套设在光源13外,并可旋转地连接在支撑杆12顶端上,如旋转套接在光源承载座121外部,滤光部14的旋转轴和光源承载座121的轴线重合,遮光片16盖在滤光部14远离光源承载座121的顶端。灯座11材料为塑料。

滤光部14由依次排列的多个滤光区组成,其通过透过不同颜色,和/或亮度比例而提供不同的滤光功能,隔开多个滤光区的分界线则平行于滤光部14的旋转轴,因此,通过旋转滤光部14可以为不同的方位提供不同的光照模式。例如,图2、图3示出的滤光部14是圆柱状的,有四个滤光区14a、14b、14c、14d,其中,滤光区14a是透明的、便于工作照明,滤光区14b透过中等量黄光、用于营造就餐氛围,滤光区14c和滤光区14d分别透过中等亮度的粉红色和蓝色光、用于营造浪漫和海洋的氛围。

光源13可以是具有一定发光角度的发光二极管灯条,即光源13发射的光主要集中在如图3(a)所示的发光区131下方、由发光区131延伸的两箭头涵盖的发光角度范围之内,而在发光角度之外仅有少量光,因而通过将相应的滤光区14a、14b、14c、14d旋转而覆盖相应的发光角度,可以使得在发光区131下方、发光角度范围之内光的光照模式发生变化。光源13也可以采用荧光管这种360度全角度发光的光源,如图3(b)所示,除了可以调整光源13下方区域的光照模式外,还可以调整光源13侧面和上方等区域的光照模式。

为了集中光能量，可以在滤光部14所包围空间内的光源承载座121上固定设置一个部分包围光源13的反射罩15，如图2和图3（c）所示。反射罩15的材料为金属，优选为铝。反射罩15的边缘还可以进一步延伸到滤光部14，这样，灯的出光将完全限制在所选择的滤光区的单一区域内，避免灯的其他滤光区出现不需要的光。

滤光部14也可以是其他形状，例如，是多棱柱状的。当为多棱柱状时，多棱柱的每个侧面为一个滤光区，多棱柱的棱边也是各滤光区的分界线，其与滤光部14的旋转轴平行，此时，可以通过多棱柱的侧面朝向来判断旋转是否已经到位。但在滤光部14为多棱柱的情况下，反射罩15的边缘如果延伸到滤光部14，将使得滤光部14无法旋转。

说明书附图

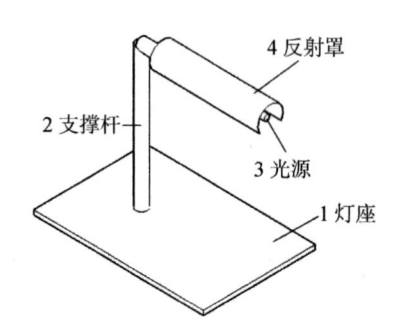

图1 （现有技术）

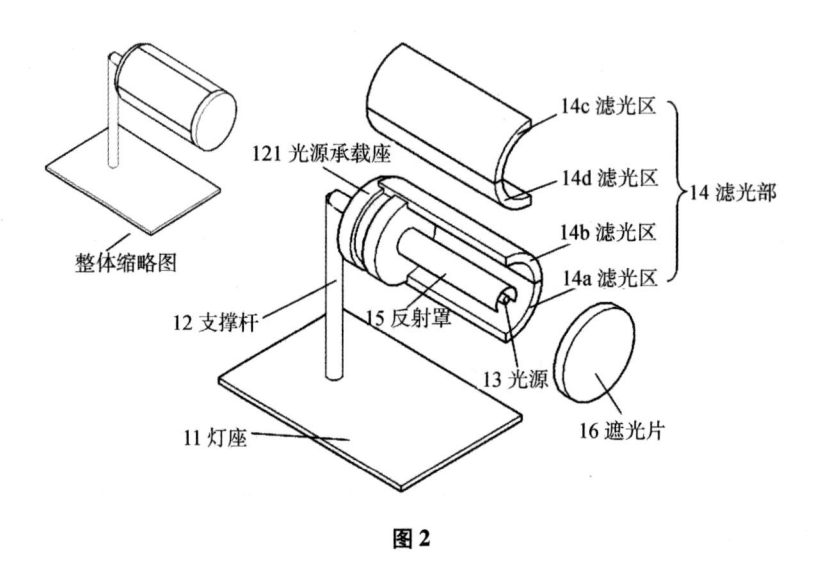

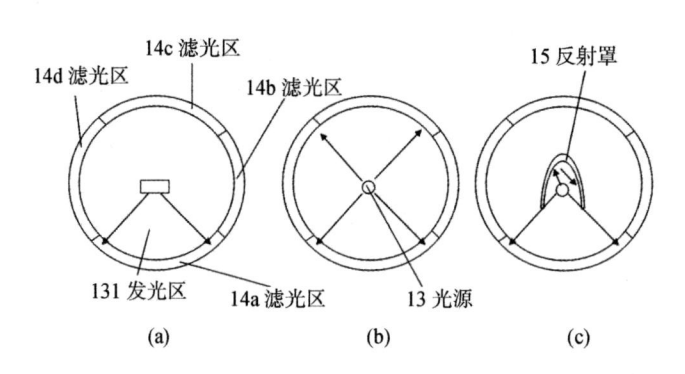

图2

图3

对比文件1：

[19] 中华人民共和国国家知识产权局

[12] 实用新型专利

[45] 授权公告日 2007年10月9日

[21] 申请号 200620123456.5
[22] 申请日 2007.1.22
（其余著录项目略）

说 明 书

变光灯

本实用新型涉及一种变光灯。

现有放置在桌子上的台灯，包括灯座、管状光源和部分包围管状光源的反射罩，不具备变光功能。

本实用新型目的在于提供一种变光灯，可以使得用户根据需要进行变光。

图1为本实用新型的变光灯的分解图；

图2为本实用新型的变光灯的一种工作状态的剖视图，此时光源23对准滤光层242并用销柱25定位。

如图1、图2所示，本实用新型的变光灯包括灯座21、支撑柱22、光源23和变光套24，支撑柱22设置在灯座21上，光源23为在支撑柱22顶端的四个侧面上设置的白光发光二极管，变光套24为中空的四棱柱体，其从上到下地由滤光层241、242、243和一个基底244排列而成，滤光层241、242、243和一个基底244均为中空的四棱柱体，滤光层241、242、243的透明度依次降低。

通过上下移动变光套24相对于支撑柱22的位置，并用销柱25定位，使得变光套24上下运动，从而适应用户的不同亮度需求。

说明书附图

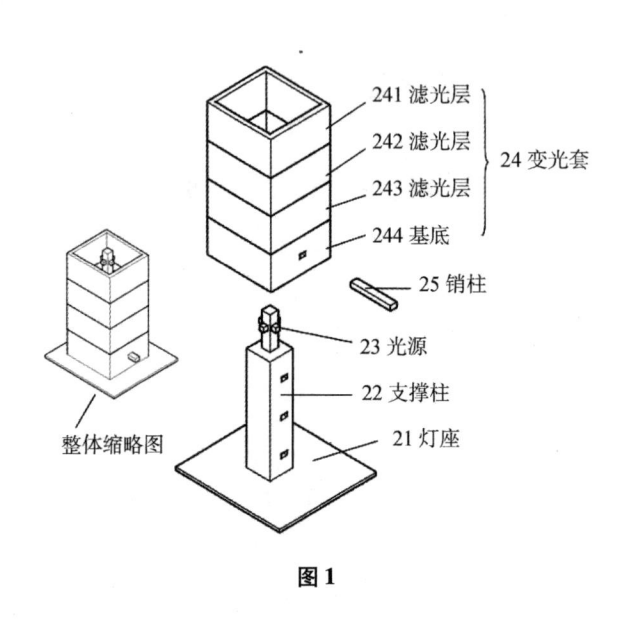

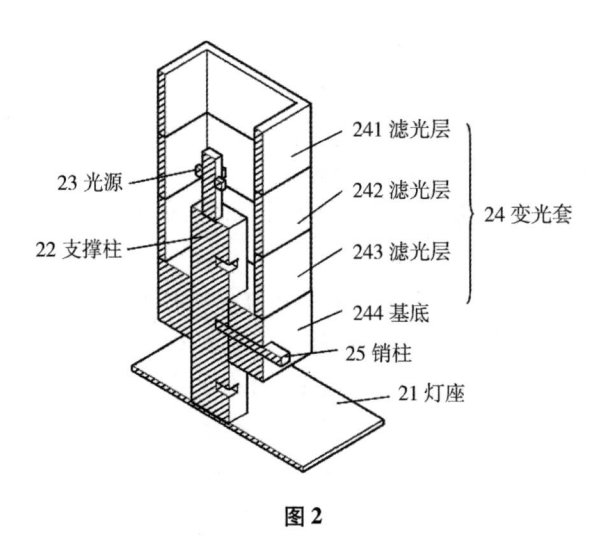

图 1

图 2

对比文件2：

[19] 中华人民共和国国家知识产权局

[12] 实用新型专利

[45] 授权公告日 2008年10月23日

[21] 申请号 200820789117.7
[22] 申请日 2008.1.4
（其余著录项目略）

说　明　书

调光灯

本实用新型涉及一种调光灯。

现有技术的调光灯，其调光是通过阻抗调节结构和灯泡串联而实现的，但是这种方式流过灯泡的电流会产生变化，导致使用寿命缩短。

本实用新型所要解决的技术问题是提供一种使用寿命长的调光灯。

图1是本实用新型的调光灯的分解图；

图2是从调光灯发出的光的亮度较暗时的工作状态图，此时，灯罩被旋转到其侧壁部分地或全部地遮挡灯泡；

图3是从调光灯发出的光的亮度较亮时的工作状态图，此时，灯罩被旋转到其侧壁完全露出灯泡。

如图1至图3所示，调光灯包括塑料的灯座31、竖直柱32、灯泡33、灯罩34，竖直柱32的外壁设置外螺纹；灯泡33设置于竖直柱32顶端；灯罩34整体由半透明材料制成，灯罩34下侧与竖直柱32通过内外螺纹配合，从而可旋转地套设于竖直柱32外侧，旋转灯罩34可使其上下移动，从而实现亮度调整。

说明书附图

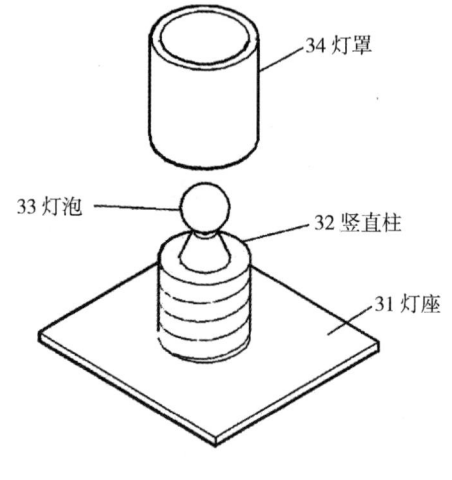

图 1

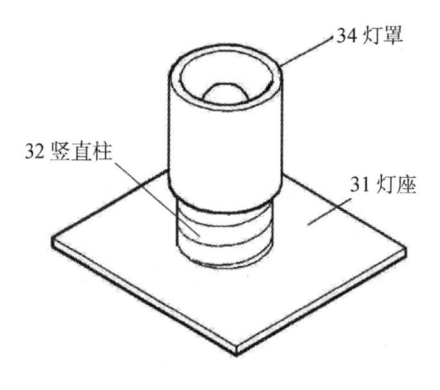

图 2

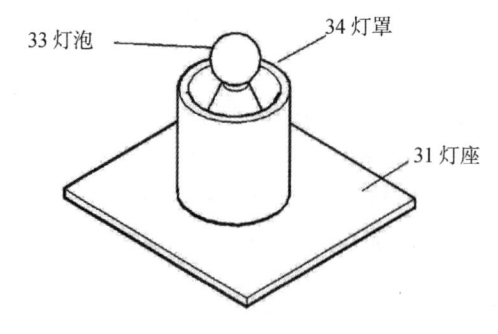

图 3

附件2（A公司技术人员撰写的无效宣告请求书）：

（一）关于新颖性和创造性

1. 对比文件1公开变光套24包括三个从上到下透明度依次降低的滤光层，变光套24可上下运动，实现了灯的不同亮度调整。因此，对比文件1公开了权利要求1的特征部分的全部内容，权利要求1相对于对比文件1不具备新颖性。

2. 对比文件2公开了灯罩34与竖直柱32通过内外螺纹配合，从而可旋转地套设于竖直柱32外侧，旋转灯罩34可使其上下移动，实现亮度调整，因此，对比文件2公开了权利要求2的全部附加技术特征，因此，在其所引用的权利要求1不具备新颖性的前提下，权利要求2也不具备新颖性。

3. 由于权利要求6的附加技术特征是材料，不属于形状、构造，而涉案专利为实用新型，实用新型保护的对象为产品的形状、构造或者其结合，因此该特征不应当纳入新颖性的考虑之内，因此，在其引用的权利要求不具备新颖性的前提下，该权利要求也不具备新颖性。

（二）其他无效理由

4. 在权利要求1~2、6无效的前提下，权利要求3~4将成为独立权利要求，由于权利要求3~4所引用的权利要求2不具备新颖性，而权利要求3~4的附加技术特征既不相同，也不相应，因此，权利要求3~4将不具备单一性。

5. 权利要求5~6中限定了材料，由于实用新型保护的对象为产品的形状、构造或者其结合，因此，权利要求5~6不是实用新型的保护对象，不符合专利法第二条第三款的规定。

因此请求宣告涉案专利全部无效。

附件3（技术交底材料）：

一种多功能灯

现有灯的亮度、冷暖色调等通常是单一的。但是，不同用途往往需要有不同的光，例如小夜灯需要亮度较暗、色调较暖的黄光，工作时需要亮度较高、色调较冷的白光，用餐时需要亮度中等、色调较暖的黄光。因此，需要一种灯能同时兼具多种模式以满足不同需求。

为此，提供了一种能兼顾上述需求的灯。

图1为灯的整体分解图；

图2为灯的分解剖视图；

图3为拆除遮光片46后、朝光源承载座421观看的滤光部44的剖视图。

如图1-3所示，灯包括灯座41、支撑杆42、光源43。光源43为全角度发光的线性白光灯管，反射罩45部分包围光源43。灯还包括滤光部44、遮光片46和光源承载座421，光源43安装在光源承载座421上，滤光部44套设在光源43之外，并可旋转地连接在支撑杆42顶端上，如旋转套接在光源承载座421外部。遮光片46盖在滤光部44远离光源承载座421的顶端、并随滤光部44一起共同旋转。

滤光部44具有三个滤光区44a、44b、44c，其分界线位于一个虚拟圆柱体的圆柱面上，并与滤光部44的旋转轴平行，且滤光部44的旋转轴、光源43的轴线均与该虚拟圆柱体的中心轴重合。滤光区44a仅透过少部分黄光从而实现小夜灯的功能，其形成在该虚拟圆柱体的120度圆心角的扇形圆柱面上；滤光区44b是透明的，便于工作照明，滤光区44c可透过中等量黄光从而营造就餐氛围，滤光区44b、44c形成在该虚拟圆柱体的内接等边三棱柱的两个侧平面上。反射罩45使光线发射角度集中到光源43下方的一个滤光区的范围中，通过滤光部44的旋转可以实现满足上述三种光照的需求。

由于小夜灯模式透光量较少，相对于其他两种光照模式，滤光部44会吸收更多的光、升温更多，而将滤光区44a设置在虚拟圆柱体的圆柱面上、并将滤光区44b、44c设置在该虚拟圆柱体的内接等边三棱柱上，使得滤光区44a与光源43的间距大于其他滤光区44b、44c与光源43的间距，将会抑制滤光部44升温，并通过滤光区44b、44c的平面设置，保证了各滤光区44a、44b、44c的相应光照模式切换到位。

为便于在黑暗环境下，定位小夜灯模式，在滤光区44a与其他两个滤光区44b、44c交界区域各设置一列间隔的荧光凸点，而在其他两个滤光区44b、44c的交界区域设置条形荧光凸起，同时在滤光部44的靠近光源承载座421和靠近遮光片46的边界区域以及遮光片46的靠近各滤光区的区域上，分别设置表示滤光区编号的数字型荧光凸起，当然，这些荧光凸点和荧光凸起等亮度极弱并不能用于照明，但可在触感和视觉上被识别。同时，由于圆柱面和平面的整体触感不同，也可以定位小夜灯模式。

技术交底材料附图

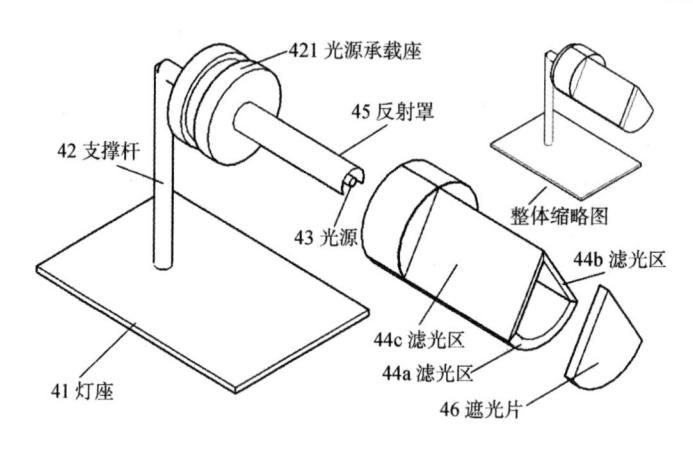

图1

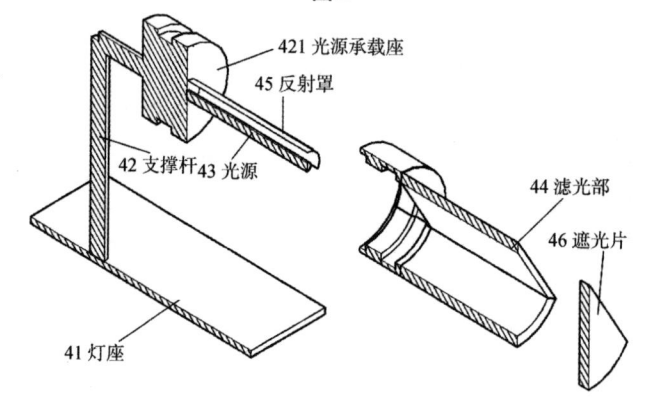

图2

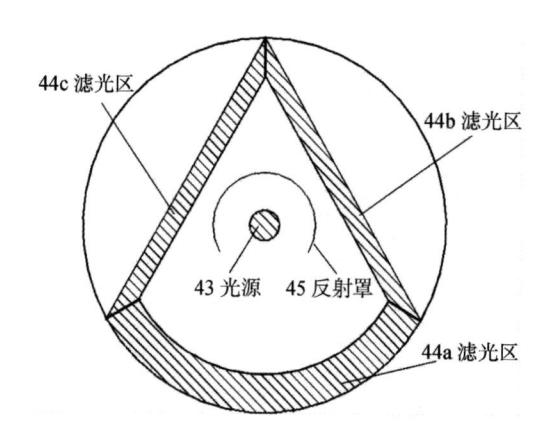

图3

二、试题分析及参考答案

2018年度的"专利代理实务"试题包括申请实务和无效实务两方面的内容，其中申请实务部分两道题目主要涉及发明专利申请的权利要求撰写及其创造性相关问题分析，重点考查应试者对权利要求撰写技巧和创造性的把握。无效实务部分中的三道题目则除了考查无效实务中对于《专利法实施细则》第六十五条的理解和运用之外，还考查了应试者对于最新政策修改的理解。具体而言，国家知识产权局于2017年2月28日发布了《国家知识产权局关于修改〈专利审查指南〉的决定》，其中将《专利审查指南2010》第四部分第三章第4.6.2节第1段修改为：在满足上述修改原则的前提下，修改权利要求书的具体方式一般限于权利要求的删除、技术方案的删除、权利要求的进一步限定、明显错误的修正。同时新增一段内容为：权利要求的进一步限定是指在权利要求中补入其他权利要求中记载的一个或者多个技术特征，以缩小保护范围。决定自2017年4月1日起施行。此次无效实务试题中则涉及了对于上述修改内容的理解和适用。下面对各题逐一进行分析。

(一) 第一题（分析客户所撰写的无效宣告请求书中的各项理由是否成立）

第一题要求应试者根据客户提供的资料具体分析客户自行撰写的无效宣告请求书中的各项理由是否成立，并将结论和具体理由以信函的形式提交给客户。该题重点考查应试者对于权利要求保护范围的理解、实用新型保护客体以及无效实务中的重点法条的理解和运用能力。

关于这道题，试题给出三份材料：涉案专利以及客户提供的对比文件1～2。在具体分析客户提供的无效宣告请求书中的各项理由是否成立之前，应试者需要认真阅读试题中给出的三份材料，从技术领域、所要解决的技术问题、技术方案和技术效果四个方面全面了解涉案专利以及所有对比文件的相关内容，并按照以下思路针对每一项无效理由进行分析。

1. 分析客户提供的涉案专利

虽然客户撰写的无效宣告理由针对的均是涉案专利的权利要求，但是分析涉案专利时应在充分理解其发明内容的前提下，重点分析其权利要求书所要求保护的技术方案，围绕本发明所要解决的技术问题准确把握针对该技术问题而采用的必要技术特征，进而准确把握权利要求的保护范围。

对于本案而言，根据涉案专利说明书的记载可知，涉案专利涉及一种多用途灯，其所要解决的技术问题在于提供不同的光照模式。为此，该多用途灯设置有滤光部、遮光片和光源承载座，光源安装在光源承载座上。滤光部由依次排列的多个滤光区组成,不同的滤光区通过透过不同颜色和/或亮度比例而提供不同的滤光功能,进而可通过使得滤光部相对于光源移动来提供不同的光照模式。为了使滤光部相对于光源移动,涉案专利采用了使得滤光部相对于光源旋转的方式,还进一步给出了两种滤光部的形状,即圆柱形和多棱柱形,此外,为了避免灯的其他滤光区出现不需要的光,可以设置反射罩来部分包围光源,从而使得光源发出的光完全限制在单一的滤光区内,由此避免灯的其他滤光区出现不需要的光。

涉案专利的权利要求书仅有一组权利要求,包括一项独立权利要求和五项从属权利要求,其中独立权利要求1涉及一种灯,该灯具有可相对于光源改变位置的、具有多个滤光区的滤光部;从属权利要求2限定了使得滤光部改变位置的方式;从属权利要求3和4对滤光部的形状和分界线的设置方式作进一步限定;从属权利要求5涉及反射罩的具体特征;从属权利要求6则是对灯座的材料作进一步限定。具体内容如表5-11所示:

表5-11 涉案专利权利要求的相关内容

权利要求	主题名称	技术方案	技术问题/效果
独立权利要求1	灯	包括灯座、支撑杆、发白光的光源,其特征在于,还包括滤光部,滤光部套设在所述光源外,所述滤光部由多个滤光区组成,所述滤光区与所述光源的相对位置是可以改变的	提供不同的光照模式
从属权利要求2	引用权1	滤光部可旋转地连接在所述支撑杆上	
从属权利要求3	引用权2	滤光部是圆柱状,所述滤光区的分界线与所述滤光部的旋转轴平行	
从属权利要求4	引用权2	滤光部是多棱柱状,多棱柱的每个侧面为一个滤光区,多棱柱的棱边与滤光部的旋转轴平行	
从属权利要求5	引用权3或4	还包括反射罩,反射罩固定设置在所述滤光部所包围空间内的光源承载座上、并部分包围所述光源,反射罩的边缘延伸到滤光部以使光源发出的光完全限制在单一的滤光区内,反射罩优选为铝	避免灯的其他滤光区出现不需要的光
从属权利要求6	引用权2	灯座的材料为塑料	

从独立权利要求1所要求保护的技术方案可以看出,其关键技术特征在于,设有具有多个滤光区的滤光部,通过改变滤光区与光源的相对位置,来提供不

同的光照模式,但是值得注意的是,独立权利要求1中并未限定出改变滤光区与光源相对位置的具体手段。同时,独立权利要求1中仅记载了滤光区提供不同的光照模式,而并未限定出具体是哪一种或几种光照模式。本领域技术人员结合说明书中的记载可知,不同的光照模式涵盖不同颜色的光照模式,也涵盖不同亮度的光照模式。应试者在分析该涉案专利的权利要求时,切忌将仅记载在说明书中的内容直接代入对权利要求保护范围的理解中。客观分析涉案专利权利要求实际记载的内容,是准确判断其相对于对比文件是否具备新颖性和创造性的前提和基础。

2. 分析客户提供的对比文件

在充分理解涉案专利的发明内容和所要求保护的技术方案之后,接下来需要对照着涉案专利对试题中给出的对比文件进行对比分析。针对对比文件的分析,同样需要充分把握对比文件所披露的技术领域、所要解决的技术问题、技术方案和所获得技术效果。且如本书第四章所述,分析对比文件时,应当从其时间和内容两个方面展开。

(1) 对比文件的时间

从时间上,试题中所给出的对比文件1和2的公告日均在涉案专利的申请日之前,因此均可构成涉案专利的现有技术,都有可能用来评价权利要求的新颖性和创造性,具体应进一步从内容上加以分析。

(2) 对比文件的内容

首先,从技术领域上,对比文件1和2与涉案专利都涉及相同的技术领域"灯"。

其次,从技术问题、技术方案和技术效果加以分析可知:

对比文件1所要解决的技术问题在于使得用户可根据需要变光。针对该技术问题,其提供了一种变光灯,该变光灯包括灯座、支撑柱、光源和变光套,光源为支撑柱顶端的四个侧面上设置的白光发光二极管,变光套为中空的四棱柱体,从上到下地由三个滤光层和一个基底排列而成,滤光层和基底均为中空的四棱柱体,滤光层透明度依次降低。进一步地,通过上下移动变光套相对于支撑柱的位置,并用销柱定位,从而可实现适应用户的不同亮度需求的变光效果。

对比文件2所要解决的技术问题在于提高调光灯的使用寿命。针对该技术问题,其提供了一种调光灯,该调光灯包括塑料灯座、竖直柱、灯泡、灯罩,竖直柱外壁设有外螺纹,灯泡设置于竖直柱顶端,灯罩整体由半透明材料制成,灯罩下侧与竖直柱通过内外螺纹配合,从而可旋转地套设于竖直柱外侧,旋转灯罩可使其上下移动，从而实现亮度调整。该调光灯可避免通过阻抗调节结构和灯泡串联调光而缩短灯泡使用寿命。

综上可知，从技术领域上，对比文件1的变光灯和对比文件2的调光灯所涉及的技术领域都为灯具，与涉案专利的技术领域相同；从所要解决的技术问题上看，对比文件1所要解决的技术问题在于，根据需要进行变光，其说明书记载了"可以适应用户的不同亮度需求"，对比文件2所要解决的技术问题在于提供一种使用寿命长的调光灯，其说明书记载了"可以实现亮度调整"，由此可见，两份对比文件都可以解决调节亮度的技术问题，即相当于本申请所要解决的技术问题"提供不同的光照模式"；从技术方案上看，为了实现亮度调节，对比文件1的变光灯采用的关键技术手段在于，通过围绕着光源设置变光套，变光套从上到下地由三个滤光层和一个基底排列而成，滤光层透明度依次降低，通过上下移动变光套相对于支撑柱的位置，并用销柱定位，从而适应用户的不同亮度需求。而对比文件2采用的关键技术手段则在于，灯罩整体由半透明材料制成，可旋转地套设于竖直柱外侧，旋转灯罩可使其上下移动，从而实现亮度调整。

为了更好地给下一步的新颖性和创造性判断打好基础，在对比分析涉案专利和对比文件内容时，还可采取如下所示的特征对比表5-12所示：

表5-12 涉案专利与对比文件特征对比表

涉案专利	技术特征	对比文件1	对比文件2
独立权利要求1	多用途灯	变光灯	调光灯
	灯座、支撑杆、发白光的光源	灯座、支撑柱、白色发光二极管√	灯座、竖直柱、灯泡√
	滤光部，滤光部套设在光源外	变光套，套设在光源外√	灯罩，整体由半透明材料制成√
	滤光部由多个滤光区组成，滤光区与光源的相对位置可以改变，从而提供不同的光照模式	变光套从上到下由多个滤光层和一个基底排列而成，通过上下移动变光套相对于支撑柱的位置，来适应用户的不同亮度需求 实施例1√	×
从属权利要求2	所述滤光部可旋转地连接在所述支撑杆上，通过旋转所述滤光部提供不同的光照模式	×	灯罩可旋转地套设于竖直柱外侧，旋转灯罩可使其上下移动，从而实现亮度调整√

续表

涉案专利	技术特征	对比文件1	对比文件2
从属权利要求3	所述滤光部是圆柱状，所述滤光区的分界线与所述滤光部的旋转轴平行	×	灯罩为圆柱状×
从属权利要求4	所述滤光部是多棱柱状，所述多棱柱的每个侧面为一个滤光区，所述多棱柱的棱边与所述滤光部的旋转轴平行	变光套为中空的四棱柱体×	×
从属权利要求5	反射罩，所述反射罩固定设置在所述滤光部所包围空间内的光源承载座上、并部分包围所述光源，所述反射罩的边缘延伸到所述滤光部以使所述光源发出的光完全限制在单一的滤光区内，所述反射罩优选为铝	×	×
从属权利要求6	灯座的材料为塑料	×	灯座的材料为塑料√

基于上述技术特征对比表可知，对比文件1公开了涉案专利权利要求1要求保护的技术方案的所有技术特征，但是未公开从属权利要求2~6的附加技术特征；对比文件2则并未公开涉案专利权利要求1中的技术特征"滤光部由多个滤光区组成"，也未公开从属权利要求3~5的附加技术特征，但是其公开了"灯罩可旋转地套设于竖直柱外侧，旋转灯罩可使其上下移动，从而实现亮度调整"，相当于涉案专利从属权利要求2中的附加技术特征"滤光部可旋转地连接在所述支撑杆上，通过旋转所述滤光部提供不同的光照模式"，即对比文件2公开了涉案专利从属权利要求2的附加技术特征，同时还公开了涉案专利从属权利要求6的附加技术特征。

3. 分析判断客户撰写的无效宣告请求理由

在上文中分析客户提供的涉案专利和分析客户提供的对比文件的基础上，逐条分析客户撰写的无效宣告请求书中提出的各项理由是否成立。如本书第四章第三节所述,此环节的分析需同时注意无效宣告请求理由结论是否成立、支撑无效宣告请求理由的分析过程是否正确或充分两个方面。具体如下:

(1) 关于新颖性和创造性

理由1认为:对比文件1公开变光套24包括三个从上到下透明度依次降低的滤光层,变光套24可上下运动,实现了灯的不同亮度调整。因此,对比文件1公开了权利要求1的特征部分的全部内容,权利要求1相对于对比文件1不具备新颖性。

理由1考查的是,应试者对于新颖性判断原则的把握。对于新颖性判断而言,需要把握两个基本原则:①同样的发明或者实用新型;②单独对比,即,新颖性判断中,不能将几项现有技术或者一份对比文件中的多项技术方案进行组合对比。

首先看理由1关于权利要求1相对于对比文件1不具备新颖性的结论是否正确。对比文件1公开了一种变光灯(参见对比文件1的说明书正文第8~14行,图1~2),包括灯座21、支撑柱22、光源23和变光套24,光源23为白光发光二极管,变光套24为四棱柱体,其从上到下地由滤光层241、242、243和一个基底244排列而成,滤光层241、242、243的透明度依次降低。图2示出变光套24套设于光源23外,通过上下移动变光套24相对于支撑柱22的位置,并用销柱25定位,使得变光套24上下运动,从而适应用户的不同亮度需求。由此可见,如上文中关于涉案专利和对比文件之间的对比分析所述,对比文件1公开了权利要求1的全部技术特征,并且它们都属于灯具这一相同的技术领域,两者采用了相同的技术方案,都解决了提供不同光照模式的技术问题,并能达到相同的预期技术效果。因此,权利要求1相对于对比文件1不具备新颖性。因此,该题中的理由1的结论成立。

然而,理由1中在论述权利要求1不具备新颖性的原因时,仅论述了"对比文件1公开变光套24包括三个从上到下透明度依次降低的滤光层,变光套24可上下运动,实现了灯的不同亮度调整",即实际上仅涉及了与权利要求1特征部分对应的技术特征而未提及前序部分的技术特征,而且,在结论部分指出:"因此,对比文件1公开了权利要求1的特征部分的全部内容,权利要求1相对于对比文件1不具备新颖性",即结论部分认为:权利要求1相对于对比文件1之所以不具备新颖性,是因为"对比文件1公开了权利要求1的特征部分的全部内容"。也就是说,理由1是将涉案专利权利要求1特征部分的内容与对比文件1中的相应部分内容进行比较而做出新颖性评价的,这违反了新颖性判断中的"同样的发明或者实用新型"判断原则,即,"同样的发明或者实用新型"

是指两者的技术领域、技术问题、技术方案和技术效果均相同，其中首先应当判断的是两者的技术方案是否实质上相同，而并非技术方案所包含的部分特征是否相同。因此，虽然理由1不具备新颖性的结论正确，但其中在论述权利要求1不具备新颖性的原因时论述过程错误。

理由2认为：对比文件2公开了灯罩34与竖直柱32通过内外螺纹配合，从而可旋转地套设于竖直柱32外侧，旋转灯罩34可使其上下移动，实现亮度调整，因此，对比文件2公开了权利要求2的全部附加技术特征，因此，在其所引用的权利要求1不具备新颖性的前提下，权利要求2也不具备新颖性。

理由2考查应试者对从属权利要求概念的理解和新颖性"单独对比"判断原则的具体运用。首先，权利要求2为权利要求1的从属权利要求，其所要保护的技术方案应该包含权利要求1的全部内容和权利要求2的附加技术特征，然而从理由2的评述逻辑来看，其实际上是用对比文件1和2相结合评述权利要求2的新颖性，这违反了新颖性评价的"单独对比"判断原则。其次，通过将权利要求2分别与对比文件1和2进行单独对比来看，对比文件1是通过上下移动变光套24相对于支撑柱22的位置并用销柱25进行定位，从而适应用户的不同亮度需求，不同于权利要求2的"所述滤光部（14）可旋转地连接在所述支撑杆（12）上，通过旋转所述滤光部（14）提供不同的光照模式"，因此，对比文件1并未公开权利要求2的全部技术特征。另外，对比文件2的灯罩整体由半透明材料制成，并未公开权利要求2所引用的权利要求1中记载的"所述滤光部由多个滤光区组成"，如前所述，权利要求2为权利要求1的从属权利要求，其所要保护的技术方案应该包含权利要求1的全部内容和权利要求2的附加技术特征，由此可见对比文件2也并未披露权利要求2的全部技术特征。因此权利要求2相对于对比文件1或2都是具备新颖性的。也就是说，该理由2的结论是错误的，即理由2不成立。

理由3认为：由于权利要求6的附加技术特征是材料，不属于形状、构造，而涉案专利为实用新型，实用新型保护的对象为产品的形状、构造或者其结合，因此该特征不应当纳入新颖性的考虑之内，从而，在其引用的权利要求不具备新颖性的前提下，该权利要求也不具备新颖性。

理由3考查的是应试者对实用新型权利要求涉及材料特征的具体理解。根据《专利审查指南2010》第四部分第六章第3节的规定，在无效宣告程序对实用新型专利的新颖性审查中，应当考虑所有技术特征，包括材料特征。也就是说，无效宣告程序实用新型专利的新颖性审查中应当考虑材料特征。因此，理由3认为材料特征不应当纳入新颖性的考虑之内是错误的，即理由3不成立。

(2) 其他无效宣告请求理由

理由 4 认为：在权利要求 1~2 及权利要求 6 无效的前提下，权利要求 3~4 将成为独立权利要求，由于权利要求 3~4 所引用的权利要求 2 不具备新颖性，而权利要求 3~4 的附加技术特征既不相同，也不相应，因此，权利要求 3~4 将不具备单一性。

理由 4 考查的是，应试者对《专利法实施细则》第六十五条所规定的能被作为无效宣告理由的掌握情况。单一性是《专利法》第三十一条的规定，而《专利法实施细则》第六十五条所规定的能被作为无效宣告的理由并未涉及《专利法》第三十一条。因此，根据上述规定，不能以权利要求之间缺乏单一性为由提出无效宣告请求，即理由 4 不成立。

在此需提醒应试者注意的是：如本书第四章第三节所述，由于《专利法》第三十一条只是驳回条款而并非无效宣告请求理由，因此可直接根据《专利法实施细则》第六十五判断出上述无效理由 4 不成立，而不必具体分析权利要求 3~4 是否不具备单一性。

理由 5 认为：权利要求 5~6 中限定了材料，由于实用新型保护的对象为产品的形状、构造或者其结合，因此，权利要求 5~6 不是实用新型的保护对象，不符合《专利法》第二条第三款的规定。

理由 5 考查的是应试者对实用新型专利保护客体的具体理解和运用。根据《专利法》第二条第三款的规定，《专利法》所称实用新型，是指对产品的形状、构造或者其结合所提出的适于实用的新的技术方案。《专利审查指南 2010》第一部分第二章第 6.2.2 节进一步对所述"形状""构造"作了定义，同时还明确指出：实用新型专利的权利要求中可以包含已知材料的名称，即可以将现有技术中的已知材料应用于具有形状、构造的产品上，例如复合木地板、塑料杯、记忆合金制成的心脏导管支架等，不属于对材料本身提出的改进。

根据《专利法》和《专利审查指南 2010》中的上述规定分析试题中的具体情形可知，涉案专利的权利要求 5 和权利要求 6 中出现的铝和塑料显然是已知材料，它们被应用于灯这一产品中，不属于对材料本身提出的改进。因此，权利要求 5~6 是实用新型的保护对象，理由 5 不成立。

最后需要说明的是，试题中的第一题仅要求应试者对于附件 2 中所涉及的各项理由是否成立作答，因此在该题的答案中不要求应试者具体分析对比文件 2 能否评价涉案专利权利要求的新颖性及对比文件 1 能否结合对比文件 2 评价涉案专利权利要求的创造性。至于对比文件 2 是否能评价涉案专利权利要求的新颖或创造性，或者涉案专利是否还存在其他无效宣告理由，将在第二题中给出具体分析。

4. 将具体意见以信函的形式提交给客户

应试者需注意，第一题的题面中明确指出"请你具体分析客户所撰写的无效宣告请求书中的各项无效宣告理由是否成立，并将结论和具体理由以信函的形式提交给客户"，因此，应试者在完成上述分析之后，还需以信函的形式将上面的具体分析理由提交给客户，具体内容可参见下文中该题的参考答案。

5. 参考答案

尊敬的 A 公司：

很高兴贵方委托我代理机构代为办理有关请求宣告专利号为201721234567.x、名称为"多用途灯"的实用新型专利无效宣告请求的有关事宜，经仔细阅读贵方提供的附件1~2以及对比文件1~2，我认为附件2中各项理由是否成立的结论和理由是：

1. 权利要求1相对于对比文件1不具备新颖性的理由成立

对比文件1除了公开附件2的理由1的内容外，还公开了一种变光灯（参见对比文件1的说明书正文第8~14行，附图1~2），包括与权利要求1前序部分对应的灯座21、支撑柱22和光源23，光源23为白色发光二极管，而且对比文件1的图2示出变光套24套设于光源23外。由此可见，对比文件1公开了权利要求1的全部技术特征，而不是仅"权利要求1的特征部分的全部内容"。因此，权利要求1相对于对比文件1不具备新颖性，不符合《专利法》第二十二条第二款的规定。也就是说，在评述一个方案是否具备新颖性时，应该从权利要求所要求保护的整个方案的记载入手，包括所引证现有技术的内容及结论的得出。故而，该题中的理由虽成立，但理由1中的论述是错误的。

2. 权利要求2不具备新颖性的无效理由不成立

权利要求2的技术方案包括了权利要求1的全部技术特征和权利要求2的附加技术特征。如前所述，对比文件1公开了权利要求1的全部技术特征，而权利要求2与对比文件1的区别为权利要求2的附加技术特征……"所述滤光部（14）可旋转地连接在所述支撑杆（12）上，通过旋转所述滤光部（14）提供不同的光照模式"。因此，权利要求2相对于对比文件1具备新颖性。虽然该区别技术特征被对比文件2的"旋转灯罩34可使其上下移动，实现亮度调整"公开，但是根据新颖性判断的"单独对比"原则，不能用对比文件1结合对比文件2评述权利要求2不具备新颖性。同时，对比文件2未公开权利要求2的"所述滤光部由多个滤光区组成"。因此，权利要求2相对于对比文件1或2都具备新颖性。因此，该题的理由2不成立。

3. 权利要求 6 不具备新颖性的无效理由不成立

根据《专利审查指南 2010》第四部分第六章第 3 节的规定，在无效程序实用新型的新颖性审查中，应当考虑所有技术特征、包括材料特征。因此，该题中理由 3 的"该特征不应纳入新颖性的考虑之内"的结论是错误的，即理由 3 不成立。

4. 权利要求 3 和 4 不具备单一性的无效宣告理由不成立

《专利法》第三十一条规定的单一性不是《专利法实施细则》第六十五条第二款规定的可被无效宣告的条款。因此，该题中理由 4 将"权利要求 3～4 将不具备单一性"作为无效宣告理由是错误的，即理由 4 不成立。

5. 权利要求 5～6 不是实用新型的保护对象的无效宣告理由不成立

权利要求 5 和 6 中出现的铝和塑料显然是已知材料，根据《专利法》第二条第三款和《专利审查指南 2010》第一部分第二章第 6.2.2 节的相关规定，权利要求中可以包含已知材料的名称，因此，权利要求 5～6 是实用新型的保护对象。

（二）第二题（撰写无效宣告请求书）

第二题要求应试者根据客户提供的资料为客户撰写一份无效宣告请求书。从本质上讲，该题考查的知识点与第一题是相同的，即都是对于《专利法实施细则》第六十五条的准确理解和正确适用能力。如本书第四章第三节以及第五章第二节所述，应试者在作答第一题时已经全面分析了涉案专利以及所有对比文件的相关内容，在此基础上，可以按照以下思路进行分析。

1. 分析无效证据以及与证据相关的无效宣告请求理由

在撰写无效宣告请求书之前，应试者首先要重点分析相关的对比文件是否能够作为证据提交，并且围绕着证据针对权利要求进行逐一的新颖性和创造性分析，然后再考虑是否存在其他无效宣告请求理由。

（1）证据分析

客户提供了两篇对比文件，即对比文件 1 和 2，在前述第一题中已经从时间和内容两个方面对其进行了详细分析。如前所述，对比文件 1 和 2 的公告日均在涉案专利的申请日之前，因此均可构成涉案专利的现有技术，都有可能用来评价权利要求的新颖性和创造性。

（2）与证据相关的理由

根据第一题的分析可知，对比文件 1 公开了权利要求 1 的全部技术特征，可以评价权利要求 1 的新颖性。对比文件 2 并未公开涉案专利权利要求 1 中的技术特征"滤光部由多个滤光区组成"，但是公开了从属权利要求 2 的附加技特征以及从属权利要求6的附加技术特征,可以与对比文件1结合评价从属权利要求2和权利要求6的创造性。另外,从上面的对比文件1和对比文件2的分析可以看出,对比文件1和对比文件2均未公开权利要求3和权利要求4的附加技术特征,而权利要求5引用了权利要求3或权利要求4。因此,对比文件1和对比文件2不能用来评价权利要求3~5的新颖性和创造性。

综上,能够作为证据提交的是对比文件1和对比文件2,与之相关的无效宣告请求理由是,涉案专利的权利要求1相对于对比文件1不具备新颖性,涉案专利的权利要求2和权利要求6相对于对比文件1和对比文件2的结合不具备创造性。

2. 分析涉案专利是否存在其他无效宣告请求理由

如本章第二节所述,《专利法实施细则》第六十五条第二款规定的无效宣告请求理由中,除了《专利法》第二十二条之外,还包括第二条、第二十条第一款、第二十三条、第二十六条第三款、第四款,或者《专利法实施细则》第二十条第二款等多个法条。试题中的涉案专利为实用新型,且在其权利要求5~6中限定了材料,但是根据上文中第一题的分析可知,并不存在不符合《专利法》第二条第三款规定的情形。此外,在考试中,《专利法》第二十六条第四款所规定的清楚和支持问题是无效宣告请求中常会涉及的情形,应试者应给予重点关注。

试题中,涉案专利从属权利要求5的限定部分出现"优选"的用语,该用语属于不清楚用语,导致权利要求5的技术方案不清楚。

此外,权利要求5引用权利要求3或权利要求4,其中,权利要求4中已明确限定"滤光部(14)是多棱柱状",从属权利要求5的附加技术特征进一步限定了"反射罩(15)的边缘延伸到所述滤光部(14)"。然而,根据说明书的记载可知,在滤光部14为多棱柱状的情况下,反射罩15的边缘如果延伸到滤光部14,则会使得滤光部14无法旋转。由此可见,说明书中已明确表明了一种情况,即当滤光部14为多棱柱时,反射罩15的边缘延伸到滤光部14会使得滤光部14无法旋转。而权利要求5引用权利要求4的技术方案显然要求保护的是说明书中记载无法旋转的方案,并不能通过旋转滤光部提供不同的光照模式,即这种技术方案无法解决其技术问题。因此,权利要求5引用权利要求4的技术方案得不到说明书的支持。

综上,涉案专利中还存在权利要求5的技术方案不清楚,以及权利要求5得不到说明书支持的缺陷。

3. 确定无效宣告请求的范围、理由和证据的使用

在前述分析的基础上,可以确定无效宣告请求的范围、理由和证据为:权

利要求1相对于对比文件1不具备新颖性；权利要求2和权利要求6相对于对比文件1和对比文件2的结合不具备创造性；权利要求5的技术方案不清楚同时其引用权利要求4的技术方案没有以说明书为依据，得不到说明书支持。因此请求宣告权利要求1、权利要求2、权利要求5和权利要求6的技术方案无效。

4. 撰写无效宣告请求书

前面已经结合涉案专利和对比文件1~2详细分析了涉案专利的无效宣告请求理由，并已确定出无效宣告请求的范围、理由和证据的使用，在此基础上，应试者还需根据第二题的题面要求，将上述分析过程和结果撰写成一份无效宣告请求书，具体内容可参见下文中该题的参考答案。

5. 参考答案

根据《专利法》第四十五条和《专利法实施细则》第六十五条的规定，请求人请求宣告专利号为201721234567.x、名称为"多用途灯"的实用新型专利（下称该专利）部分无效，请求人提供如下的证据：

对比文件1：专利号为ZL200620123456.5的实用新型专利说明书，授权公告日为2007年10月09日；

对比文件2：专利号为ZL200820789117.7的实用新型专利说明书，授权公告日为2008年10月23日。

具体理由如下：

权利要求1不具备《专利法》第二十二条第二款规定的新颖性。

权利要求1请求保护一种灯，对比文件1公开了一种变光灯（参见对比文件1的说明书正文第8~14行，附图1~2），包括灯座21、支撑柱22、光源23和变光套24，光源23为白光发光二极管，变光套24为四棱柱体，其从上到下地由滤光层241、242、243和一个基底244排列而成，滤光层241、242、243的透明度依次降低。图2示出变光套24套设于光源23外，通过上下移动变光套24相对于支撑柱22的位置，并用销柱25定位，使得变光套24上下运动，从而适应用户的不同亮度需求。其中，对比文件1的支撑柱22也是一种支撑杆，光源23为白光发光二极管，也是发白光的光源；变光套24从上到下排列的滤光层的透明度依次降低，表明了变光套24也是滤光部且其由多个滤光区组成，图2示出变光套24套设于光源23外；通过上下移动变光套24适应用户的不同亮度需求也属于滤光区与光源的相对位置是可以改变的，提供不同的光照模式。

由此可见，对比文件1公开了权利要求1的全部技术特征，二者采用相同的技术方案,并且它们都属于新型灯这一相同的技术领域,都解决了提供不同光照模式的技术问题,并能达到相同的预期技术效果。因此,权利要求1相对于对比文件1不具备新颖性,不符合《专利法》第二十二条第二款的规定。

权利要求2不具备《专利法》第二十二条第三款规定的创造性。

对比文件1是与该专利最接近的现有技术,对比文件1公开了权利要求2回引的权利要求1的全部技术特征,因此权利要求2与对比文件1的区别是:"所述滤光部(14)可旋转地连接在所述支撑杆(12)上,通过旋转所述滤光部(14)提供不同的光照模式"。由上述区别技术特征可以确定,权利要求2相对于对比文件1实际解决的技术问题是如何用不同方式提供不同的光照模式。对比文件2公开了一种调光灯(参见对比文件2说明书正文第10～13行,图1～3),包括灯座31、竖直柱32、灯泡33、灯罩34,竖直柱22的外壁设置外螺纹;灯泡33设置于竖直柱32顶端;灯罩34整体由半透明材料制成,灯罩34下侧与竖直柱32通过内外螺纹配合,从而可旋转地套设于竖直柱32外侧,旋转灯罩34可使其上下移动,从而实现亮度调整。对比文件2的灯罩34也是滤光部,其也是可旋转地连接在支撑杆上且通过旋转滤光部提供不同的光照模式。由此可见,对比文件2公开了权利要求2中的上述区别技术特征,该区别技术特征在对比文件2所起的作用(解决的技术问题)也是通过旋转方式来调整光照模式,即它们的作用也相同。因此,对比文件2给出将上述区别技术特征应用到对比文件1以解决其存在的技术问题的技术启示,在对比文件1的基础上,结合对比文件2从而得到权利要求2的技术方案,对于本领域技术人员来说是显而易见的。综上,权利要求2相对于对比文件1和对比文件2的结合不具有实质性特点和显著的进步,不具备《专利法》第二十二条第三款规定的创造性。

权利要求6不具备《专利法》第二十二条第三款规定的创造性。

权利要求6的附加技术特征("所述灯座"的材料为塑料)被对比文件2公开,即对比文件2还公开了塑料的灯座31(参见对比文件2正文第10行),因此,在其引用的权利要求2不具备创造性的前提下,权利要求6也不具备《专利法》第二十二条第三款规定的创造性。

权利要求5引用权利要求4的技术方案没有以说明书为依据,不符合《专利法》第二十六条第四款的规定。

根据该专利说明书记载的内容可知,在滤光部14为多棱柱的情况下,反射罩15的边缘如果延伸到滤光部14,将使得滤光部14无法旋转。而权利要求5引用了权利要求3或4,其附加技术特征包括了"反射罩(15)的边缘延伸到所述滤光部（14）"，但其引用权利要求4时，因权利要求4的附加技术特征包括"滤光部（14）是多棱柱状"。也就是说，当权利要求5引用权利要求4时的方案明显是说明书中记载无法旋转的方案，其不能通过旋转滤光部提供不同的光照模式。因此，权利要求5引用权利要求4的技术方案得不到说明书支持，不符合《专利法》第二十六条第四款的规定。

权利要求5中出现"优选"的用语，这在一项权利要求中限定出不同的保护方案，因此，权利要求5不清楚，不符合《专利法》第二十六条第四款的规定。

综上所述，该专利不符合《专利法》第二十二条第二款和第三款、第二十六条第四款的规定，现请求宣告专利号为201721234576.x，名称为"多用途灯"的实用新型专利部分无效（或，宣告专利号为201721234576.x，名称为"多用途灯"的实用新型专利的权利要求1、2、5、6的技术方案无效）。

（三）第三题（无效应对分析）

第三题要求应试者针对自己在第二题所提出的无效宣告请求思考B公司可能进行的应对和预期的无效宣告结果，并思考在这些应对中，是否存在某种应对会使得A公司的产品仍然存在侵犯涉案专利的风险并应说明依据和理由。第三题实际上考查的是应试者对涉案专利的无效宣告的应对策略的把握，重点考查的是应试者对无效宣告程序中权利要求修改的把握。应试者可以在第一题和第二题的基础上，按照以下思路来确定可能的修改方式。

1. 确定涉案专利相对于现有技术不能被无效的技术方案

从上面针对第二题的分析可知，涉案专利权利要求1、权利要求2、权利要求5和权利要求6的技术方案可被请求宣告无效，权利要求3和权利要求4的技术方案则不存在可提出的无效宣告理由。也就是说，权利要求3和权利要求4的技术方案依据目前的证据（对比文件1和2）而言不能被宣告无效。

2. 分析客户提供的技术交底材料中所涉及的技术方案

根据第三题题述的要求，应试者需要确定在可以进行修改的方式中选择可以将A公司的产品仍包含在其中的一种修改方式，以便最大范围地保护B公司的实用新型专利并遏制A公司的产品。因此，需要将权利要求书所可能的修改方式与A公司的产品的技术交底材料中的技术方案进行对比，以在保护范围尽可能大的情况下，使得其权利要求的保护范围仍然能够涵盖A公司产品的某一技术方案。从而，在无效程序中给出修改方式之前，首先需要对A公司的相关产品进行全面分析，具体可从A公司所给出的技术交底材料出发，分析出A公司产品能够解决的技术问题有哪些，并根据所解决的技术问题，逐一分析给出

A 公司的产品的技术方案。

根据 A 公司所研发产品的技术交底材料的记载，该研发产品涉及的是"一种多功能灯"，其声称解决的技术问题是，灯能同时兼具多种光照模式以满足不同需求。但是，从其记载的内容还可以看出，该研发产品还能够解决另外两个技术问题：抑制小夜灯模式升温更多；以及在黑暗环境下，定位或识别小夜灯模式。围绕着这三个技术问题，在技术交底材料中所提出的技术方案分别为：

方案一：解决"灯能同时兼具多种光照模式以满足不同需求"的技术问题的技术方案。

灯，包括灯座 41、支撑杆 42、光源 43、滤光部 44、遮光片 46 和光源承载座 421，光源 43 安装在光源承载座 421 上，反射罩 45 部分包围光源 43，滤光部 44 套设在光源 43 之外，并可旋转地连接在支撑杆 42 顶端上，滤光部 44 具有三个不同透明度的滤光区 44a、44b、44c，各滤光区 44a、44b、44c 相互之间的分界线位于一个虚拟圆柱体的圆柱面上，并与滤光部 44 的旋转轴平行，将实现小夜光功能的滤光区 44a 设置在虚拟圆柱体的圆柱面上，将滤光区 44b、44c 设置在该虚拟圆柱体的内接等边三棱柱上。反射罩 45 使光线反射角度集中到光源 43 下方的一个滤光区的范围中，通过滤光部 44 的旋转可以实现满足上述三种光照的需求。

方案二：解决"抑制小夜灯模式升温更多"的技术问题的技术方案。

灯，包括灯座 41、支撑杆 42、光源 43、滤光部 44、遮光片 46 和光源承载座 421，光源 43 安装在光源承载座 421 上，反射罩 45 部分包围光源 43，滤光部 44 套设在光源 43 之外，并可旋转地连接在支撑杆 42 顶端上，滤光部 44 具有三个不同透明度的滤光区 44a、44b、44c，各滤光区 44a、44b、44c 相互之间的分界线位于一个虚拟圆柱体的圆柱面上，并且与滤光部 44 的旋转轴平行，将实现小夜光功能的滤光区 44a 设置在虚拟圆柱体的圆柱面上，并将滤光区 44b、44c 设置在该虚拟圆柱体的内接等边三棱柱上，使滤光部 44 的旋转轴、光源 43 的轴线均与该虚拟圆柱体的中心轴重合，可使得滤光区 44a 与光源 43 的间距大于其他滤光区 44b、44c 与光源 43 的间距，将会抑制滤光部 44 升温。

方案三：解决"在黑暗环境下，定位或识别小夜灯模式"的技术问题的技术方案。

灯，包括灯座 41、支撑杆 42、光源 43、滤光部 44、遮光片 46 和光源承载座 421，反射罩 45 部分包围光源 43，滤光部 44 套设在光源 43 之外，并可旋转地连接在支撑杆 42 顶端上，滤光部 44 具有三个不同透明度的滤光区 44a、44b、44c，各滤光区 44a、44b、44c 相互之间的分界线位于一个虚拟圆柱体的圆柱面上，并且与滤光部44的旋转轴平行，在滤光区44a与其他两个滤光区44b、44c交界区域各设置一列间隔的荧光凸点，而在其他两个滤光区44b、44c的交界区域设置条形荧光凸起。同时在滤光部44的靠近光源承载座421和靠近遮光片46的边界区域以及遮光片46的靠近各滤光区的区域上，分别设置表示滤光区编号的数字型荧光凸起。这些荧光凸点和荧光凸起等亮度极弱并不能用于照明，但可在触感和视觉上被识别。同时，由于圆柱面和平面的整体触感不同，也可以定位小夜灯模式。

3. 确定针对无效请求可进行的修改方式

关于在无效程序中对权利要求的修改方式，根据2017年2月28日发布的《国家知识产权局关于修改〈专利审查指南〉的决定》，修改后的第四部分第三章第4.6.2节规定，修改权利要求的具体方式一般限于权利要求的删除、技术方案的删除、权利要求的进一步限定、明显错误的修正。权利要求的进一步限定是指在权利要求中补入其他权利要求中记载的一个或多个技术特征，以缩小保护范围。也就是说，在无效程序中，除了在原权利要求的合并之外，对于权利要求的修改方式可以还是将原从属权利要求中记载的部分技术特征补入独立权利要求。这里需要注意的是，该修改方式不应该超出原始说明书和权利要求书所记载的范围。

如前所述，涉案专利不能被无效的技术方案是权利要求3和权利要求4的技术方案。因此，根据《专利审查指南2010》中的上述规定可知，涉案专利权利要求可能的修改方式有两种：一是将权利要求3或权利要求4的技术方案作为修改后的独立权利要求；二是考虑将权利要求3或权利要求4的部分技术特征加入到原独立权利要求1中。然而，如果将权利要求3或权利要求4的整体技术方案作为修改后的独立权利要求，虽然修改后的独立权利要求既相对于对比文件1和对比文件2具备新颖性和创造性，同时也有别于技术交底材料中的三个实施方案，但是，显然，通过将权利要求3或权利要求4的技术方案与产品A的技术方案进行对比，权利要求3或权利要求4的保护范围无法涵盖A公司的产品，就满足不了题述"可以将A公司的产品仍包含在其中"的要求。因此，只能考虑采用将权利要求3或权利要求4的部分技术特征加入到原独立权利要求1中的修改方式。

如上所述，权利要求3或权利要求4都引用权利要求2，其限定部分限定了两方面内容：一是滤光部的具体形状，即权利要求3限定了"滤光部是圆柱状"，权利要求4限定了"滤光部是多棱柱状"；二是滤光区的分界线的布置，即权利要求3限定了"滤光区的分界线与滤光部的旋转轴平行"，权利要求4限定了"多棱柱的棱边与所述滤光部的旋转轴平行",其多棱柱的棱边实际上为滤光区的分界线,也就是说权利要求3和权利要求4都是对滤光区的分界线进行限定,其布置方式都一样,都是平行于滤光部的旋转轴。由此可见,对于权利要求修改方式而言,存在两种可能,一是补入有关滤光部形状的特征,二是补入有关滤光区的分界线布置的特征。对于补入有关滤光部形状的特征,可供补入的特征有"滤光部是多棱柱状"或者"滤光部是圆柱状",然而,一方面,涉案专利说明书中公开了滤光部14可为不限于圆柱状或多棱柱状的多种形状的技术方案,因此,这样的修改不能获得最大化保护的权利要求;另一方面,从A公司的产品技术交底材料看,滤光部并不是圆柱状或多棱柱状,因此,这样的修改也不能将A公司的产品纳入到其保护范围内。由此可见,补入有关滤光部形状的特征不能满足题目的要求。

接下来,只能考虑补入有关滤光区分界线的特征。从权利要求3或权利要求4针对滤光区分界线限定的特征来看,权利要求4中"所述多棱柱的棱边与所述滤光部的旋转轴平行"的限定方式只包含滤光部为多棱柱状的技术方案,显然,如上所述,"多棱柱"的修改方式不能满足题目的要求。因此,只剩下唯一的权利要求修改方向,即,补入权利要求3中"所述滤光区的分界线与所述滤光部的旋转轴平行"的特征。

在考虑将其他权利要求中所记载的部分技术特征补入以形成新的独立权利要求时,同样需要注意必须遵循《专利审查指南2010》关于无效宣告程序中专利文件修改的四条修改原则,尤其是注意,所作的修改没有超出原说明书和权利要求书记载的范围。

由于权利要求3引用权利要求2,"所述滤光区的分界线与所述滤光部的旋转轴平行"与权利要求2的附加技术特征"所述滤光部(14)可旋转地连接在所述支撑杆(12)上"和"通过旋转所述滤光部(14)提供不同的光照模式"直接相关联,且根据说明书记载的内容可以得出,"所述滤光区的分界线与所述滤光部的旋转轴平行"必然要求"所述滤光部(14)可旋转地连接在所述支撑杆(12)上"和"通过旋转所述滤光部(14)提供不同的光照模式",因此需要同时补入权利要求2的附加技术特征。这样的修改不会超出原始说明书和权利要求书记载的范围。

通过与上面给出的A公司产品的技术交底材料中的技术方案进行比较可以得出,上述修改能够覆盖A公司技术交底材料中涉及的解决"灯能同时兼具多种光照模式以满足不同需求"问题的技术方案。这样,修改后的独立权利要求因具有"所述滤光区(14a、14b、14c、14d)的分界线与所述滤光部(14)的旋转轴平行"而有别于对比文件1和/或对比文件2，具备新颖性和创造性，同时也因补入的上述特征而使得整个方案涵盖了客户提供的技术交底材料涉及的解决"灯能同时兼具多种光照模式以满足不同需求"问题的技术方案，从而使得A公司的产品仍存在侵犯该涉案专利的风险，起到了遏制A公司产品的作用。

4. 参考答案

B公司存在这样的应对方式。

该方式为：将权利要求2的附加技术特征和权利要求3的一部分附加技术特征即"滤光区（14a, 14b, 14c, 14d）的分界线与所述滤光部（14）的旋转轴平行"加入权利要求1中，修改成一个新的独立权利要求1。这样做符合《专利审查指南2010》第四部分第三章第4.6.2节对于无效宣告程序中修改方式的规定，也符合《专利法》第三十三条的规定。

修改后的独立权利要求中"滤光区（14a, 14b, 14c, 14d）的分界线与所述滤光部（14）的旋转轴平行"技术特征未被对比文件1或对比文件2公开。同时，该修改后的独立权利要求也涵盖了A公司技术交底材料中的解决提供不同模式照明问题的技术方案，实现了光照模式的切换，预期涉案专利将因修改后的独立权利要求而被维持有效，并能使得A公司的产品仍存在侵犯该涉案专利的风险，从而遏制A公司的产品。

（四）第四题（撰写权利要求书）

撰写权利要求书是"专利代理实务"考试中最常规的必考内容，应试者应当在满足《专利法》及《专利法实施细则》有关规定的前提下，撰写出保护范围合适的独立权利要求，逻辑清楚、层次分明的从属权利要求。如果试题中要求撰写的是实用新型专利申请的权利要求书，则还需注意对于涉及材料特征的权利要求的撰写。该第四题要求撰写的是发明专利申请的权利要求书，主要考查的是应试者撰写权利要求书的基本技巧，同时考查了应试者在存在多个所要解决的技术问题的情况下，对分案申请的把握。

在撰写权利要求书时，应试者应当认真阅读、全面了解技术交底材料和现有技术的相关内容，撰写出既符合《专利法》和《专利法实施细则》相关规定，又能最大化地维护客户利益的权利要求书。如本书第四章所述，答题时可以按照以下的思路进行。

1. 理解发明内容

理解发明的实质内容是权利要求撰写的基础。准确把握发明的实质内容，首先要从技术交底材料所公开的内容出发，分析确定本发明能够解决哪些技术问题，然后围绕着所能解决的技术问题，分别确定解决这些技术问题的基本技术方案和优化技术方案，并且准确把握与这些技术方案相关的关键技术特征，如果解决该技术问题存在多种技术方案，还要分析各个技术方案之间的共有技术特征和相应的不同技术特征，并注意这些特征所起的作用，彼此之间的关系等，为后续的权利要求撰写做好铺垫和准备。

如上文中所述，根据A公司所研发产品的技术交底材料的记载，可以确定，A公司的研发产品"一种多功能灯"主要能够解决三个技术问题：灯能同时兼具多种光照模式以满足不同需求；抑制小夜灯模式升温更多；以及在黑暗环境下，定位或识别小夜灯模式。针对这三个技术问题，在技术交底材料中分别给出了相应的技术方案，如在上面第三题分析部分所述的一样，这里不再赘述。

涉案专利及对比文件1和2均已是公开的专利文献，显然均构成了尚未形成专利申请的技术交底材料的现有技术。然而，虽然现有技术中的灯都具有类似于滤光部的部件且滤光部可分为若干区，这些滤光部或者通过上下移动滤光部相对于光源的位置，或是通过将滤光部的旋转轴与光源承载部件的轴线重合从而旋转的方式满足了用户的不同光照需求，但均不能改进日常生活中特别是具有多棱柱状滤光部的小夜灯使用时遇到的问题，即滤光部在小夜灯模式时会吸收更多的光、温度升高，以及定位小夜灯模式困难。如前所述，客户提供的技术交底材料中记载了解决上述两个技术问题的技术方案，可以抑制滤光部温度升高和方便小夜灯模式定位。

2. 确定技术交底材料中可保护的主题

如本书第四章所述，可保护主题的类型和数量通常会关系到独立权利要求的数量。当确定出的可保护的主题名称只有一个时，则需要关注该主题下是否有多个并列技术方案，进而需考虑是否可将多个并列方案概括为一个独立权利要求，还是应当撰写出需要分案申请的多个独立权利要求等。

在本题中，从上面针对技术交底材料的分析中可以看出，技术交底材料只涉及一种主题类型，即产品，并且在产品的主题类型下，针对"灯能够同时兼具多种光照模式以满足不同需求""抑制小夜灯模式升温更多"和"在黑暗环境下，定位或识别小夜灯模式"这三个技术问题，分别给出了三个技术方案。另外，在解决相同的技术问题的技术方案中，不存在并列的技术方案。由此可以确定，技术交底材料中可保护的主题名称只有一个，但是具体的技术方案有三个。然而，从上面第三题的分析中可以看出，针对"灯能够同时兼具多种光照模式以满足不同需求"这个技术问题的技术方案已经被涉案专利所公开，因此，可以确定分别能够"抑制小夜灯模式升温更多"和"在黑暗环境下，定位或识别小夜灯模式"这两个技术问题的技术方案可予以保护，两者涉及相同的主题名称"灯"。

综上，基于技术交底材料中解决上述两个技术问题的技术方案，可考虑撰写主题名称为"灯"的两组权利要求。

3. 分析研究并确定最接近的现有技术

如前所述，对于客户提交的技术交底材料而言，涉案专利及对比文件 1~2 均构成了现有技术。可以采用下面表格的形式对比列出技术交底材料以及各现有技术公开的关键信息，包括，技术领域、技术问题以及主要技术内容等，以便准确确定最接近的现有技术。具体如表 5-13 所示。

表 5-13　技术交底材料与现有技术对比分析表

	技术领域	技术问题	主要技术内容
技术交底材料	灯	1. 抑制小夜灯模式升温更多	滤光部具有三个透明度不同的滤光区，各滤光区相互之间的分界线位于一个虚拟圆柱体的圆柱面上，并且与滤光部的旋转轴平行，将实现小夜灯功能的滤光区设置在虚拟圆柱体的圆柱面上，并将两个滤光区设置在该虚拟圆柱体的内接等边三棱柱上，使滤光部的旋转轴、光源的轴线均与该虚拟圆柱体的中心轴重合，可使得该滤光区与光源的间距大于其他滤光区与光源的间距，将会抑制滤光部升温
技术交底材料	灯	2. 在黑暗环境下，定位或识别小夜灯模式	滤光部具有三个具有不同透明度的滤光区，各滤光区相互之间的分界线位于一个虚拟圆柱体的圆柱面上，并且与滤光部的旋转轴平行，在滤光区与其他两个滤光区交界区域各设置一列间隔的荧光凸点，而在其他两个滤光区的交界区域设置条形荧光凸起。同时在滤光部的靠近光源承载座和靠近遮光片的边界区域以及遮光片的靠近各滤光区的区域上，分别设置表示滤光区编号的数字型荧光凸起
涉案专利	灯	提供不同的光照模式	滤光部由多个滤光区组成，滤光区与光源的相对位置可以改变，滤光部可旋转地连接在支撑杆上，滤光区的分界线与滤光部的旋转轴平行，通过旋转滤光部提供不同的光照模式
对比文件 1	灯	提供不同的亮度	变光套是从上到下由多个滤光层和一个基底层排列而成，通过上下移动变光套相对于支撑柱的位置，来适应用户的不同亮度需求
对比文件 2	灯	实现亮度调整	灯罩可旋转地套设于竖直柱外侧，旋转灯罩可使其上下移动，从而实现亮度调整

· 224 ·

在本题中，涉案专利以及对比文件1和对比文件2的技术领域相同且解决的技术问题相同，但是从上面的特征分析表中可以看出，涉案专利公开的技术特征最多，因此，涉案专利是技术交底材料最接近的现有技术。

4. 确定所解决的技术问题以及必要技术特征

如前所述，技术交底材料中声称能够解决三个技术问题，即灯能同时兼具多种光照模式以满足不同需求；抑制小夜灯模式升温更多；以及在黑暗环境下，定位或识别小夜灯模式。从上面第三题的分析中可以看出，"灯能够同时兼具多种光照模式以满足不同需求"这一技术问题已经被涉案专利解决，其相应的技术方案也被涉案专利所公开，而其余两个技术问题"抑制小夜灯模式升温更多"和"在黑暗环境下，定位或识别小夜灯模式"既未被涉案专利解决，也未被对比文件1和对比文件2解决。因此，可以将本发明相对于现有技术所要解决的技术问题确定为"抑制小夜灯模式升温更多"和"在黑暗环境下，定位或识别小夜灯模式"。下面即从所要解决的这两个技术问题出发，分析确定哪些技术特征是解决相应技术问题的必要技术特征。

首先，分析确定解决这两个技术问题的关键技术手段，这些关键技术手段的相应技术特征都是解决相应技术问题的必要技术特征。

对于解决"抑制小夜灯模式升温更多"这一技术问题而言，其采用的关键技术手段在于，滤光部44有三个滤光区44a、44b、44c，其中将实现小夜灯功能的滤光区44a形成在虚拟圆柱体的圆柱面上，将其他两个滤光区44b、44c形成在该虚拟圆柱体的内接等边三棱柱的两个侧平面上，通过使滤光部44的旋转轴、光源43的轴线均与该虚拟圆柱体的中心轴重合，使得滤光区44a与光源43的间距大于其他滤光区44b、44c与光源43的间距，从而抑制滤光部升温。

对于解决"在黑暗环境下，定位或识别小夜灯模式"这一技术问题而言，其采用的关键技术手段在于，在滤光区44a与其他两个滤光区44b、44c交界区域各设置一列间隔的荧光凸点，在其他两个滤光区44b、44c的交界区域设置条形荧光凸起，同时在滤光部44的靠近光源承载座421和靠近遮光片46的边界区域，以及遮光片46的靠近各滤光区的区域上，分别设置表示滤光区编号的数字型荧光凸起。

从解决上面两个技术问题的关键技术手段来看，必然要求该灯的滤光部具有多个滤光区，并且该灯能够通过旋转滤光部的方式来实现多种光照模式，因此与之相关的技术特征也应该为解决上面两个技术问题的必要技术特征，相应的技术特征为：灯包括灯座、支撑杆、光源、反射罩、滤光部、遮光片和光源承载座，光源安装在光源承载座上，反射罩部分包围光源，滤光部套设在光源之外，并可旋转地连接在支撑杆顶端上，滤光部具有多个滤光区。

5. 撰写独立权利要求并确定分案申请的必要性

独立权利要求应当从整体上反映发明的技术方案，记载解决技术问题的必要技术特征。在撰写权利要求时，应试者不能简单地照抄技术交底材料中的实施方式，必要时应当对其中的实施方式进行适当概括，以避免所撰写权利要求的保护范围太小。

撰写独立权利要求时，注意与现有技术作比较，将已被现有技术公开的本申请的必要技术特征写入独立权利要求的前序部分，将本发明区别于最接近现有技术的必要技术特征写入特征部分，从而完成独立权利要求的撰写。根据上述技术问题以及必要技术特征的分析可知，上述必要技术特征中的灯座、支撑杆、光源、反射罩、滤光部、遮光片和光源承载座以及相应的安装关系和滤光区的数量等均已被现有技术公开，应当写入独立权利要求的前序部分，而解决相应技术问题的上述关键技术手段则并未被现有技术公开，应当写入特征部分。

接下来，需要分析是否可对构成上述技术方案的一些技术特征进行适当的上位概括，这里可以考虑将三个滤光区概括为多个滤光区，内接等边三棱柱概括为多棱柱，将上述设置的如荧光凸点、条形荧光凸起、数字型荧光凸起等不同形式的定位小夜灯的结构，概括为荧光定位部，或者概括为荧光识别部、荧光标记部、荧光标识部、荧光辨识部、荧光凸状部等，将滤光区44a与其他两个滤光区44b、44c交界区域和其他两个滤光区44b、44c的交界区域概括为各滤光区的交界区等，因此可以使得所撰写的独立权利要求具有尽可能大的保护范围。

综上，可以针对上文中确定出的两个技术问题分别撰写出如下的独立权利要求。

对于解决"抑制小夜灯模式升温更多"的技术问题，独立权利要求可以撰写如下：

一种灯，包括灯座、支撑杆、光源、反射罩、滤光部、遮光片和光源承载座，所述光源安装在所述光源承载座上，所述反射罩部分包围所述光源，所述滤光部套设在所述光源之外，并可旋转地连接在所述支撑杆顶端上，所述滤光部具有多个滤光区，其特征在于，所述多个滤光区的分界线位于一个虚拟圆柱体的圆柱面，其中所述一个滤光区形成在所述虚拟圆柱体的扇形圆柱面上，其他所述滤光区形成在所述虚拟圆柱体的内接多棱柱的其他侧平面上，所述滤光部的旋转轴、所述光源的轴线均与所述虚拟圆柱体的中心轴重合（和/或写成，所述虚拟圆柱体的扇形圆柱面上的所述滤光区与所述光源的间距大于其他所述滤光区与所述光源的间距）。

对于解决"在黑暗环境下，定位或识别小夜灯模式"的技术问题，独立权利要求可以撰写如下：

一种灯，包括灯座、支撑杆、光源、反射罩、滤光部、遮光片和光源承载座，所述光源安装在所述光源承载座上，所述反射罩部分包围所述光源，所述滤光部套设在所述光源之外，并可旋转地连接在所述支撑杆顶端上，所述滤光部具有多个滤光区，其特征在于，还包括在所述多个滤光区之间的交界区域，在所述滤光部靠近所述光源承载座和靠近所述遮光片的边界区域，以及在所述遮光片的靠近所述多个滤光区的区域上设置荧光定位部。

由于需要撰写两个独立权利要求，因此在提交专利申请之前，需要确定独立权利要求之间是否符合单一性要求。由上可知，上述两个独立权利要求分别是针对确定出的两个技术问题"抑制小夜灯模式升温更多"和"在黑暗环境下，定位或识别小夜灯模式"撰写而成，两个独立权利要求中分别包括解决相应技术问题的关键技术手段，即前者包括实现"抑制小夜灯模式升温更多"的关键技术手段，例如"使得滤光区 44a 与光源 43 的间距大于其他滤光区 44b、44c 与光源 43 的间距"等；后者包括实现"在黑暗环境下，定位或识别小夜灯模式"的关键技术手段，例如"在交界区域（或边界区域）设置荧光凸点（或凸起）"等，上述关键技术手段所包括的具体技术特征分别构成了两个独立权利要求的技术方案对现有技术做出新颖性和创造性贡献的技术特征（即特定技术特征），显然，这些特定技术特征彼此之间既不相同也不相应，即两个独立权利要求彼此之间没有相同或相应的特定技术特征，因此两者不属于一个总的发明构思，不具备单一性，应当分案申请。

6. 撰写从属权利要求

撰写从属权利要求时，首先应优先考虑对于解决技术问题所采取的关键技术手段作进一步限定的技术特征；其次，还应关注在技术交底材料中对所要解决的技术问题起到创造性作用的那些技术特征；同时应注意权利要求之间的引用关系和撰写方式，避免出现导致权利要求不清楚的情况。此外，对于解决两个问题的两份申请还可以通过将其中一个技术问题作为主问题撰写独立权利要求，将另一个问题作为其进一步解决的问题撰写成适当数量的从属权利要求。这样，解决两个问题的实施例之间内容互有交叉，又各自不同，从而形成较好的保护梯度。当然，如此申请时注意最后两份申请中不能出现两个技术方案相同的权利要求。

在本题中，对于解决"抑制小夜灯模式升温更多"技术问题而言，技术交底材料给出了一个实施例,并未给出优化的技术方案,对于解决"方便小夜灯模式定位"技术问题而言,技术交底材料则是给出了多种实施方式,如上所述,相应的独立权利要求已经进行概括。因此,针对以解决"抑制小夜灯模式升温更多"技术问题而撰写出的独立权利要求来说,可以考虑将进行"小夜灯定位"的一些具体手段撰写成其从属权利要求;针对以解决"方便小夜灯模式定位"技术问题而撰写出的独立权利要求来说,则可以针对其一些下位的实施方式撰写相应的从属权利要求。另外,对于扇形圆柱面的具体角度可以考虑撰写相应的从属权利要求。具体的从属权利要求撰写参见下面的参考答案。

7. 参考答案

该题应分案,包括两份申请,有两种样式,即撰写权利要求书的样式一、权利要求书的样式二。

(一)撰写权利要求书的样式一

第一份申请为扇形和平面组合滤光部,各轴重合或间距不同以抑制温升的发明,包括一项独立权利要求和若干项从属权利要求。

1. 一种灯,包括灯座、支撑杆、光源、反射罩、滤光部、遮光片和光源承载座,所述光源安装在所述光源承载座上,所述反射罩部分包围所述光源,所述滤光部套设在所述光源之外,并可旋转地连接在所述支撑杆顶端上,所述滤光部具有多个滤光区,其特征在于,所述多个滤光区的分界线位于一个虚拟圆柱体的圆柱面,其中所述一个滤光区形成在所述虚拟圆柱体的扇形圆柱面上,其他所述滤光区形成在所述虚拟圆柱体的内接多棱柱的其他侧平面上,所述滤光部的旋转轴、所述光源的轴线均与所述虚拟圆柱体的中心轴重合(和\或写成,所述虚拟圆柱体的扇形圆柱面上的所述滤光区与所述光源的间距大于其他所述滤光区与所述光源的间距)。

2. 如权利要求1所述的灯,其特征在于,所述滤光部具有的所述多个滤光区为三个,还包括荧光定位部,在所述三个滤光区之间的交界区域、在所述滤光部靠近所述光源承载座和靠近所述遮光片的边界区域,以及在所述遮光片的靠近所述三个滤光区的区域上设置所述荧光定位部。

3. 如权利要求2所述的灯,其特征在于,在形成在所述虚拟圆柱体的扇形圆柱面上的一个所述滤光区与形成在所述虚拟圆柱体的内接三棱柱的两个侧平面上的另外两个所述滤光区的交界区域设置的所述荧光定位部为一列间隔的荧光凸点,在所述两个侧平面上的另外两个所述滤光区的交界区域设置的所述荧光定位部为条形荧光凸起,在所述滤光部靠近所述光源承载座和靠近所述遮光片的边界区域设置的所述荧光定位部,并且在所述遮光片靠近所述三个滤光区的区域上设置的所述荧光定位部为表示滤光区编号的数字型荧光凸起。

4. 如权利要求 1~3 任一项所述的灯，其特征在于，形成在所述虚拟圆柱体的扇形圆柱面上的滤光区为形成在 120 度圆心角的扇形圆柱面上。

另案提交的第二份申请为设置荧光定位部以定位小夜灯模式的发明，仅撰写一项独立权利要求。

1. 一种灯，包括灯座、支撑杆、光源、反射罩、滤光部、遮光片和光源承载座，所述光源安装在所述光源承载座上，所述反射罩部分包围所述光源，所述滤光部套设在所述光源之外，并可旋转地连接在所述支撑杆顶端上，所述滤光部具有多个滤光区，其特征在于，还包括在所述多个滤光区之间的交界区域，在所述滤光部靠近所述光源承载座和靠近所述遮光片的边界区域，以及在所述遮光片的靠近所述多个滤光区的区域上设置荧光定位部。

（二）撰写权利要求书的样式二

第一份申请为设置荧光定位部以及定位小夜灯模式的发明，撰写一项独立权利要求和若干项从属权利要求。

1. 一种灯，包括灯座、支撑杆、光源、反射罩、滤光部、遮光片和光源承载座，所述光源安装在所述光源承载座上，所述反射罩部分包围所述光源，所述滤光部套设在所述光源之外，并可旋转地连接在所述支撑杆顶端上，所述滤光部具有多个滤光区，其特征在于，还包括在所述多个滤光区之间的交界区域，在所述滤光部靠近所述光源承载座和靠近所述遮光片的边界区域，以及在所述遮光片的靠近所述多个滤光区的区域上设置荧光定位部。

2. 如权利要求 1 所述的灯，其特征在于，所述多个滤光区的分界线位于一个虚拟圆柱体的圆柱面，其中所述一个滤光区形成在所述虚拟圆柱体的扇形圆柱面上，其他所述滤光区形成在所述虚拟圆柱体的内接多棱柱的其他侧平面上，所述滤光部的旋转轴、所述光源的轴线均与所述虚拟圆柱体的中心轴重合（和\或写成，所述虚拟圆柱体的扇形圆柱面上的所述滤光区与所述光源的间距大于其他所述滤光区与所述光源的间距）。

3. 如权利要求 2 所述的灯，其特征在于，在形成在所述虚拟圆柱体的扇形圆柱面上的一个所述滤光区与形成在所述虚拟圆柱体的内接三棱柱的两个侧平面上的另外两个所述滤光区的交界区域设置的所述荧光定位部为一列间隔的荧光凸点，在所述两个侧平面上的另外两个所述滤光区的交界区域设置的所述荧光定位部为条形荧光凸起，在所述滤光部靠近所述光源承载座和靠近所述遮光片的边界区域设置的所述荧光定位部，并且在所述遮光片靠近所述三个滤光区的区域上设置的所述荧光定位部为表示滤光区编号的数字型荧光凸起。

4. 如权利要求1~3任一项所述的灯,其特征在于,形成在所述虚拟圆柱体的扇形圆柱面上的滤光区为形成在120度圆心角的扇形圆柱面上。

另案提交的第二份申请为扇形和平面组合滤光部、各轴重合或间距不同以抑制温升的发明,仅撰写一项独立权利要求。

1. 同前面的撰写权利要求书的样式一第一份申请的独立权利要求1的方案(略)。

(三) 分案理由

在第一份申请的独立权利要求1和被分案的第二份申请的独立权利要求1(或在两份申请的两个独立权利要求)之间不存在相同或相应的特定技术特征,因此不属于一个总的发明构思,不具备单一性,不符合《专利法》第三十一条的规定,应当分别作为两份申请提出。

(五) 第五题(简述技术问题、技术效果以及技术手段)

第五题要求应试者分析其在第四题中撰写的独立权利要求相对于涉案专利所解决的技术问题和产生的技术效果以及所采用的技术手段,这实质上是从另一个角度考查了应试者对于创造性的把握,以及应试者在独立权利要求撰写时对于解决技术问题所采用的关键技术手段的掌握情况。应试者需注意的是,题面中已明确指出"相对于涉案专利",切勿将其错误地理解为其他某一篇或多篇对比文件。另外,题面中明确指出,如有多项权利要求,需要分别说明,也就是说,有几项独立权利要求就应该作出几项说明,而不应该只针对一项独立权利要求或针对从属权利要求进行说明。

1. 分析思路

应试者在进行技术问题和技术效果分析时,应当从所要解决的技术问题出发,分析确定为解决该技术问题所采用的关键技术手段,以及由此所带来的技术效果。

该题的分析思路与前面第四题确定技术交底材料所要解决的技术问题以及必要技术特征的思路基本一致,如上所述,前述第四题中已经详细分析了技术交底材料相对于现有技术解决的技术问题以及相应的必要技术特征,并以此为基础撰写出了独立权利要求,因此,应试者只需按照第五题的题面要求,结合前述分析的具体思路和结论进行作答即可。具体为:

涉案专利的各个滤光区与光源的间距是相同的,因此会出现吸光多的滤光区温度升高的问题。而上文中所撰写的其中一个独立权利要求所要解决的问题正在于抑制小夜灯模式(即吸光多的滤光区)升温更多,即抑制滤光部升温,其采取的技术手段主要是通过使得虚拟圆柱体的扇形圆柱面上的所述滤光区与所述光源的间距大于其他所述滤光区与所述光源的间距，从而实现抑制滤光部升温的技术效果。

另外，涉案专利的各个滤光区外形结构是相同的，在黑暗环境下难以进行相互区分，也不能区分出小夜灯模式。而上文中所撰写的另一个独立权利要求所要解决的技术问题在于，在黑暗环境下定位滤光区或者小夜灯模式。为此，所采用的关键技术手段是将在多个滤光区之间的交界区域、在滤光部靠近光源承载座和靠近遮光片的边界区域以及在遮光片靠近多个滤光区的球上设置荧光定位部，由此来实现能够在黑暗中定位滤光区或小夜灯模式的技术效果。

2. 参考答案

对于撰写权利要求书的样式一：

第一份申请的独立权利要求相对于该涉案专利所解决的技术问题是滤光区与光源的间距相同导致滤光部升温的问题。所取得的技术效果是抑制滤光部升温。所采用的技术手段是：滤光部具有多个滤光区，所述多个滤光区的分界线位于一个虚拟圆柱体的圆柱面，其中所述一个滤光区形成在所述虚拟圆柱体的扇形圆柱面上，其他所述滤光区形成在所述虚拟圆柱体的内接多棱柱的其他侧平面上，所述滤光部的旋转轴、所述光源的轴线均与所述虚拟圆柱体的中心轴重合（和/或写成，所述虚拟圆柱体的扇形圆柱面上的所述滤光区与所述光源的间距大于其他所述滤光区与所述光源的间距）。

第二份申请的独立权利要求相对于该涉案专利所解决的技术问题是在黑暗环境下难以相互区分不同滤光区或者说小夜灯模式的问题。所取得的技术效果是可以在黑暗环境下定位滤光区或者说小夜灯模式。所采用的技术手段是：滤光部具有多个滤光区，在所述多个滤光区之间的交界区域，在所述滤光部靠近所述光源承载座和靠近所述遮光片的边界区域，以及在所述遮光片的靠近所述多个滤光区的区域上设置荧光定位部。

对于撰写权利要求书的样式二：

第一份申请的独立权利要求相对于该涉案专利所要解决的技术问题是：不同的滤光区之间外形结构均是相同，在黑暗环境下难以相互区分不同滤光区或者说小夜灯模式的问题。所取得的技术效果是可以在黑暗环境下定位滤光区或者说小夜灯模式。所采用的技术手段是：滤光部具有多个滤光区，在所述多个滤光区之间的交界区域，在所述滤光部靠近所述光源承载座和靠近所述遮光片的边界区域，以及在所述遮光片的靠近所述多个滤光区的区域上设置荧光定位部。

第二份申请的独立权利要求相对于该涉案专利是滤光区与光源的间距相同

导致滤光部升温的问题。所取得的技术效果是抑制滤光部升温。所采用的技术手段是：滤光部具有多个滤光区，所述多个滤光区的分界线位于一个虚拟圆柱体的圆柱面，其中所述一个滤光区形成在所述虚拟圆柱体的扇形圆柱面上，其他所述滤光区形成在所述虚拟圆柱体的内接多棱柱的其他侧平面上，所述滤光部的旋转轴、所述光源的轴线均与所述虚拟圆柱体的中心轴重合（和/或写成，所述虚拟圆柱体的扇形圆柱面上的所述滤光区与所述光源的间距大于其他所述滤光区与所述光源的间距）。

第三部分
机械领域专利申请文件撰写案例

专利申请文件是在技术交底材料的基础上，经过专利代理师与客户充分沟通、反复修改才能最终完成的。通常会经过对技术交底材料的分析和理解、与客户的沟通确认、撰写修改申请文件、与客户确认申请文件并最终定稿等一系列的工作流程。因此，本部分将结合具体案例，对机械领域专利申请文件的撰写过程进行全面介绍。

第六章 一般机械领域撰写案例

本章以一般机械领域撰写案例为基础,主要介绍根据客户提供的技术交底材料撰写专利申请文件的常规思路。

第一节 通用机械专利申请文件撰写思路
——以一件手工工具案例为例

本节以一种"裁纸刀"为例,介绍根据客户提供的技术交底材料撰写专利申请文件的一般思路。在本案例中,专利代理师通过对技术交底材料给出的技术方案的理解,与客户进行沟通并完善技术交底材料的内容,获得多个实施例,从而使得最终形成的权利要求书能够合理、有效地覆盖较大的范围。

一、对技术交底材料的理解和分析

(一) 客户提供的技术交底材料

如图 6-1 所示,目前市售的裁纸刀,包括握持部分、刀体安装部分以及刀体,刀体可在刀体安装部分中伸出和缩回。在不使用时刀体缩回,将刀尖收缩在保护套中,避免意外伤害,而在使用时,再将刀体推出。裁纸时,通常一手持刀,而另一手按住纸张,受操作熟练程度或视线遮挡的影响,锋利的刀刃容易误伤手指。

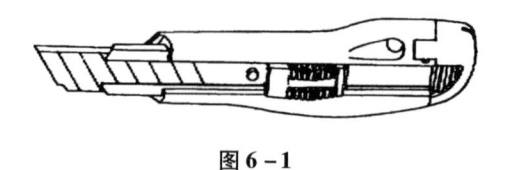

图 6-1

为了解决误伤手指的问题，本案的裁纸刀采用滚动切割的方式，不需要用手压住纸张就可将纸张切开，这样的裁纸刀既可以利用刀刃切开纸张，又不伤手，因而，能够有效提高裁纸时的安全性。

本案提出的裁纸刀如图 6-2、图 6-3、图 6-4 所示。

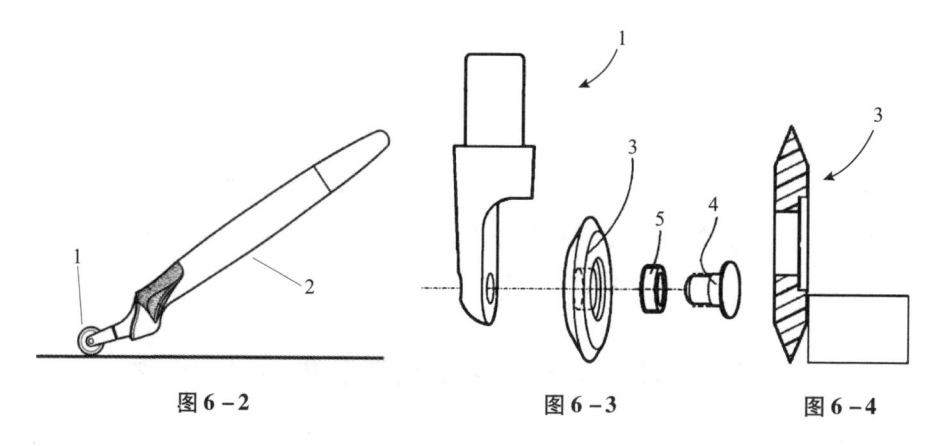

图 6-2　　　　　图 6-3　　　　　图 6-4

其中，图 6-2 为该裁纸刀的立体图，图 6-3 为该裁纸刀刀具安装部的分解图，图 6-4 为该裁纸刀中滚动刀片的剖面图。

如图 6-2 所示，该裁纸刀包括有一手柄 2 及一安装于手柄 2 前端的刀具安装部 1，该手柄 2 可以为直杆形状、偏折杆形状等。如图 6-3 和图 6-4 所示，该刀具安装部 1 上安装滚动刀片 3、轴销 4 和防磨件 5。刀具安装部 1 上设置有与轴销 4 相配合的安装孔，该滚动刀片 3 可以通过轴销 4、防磨件 5 固定在刀具安装部 1 的一侧，或者位于刀具安装部 1 中间位置处。滚动刀片 3 可由具有高硬度的钢质金属或者由具有超高硬度的钨钢金属所制成，该滚动刀片 3 具有锋利的刀尖，且具有大于 20 度的刀尖夹角。在切割时，对滚动刀片下压，通过刀片滚动，切开纸张，所以不需要用手压住纸张即可切开，因此切割方便又安全。

（二）理解和分析技术交底材料

在开始撰写申请文件之前，需要全面、准确地理解技术交底材料的实质内容，并针对技术交底材料存在的问题及时与客户进行沟通。分析和理解技术交底材料的实质内容对于撰写专利申请文件至关重要,也是专利代理师着手撰写专利申请文件的重要基础性工作。

一般情况下,专利代理师在阅读完技术交底材料之后,应该思考以下几个方面的问题。

(1) 本案保护的主题是什么?是方法还是产品,或者两者均可?可以采用哪一种专利类型给予保护?是发明专利、实用新型还是外观设计?

(2) 通过对申请主题进行检索和分析,确定本案的改进之处体现在哪里?是否具备新颖性和创造性?

(3) 是否存在需要委托人作出进一步说明和/或补充的内容?

1. 对技术方案的理解

现有的裁纸刀,刀片都是直线的片状,使用的时候推出来,不用的时候收回去,这样就保障了不使用时对人体如手指的误伤。然而,即使这样,使用的时候还需要用手按住纸张,由于使用的熟练程度或视线角度等原因还是容易误伤手指。而本案的裁纸刀,采用滚压的方式进行切割,可以不用另一只手按压被切割的纸张,因而防止了切割时手指被误伤的情况发生。

在进行了上述分析之后,制定撰写技术方案的思路,并与客户进行沟通确认。

2. 关于保护的主题及申请的类型

技术交底材料中提供的技术方案仅仅涉及裁纸刀,属于典型的产品,其改进在于裁纸刀的结构,不涉及加工工序的改进,也不涉及需要说明的裁纸步骤等,因此,本案保护的主题只有一项,即产品权利要求。

对于专利申请类型,由于申请的主题为产品,因而既可以申请发明专利,也可以申请实用新型专利。

3. 关于现有技术及新颖性和创造性的初步判断

为了能够尽可能地准确确定发明创造的创新点,撰写一份保护范围合适的权利要求书,专利代理师在充分理解了技术交底材料之后,通常要对技术交底材料的技术方案和相关的现有技术进行检索和分析,寻找与该技术方案最接近的现有技术。

本案中,专利代理师经过检索,找到了两篇比较相关的现有技术的文件,即对比文件1和对比文件2。

对比文件1公开了一种便携式安全裁纸刀,如图6-5所示,包括刀柄1′、与刀柄1′连接的连接杆2′、位于连接杆2′前端的圆形刀片3′和刀片保护壳4′,以及设置于刀片保护壳4′上的刀片锁定装置6′;圆形刀片3′和刀片保护壳4′均设有中心孔并通过中心轴5′连接在一起，圆形刀片3′可以在刀片保护壳4′内部绕中心轴5′转动；刀片保护壳4′前方设置有一处缺口，由于开口较小，除纸张等较薄的物品，手指及其他物品难以伸进去，这样的设计不会出现刀片外露的情况，能有效保护使用者的安全，携带、使用及日常放置都很安全方便；刀片保护壳4′的缺口处一侧设置有刀片锁定装置6′，锁紧刀片锁定装置6′可以有效地固定刀片3′，使其在使用裁纸刀切割纸张时刀刃不转动；使用时多次使用刀刃的同一位置直至其出现缺口，打开刀片锁定装置6′，旋转刀片3′的角度，直到露在刀片保护壳4′缺口处的刀刃是完整的为止，再次锁紧刀片锁定装置6′，即可继续使用。这样的设计可以多次利用刀片3′，有效地避免浪费。

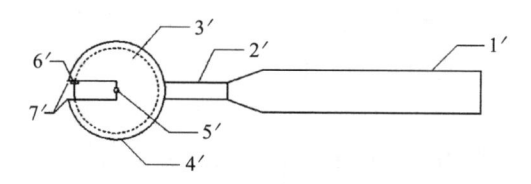

图 6-5

由此可见，对比文件1公开的安全裁纸刀虽然包括手柄、刀具安装部分（连接杆）和圆形刀片，圆形刀片可以绕中心轴转动，但是该圆形刀片一般情况下是由刀片锁定装置锁定的，在使用时不滚动，只有在刀片局部发生损坏时才打开刀片锁定装置，使得刀片转动到完好的位置，再继续裁纸，从而充分利用刀片，避免浪费。这样的构造，一方面防止了未使用时对人体的误伤，另一方面也最大可能地防止了使用时对手指的伤害。

对比文件2也公开了一种安全裁纸刀，如图6-6和图6-7所示，由手柄1、安装块2及设于手柄1前端部用于裁纸的刀体3组成，该手柄底边为一直边11，安装块2设于手柄1前端部，并与手柄1呈一体，安装块2内壁具有凹槽21，手柄1的前端部设有凸起的接合柱12，对应地，安装块2位于凹槽21两侧均设有供接合柱12安装配合的接合孔22或接合槽，凹槽21下端开口处设有一可将凹槽21下端的开口局部堵住的阻挡部211，阻挡部211上表面向前向下倾斜，在刀体3插设在凹槽21内的状态下，刀体3的下端面部分搁置在阻挡部211上，而刀体3的其他端面则与凹槽21的相应端面接触。该裁纸刀的刀体较小，又比较隐蔽，所以裁纸过程比较安全，不易引起刮伤，同时使用时，只要推进手柄，就可完成裁纸功能，相应地，操作上也较方便快捷。

图 6-6   图 6-7

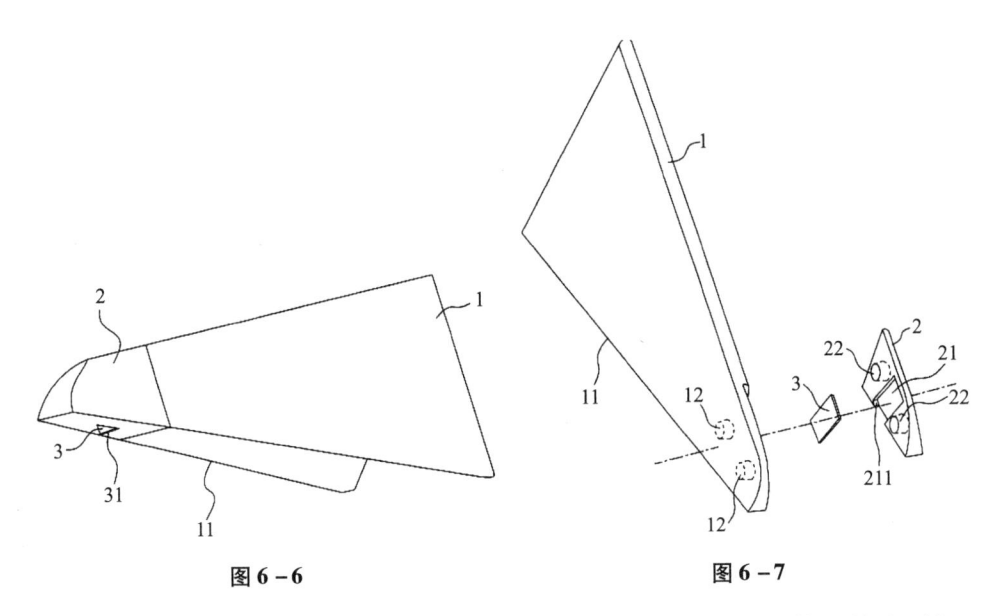

由此可见，对比文件 2 公开的安全裁纸刀通过安装块将刀体安装在手柄，安装块上设置容纳刀体的凹槽，且在凹槽的下部设置阻挡部，从而使得刀体露出部分较小，比较隐蔽，这样的构造，也能防止使用时对人体的误伤。

从对比文件 1 和对比文件 2 的技术方案来看，两份对比文件都公开了能够防止误伤人体的裁纸刀，但在使用时均需用手按住纸张，没有完全解决使用时误伤手指的问题。本案的裁纸刀通过采用手柄加上可转动的滚动刀片结构，在使用时可以边滚压边切割，不需要专门用手按住纸张即可切割，从而解决了使用过程中误伤手指的问题。因此，初步判断本案相对于目前所掌握的现有技术即对比文件 1 和对比文件 2 具备新颖性和创造性。

4. 需要客户说明或补充的内容

通过前面的分析可以看出，专利代理师经过对技术方案的理解、检索和分析，还需要与客户针对技术内容展开进一步的交流，以便更全面、深入地理解发明内容。本案中就需要客户对下面内容予以说明和补充。

（1）客户在技术交底材料中提到，滚动刀片"或者位于刀具安装部 1 的中间位置处"，但根据目前技术交底材料中所提供的文字和附图，不足以支撑上述方案，建议客户对其进行适当的补充，以充分阐明该技术方案，以便于撰写出能够得到说明书支持的权利要求。

（2）客户在技术交底材料中记载了"该滚动刀片具有锋利的刀尖，且具有大于 20 度的刀尖夹角"。需要明确的是，为什么刀尖夹角需要大于 20 度？满足刀尖夹角要求的滚动刀片是否均有相同的效果？

(3) 客户在技术交底材料中记载了"防磨件"和"偏折杆",但没有进行详细说明,建议客户进行说明或提供相应的实施方式。

(三) 与客户的沟通和确认

将上述对于技术交底材料的理解以及思考的问题与客户进行了充分沟通,客户给出如下反馈意见。

(1) 同意专利代理师对技术交底材料中技术方案的理解。

(2) 客户拟仅对该技术方案申请发明专利,保护主题为产品。

(3) 在技术交底材料中替换或补充如下内容:

① 关于滚动刀片与刀具安装部的连接方式、滚动刀片"或者位于刀具安装部1的中间位置处",补充说明如下:将技术交底材料中的图6-3替换为图6-8,增加图6-9。所述刀具安装部1包括结合部11和用于安装滚动刀片的支撑部12,其中结合部11与手柄2连接,所述支撑部12连接于该结合部11,所述支撑部12为沿着该结合部11单侧向下凸伸所形成的侧片,该滚动刀片3可转动地枢接于该支撑部12的一侧,该支撑部12上穿设一固定孔13,所述轴销4贯穿该固定孔13以及该滚动刀片3的中心,使该滚动刀片3可转动地枢设在轴销4上,该轴销4可用锁合或铆合的方式连接至该支撑部12。这种安装方式简单便捷,拆卸更换都比较方便。

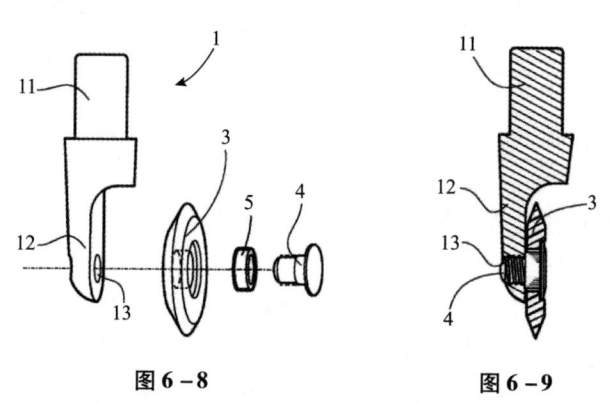

图6-8　　　　　图6-9

增加图6-10,所述支撑部12为沿着该结合部11两侧分别向下凸伸且间隔设置的两侧片,该滚动刀片3可转动地枢接于该支撑部12的两侧片之间,该轴销4贯穿该支撑部12的两侧片及该滚动刀片3的中心,使该滚动刀片3可转动地枢设在轴销4上。采用两侧片的支撑部,使刀具切割时更稳定。

② 关于滚动刀片及刀尖夹角,补充内容如下:

将技术交底材料中的图6-4替换为图6-11,该滚动刀片3中心贯穿有一供该轴销4穿过的中心孔31,在该滚动刀片3外周缘形成一锋利的刀尖32,该刀尖32前端形成一刀尖夹角 α，优选的是，该刀尖夹角 α 大于20度，采用大于20度的刀尖夹角，以及搭配以高硬度金属材料制成的滚动刀片，能够配合作用面与纸张平面共同形成剪力，实现锋利切开纸张的效果，但却又较钝不易伤手，因此，刀具不论使用时或者放置时，即使手不小心碰到，都不容易受伤，不需要专门设置保护罩。该滚动刀片3可由一般具有高硬度的钢质金属或者具有超高硬度的钨钢金属所制成。图6-11所示的刀尖32为中间刀尖，即刀尖32的位置位于该滚动刀片3外周缘的中间位置，使该滚动刀片3于外周缘的中央形成凸起，而在该滚动刀片3的两侧形成平坦的侧面，可供抵靠于纸张进行切割。

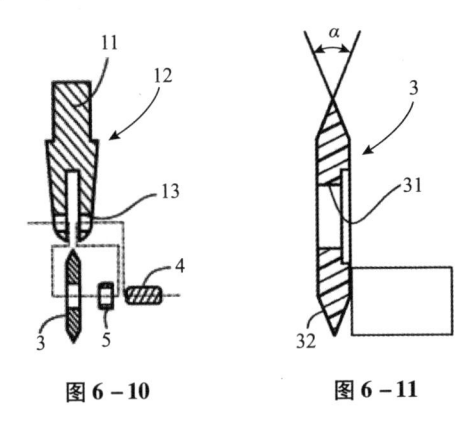

图6-10　　图6-11

该滚动刀片还可以是偏斜锋，即斜刀尖。增加图6-12，该滚动刀片3为偏斜锋，该刀尖32偏离该滚动刀片3外周缘的中间位置，并在该滚动刀片3的两侧分别形成一高一低的侧面，同时保持该刀尖夹角 α 的角度。

该滚动刀片还可以是单斜锋，即单侧刀尖。增加图6-13，该滚动刀片3为单斜锋，该滚动刀片3的外周缘形成斜面，使该滚动刀片3的刀尖32形成在单一侧（即单侧刀尖），而在该滚动刀片3的两侧分别形成一高一低的侧面，同时保持该刀尖夹角 α 的角度。

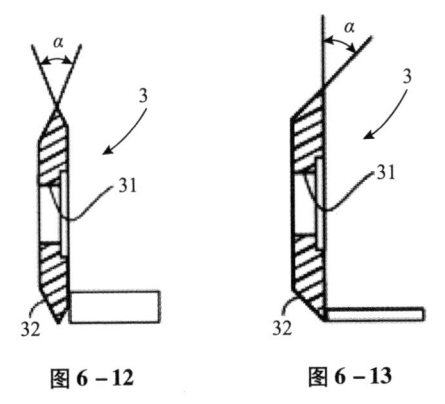

图6-12　　图6-13

③ 关于防磨件和偏折杆，补充说明如下：

防磨件 5 可为一轴套或一轴承，该防磨件 5 为中空圆筒状，且穿设于该轴销 4 上并卡制于该滚动刀片 3 上，该防磨件 5 可以避免该滚动刀片 3 与该轴销 4 因转动而产生磨损。

手柄 2 可包括设于其中一端的一偏折杆，以及与该偏折杆邻接的抓握部，抓握部为呈直立的杆体，可供使用者抓握，偏折杆的轴心线与抓握部的轴心线呈夹角设置。偏折杆的设置，在滚动刀片与使用者的手之间会形成一个视野区，使用者不需要歪着头就可以看到滚动刀片 3 在纸张表面的切割。

（四）对技术交底材料的进一步理解

客户确认和补充了相应内容后，使得技术交底材料的内容进一步完善，同时其核心技术内容相对于目前掌握的现有技术具备了创新性。本案的裁纸刀由于采用滚动刀片滚动方式进行纸张切割，使得一只手即可完成纸张的切割，这是本案相对于现有技术主要的改进点；对于滚动刀片与刀具安装部的连接方式有两种实施方式，分别是滚动刀片设置于刀具安装部的支撑部的一侧和滚动刀片设置于刀具安装部的支撑部的两侧之间，它们可以考虑撰写成并列的从属权利要求；对于滚动刀片的形状，有三种实施方式：分别是中间刀尖，即刀尖位于滚动刀片外周缘的中间位置；和斜刀尖，即刀尖位于偏离滚动刀片外周缘的中间位置，单侧刀尖，即刀尖位于滚动刀片外周缘的一侧，也同样可以撰写成并列的从属权利要求；至于防磨件，通过轴承或轴套的设置使滚动刀片不易磨损，延长裁纸刀的使用寿命，是对裁纸刀的进一步优化；至于偏折杆，使得本案的裁纸刀具有较大的视野区，是对裁纸刀操作过程的进一步优化。

二、权利要求书撰写的主要思路

在对技术交底材料充分沟通和理解的基础上，可以着手对申请文件进行撰写。一般来说，在撰写发明和实用新型的权利要求书时，针对某一要求保护的技术主题，可以按照如下思路进行撰写。

（1）理解技术主题的实质性内容，列出全部技术特征。

（2）根据最接近的现有技术，确定该要求保护的技术主题要解决的技术问题及解决上述技术问题所需的全部必要技术特征。

（3）撰写独立权利要求。

（4）撰写从属权利要求。

下面结合本案，具体说明撰写权利要求书的主要思路。

（一）理解技术主题的实质性内容，列出全部技术特征

根据对客户提供的技术交底材料的理解，该裁纸刀包括如下技术特征。

（1）手柄。

（2）刀具安装部，位于手柄前端。

（3）滚动刀片，其具有中心孔，通过轴销穿设该中心孔从而枢转安装在所述刀具安装部。

（4）所述滚动刀片可在需要裁切的纸张上滚动。

（5）所述刀具安装部包括与手柄连接的结合部以及连接于该结合部用于安装滚动刀片的支撑部。

（6）所述支撑部为沿着所述结合部单侧向下凸伸所形成单侧偏移的侧片，所述滚动刀片位于该支撑部一侧。

（7）所述支撑部为沿着所述结合部两侧分别向下凸伸且间隔设置的两侧片，所述滚动刀片位于该支撑部的两侧片之间。

（8）防磨件，所述防磨件设置在滚动刀片和轴销之间。

（9）所述防磨件为中空圆筒状轴套或者轴承，其穿设于该轴销并卡制于该滚动刀片上。

（10）滚动刀片可由一般具有高硬度的钢质金属或者是由具有超高硬度的钨钢金属所制成。

（11）所述滚动刀片的外周缘形成一刀尖，该刀尖的前端形成一刀尖夹角 α，所述刀尖夹角 α 大于 20 度。

（12）所述刀尖为中间刀尖，即刀尖位于所述滚动刀片外周缘的中间位置。

（13）所述刀尖为斜刀尖，即刀尖位于偏离所述滚动刀片外周缘的中间位置，并在该滚动刀片的两侧分别形成一高一低的侧面。

（14）所述刀尖为单侧刀尖，即刀尖位于所述滚动刀片外周缘的一侧。

（15）所述手柄包括设于其中一端的一偏折杆以及与该偏折杆邻接的抓握部，该偏折杆的轴心线与抓握部的轴心线非同轴设置且彼此之间呈夹角。

（二）分析现有技术，确定必要技术特征

分析研究所掌握的现有技术，以便确定最接近的现有技术，并根据最接近的现有技术，确定本案要解决的技术问题及解决该技术问题所需的全部必要技术特征。

1. 分析并确定最接近的现有技术

在理解了要求保护的主题的实质内容后，应着手分析研究现有技术，并从中确定该技术主题的最接近的现有技术。现有技术包括客户在技术交底材料中

提供的背景技术，以及专利代理师检索到的现有技术。

就本案而言，客户在技术交底材料中提供的背景技术描述了裁纸刀包括握持部分、刀体安装部分、刀体以及控制刀体可在刀体安装部分中伸出和缩回的控制部分。在不使用时刀体可以缩回，将刀尖收缩在保护套中，避免意外伤害，而在使用时，再将刀体推出。裁纸时，需要一手按住纸张，一手持刀在纸上划动切割，存在刀刃误伤手指的问题。

对比文件1公开了一种裁纸刀，包括刀柄1′、与刀柄连接的连接杆2′、位于连接杆2′前端的圆形刀片3′和刀片保护壳4′，以及设置于刀片保护壳4′上的刀片锁定装置6′；刀片保护壳前方设置有一处缺口，由于开口较小，除纸张等较薄的物品，手指及其他物品难以伸进去，锁紧刀片锁定装置6′可以有效地固定刀片3′，使其在使用裁纸刀切割纸张时刀刃不转动。这样的构造，一方面防止了未使用时对人体的误伤，另一方面也最大可能地防止了使用时对手指的伤害。

对比文件2公开了一种安全裁纸刀，由手柄1、安装块2及设于手柄1前端部用于裁纸的刀体3组成，通过安装块将刀体安装在手柄前端，安装块上设置容纳刀体的凹槽，且在凹槽的下部设置阻挡部，从而使得刀体露出部分较小，比较隐蔽，这样的构造，一方面防止了未使用时对人体的误伤，另一方面也最大可能地防止了使用时对手指的伤害。

在本案中，因技术交底材料中的背景技术既非专利文献，也没有给出具体出处，因此在确定最接近的现有技术环节不再考虑，而仅考虑专利代理师所检索到的两篇现有技术即对比文件1和对比文件2。专利代理师检索得到的对比文件1和对比文件2都是针对现有的裁纸刀因刀刃锋利、在纸张切割时容易误伤手指问题而对裁纸刀做出的改进，因而与本案的技术领域相同，都属于裁纸刀，所要解决的技术问题也与本案的技术问题相近，均为避免使用时因刀刃锋利而误伤手指的问题。

就公开的技术特征数量而言，对比文件1公开的安全裁纸刀包括刀柄1′、与刀柄连接的连接杆2′、位于连接杆2′前端的圆形刀片3′和刀片保护壳4′，以及设置于刀片保护壳4′上的刀片锁定装置6′；对比文件2公开的安全裁纸刀，包括手柄1、安装块2及设于手柄1前端部用于裁纸的刀体3，刀体3安装在位于安装块2内壁的凹槽21。

由此可见，专利代理师检索到的对比文件1和对比文件2都公开了本案中的手柄和刀具安装部，其中对比文件1还公开了圆形刀片，而且圆形刀片可绕中心轴转动，所述刀具安装部包括与手柄连接的结合部以及连接于该结合部用于安装圆形刀片的支撑部。可见,在对比文件1和2解决的技术问题与本案相近,且技术效果也接近的前提下,对比文件1公开本案的技术特征数量最多,因此,选择对比文件1作为最接近的现有技术。

2. 确定本案要解决的技术问题

在确定了最接近的现有技术之后,就需要针对最接近的现有技术确定本案所要解决的技术问题,在此基础上,确定本案中哪些技术特征是解决这一技术问题的必要技术特征。

专利代理师确定的最接近的现有技术可能不同于客户在技术交底材料中描述的现有技术,因此发明所解决的技术问题有可能不同于技术交底材料中描述的技术问题,然而技术交底材料中的任何技术效果都可以作为确定技术问题的基础,只要本领域技术人员可以从技术交底材料中得到该技术效果即可。

本案相对于最接近的现有技术即对比文件1主要进行了如下改进。

第一方面的改进在于刀具的工作方式不同。在本案中,滚动刀片是以滚动方式切割纸张的,也就是,滚动刀片在工作时绕轴销枢转。而在对比文件1中,切割纸张时,圆形刀片由设置于刀片保护壳上的刀片锁定装置锁定,纸张从刀片保护壳前方的缺口进入,与圆形刀片的边缘接触从而进行切割。

第二方面的改进在于刀具的具体结构不同。在本案中,滚动刀片的外周缘形成一刀尖,该刀尖的前端形成一刀尖夹角 α,所述刀尖夹角 α 大于20度;就刀尖的位置来说,既可以是中间刀尖,也可以是斜刀尖和单侧刀尖。而对比文件1对圆形刀片没有限定。

第三方面的改进在于刀具的安装方式不同。在本案中,刀具安装部包括与手柄连接的结合部以及连接于该结合部用于安装滚动刀片的支撑部,支撑部既可以是沿着所述结合部单侧向下凸伸所形成单侧偏移的侧片,从而将滚动刀片安装于支撑部一侧,也可以是沿着所述结合部两侧分别向下凸伸且间隔设置的两侧片,从而将滚动刀片安装在支撑部的两侧片之间;为了使得滚动刀片在裁纸过程中转动得更流畅,还在滚动刀片和轴销之间设置了防磨件;除此之外,还对手柄进行了改进。

由前面的分析可知,第一方面的改进带来了刀具工作方式的改变,从而使得在裁纸时不需要用手按住被切割的纸张,只需一只手握住裁纸刀的手柄使得滚动刀片在纸张上滚动即可完成裁纸动作,因而,该改进也使得本案相对于现有技术而言具备新颖性和创造性。综合前面的分析,本案第一方面的改进更为关键,这是本案的发明点所在。如前所述,第一方面的改进使得裁纸时只需单手操作即可进行,完全避免和防止了现有技术裁纸过程中对按住纸张的手的误伤，因此，本案所要解决的技术问题为：如何使得裁纸刀单手即可实现正常的裁纸操作。本案第二方面的改进中，本案刀片结构的设置使得刀刃比较钝，即使不小心碰到身体部位也不容易被割伤；本案第三方面的改进中，本案刀片的安装方式使滚动刀片的安装方便且切割更流畅便利。上述第二方面和第三方面的改进既没有在现有技术中公开，亦非本领域常用的技术手段，属于本案更优选的实施方式。

3. 列出为解决技术问题所必须包括的全部必要技术特征

《专利审查指南 2010 版》第二部分第二章第 3.1.2 节规定：必要技术特征是指，发明或者实用新型为解决其技术问题所不可缺少的技术特征，其总和足以构成发明或者实用新型的技术方案，使之区别于背景技术中所述的其他技术方案。对于本案，根据上述分析，需确定"如何使得裁纸刀单手即可实现正常的裁纸操作"的技术问题的全部必要技术特征。

在前面分析中列举的本案全部技术特征，即（1）~（15）中，哪一些应当作为解决上述技术问题的必要技术特征呢？

首先，对于本案来说，手柄包含偏折杆的设置，在刀具安装部与使用者的手之间会形成一个视野区，使用者不需要歪着头即可看到滚动刀片在纸张表面的切割，因此，特征（1）"手柄"和特征（2）"位于手柄前端的刀具安装部"，以及特征（3）"滚动刀片，其具有中心孔，通过轴销穿设该中心孔从而枢转安装在所述刀具安装部"，是作为本案要求保护的主题裁纸刀的主要组成部分，且这样的结构不会遮挡操作者的视线，它们是解决上述技术问题的必要技术特征。其次，由于采用了滚动刀片，在切割操作时采用滚动方式下压的滚动剪力切开纸张，因此对纸张不会产生横向拉力，所以不需要用手压住纸张就可将纸张切开，故防止了切割时手指被误伤的情况发生，因此，特征（4）"所述滚动刀片可在需要裁切的纸张上滚动，从而在压力的作用下实现纸张切割"相对于最接近的现有技术即对比文件 1 实现了工作方式上的改变，使得单手即可进行裁纸操作，也是解决上述技术问题的必要技术特征。因此，特征（1）~（4）都是解决技术问题的必要技术特征。

至于特征（5）~（15）"所述刀具安装部包括与手柄连接的结合部以及连接于该结合部用于安装滚动刀片的支撑部"为刀具安装部具体结构，属于对特征（2）"刀具安装部，位于手柄前端"的进一步限定；而特征（6）"所述支撑部为沿着所述结合部单侧向下凸伸所形成单侧偏移的侧片，所述滚动刀片位于该支撑部一侧"和特征（7）"所述支撑部为沿着所述结合部两侧分别向下凸伸且间隔设置的两侧片，所述滚动刀片位于该支撑部的两侧片之间"则属于对特征

(5) 中 "支撑部" 的两种具体结构以及滚动刀片安装位置的进一步限定；特征 (8) "防磨件，所述防磨件设置在滚动刀片和轴销之间" 和特征 (9) "所述防磨件为中空圆筒状轴套或者轴承，其穿设于该轴销并卡制于该滚动刀片上" 则属于对滚动刀片安装方式的进一步限定；至于特征 (10) ~ (15) 属于对滚动刀片的刀尖形状、刀尖夹角、材质以及手柄的进一步限定。这些进一步限定的技术特征不属于解决本案技术问题的必要技术特征。

综上所述，本案解决 "如何使得裁纸刀单手即可实现正常的裁纸操作" 技术问题的全部必要技术特征为特征 (1) ~ (4)，即本案的裁纸刀应当包括：手柄；刀具安装部，位于手柄前端；滚动刀片，其具有中心孔，通过轴销穿设该中心孔从而枢转安装在所述刀具安装部；所述滚动刀片可在需要裁切的纸张上滚动，从而在压力的作用下实现纸张切割。

(三) 撰写独立权利要求

在确定了本案最接近的现有技术、针对最接近的现有技术所要解决的技术问题以及为解决该技术问题所必须包含的必要技术特征之后，就可以着手撰写独立权利要求，并根据《专利法实施细则》第二十一条第一款相关规定，将确定的必要技术特征与最接近的现有技术进行对比分析，把其中与最接近的现有技术共有的必要技术特征写入独立权利要求的前序部分，而将其他必要技术特征写入独立权利要求的特征部分。

就本案而言，根据前述分析，必要技术特征 (1) ~ (3) 是本案与最接近的现有技术即对比文件 1 所共有的，应当写入独立权利要求 1 的前序部分，而必要技术特征 (4) 是本案与最接近的现有技术的区别技术特征，应当写入独立权利要求 1 的特征部分。

最后，完成的独立权利要求 1 如下：

1. 一种裁纸刀，包括：

手柄 (2)；

刀具安装部 (1)，位于手柄 (2) 前端；

滚动刀片 (3)，其具有中心孔 (31)，通过轴销 (4) 穿设该中心孔 (31) 从而枢转安装在所述刀具安装部 (1)；

其特征在于：

所述滚动刀片 (3) 可在需要裁切的纸张上滚动，从而在压力的作用下实现纸张切割。

(四) 撰写从属权利要求

为了增加专利申请取得专利权的可能性以及专利授权后更有利于维护专利

权，应当撰写合理数量的从属权利要求，尤其应当将未写入独立权利要求的其他技术特征写入从属权利要求。根据《专利法实施细则》第二十二条第一款的规定，发明或者实用新型的从属权利要求应当包括引用部分和限定部分，按照下列规定撰写：(1) 引用部分：写明引用的权利要求的编号及其主题名称；(2) 限定部分：写明发明或者实用新型附加的技术特征。

就本案而言，撰写的从属权利要求的主题名称仍然应当与独立权利要求1的主题名称一致，即为"裁纸刀"。在这些从属权利要求的引用部分先写明其所引用的权利要求的编号，在此后写明主题名称"裁纸刀"，其次，在该从属权利要求的限定部分写明对本案作出进一步限定的附加技术特征。

在前面所列出的全部技术特征中，技术特征 (5)~(15) 没有写入独立权利要求1中。下面先对上述未写入独立权利要求的技术特征进行分析，采用或递进或并列的方式对独立权利要求进行进一步限定，形成从属权利要求。有关刀具安装部分的技术特征 (5)~(9)，涉及独立权利要求1中滚动刀片的具体安装结构和安装方式可写成一组，其中技术特征 (5) 为刀具安装部的构造，其对于本案而言属于非常重要的技术特征，应当将其写成紧跟独立权利要求1的从属权利要求2，而技术特征 (6) 和 (7) 为"支撑部"的两个具体实施方式，应该写成从属权利要求2下的两个并列从属权利要求，至于技术特征 (8) 和 (9) 涉及滚动刀片的安装方式，可以写成引用上述权利要求的方式。

至于有关滚动刀片的技术特征 (10)~(15)，其中技术特征 (10) 涉及滚动刀片的材质，技术特征 (11) 涉及刀尖以及刀尖夹角，而技术特征 (12)~(14) 则涉及刀尖的三种具体实施方式。因而，从形式上来说，技术特征 (12)~(14) 应当写成涉及技术特征 (11) 的权利要求的三个并列从属权利要求的形式，涉及手柄优选方案的技术特征 (15)，在符合有关权利要求撰写形式规定的情况下，可以引用前面任何一项权利要求，专利代理师可以根据具体情况灵活把握。

最后完成的从属权利要求如下：

2. 根据权利要求1所述的裁纸刀，其特征在于，所述刀具安装部 (1) 包括与手柄 (2) 连接的结合部 (11) 以及连接于该结合部 (11) 用于安装滚动刀片 (3) 的支撑部 (12)。

3. 根据权利要求2所述的裁纸刀，其特征在于，所述支撑部 (12) 为沿着所述结合部 (11) 单侧向下凸伸所形成单侧偏移的侧片，所述滚动刀片 (3) 位于该支撑部 (12) 一侧。

4. 根据权利要求2所述的裁纸刀，其特征在于，所述支撑部 (12) 为沿着所述结合部 (11) 两侧分别向下凸伸且间隔设置的两侧片，所述滚动刀片 (3)

位于该支撑部（12）的两侧片之间。

5. 根据权利要求1~4之一所述的裁纸刀，其特征在于，还包括防磨件（5），所述防磨件（5）设置在滚动刀片（3）和轴销（4）之间。

6. 根据权利要求5所述的裁纸刀，其特征在于，所述防磨件（5）为中空圆筒状轴套或者轴承，其穿设于该轴销（4）并卡制于该滚动刀片（3）上。

7. 根据权利要求1~4之一所述的裁纸刀，其特征在于，所述滚动刀片（3）可由一般具有高硬度的钢质金属或者是由具有超高硬度的钨钢金属所制成。

8. 根据权利要求7所述的裁纸刀，其特征在于，所述滚动刀片（3）的外周缘形成一刀尖（32），该刀尖的前端形成一刀尖夹角（a），所述刀尖夹角（a）大于20度。

9. 根据权利要求8所述的裁纸刀，其特征在于，所述刀尖（32）为中间刀尖，即刀尖位于所述滚动刀片（3）外周缘的中间位置。

10. 根据权利要求8所述的裁纸刀，其特征在于，所述刀尖（32）为斜刀尖，即刀尖位于所述滚动刀片（3）外周缘的偏离中间位置，并在该滚动刀片（3）的两侧分别形成一高一低的侧面。

11. 根据权利要求8所述的裁纸刀，其特征在于，所述刀尖（32）为单侧刀尖，即刀尖位于所述滚动刀片（3）外周缘的单一侧。

12. 根据权利要求1~4、6、8之一所述的裁纸刀，其特征在于，所述手柄（2）包括设于其中一端的偏折杆以及与该偏折杆邻接的抓握部，该偏折杆的轴心线与抓握部的轴心线非同轴设置且彼此之间呈夹角。

三、说明书及其摘要的撰写

在完成权利要求书的撰写之后，就可着手撰写说明书及其摘要。说明书及其摘要的撰写应当按照《专利审查指南2010》第二部分第二章的规定撰写。

先针对说明书的各个组成部分具体说明其撰写要求和撰写思路。

（一）发明或实用新型的名称

发明或者实用新型的名称应当清楚、简要、全面地反映发明或实用新型要求保护的技术方案的主题以及发明的类型，使得发明或者实用新型的发明名称与所描述的技术主题和技术方案相适应。

由于本案例仅涉及一项独立权利要求，因而可将该独立权利要求1技术方案所涉及的主题名称"裁纸刀"作为发明名称，即"裁纸刀"或"一种裁纸刀"。

(二) 发明或实用新型的技术领域

发明或者实用新型的技术领域应当是要求保护的发明或者实用新型技术方案所属或者直接应用的具体技术领域，而不是上位的技术领域，也不是发明本身。

对于本案，本发明所属或者直接应用的具体技术领域是手动的裁纸工具，具体来说涉及一种裁纸刀，不能写成上位的技术领域，如"一种刀"，也不要写成发明本身，如"一种滚动的刀片"，因此，本发明的技术领域可撰写为"本发明涉及一种手动裁纸工具，尤指一种裁纸刀"。

(三) 发明或实用新型的背景技术

发明或者实用新型说明书的背景技术部分应当写明对发明或者实用新型的理解、检索、审查有用的背景技术，并且尽可能引证反映这些背景技术的文件。

对于本案来说，除了客户在技术交底材料中提到的背景技术，专利代理师还检索到了两篇现有技术。其中对比文件1是本申请最接近的现有技术，因此，在背景技术部分应当包含最接近的现有技术即对比文件1的相关内容，对其主要结构以及客观存在的主要问题进行描述。

(四) 发明或实用新型的发明内容

根据《专利审查指南2010》第二部分第二章的要求，该部分应当清楚、客观地写明发明要解决的技术问题、技术方案和与现有技术相比所具有的有益效果。

1. 发明要解决的技术问题

就本案而言，根据前述分析，本发明的技术方案相对于最接近的现有技术（即对比文件1）来说，裁纸时只需一只手握住裁纸刀的手柄，即可进行裁纸操作，完全避免了现有技术中需要另一只手按住纸张而发生的对手指的误伤。因此，撰写时应当清楚地写明"本发明要解决的技术问题是，如何使得裁纸刀单手即可实现正常的裁纸操作"。

2. 技术方案

对于本案来说，由于只有一项独立权利要求，应当先用一个自然段写明独立权利要求的技术方案，其用语应当与独立权利要求的用语相应或者相同。

例如：

一种裁纸刀，包括：手柄；刀具安装部，位于手柄前端；滚动刀片，其具有中心孔，通过轴销穿设该中心孔从而枢转安装在所述刀具安装部；所述滚动刀片可在需要裁切的纸张上滚动，从而在压力的作用下实现纸张切割。

然后，再另起段落对重要的从属权利要求的附加技术特征加以说明，例如有关刀具安装部的具体结构和滚动刀片的设置等。

3. 有益效果

有益效果是指由构成发明或者实用新型的技术特征直接带来的，或者是由所述的技术特征必然产生的技术效果，是确定发明是否具有"显著的进步"，实用新型是否具有"进步"的重要依据。

就本案而言，通过分析独立权利要求与最接近的现有技术对比文件1的区别特征得出其有益效果是"只需一只手握住裁纸刀的手柄，即可进行裁纸操作，完全避免了现有技术中需要另一只手按住纸张而发生的对手指的误伤"。

（五）附图说明

说明书有附图的，应当写明各幅附图的图名，并且对图示的内容作简要说明。

就本案而言，其包含了八幅附图，其中图6-1描述的是裁纸刀整体的结构，图6-2和图6-3描述的是刀具安装部的第一种实施方式，图6-4、图6-5、图6-6描述的是滚动刀片刀尖的三种实施方式，图6-7描述的是刀具安装部的第二种实施方式，图6-8为现有技术的裁纸刀。因此，该部分应当对这八幅附图做出说明。

（六）具体实施方式

具体实施方式是说明书的重要组成部分，其对于充分公开、理解和实现发明或者实用新型，支持和解释权利要求都是极为重要的。有附图的，应当对照附图进行说明。

就本案而言，其发明点在于圆形刀片工作方式的改进，因而，为了充分公开该发明点的技术方案，应当对圆形刀片的具体构成、安装结构以及工作原理进行详细地说明。

（七）说明书附图

附图是说明书的一个组成部分。附图的作用在于用图形补充说明书文字部分的描述，使人能够直观地、形象化地理解发明或者实用新型的每个技术特征和整体技术方案。

对于本案，需要首先结合图6-8对现有技术进行描述，从而说明现有技术存在的问题，然后再结合技术交底材料中的图6-1至图6-6对本发明的技术方案进行描述，因此该发明说明书中共有八幅附图。

（八）说明书摘要

摘要是说明书记载内容的概述，其仅是一种技术信息。摘要应当写明发明或者实用新型的名称和所属技术领域,并清楚地反映所要解决的技术问题、解决该问题的技术方案的要点以及主要用途,其中以技术方案为主。

就本案而言,摘要应当写明发明名称"裁纸刀"和独立权利要求1的技术方案的主要内容"手柄;刀具安装部,位于手柄前端;滚动刀片,其具有中心孔,通过轴销穿设该中心孔从而枢转安装在所述刀具安装部;所述滚动刀片可在需要裁切的纸张上滚动,从而在压力的作用下实现纸张切割"。此外,摘要中还应当反映其要解决的技术问题和主要用途。

最后,从说明书附图中选择一幅作为摘要附图。就本案而言,图6-1是本发明裁纸刀的立体图,最能反映本案技术方案的主要技术特征,因而可选择图6-1作为摘要附图。

四、案例总结

本案例以裁纸刀为例介绍了根据客户提供的技术交底材料撰写专利申请文件的一般思路。首先,专利代理师通过阅读技术交底材料对技术方案进行初步的了解,通过检索现有技术,发现本案有别于现有技术的创新点,对于专利申请要求保护的主题类型、技术交底材料中存在的缺陷或不清楚之处或需要进一步完善的内容,与客户进行至少一次的沟通,客户对技术交底材料进行完善。其次,根据完善后的技术交底材料,着手撰写权利要求,全面理解本案技术主题的实质内容,列出全部技术特征;分析并确定最接近的现有技术;确定本案要解决的技术问题以及解决所述技术问题所需的全部必要技术特征。在此基础上,完成独立权利要求和从属权利要求的撰写。最后,撰写说明书和说明书摘要。撰写时,应当严格按照《专利审查指南2010》第二部分第二章的相关要求进行。

第六章 一般机械领域撰写案例

附件　专利申请文件参考文本

说明书摘要

一种裁纸刀，包括手柄（2）；刀具安装部（1），位于手柄（2）前端；滚动刀片（3），其具有中心孔（31），通过轴销（4）穿设该中心孔（31）从而枢转安装在所述刀具安装部（1）；所述滚动刀片（3）可在需要裁切的纸张上滚动，从而在压力的作用下实现纸张切割。该裁纸刀边滚压边切割，无需用手按住纸张，安全方便，不易伤手。

摘要附图

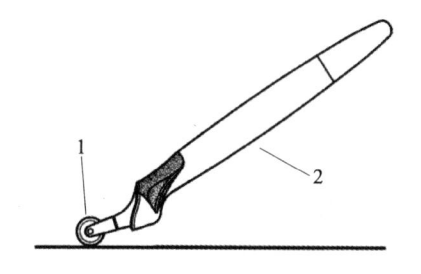

权利要求书

1. 一种裁纸刀，包括：

手柄（2）；

刀具安装部（1），位于手柄（2）前端；

滚动刀片（3），其具有中心孔（31），通过轴销（4）穿设该中心孔（31）从而枢转安装在所述刀具安装部（1）；

其特征在于：

所述滚动刀片（3）可在需要裁切的纸张上滚动，从而在压力的作用下实现纸张切割。

2. 根据权利要求1所述的裁纸刀，其特征在于，所述刀具安装部（1）包括与手柄（2）连接的结合部（11）以及连接于该结合部（11）用于安装滚动刀片（3）的支撑部（12）。

3. 根据权利要求2所述的裁纸刀，其特征在于，所述支撑部（12）为沿着所述结合部（11）单侧向下凸伸所形成单侧偏移的侧片，所述滚动刀片（3）位于该支撑部（12）一侧。

4. 根据权利要求2所述的裁纸刀，其特征在于，所述支撑部（12）为沿着所述结合部（11）两侧分别向下凸伸且间隔设置的两侧片，所述滚动刀片（3）位于该支撑部（12）的两侧片之间。

5. 根据权利要求1～4之一所述的裁纸刀，其特征在于，还包括防磨件（5），所述防磨件（5）设置在滚动刀片（3）和轴销（4）之间。

6. 根据权利要求5所述的裁纸刀，其特征在于，所述防磨件（5）为中空圆筒状轴套或者轴承，其穿设于该轴销（4）并卡制于该滚动刀片（3）上。

7. 根据权利要求1～4之一所述的裁纸刀，其特征在于，所述滚动刀片（3）可由一般具有高硬度的钢质金属或者是由具有超高硬度的钨钢金属所制成。

8. 根据权利要求7所述的裁纸刀，其特征在于，所述滚动刀片（3）的外周缘形成一刀尖（32），该刀尖（32）的前端形成一刀尖夹角（α），所述刀尖夹角（α）大于20度。

9. 根据权利要求8所述的裁纸刀，其特征在于，所述刀尖（32）为中间刀尖，即刀尖位于所述滚动刀片（3）外周缘的中间位置。

10. 根据权利要求8所述的裁纸刀，其特征在于，所述刀尖（32）为斜刀尖，即刀尖位于偏离所述滚动刀片（3）外周缘的中间位置，并在该滚动刀片（3）的两侧分别形成一高一低的侧面。

11. 根据权利要求8所述的裁纸刀，其特征在于，所述刀尖（32）为单侧刀尖，即刀尖位于所述滚动刀片（3）外周缘的单一侧。

12. 根据权利要求1～4、6、8之一所述的裁纸刀，其特征在于，所述手柄（2）包括设于其中一端的偏折杆以及与该偏折杆邻接的抓握部，该偏折杆的轴心线与抓握部的轴心线非同轴设置且彼此之间呈夹角。

说 明 书

裁纸刀

技术领域

本发明涉及一种手动裁纸工具，尤指一种裁纸刀。

背景技术

市售的裁纸刀，或者美工刀是形成在尖锐的刀尖上，一般裁纸刀或美工刀的刃超薄，且该刀刃双面夹角的角度越小越锋利，使该刀刃的刀尖就越尖，更容易在使用的过程中插入皮肤，导致小朋友使用时极易受伤，大人们都会尽量让孩子避免接触，因此减少了学童动手切、割、剪等的学习机会。

为了克服上述问题，专利文献CN******A中公开了一种裁纸刀，如图8所示，该裁纸刀包括刀柄1'、与刀柄1'连接的连接杆2'、位于连接杆2'前端的圆形刀片3'和刀片保护壳4'，以及设置于刀片保护壳4'上的刀片锁定装置6'；圆形刀片3'和刀片保护壳4'均设有中心孔并通过中心轴5'连接在一起，圆形刀片3'可以在刀片保护壳4'内部绕中心轴5'转动；刀片保护壳4'前方设置有一处缺口，由于开口较小，除纸张等较薄的物品，手指及其他物品难以伸进去，这样的设计不会出现刀片外露的情况，能有效保护使用者的安全，携带、使用及日常放置都很安全方便；刀片保护壳4'的缺口处一侧设置有刀片锁定装置6'，锁紧刀片锁定装置6'可以有效地固定刀片3'，使其在使用裁纸刀切割纸张时刀刃不转动；使用时多次使用刀刃的同一位置直至其出现缺口，打开刀片锁定装置6'，旋转刀片3'的角度，直到露在刀片保护壳4'缺口处的刀刃是完整的为止，再次锁紧刀片锁定装置6'，即可继续使用。然而，这样的裁纸刀虽然安全系数有所提高，但是使用时还需要用手按住纸张，仍然存在危险，如果刀片保护壳的缺口太小，则裁纸操作不便，缺口过大，则容易导致小孩手指的误伤，同时在刀片刃口有损而转动刀片时，也容易误伤手指。

发明内容

有鉴于前述缺失，本发明要解决的技术问题是使得裁纸刀单手即可实现正常的裁纸操作。

一种裁纸刀，包括：手柄；刀具安装部，位于手柄前端；滚动刀片，其具有中心孔，通过轴销穿设该中心孔从而枢转安装在所述刀具安装部；所述滚动刀片可在需要裁切的纸张上滚动，从而在压力的作用下实现纸张切割。

优选地，所述刀具安装部包括与手柄连接的结合部以及连接于该结合部用于安装滚动刀片的支撑部。

优选地，所述支撑部为沿着所述结合部单侧向下凸伸所形成单侧偏移的侧片，所述滚动刀片位于该支撑部一侧。

优选地，所述支撑部为沿着所述结合部两侧分别向下凸伸且间隔设置的两侧片，所述滚动刀片位于该支撑部的两侧片之间。

优选地，还包括防磨件，所述防磨件设置在滚动刀片和轴销之间。

优选地，所述防磨件为中空圆筒状轴套或者轴承，其穿设于该轴销并卡制于该滚动刀片上。

优选地，所述滚动刀片可由一般具有高硬度的钢质金属或者是有具有超高硬度的钨钢金属所制成。

优选地，所述滚动刀片的外周缘形成一刀尖，该刀尖的前端形成一刀尖夹角 α。

优选地，所述刀尖夹角 α 大于20度。

优选地，所述刀尖为中间刀尖，即刀尖位于所述滚动刀片外周缘的中间位置。

优选地，所述刀尖为斜刀尖，即刀尖位于偏离所述滚动刀片外周缘的中间位置，并在该滚动刀片的两侧分别形成一高一低的侧面。

优选地，所述刀尖为单侧刀尖，即刀尖位于所述滚动刀片外周缘的单一侧。

优选地，所述手柄包括设于其中一端的偏折杆以及与该偏折杆邻接的抓握部，该偏折杆的轴心线与抓握部的轴心线非同轴设置且彼此之间呈夹角。

本发明的裁纸刀，由于采用了滚动刀片，在切割操作时采用滚动方式下压的滚动剪力切开纸张，因此对纸张不会产生横向拉力，所以不需要用手压住纸张就可将纸张切开，防止了切割时手指被误伤的情况发生。

本发明滚动刀片的安装方式，采用设置在刀片安装部的一侧或者两侧片之间的方式，以及配合防磨件的设置，可使滚动刀片的安装方便且切割更流畅便利。

同时进一步采用大于20度的刀尖夹角，以及搭配以高硬度金属材料制成的滚动刀片，能够配合作用面与纸张平面共同形成剪力，完成锋利切开纸张的功能作用，但却又较钝不易伤手，因此刀具不论使用时或者放置时，即使手不小心碰到，都不容易受伤。

手柄包含偏折杆的设置，在刀具安装部与使用者的手之间会形成一个视野区，使用者不需要歪着头即可看到滚动刀片在纸张表面的切割。

附图说明

图1为本发明第一实施例裁纸刀的主视图；

图2为本发明第一实施例刀具的分解图；

图3为本发明第一实施例刀具的主视剖面图；

图4为本发明第一实施例滚动刀片的主视剖面图；

图5为本发明第二实施例偏斜锋的滚动刀片的主视剖面图；

图6为本发明第三实施例单斜锋的滚动刀片的主视剖面图；

图7为本发明第四实施例刀具另一样态的主视剖面图；

图8为本发明现有技术裁纸装置的主视图。

具体实施方式

下面结合附图，进一步阐述实现本发明为达成预定发明目的所采取的技术手段。

请参阅图1，图1示出了本发明的裁纸刀，裁纸刀包括有一手柄2及一安装于手柄2前端的刀具安装部1，该手柄2可以为直杆、偏折杆或任何可供手持握的工具。

本发明的第一优选实施例请参阅图1至图4所示，包括一刀具安装部1、滚动刀片3、轴销4和防磨件5，滚动刀片3通过轴销4以中心枢设在刀具安装部1上，滚动刀片3和轴销4之间设有防磨件5；所述刀具安装部1包括一结合部11以及一连接于该结合部11的支撑部12。

如图2及图3所示，所述支撑部12为沿着该结合部11单侧向下凸伸所形成的侧片，该滚动刀片3可转动地枢接于该支撑部12的一侧，该支撑部12上贯穿一固定孔13，所述轴销4贯穿该固定孔13以及该滚动刀片3的中心，使该滚动刀片3可转动地枢设在轴销4上，该轴销4可用锁合或铆合的方式连接至该支撑部12。这种安装方式简单便捷，拆卸更换都比较方便。

如图2、图3并结合图4所示，该滚动刀片3中心贯穿有一供该轴销4穿过的中心孔32，在该滚动刀片3外周缘形成一锋利的刀尖32，该刀尖32前端形成一刀尖夹角α，优选的是，该刀尖夹角α大于20度，采用大于20度的刀尖夹角，滚动刀片能够配合作用面与纸张平面共同形成剪力，完成如同锋利刀刃般切开纸张的功能作用，但却又像钝针般不易伤手，因此刀具不论使用时或者放置时，即使手不小心碰到，都不容易受伤，不需要专门设置保护罩。该滚动刀片3可由一般具有高硬度的钢质金属或者具有超高硬度的钨钢金属所制成。

刀尖32为中间刀尖，即该刀尖32的位置位于该滚动刀片3外周缘的中间位置，使该滚动刀片3于外周缘的中央形成凸起，而在该滚动刀片3的两侧形成平坦的侧面，可供抵靠于纸张进行切割。

该防磨件5可为一轴套或一轴承，该防磨件5为中空圆筒状，且穿设于该轴销4上并卡制于该滚动刀片3上，该防磨件5可以避免该滚动刀片3与该轴销4因转动而产生磨损。

手柄2可包括设于其中一端的一偏折杆，以及与该偏折杆邻接的抓握部，抓握部为呈直立的杆体，可供使用者抓握，偏折杆的轴心线与抓握部的轴心线呈夹角设置。偏折杆的设置，在滚动刀片与使用者的手之间会形成一个视野区，使用者不需要歪着头就可以看到滚动刀片3在纸张表面的切割。

本发明的第二实施例如图5所示，该滚动刀片3为偏斜锋，即斜刀尖，该刀尖32偏离该滚动刀片3外周缘的中间位置，并在该滚动刀片3的两侧分别形成一高一低的侧面，同时保持该刀尖夹角α的角度。

本发明的第三实施例如图6所示，该滚动刀片3为单斜锋，即单侧刀尖，该滚动刀片3的外周缘形成斜面，使该滚动刀片3的刀尖32形成在单一侧，而在该滚动刀片3的两侧分别形成一高一低的侧面，同时保持该刀尖夹角α的角度。

本发明的第四实施例如图7所示，所述支撑部12为沿着该结合部11两侧分别向下凸伸且间隔设置的两侧片，该滚动刀片3可转动地枢接于该支撑部12的两侧片之间，该轴销4穿设该支撑部12的两侧片及该滚动刀片3的中心，使该滚动刀片3可转动地枢设在轴销4上。采用两侧片的支撑部，使刀具切割时更稳定。

说明书附图

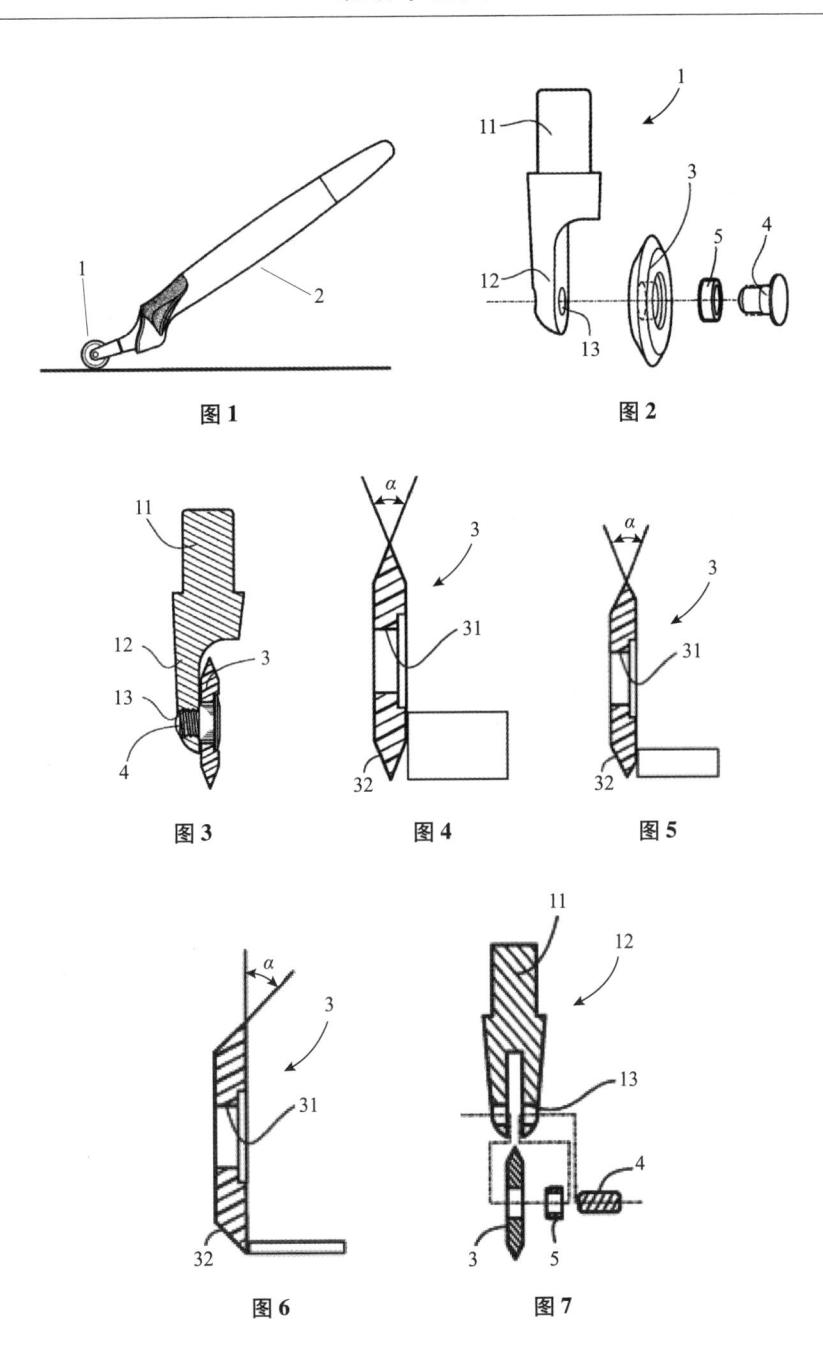

图 1

图 2

图 3

图 4

图 5

图 6

图 7

图8

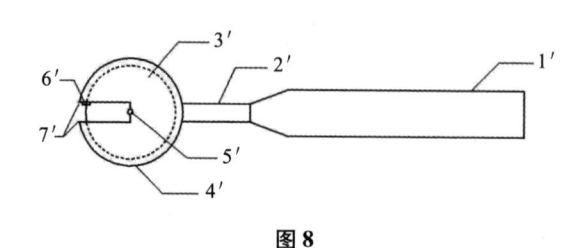

第二节　专利申请文件撰写中说明书附图的选用

——以一件内燃机启动装置案例为例

为了便于更为清楚地表述专利申请的内容，专利申请中常常包括附图，附图所能够提供的信息非常丰富，尤其是机械领域，技术方案中的部件本身结构复杂、部件和部件之间相对位置关系、部件运动过程也很复杂，此时使用文字进行描述通常会使得内容冗长，而借助于附图的呈现，说明书的文字描述就可更加直观、清晰，进而达到事半功倍的效果。此外，由附图直接、毫无疑义地确定的技术特征还可以作为修改文本的基础。

然而，说明书附图并不是绘制得越细致越好，有时一些结构简图，反而能够突出重点，使得本领域技术人员能够快速理解发明的精髓。申请人在说明书附图的实际绘制中，经常不能把握对说明书附图的绘制要求，同时也不知道如何选择合适的附图对技术方案进行清楚准确的表达。为此，本节将通过一个内燃机启动装置的案例，介绍选择和绘制说明书附图的思路，从而为申请人完善说明书附图提供参考。

一、对技术交底材料的理解和分析

客户提出希望保护一种内燃机启动装置，并要求针对所提供的技术交底材料撰写一份发明专利申请文件。

（一）客户提供的技术交底材料

现有的内燃机的启动装置中，启动小齿轮可沿轴向在后退的移除位置和驱动位置之间调节，在驱动位置启动小齿轮与内燃机的齿圈啮合。启动小齿轮安置于小齿轮轴上，该小齿轮轴经由驱动轴进行转动。启动小齿轮在轴向调节时，其轴向的移动必须得到限制，否则容易出现启动小齿轮在移除位置与内燃机齿圈的啮合事故，从而影响内燃机的启动。

现有的限制装置结构较为复杂，并且难于安装，如图6-14所示，为了安装，首先将碟形弹簧146推到小齿轮轴上，再将启动小齿轮22推到小齿轮轴上。随后，将锁止环209嵌入小齿轮轴的周面内的凹槽中。最后，将锁止元件218引入凹部内，以避免在高转速下锁止环209张开。拆卸时，锁止环209无法直接拆卸，需要将上述其他元件一一拆卸后，才能拆卸锁止环209。显然该结构较为复杂，安装和拆卸也较为麻烦。因此，本申请提出一种简单的结构限制启动小齿轮在内燃机的启动装置中的轴向运动，并且易于安装拆卸。

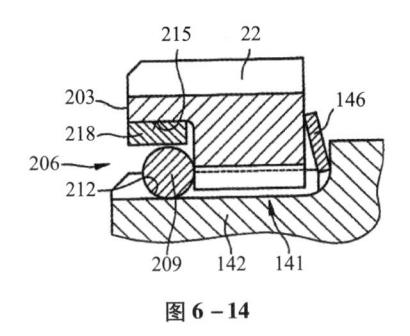

图6-14

本申请的启动装置结构如图6-15和图6-16所示。启动装置1具有启动电动机2和启动继电器3。启动电动机2和启动继电器3固定在共同的驱动端轴承盖4上。启动电动机2用于在将启动小齿轮16啮合到内燃机的齿圈17内时驱动启动小齿轮16。

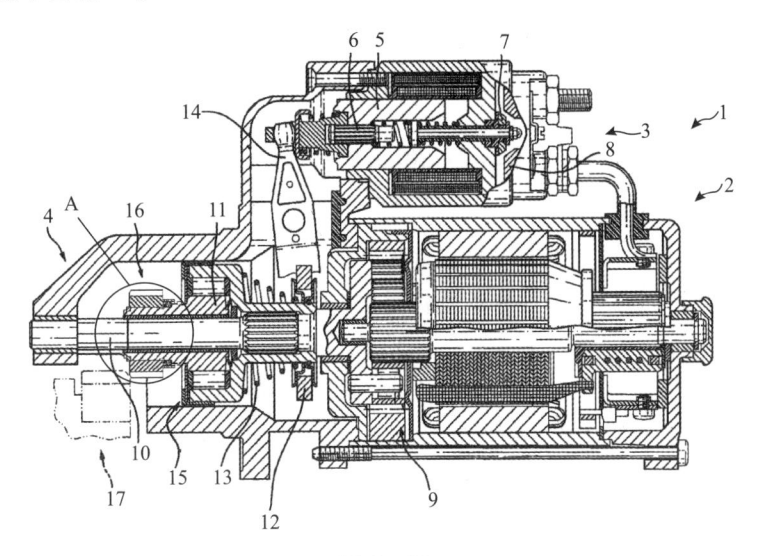

图6-15

图6-16

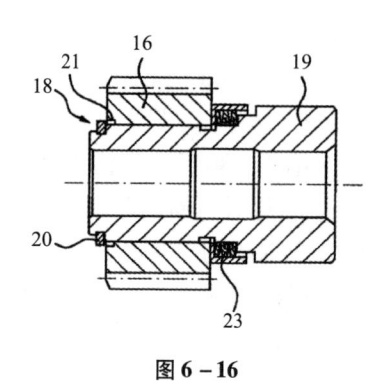

以下进一步描述启动小齿轮 16 的啮合过程。启动继电器 3 的主要作用是使得杠杆 14 可旋转地转动。启动继电器 3 通电时产生磁场，该磁场使得衔铁 5 沿朝向远离启动小齿轮 16 的方向作直线运动，带动推杆 6 同方向作直线运动。通过推杆 6 的这种运动，使得控制启动电动机的电开关触头 7 和 8 闭合，使启动电动机 2 通电。

启动电动机 2 通电后通过行星齿轮结构 9 传递动力，带动输出轴 10 旋转。单向离合器 15 安装在输出轴 10 上，单向离合器 15 的内圈 11 形成小齿轮轴，启动小齿轮 16 不可相对转动地但轴向可调节地安装于小齿轮轴上。

衔铁 5 的直线运动一方面使得启动电动机 2 通电，另一方面使得杠杆 14 可旋转地转动，杠杆 14 转动过程中驱使带动环 12 克服弹簧元件 13 的阻力朝单向离合器 15 运动并由此使启动小齿轮 16 沿轴线运动，并最终啮合到齿圈 17 中，此时启动电动机 2 的旋转通过启动小齿轮 16 传递到齿圈 17，从而完成内燃机的启动过程。

图 6-16 是图 6-15 中启动小齿轮和小齿轮轴的剖视图。止挡装置 18 设置在启动小齿轮 16 的端面之前的前进方向，通过该止挡装置限制启动小齿轮 16 相对于小齿轮轴 19 的轴向运动。止挡装置 18 包括锁止环 20，锁止环 20 嵌入小齿轮轴 19 的周面内的环绕凹槽内，相应地在启动小齿轮 16 内部靠近锁止环 20 处设置有与止挡装置 18 相配合的锁止凹部 21，在图 6-16 中，启动小齿轮 16 位于移除位置，在该移除位置，锁止环 20 直接位于启动小齿轮 16 的端面的前方，因而，锁止环 20 可嵌入小齿轮轴 19 的周面内的凹槽内或者可从该凹槽移除，从而使得锁止环 20 易于安装和拆卸。

当启动小齿轮 16 被杠杆 14 推动从而驱动后，启动小齿轮 16 处于驱动位置，在该位置，锁止环 20 被容纳在锁止凹部 21 内，该锁止凹部 21 处于启动小齿轮 16 的端面内。

以上介绍了本申请的一个实施例，本申请的另一个实施例，如下所述。

与第一个实施例相比，相同的是，止挡装置 18 包括锁止环 20，锁止环 20 嵌入小齿轮轴 19 的周面内的环绕凹槽内，相应地在启动小齿轮 16 内部靠近锁止环 20 处设置有与止挡装置相配合的锁止凹部 21，在止挡位置，锁止环 20 完全容纳在锁止凹部 21 内；不同的是，在移除位置，锁止环 20 不位于启动小齿轮 16 的端面之前的前进方向，而是位于移除凹部内，移除凹部同样设置于启动小齿轮 16 内，移除凹部一面轴向与启动小齿轮的端面直接相接，另一面轴向位于锁止凹部 21 之前，且其直径大于锁止凹部 21，从而保证锁止环 20 易于安装和拆卸。

（二）理解和分析技术交底材料

1. 对技术方案的理解

现有的内燃机启动装置中的启动小齿轮止挡装置结构复杂，且难以安装和拆卸。为解决现有技术中存在的问题，该技术交底材料中记载了一种结构简单并且易于安装和拆卸的启动小齿轮止挡装置 18，该止挡装置 18 包括安装在启动小齿轮 16 锁止凹部 21 的锁止环 20，启动小齿轮 16 可沿轴向在后退的移除位置和驱动位置之间调节，在启动小齿轮 16 的端面内设置锁止凹部 21，锁止环 20 伸入所述锁止凹部 21 中，并且锁止凹部 21 沿径向将锁止环 20 固定，启动小齿轮 16 能沿轴向移动到移除位置，在移除位置，锁止环 20 沿轴向位于锁止凹部 21 之外并且能径向扩开，此时锁止环 20 可嵌入小齿轮轴 19 的周面内的环绕凹槽内或者可从该凹槽移除，从而使得锁止环 20 易于安装和拆卸。

根据上述分析可知，本申请对内燃机启动装置中的止挡装置的结构进行了简化，使得其易于安装和拆卸，提高了启动小齿轮的运行安全性和启动装置的启动可靠性。

2. 技术交底材料存在的问题

为了使本领域技术人员在阅读申请文件时能够清晰地理解本发明，说明书中应当充分地公开技术方案的内容，目前的技术交底材料文字描述部分已经较为详细地描述了如下内容：一是启动装置和其中的止挡装置的结构；二是启动装置中止挡装置的运行方式；三是两种止挡装置的实施例的区别。而技术交底材料中有两幅附图，一幅示出了启动装置的全部结构，另一幅示出了止挡装置中的止挡结构。对于技术方案中一些可以用附图展示的内容，没有在上述两幅附图中示出，具体体现如下。

首先，附图没有准确体现启动装置中止挡装置与其他部件之间的位置关系。从启动装置的附图可见，其零部件众多，止挡装置是整个启动装置中很小的一个部件。技术交底材料中的文字描述部分描述了止挡装置的结构和工作机理，但是依靠文字描述无法体现止挡装置与其他部件的相对位置关系，需要较强的空间想象力和文字概括、表达能力，而且不够直观，此时需要进一步绘制合适的附图来对上述情况进行描述，最好能够利用附图示出止挡装置在整个启动装置中位置和与其他部件之间的关系。

其次，附图无法反映止挡装置具体的工作过程。由于止挡装置在工作过程中具有移除位置和驱动位置两种位置状况，而在这两种位置状况下止挡装置的锁止环具有不同的状态，但是技术交底材料中仅仅具有描述启动小齿轮在移除位置的附图，没有提供启动小齿轮在驱动位置的图，依靠文字描述，本领域技术人员很难准确理解启动小齿轮是朝哪个方向移动到驱动位置，而移动到驱动位置时启动小齿轮和止挡装置的锁止环的位置相对于移除位置具有何种变化，因此，需要利用附图示出止挡装置的工作过程。

最后，附图没有体现两个实施例的异同点。申请人在文字部分中描述了两个实施例，通过文字描述可以看出，当处于移除位置时，锁止环与启动小齿轮的相对位置在两个实施例中是不同的。目前仅通过文字来描述这一不同之处，社会公众和审查员很难快速直观地了解，很容易造成专利申请的技术方案描述不清楚，因此，需要利用附图来清楚地展示两个实施例的异同。

综上所述，有必要与客户进行沟通，确认技术交底材料中附图部分所存在的这三个问题。得到客户认可后，帮助客户分析确定绘制附图的思路，有针对性地解决上述三个问题。

二、附图类型的选择

面对需要解决的上述附图所存在的三个问题，首先需要选择最合适的附图类型。事实上，本书第一章第三节中已经给出了说明书附图绘制和选择的一些基本原则和示例，例如，剖视图和局部的放大图能够用于展示机械的内部结构形状，在与其他投影视图配合使用时，能够清晰呈现零部件之间的关系；而机械简图可以对机械装置的工作过程或机械运动状态的变化进行直观展示。因此，本案可结合前面介绍的内容对附图的形式作出合理的选择。

（一）可以体现部件的整体与局部位置关系的附图

在机械领域中，可以通过绘制合适的附图来准确体现某部件在整个装置的位置及与其他部件的关系。此类附图不仅能够描述整个装置的结构，清晰地展现装置的整体结构，而且能够在不影响整体结构的前提下更进一步地突出绘制者所要突出的局部结构。

在工程制图中常用以下五种方法来突出局部结构：一是在整体视图中对需要突出的结构采用鲜艳的颜色进行填充；二是在整体视图中仅仅对需要突出展示的部分进行局部剖视；三是在整体视图中对需要突出展示部分以外的结构简化绘制；四是整体视图保持不变，另外增加一幅局部放大图展示需要突出的部分；五是附图标记单独标注需要突出展示的部分，而对其他部件不标注。

对于第一种方法，其优点是可以突出地展示整体结构中需要展示的部件，但是不适合于专利申请文件的附图，因为《专利审查指南2010》中规定：说明书附图应当使用包括计算机在内的制图工具和黑色墨水绘制，线条应当均匀清晰、足够深，不得着色和涂改，不得使用工程蓝图。

对于第二种方法，其优点是也可以突出地展示整体结构中需要展示的部件，缺点是忽略了整体结构中其他功能相关部件，使得部件之间的相对位置关系描述不清楚。

对于第三种方法，在一幅附图中既有结构简图又有复杂的剖视图，其优点是能够突出重点需要展示的部件，也能展示出结构相关其他部件，缺点是简图通常采用特殊符号表示，只适用于液压、传动、齿轮等特殊领域。

对于第四种方法，能够清楚地展示出结构相关其他部件，还能够突出重点需要展示的部件，而其附图风格也能保持一致，使得整体视图更为美观，缺点是只适用于小部件的放大。

对于第五种方法，其突出地展示整体结构中需要展示的部件，缺点是忽略了整体结构中其他功能相关部件，使得本领域技术人员在理解结构时产生困难。

本案中需要合适的附图突出地展示启动小齿轮和止挡装置在整体结构中的位置关系。由于启动小齿轮和止挡装置与启动装置中的其他结构功能相关，不能忽略其他功能部件，因而第二种和第五种方法不合适；启动装置中除需要突出展示启动小齿轮和止挡装置结构之外，其他需要简化的结构大部分没有特殊符号展示，因而第三种方法也不合适；第一种方法采用彩色附图，不适用于专利申请文件，因而应当选择第四种方法来绘制附图。

（二）可以反映装置的工作过程的附图

机械领域的专利申请，常常会涉及装置的工作过程，这是一个动态的变化过程，为了清楚地展示该动态的变化过程，在附图中至少应当展示动作变化起始和最终位置两种情况，如果涉及的动作变化复杂时，还应当使用附图对状态变化过程的中间位置进行描述。

对于该类附图可供选择的主要有两种类型：一是可以选择动作变化简图，在一幅图中展示动作变化前后阶段的状态，其中动作变化后的状态以虚线展示，用箭头表示部件的运行方向；二是以一组不同工作阶段的机械图的方式示意呈现，即采用两幅图分别展示变化部件的起始位置和最终位置，用箭头表示部件的运行方向。

类型一适用于装置工作过程中移动的距离较大，并且移动的起始和最终位置前后不重叠的情况。

类型二适合用于装置中的部件移动动作简单、移动距离较少的情况，缺点是附图的数量相对于类型一要多。

本案中启动小齿轮是直线移动，移动动作简单，移动的距离也较短，因而适合选择类型二。

（三）可以体现各实施例异同的附图

在同一发明构思下，各个实施例可能在部件的结构外形、方法步骤细节上等方面存在变化。结构外形上的变化，尤其是不规则结构外形的变化，很难用语言描述清楚，此时采用附图来展示，可以达到一目了然的效果。

对于该类附图可供选择的主要有两种类型：一是两幅附图分别单独展示部件变化前后的状态；二是一组视图展示相对完整的装置，其中突出展示变化部件。

类型一适合用于展示结构变化较多、较复杂的情况，单独展示可以较清楚地反映其特点，或者是部件的结构变化与其他结构关联较低的情况；类型二适合用于展示部件的结构变化与其他结构关联度较高，结构变化较为简单的情况。

本申请中止挡装置结构的变化与其他部分的结构关联度较高，但结构变化相对不复杂，因而适合选择类型二。

应当提醒申请人或专利代理师注意的是，在绘制新的附图时，应当根据新增加的附图增加相应的文字说明解释附图。

三、附图的绘制

在确定了附图的类型后，专利代理师可以与客户进行沟通，启动附图的具体绘制工作。不同类型的附图在绘制时，面对的问题和难点也各不相同，客户可在绘制过程中与专利代理师不断沟通，确保附图呈现出最佳的效果。

（一）利用附图体现部件的位置关系

通过前述的附图选择工作，客户采用第四种方法，通过局部放大的方式，绘制了以下两种附图：第一种如图6-17所示，在整体视图中对需要放大的部分作出标记，并在整体附图的左上角部分绘制放大图；第二种如图6-18和图6-19所示，在整体视图图6-18中对需要放大的部分作出标记，并重新绘制图6-19作为放大的部分。

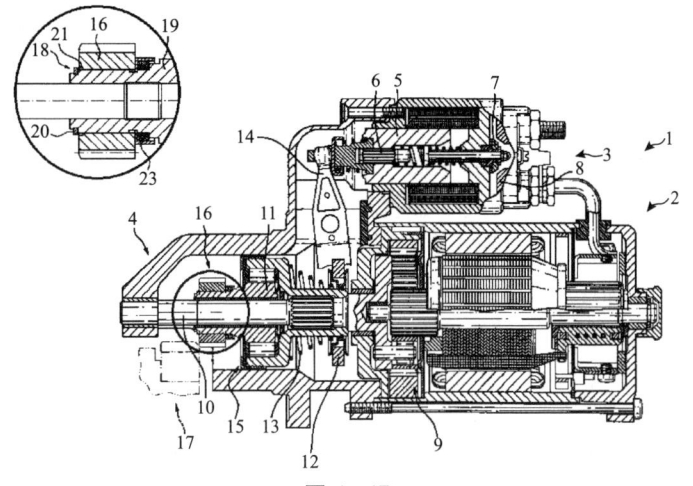

图 6-17

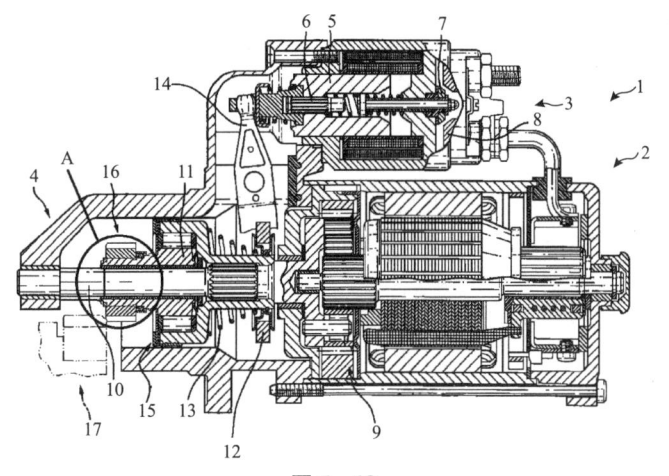

图 6-18

第一种一般用于放大非常细微的结构或者单一的零件；第二种一般用于放大局部复杂的结构或者可以包含较多的零件。因而本案选择第二种较为合适。

绘制第二种附图时应当注意，表示同一组成部分的附图标记在多幅附图中应当是一致的，这样可以避免阅读附图中由于前后同一结构的附图标记不一致产生疑惑；放大图中可以出现新的附图标记用于展示总体视图难以展示的细节，其作

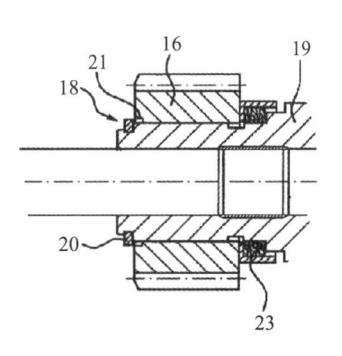

图 6-19

用是进一步强调该细节,引起注意;在说明书附图说明中应当对两幅附图的关系进行描述,具体实施方式中如有必要,也需对两幅附图的关系进行强调。

(二)利用附图反映装置的工作过程

通过前述的附图选择工作,客户按照类型二的方式绘制了以下两种附图:第一种是绘制两幅附图分别表示装置工作过程中的起始位置(图6-20)和最终位置(图6-21),并且在表示起始位置的附图中用箭头表示部件的运行方向,如图6-20和图6-21所示。

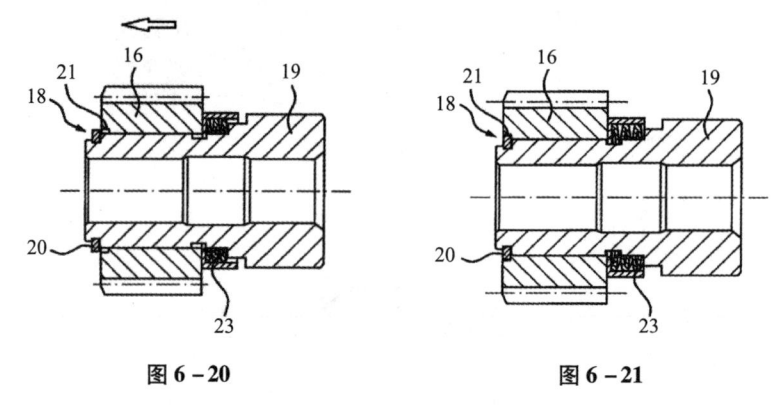

图 6-20　　　　　　　　图 6-21

第二种是在一幅附图中采用两张图分别表示装置工作过程中的起始和最终位置,并且在起始位置的附图中,用箭头表示部件的运行方向,如图6-22所示。

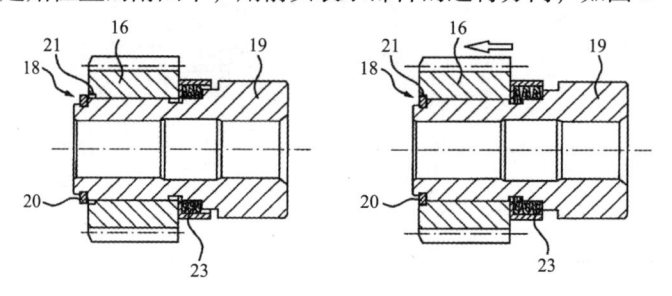

图 6-22

在绘制这两种附图时应当注意,附图的大小比例和附图标记应当一致,尤其是第二种绘制方式,其两张图的中心轴线应当对齐;如果变化部件不容易看清楚时,可以适当变形,对有变化的部件进行放大绘制,这样可以更清楚展示部件运行前后的变化;可以增加相应的附图标记,用来描述前述附图没有展示的细节。

这两种附图均直观地展示了动作变化的过程,因而两种附图均可。本节附录中专利申请文件参考文本中采用了第一种绘制方式。

对于技术方案中的另一实施例,建议也采用这样的方式绘制附图来展示该实施例中止挡装置的工作过程,参见图6-23和图6-24。同时,应在说明书文字部分中配合这些附图,补充必要的文字描述。

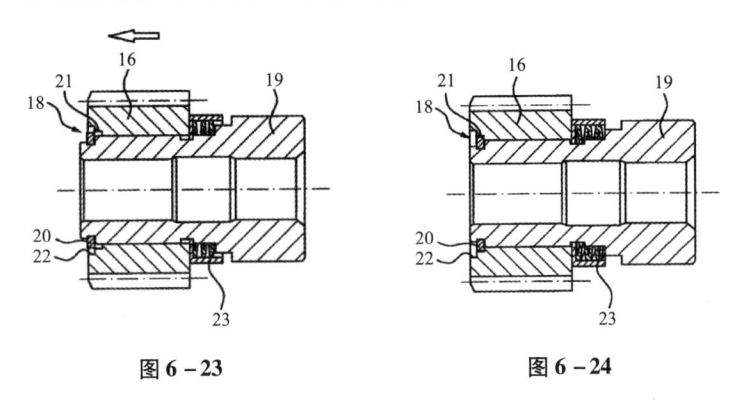

图6-23

图6-24

(三)利用附图清楚体现各实施例的异同

通过前述的附图选择工作,客户按照类型二的方式,通过对不同之处的进一步放大,绘制了以下附图。

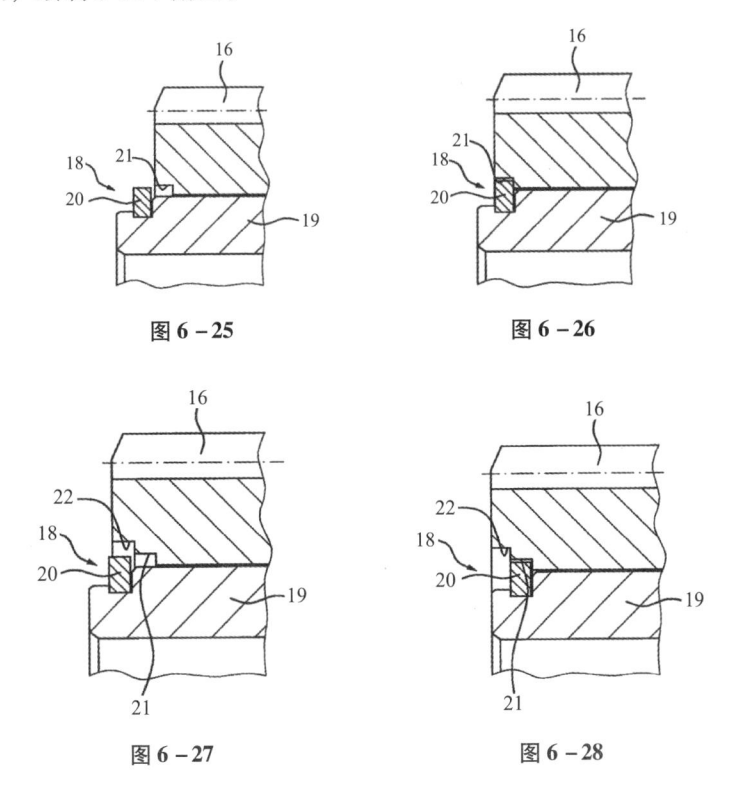

图6-25

图6-26

图6-27

图6-28

在绘制这样的附图时，为了突出区别，可以对有区别部分的比例适当放大，用于展示关键的细节结构；针对新增加的附图，在说明书中应当进行说明，使得文字和附图描述相一致。

结合附图，本领域技术人员可以明显地看出两种技术方案的区别，对比图 6-27 和图 6-28（实施例 2）展示的技术方案和图 6-25 和图 6-26（实施例 1）展示的技术方案，实施例 2 中齿轮 16 的内部具有阶梯型的凹部用于容纳锁止环 20，使得锁止环 20 在运动中始终容纳在小齿轮内，尤其是在移除位置时，实施例 2 中的锁止环 20 位于移除凹部 22 内（图 6-27），而实施例 1 中的锁止环 20 位于启动小齿轮 16 的端面之前（图 6-25）。

在新增加附图的情况下应当相应改写原技术交底材料，对原技术方案没有描述出的细节情形应当进行补充描述，对涉及两种技术方案的区别也应当补充描述，详见本节附录中专利申请文件参考文本中的相关描述。

四、案例总结

对于机械领域的专利申请，如果机械结构的改进是具体到一个装置中某个结构的改进，申请人可以先选择一个总体的视图描述清楚这个装置，同时再通过局部剖视图对改进的结构进行更详细的展示。当技术方案涉及局部结构或内部结构的改进时，这些改进的结构往往与其他部件的结构相互关联，此时仅通过整体视图很难体现技术方案的细节，故需要采用局部剖视图来进行详细的展示。

当技术方案的改进涉及装置的运动方式时，申请人可以选择在说明书附图中用箭头清晰地表示其运动的路线，这样可使得说明书文字记载的技术方案的表达更为简单和易于理解。

当技术方案的改进涉及相同部件在不同工作阶段的不同状态时，也可通过不同的视图展示装置在不同状态下的结构特点，从而使本领域技术人员直观地了解到装置在运行过程中相关部件在不同阶段下的状态，并快速准确地理解技术方案。

通过对说明书附图的合理选择，本领域技术人员依据附图提供的信息已经能够大体了解本申请相对于现有技术的改进点，因此，申请人结合附图给出的信息，将说明书撰写完整，就能够得到以下的专利申请文件。

附件　专利申请文件参考文本

说明书摘要

本发明涉及一种用于内燃机的启动装置，启动装置具有启动小齿轮，启动装置具有锁止环安装于齿轮轴上，锁止环用来限制启动小齿轮的轴向运动，使得启动小齿轮能沿轴向在移除位置和驱动位置之间移动，锁止凹部设置在启动小齿轮的端面内，锁止凹部中可以容纳锁止环，并且锁止环被锁止凹部沿径向固定，启动小齿轮能沿轴向从驱动位置移动到移除位置。

摘要附图

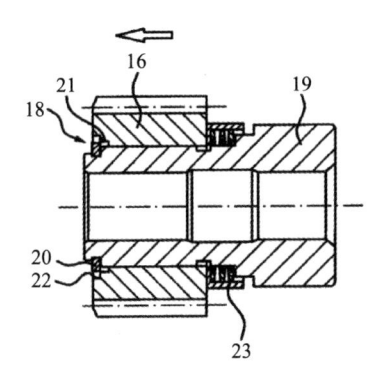

权利要求书

1. 一种用于内燃机的启动装置，所述启动装置具有：

启动小齿轮（16），所述启动小齿轮（16）用于将启动电动机（2）的旋转传递至内燃机；

齿轮轴（19），所述齿轮轴（19）连接并带动所述启动小齿轮（16）旋转；

锁止环（20），所述锁止环（20）安装在所述齿轮轴（19）上且位于所述启动小齿轮（16）邻近内燃机侧，用来限制所述启动小齿轮（16）的轴向运动；

锁止凹部（21），所述锁止凹部（21）设置在所述启动小齿轮（16）内部邻近内燃机侧；

其特征在于：在驱动位置时，所述锁止环（20）被所述锁止凹部（21）轴向容纳并径向固定，在移除位置时，所述锁止环（20）轴向不被所述锁止凹部（21）容纳，并且径向可自由扩张。

2. 如权利要求 1 所述的启动装置，其特征在于，

当启动小齿轮（16）处于所述移除位置时，所述锁止环（20）沿轴向位于所述启动小齿轮（16）的端面之前。

3. 如权利要求 1 或 2 所述的启动装置，其特征在于，

所述启动小齿轮（16）在移动到所述移除位置时，需要克服弹簧元件（23）的力。

4. 如权利要求 1 或 2 所述的启动装置，其特征在于，

在所述启动小齿轮（16）内端面轴向上与所述锁止凹部（21）临接有移除凹部（22），并且所述移除凹部（22）的直径大于所述锁止凹部（21）的直径。

5. 如权利要求 3 所述的启动装置，其特征在于，

所述移除凹部（22）的轴向宽度与所述锁止环（20）的厚度相等。

说　明　书

用于内燃机的启动装置

技术领域

本发明涉及一种内燃机，特别是涉及一种内燃机启动装置。

背景技术

在专利文献CN******A中描述了一种用于内燃机的启动装置，如图1所示，启动小齿轮可沿轴向在后退的移除位置和驱动位置之间调节，在驱动位置启动小齿轮与内燃机的齿圈啮合。启动小齿轮安置于小齿轮轴上，该小齿轮轴经由驱动轴进行转动。启动小齿轮在轴向调节时，为了避免出现启动小齿轮与内燃机齿圈的啮合故障，其轴向的移动得到限制，其中采用锁止环209进行限制，而为了安装锁止环209，首先将碟形弹簧146推到小齿轮轴上，再将启动小齿轮推到小齿轮轴上。随后，将锁止环209嵌入小齿轮轴的周面内的环绕凹槽中，最后将锁止元件218引入凹部内，以避免在高转速下锁止环张开。显然该结构较为复杂，安装和拆卸也较为麻烦。

发明内容

为了解决上述问题，本发明提供一种通过简单的结构限制启动小齿轮内燃机的启动装置中的轴向运动，并且该结构安装和拆卸均简单方便。

根据本发明，该技术问题的解决通过以下技术方案实现：一种用于内燃机的启动装置，所述启动装置具有以下几部分：启动小齿轮，所述启动小齿轮用于将启动电动机的旋转传递至内燃机；齿轮轴，所述齿轮轴连接并带动所述启动小齿轮旋转；锁止环，所述锁止环安装在所述齿轮轴上且位于所述启动小齿轮邻近内燃机侧，用来限制所述启动小齿轮的轴向运动；锁止凹部，所述锁止凹部设置在所述启动小齿轮内部邻近内燃机侧。其特征在于：在驱动位置时，所述锁止环被所述锁止凹部轴向容纳并径向固定，在移除位置时，所述锁止环轴向不被所述锁止凹部容纳，并且径向可自由扩张。

本发明还具有另一种实施例，在启动小齿轮内与锁止凹部临接有移除凹部，该移除凹部的直径比锁止凹部的直径大，使得即使锁止环位于启动小齿轮内，锁止环也可径向扩开。移除凹部一面轴向与启动小齿轮的端面直接相接，另一面轴向位于锁止凹部之前，且其直径大于锁止凹部，从而保证锁止环易于安装和拆卸。

进一步地，当启动小齿轮处于所述移除位置时，所述锁止环沿轴向位于所述启动小齿轮的端面之前。

进一步地，所述启动小齿轮在移动到所述移除位置时，需要克服弹簧元件的力。

进一步地，在所述启动小齿轮内端面轴向上与所述锁止凹部临接有移除凹部，并且所述移除凹部的直径大于所述锁止凹部的直径。

进一步地，所述移除凹部的轴向宽度与所述锁止环的厚度相等。

本发明的有益效果在于：当启动小齿轮处于所述移除位置时，所述锁止环沿轴向位于所述启动小齿轮的端面之前，从而使得锁止环的安装和拆卸更为简单。为了到达移除位置，需要克服弹簧元件的力移动启动小齿轮。由此可确保启动小齿轮在没有外部作用的情况下通过弹簧元件的力沿驱动到锁止位置。

附图说明

图1是本申请现有技术的附图；

图2示出了用于内燃机的启动装置的纵向剖视图；

图3是图2中启动小齿轮和止挡装置的放大剖视图；

图4是图3中启动小齿轮和止挡装置在另一状态下的放大剖视图；

图5到图6示出了根据图2到图3的图示的另一实施例；

图7到图8示出了启动小齿轮和具有锁止环的小齿轮轴之间的区域的放大图；

图9到图10示出了根据图6到图7的图示的另一实施例。

具体实施方式

图2示出了启动装置1。启动装置1具有启动电动机2和启动继电器3。启动电动机2和启动继电器3固定在共同的驱动端轴承盖4上。启动电动机2用于在将启动小齿轮16啮合到内燃机的齿圈17内时驱动启动小齿轮16。

以下进一步描述启动小齿轮16的啮合过程。启动继电器3的主要作用是使得杠杆14可旋转地转动。启动继电器3通电时产生磁场，该磁场使得衔铁5沿朝向远离启动小齿轮16方向做直线运动，带动推杆6同方向作直线运动。通过推杆6的这种运动，使得控制启动电动机的电开关触头7和8闭合，使启动电动机2通电。

启动电动机2通电后通过行星齿轮结构9传递动力，带动输出轴10旋转。单向离合器15安装在输出轴10上，单向离合器15的内圈11形成小齿轮轴，启动小齿轮16不可相对转动地但轴向可调节地安装于小齿轮轴上。

衔铁5的直线运动一方面使得启动电动机2通电，另一方面其使得杠杆14可旋转地转动，杠杆14转动过程中驱使带动环12克服弹簧元件13的阻力朝单向离合器 15 运动并由此使启动小齿轮 16 沿轴线运动,并最终啮合到齿圈 17 中,此时启动电动机 2 的旋转通过启动小齿轮 16 传递到内燃机齿圈 17,从而完成内燃机的启动过程。

图 3 是图 2 中的标识为 A 部分启动小齿轮和小齿轮轴的剖视图。止挡装置 18 设置在启动小齿轮 16 的端面之前的前进方向,启动小齿轮 16 的前进方向在图 3 中用箭头标注,通过该止挡装置限制启动小齿轮 16 相对于小齿轮轴 19 的轴向相对运动。止挡装置 18 包括锁止环 20,锁止环 20 嵌入小齿轮轴 19 的周面内的环绕凹槽内,相应地,在启动小齿轮 16 内部靠近锁止环 20 处设置有与止挡装置相配合的锁止凹部 21。在图 2 中,启动小齿轮 16 能克服弹簧元件 23 的力而移动到所述移除位置,在该移除位置,锁止环 20 直接位于启动小齿轮 16 的端面的前方,因而,锁止环 20 可嵌入小齿轮轴 19 的周面内的环绕凹槽内或者可从该凹槽移除,从而使得锁止环 20 易于安装和拆卸。

在图 4 中,当启动小齿轮 16 被杠杆 14 推动从而驱动后,启动小齿轮 16 处于驱动的位置,在该位置,锁止环 20 被容纳在锁止凹部 21 内,该锁止凹部 21 处于启动小齿轮 16 的端面内。

以上介绍了本申请的一实施例,本申请还有另一实施例如下所述。

参照图 5 和图 6,止挡装置 2 有部分不同,相同的是止挡装置 18 包括锁止环 20,锁止环 20 嵌入小齿轮轴 19 的周面内的环绕凹槽内,相应地在启动小齿轮 16 内部靠近锁止环 20 处设置有与止挡装置相配合的锁止凹部 21,在止挡位置,锁止环 20 完全容纳在锁止凹部 21 内;不同的是,在移除位置,锁止环 20 不位于启动小齿轮 16 的端面之前的前进方向,而是位于移除凹部 22 内,移除凹部 22 同样设置于启动小齿轮 16 内,移除凹部 22 一面轴向与启动小齿轮的端面直接相接,另一面轴向位于锁止凹部 21 之前,且其直径大于锁止凹部 21,从而保证锁止环 20 易于安装和拆卸。

具体的两种实施例的区别,可以参照图 7 至图 10 进一步明确。

在图 7 和图 8 中,在驱动位置,锁止环 20 完全位于锁止凹部 21 内。在锁止环 20 的径向外表面与锁止凹部 21 的径向围绕的内侧面之间存在较小的环形间隙,其中,同样存在使锁止环 20 的外侧面与锁止凹部 21 的内壁直接接触的情况,此时不具有环形间隙。

在图 9 和图 10 中锁止环 20 在径向具有离移除凹部 22 的内侧面的足够远的距离,使得锁止环 20 可以径向扩开并且可以从启动小齿轮 19 的周面内的环绕凹槽中移除。这允许移除位于启动小齿轮 16 内的锁止环 20 或者将锁止环 20 嵌入小齿轮轴的周面内的环绕凹槽内。

说明书附图

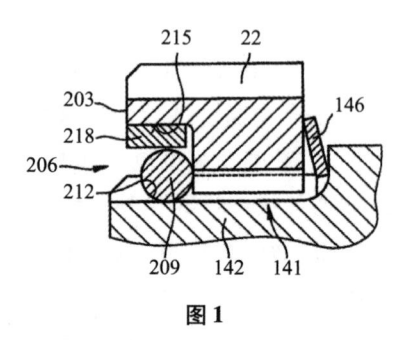

图 1

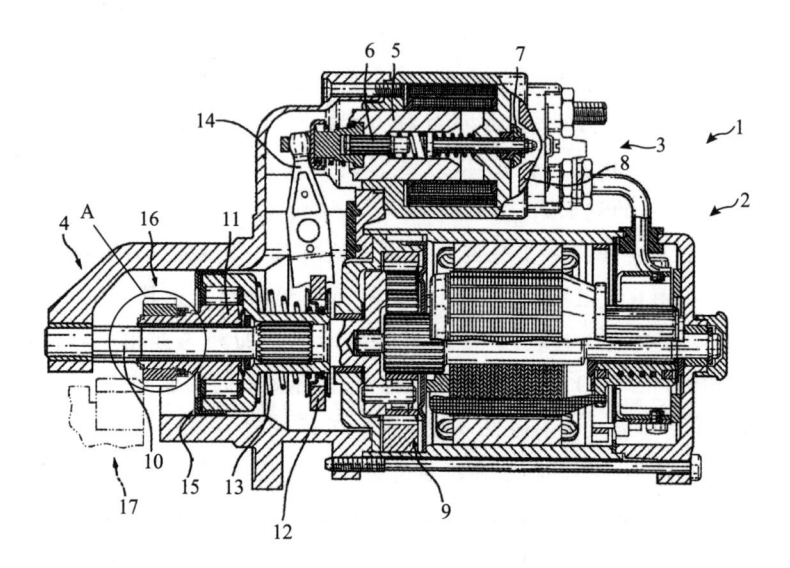

图 2

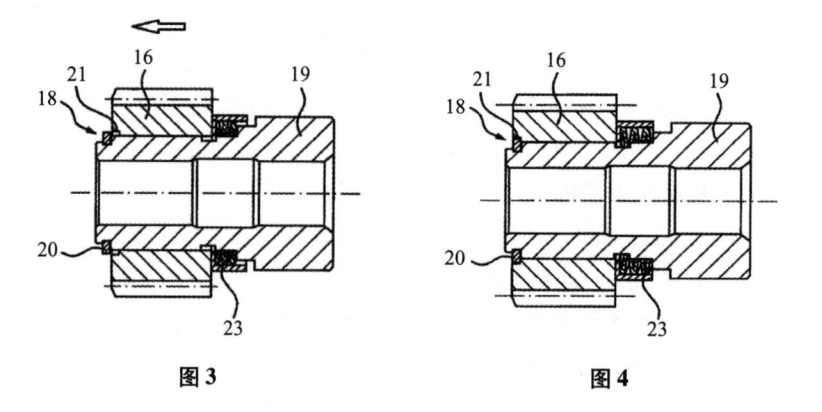

图 3

图 4

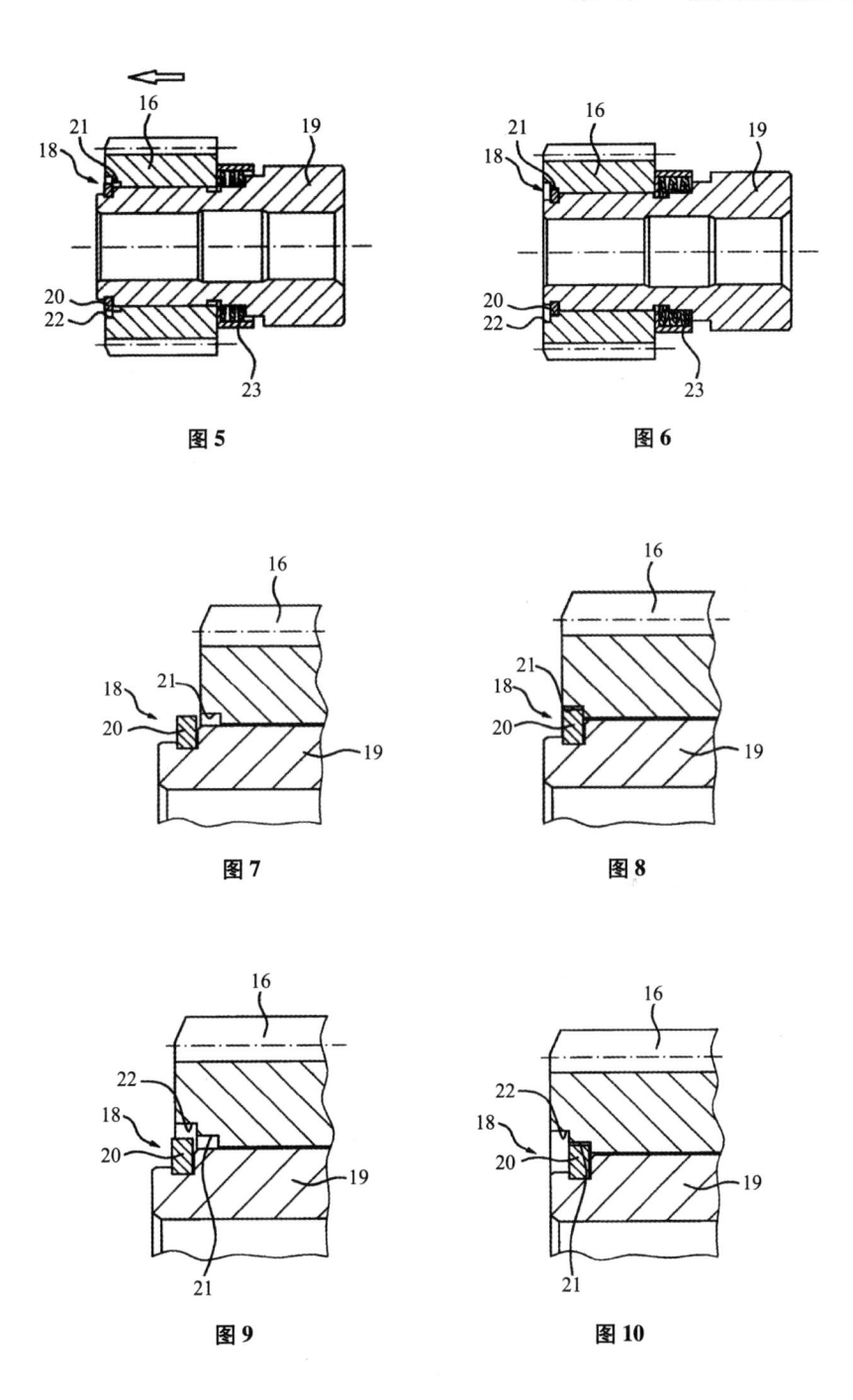

图 5

图 6

图 7

图 8

图 9

图 10

第三节　机械领域方法权利要求书的一般撰写思路
——以一件压缩机案例为例

在机械领域，方法权利要求书通常涉及两类技术方案，一类是围绕产品的加工制造方法，如第一章第一节提及的"一种制动鼓的制造方法"；另一类是围绕装置的控制方法。后者在撰写其权利要求书时，不仅会涉及控制过程的步骤，还会涉及控制对象之间的相互关系，往往成为撰写的一个难点。

因此，本节将围绕"一种变容压缩机控制方法"的发明专利申请，重点介绍专利代理师如何通过对技术交底材料给出的若干实施例进行合理概括与归纳，得出整体的变容压缩机的控制方法，使得最终形成的权利要求书能够全面体现出发明实质并覆盖较大的保护范围。

一、对技术交底材料的理解和分析

客户提出希望保护一种变容压缩机的控制方法，并要求针对所提供的技术交底材料撰写一份发明专利申请文件。

（一）客户提供的技术交底材料

压缩机运行一段时间后，由于自然冷凝作用，压缩机本体的吸气口之前的管路会有液体冷媒积存，当压缩机从停机状态切换为开机启动时，液体冷媒有可能直接被压缩机吸入而出现液击现象，这样会对压缩机造成损害。

图6-29是现有技术CN××××××A中可防止液击的旋转压缩机的具体结构，其中包括：压缩机本体100、电机101、压缩机构102、排气口103、气液分离器104、加热器105、三通阀106、管路107等，压缩机本体100的部分排气进入加热器105，对气液分离器104进行加热，使得压缩机本体100吸入的冷媒充分气化，避免液击。尽管图6-36中显示的是单缸压缩机，但对于双缸压缩机而言，通过在气液分离器上设置加热器以防止液击依然是可行的。上述压缩机运行时，加热器时刻对气液分离器进行加热，可能会导致压缩机出现吸气过热现象，影响效率，且由于作为加热对象的气液分离器体积较大，导致加热面积大，能耗较高。

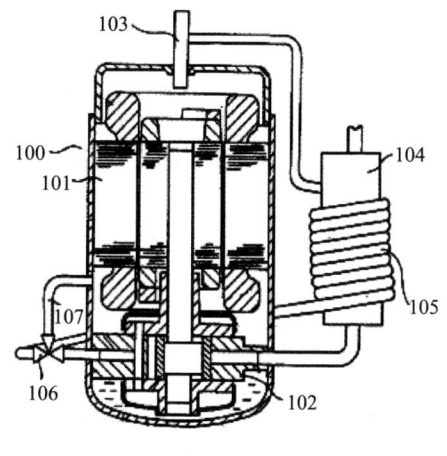

图 6-29

为改进上述不足，本申请提出了这样一种双缸变容压缩机控制方法，如图 6-30 所示，变容压缩机包括压缩机本体 1、换向阀 2、泄压阀 3、气液分离器 4 和加热器 5，其中压缩机本体 1 包括第一吸气口 11 和排气口 13，换向阀 2 具有两个端口，换向阀 2 的第一端口 21 通过管路 6 与压缩机本体 1 的第一吸气口 11 连通，第二端口 22 与压缩机本体 1 的排气口 13 连通。泄压阀 3 也具有两个端口，泄压阀 3 的第一端口 31 与气液分离器 4 的第一端口 41 连通，第二端口 32 与压缩机本体 1 的第一吸气口 11 连通。气液分离器 4 的第二端口 42 与压缩机本体 1 的第二吸气口 12 连通。

当变容压缩机双缸运行时，由于压缩机排气温度较高，从气液分离器 4 分离的气体在被吸入压缩机之前不易冷凝，压缩机通常不会出现液击现象。当变容压缩机单缸运行时，管路 6 中会出现液体冷媒积存的情况，因此将加热器 5 设置在管路 6 上，用于对管路 6 中积存的液体冷媒加热。通过这样设置，就可以避免压缩机出现液击，而且将加热对象从气液分离器换成了管路，大大减小了加热面积，可在很大程度上降低能耗。

加热器 5 可为电加热器，采用触发器（未图示）控制换向阀 2 和泄压阀 3 的开关状态，并根据换向阀 2 和泄压阀 3 的开关状态控制加热器的得电状态。

变容压缩机控制方法的四个具体运行工况如下。

第一工况为：考虑到压缩机本体 1 在单缸模式下，管路 6 会出现积存液体冷媒的情况，相应的处理步骤为：打开换向阀 2，关闭泄压阀 3，压缩机本体 1 按单缸运行模式运行，加热器 5 对管路 6 中积存的液体冷媒加热。

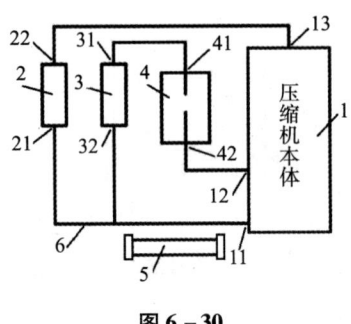

图 6-30

第二工况为：压缩机本体 1 按双缸运行模式运行，执行以下步骤：关闭换向阀 2，打开泄压阀 3。按照上述步骤，压缩机本体 1 按双缸运行模式运行，加热器 5 处于不工作状态。

第三工况为：当需要将压缩机本体 1 从双缸运行模式切换到单缸运行模式时，执行以下步骤：打开换向阀 2，关闭泄压阀 3。按照上述步骤，压缩机本体 1 切换到单缸运行模式，加热器 5 对管路 6 中积存的液体冷媒加热。

第四工况为：当需要将压缩机本体 1 从单缸运行模式切换到双缸运行模式时，执行以下步骤：打开泄压阀 3，关闭换向阀 2，同时关闭加热器 5，加热器 5 对管路 6 停止加热。

上述实施例中变容压缩机的单缸运行模式或双缸运行模式的启动、切换条件，通常根据室内温度与环境温度的差值来进行选择，当制冷或制热负荷大时采用双缸模式，当负荷小时采用单缸运行模式，用户可根据实际需要自行选择设定。

（二）理解和分析技术交底材料

1. 对技术方案的理解

现有的压缩机由停机状态切换为开机状态时，由于管路中可能有积存的液体冷媒而导致液击现象，从而引出了现有技术中可防止液击的压缩机，但该压缩机在解决液击的同时还具有效率低、能耗大的缺点。为解决上述问题，本申请提供了一种变容压缩机的控制方法，使用该方法可避免压缩机吸入液体冷媒出现液击现象，同时还能减少能耗。具体而言，技术交底材料提供了一种变容压缩机的具体结构，并提供了该变容压缩机的具体工作过程，即其控制方法的四个工况：第一工况对应的是变容压缩机处于单缸运行模式，第二工况对应的是变容压缩机处于双缸运行模式，第三工况对应的是变容压缩机从双缸切换到单缸运行模式，第四工况对应的是变容压缩机从单缸切换到双缸运行模式。相比现有技术中需要对气液分离器时刻加热，本申请通过加热器更有针对性地对管路进行间歇性加热来避免液击，同时降低能耗，较好地解决了现有技术中存在的问题。

2. 分析技术交底材料的不足

从技术交底材料中可以看出，虽然每个工况表达得很清楚，但是变容压缩机的控制方法还是没有形成为一个整体，客户对各模式的启动、切换条件没有交代，只是在技术交底材料的最后一段指出压缩机的启动、运行模式的选择都可以按照本领域的常规手段进行处理。因此，在梳理本申请的控制方法时，可以按照本领域的常规手段对压缩机的启动及运行模式的条件及选择方式进行补充，从而从整体上概括出本申请的变容压缩机控制方法。另外，目前的技术交底材料没有控制流程图，也不利于清楚地表达控制方法的各个步骤。

具体而言，在初始阶段，首先应该进行压缩机单缸或双缸运行模式的选择。例如可将室温与环境温度值进行比较后选择压缩机的运行模式，若负荷较小而选择单缸运行模式，则按照第一工况的方法操作：触发器打开换向阀2、关闭泄压阀3，启动压缩机本体1处于单缸运行模式，同时启动加热器5对管路6中积存的液体冷媒加热；若负荷较大而选择双缸运行模式，则按照第二工况的方法操作：触发器关闭换向阀2、打开泄压阀3，启动压缩机本体1，压缩机本体1处于双缸运行模式；压缩机运行一段时间后，再次将室温与目标温度值进行比较，若需要从初始双缸模式切换到单缸模式，则按照第三工况的方法操作：关闭泄压阀3、同时打开换向阀2，启动加热器5对管路6中积存的液体冷媒加热；若需要从初始单缸模式切换到双缸模式，则按照第四工况的方法操作：打开泄压阀3、同时关闭换向阀2，压缩机本体1切换到双缸运行模式，同时关闭加热器5停止加热；若将该变容压缩机系统停机，则关闭压缩机本体1，关闭换向阀2、泄压阀3，整个系统停止运行。这样就将该变容压缩机启动、运行、切换、关闭的整个过程按照时间顺序完整、清晰地表述出来，变容压缩机的控制方法也作为一个整体进行了概括，即：压缩机启动时进行运行模式的选择，若初始阶段选择双缸运行模式，则关闭换向阀—打开泄压阀—启动压缩机本体；若初始阶段选择单缸运行模式，则打开换向阀—关闭泄压阀—启动压缩机本体—启动加热器（加热管路中积存的液体冷媒）；运行一定时间后，若从初始双缸模式切换到单缸模式，则关闭泄压阀—打开换向阀—启动加热器（加热管路中积存的液体冷媒）；运行一定时间后，若从初始单缸模式切换到双缸模式，则打开泄压阀—关闭换向阀—关闭加热器。另外，还可以看出整体控制方法包括两个阶段，一是启动阶段，在此阶段对压缩机运行模式进行选择；二是压缩机启动、运行了一定时间后，在此阶段还可以对压缩机运行模式进行切换。以上概括出的整体控制方法可以作为下一步撰写的基础。

3. 申请文件的初步撰写思路

比较现有技术中具有加热器的压缩机和本申请的变容压缩机，可以看出两者在组成部件上基本相同，都具有压缩机本体、气液分离器、加热器、泄压阀、换向阀（图6-29中三通阀相当于本申请的泄压阀和换向阀）、管路等，只是加热器的安装位置不同。从产品权利要求的角度衡量，两者的差异是比较小的，但从方法权利要求的角度衡量，两者的差异就比较大。现有技术中的加热器时刻在工作，控制方法单一，在避免压缩机液击的同时也带来了效率低、能耗大的缺点；而本申请的控制方法则较为全面，虽然本申请的变容压缩机具有的部件与现有技术类似，但是实现了更加精准的控制，通过将室温与环境温度值进行比较后根据负载大小选择压缩机不同的运行模式，加热器的开启是间歇性的，从而一并解决了上述所有技术问题，既能避免液击，还能减小能耗，同时对效率的影响不大。本申请的技术构思是着重于变容压缩机控制方法，即与上述四个工况对应的变容压缩机的控制方法，因此，适合以方法权利要求的形式进行保护，这样才能够将本申请与现有技术最核心的区别体现出来。

本申请如果请求保护一种压缩机的控制方法，其权利要求书通常包含三个方面的内容：一是与压缩机控制方法相关的压缩机组成元件；二是相应的控制阀件及其与压缩机的连接关系；三是压缩机组成元件与控制阀件的配合使用关系。这类方法权利要求书撰写时，容易出现以下问题：①由于压缩机的组成元件众多，组成元件写入权利要求书中太多可能导致权利要求保护范围过窄，而写入特征少了又可能存在缺少必要技术特征的情形；②只是将控制阀件孤立地罗列出来，而没有将控制阀件与压缩机的连接关系限定清楚；③对复杂的控制过程难以准确把握，将整个控制过程或大部分控制过程全部限定在独立权利要求中，没有体现出控制方法的阶段性、层次性特点。这些问题需要在撰写时予以关注，避免出现。

关于本申请权利要求请求保护的主题类型，虽然客户提供的技术交底材料中主要涉及变容压缩机的控制方法，但为了增强对技术改进的保护力度，对实施该方法的变容压缩机也可尝试以产品权利要求的形式进行保护，即"方法为主，产品为辅"，使客户的发明创造切实得到全方位保护。

在进行了上述分析之后，下一步需要与客户进行沟通，以进一步确认专利代理师的分析是否正确、发明的保护主题是否合适等，进而与客户对于技术构思、技术要点和专利撰写方面的问题达成共识。

(三) 与客户的沟通和确认

在对本申请进行深入分析之后，针对几个关键点与客户进行充分沟通，希望客户在技术交底材料中给予澄清或补充如下内容。

一是对技术内容的理解，将专利代理师在前期对技术内容的整体理解、充实后的技术方案、总结出的控制方法的整体流程等告知客户，请客户确认理解得是否准确。

二是确定权利要求请求保护的主题类型，将本申请的压缩机与现有技术差别不大，而其控制方法与现有技术显著不同，具有控制全面、节能突出的优点告知客户，并向客户推荐"方法为主，产品为辅"的保护思路，请客户给予确认。

三是请客户补充流程图，通常情况下，与控制方法对应的有流程图，流程图可以较为简洁、直观地将控制方法展现出来，且其通常作为说明书附图的重要组成部分，但在技术交底材料中没有出现，因此，请客户补充与控制方法对应的流程图。

客户答复的主要意见如下。

1. 专利代理师对本申请技术方案的理解正确，总结得出的控制方法的整体流程与实际情况相符，陈述本申请具体的开机条件如下：首先检测室内温度与环境温度，然后根据两者的差值选择初始运行模式，若两者的差值小于第一规定值，说明负荷较大，需要采用双缸运行模式；若两者的差值大于第一规定值，说明负荷较小，采用单缸运行模式即可。例如在常规的家居环境时第一规定值可取为10℃。具体的模式切换条件如下：压缩机运行一段时间后，可以再次检测室内温度，计算室内温度与目标温度的差值，对于初始阶段为单缸运行模式的，若差值小于第二规定值，单缸运行模式可保持不变，若差值大于第二规定值，说明在单缸运行模式下制冷（制热）能力不足，则切换到双缸运行模式；对于初始阶段为双缸运行模式的，若差值小于第二规定值，说明此时的负荷已不大，可以切换到单缸运行模式，若差值大于第二规定值，说明此时的负荷依然较大，应继续保持双缸运行模式，第二规定值通常较小，例如可取1℃~2℃区间的任一值。

2. 同意专利代理师为本申请设计的保护思路，以保护控制方法为主、保护产品为辅。

3. 同意专利代理师要求补充流程图的建议，根据总结得出的控制方法绘制了对应的流程图，如图6-31所示。

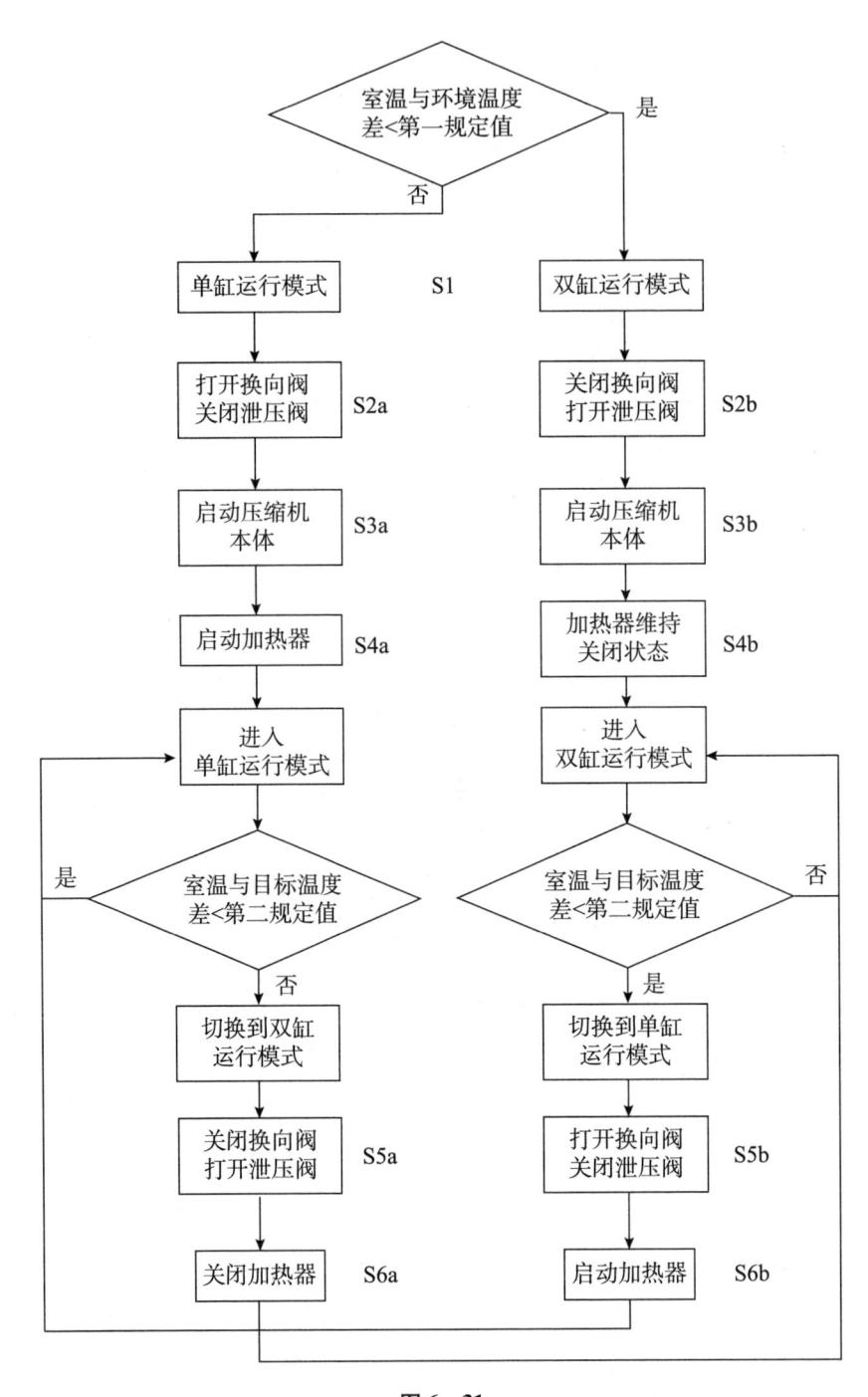

图 6-31

二、权利要求书撰写的主要思路

权利要求按照性质划分有两种基本类型，即产品权利要求和方法权利要求。方法权利要求通常用于保护制造方法、使用（控制）方法、通讯方法、处理方法等，对于适合以方法权利要求进行保护的技术主题，应该建议客户提交具有方法权利要求的申请文件，如前面所分析的，已经与客户确定了本申请将以保护方法权利要求为主。下面具体分析一下方法权利要求的撰写特点。

方法权利要求的撰写与产品权利要求的撰写在撰写思路上有类似之处，如都需要罗列出技术特征、筛选出必要技术特征；但也有其特别之处，具体而言，方法权利是活动的权利要求，包含时间过程要素，这是方法权利要求不同于产品权利要求的显著特点，而且上述包含时间过程要素的技术特征均显示在方法流程图中。因此，在方法权利要求的撰写中，可以首先从方法流程图中找出技术特征，将每个技术特征在方法流程图中的位置、作用准确把握，进而概括出发明构思，并在此基础上进一步分析技术方案，最终撰写出独立权利要求和从属权利要求。

在撰写方法权利要求时，针对某一要求保护的技术主题，建议按照如下步骤进行撰写：

① 理解该要求保护的技术主题的实质性内容，从方法流程图中找出技术特征。

② 根据最接近的现有技术，确定该技术方案要解决的技术问题及解决上述技术问题所需的全部必要技术特征。

③ 结合方法流程图撰写独立权利要求。

④ 结合方法流程图撰写从属权利要求。

下面结合本案例欲重点保护的变容压缩机控制方法，具体说明撰写此类申请文件的主要思路。

（一）基于所述方法的流程图确定技术特征

从客户补交的方法流程图可以清晰看出，本申请的控制方法包括两大分支、四条线：两大分支是初始阶段的运行模式的不同选择，四条线分别对应单缸运行模式、双缸运行模式、双缸模式切换单缸模式、单缸模式切换双缸模式，即：

若初始阶段选择确定为双缸运行模式，则关闭换向阀、打开泄压阀—启动压缩机本体—加热器维持为关闭状态；

若初始阶段选择确定为单缸运行模式，则打开换向阀、关闭泄压阀—启动压缩机本体—启动加热器（加热管路中积存的液体冷媒）；

运行一定时间后，若从初始双缸模式切换到单缸模式，则打开换向阀、关闭泄压阀—启动加热器（加热管路中积存的液体冷媒）；

运行一定时间后，若从初始单缸模式切换到双缸模式，则关闭换向阀、打开泄压阀—关闭加热器；

由此，即可以从方法流程图中找出本申请的技术特征，将技术特征一一列出并编号，得到如下结果：

（1）确定压缩机的运行模式为单缸运行模式或双缸运行模式；

（2）若确定为单缸运行模式，则打开换向阀、关闭泄压阀；

（3）启动压缩机本体；

（4）启动加热器；

（5）若确定为双缸运行模式，则关闭换向阀、打开泄压阀；

（6）加热器维持关闭状态；

（7）换向阀的两个端口分别与压缩机本体的第一吸气口和排气口相连；

（8）泄压阀的两个端口分别与压缩机本体的第一吸气口和气液分离器相连；

（9）加热器设置在换向阀的第一端口和压缩机本体的第一吸气口之间的管路上；

（10）触发器控制换向阀和泄压阀的开关状态；

（11）加热器是电加热器，触发器根据换向阀和泄压阀的开关状态控制加热器的得电状态。

技术特征（1）至（11）是本申请的控制方法在初始阶段所需的，如前所述，本申请的控制方法存在阶段性、层次性特点，即在压缩机运行一定时间后的后续阶段，还可以根据控制需要实现单缸运行模式和双缸运行模式的相互切换，实现这两种运行模式相互切换所需的技术特征实际上也均已包含在技术特征（1）至（11）中，因此，本申请的全部技术特征均已找出。

（二）分析现有技术，确定必要技术特征

在理解了本申请的技术方案后，需要确定最接近的现有技术。

1. 分析并确定最接近的现有技术

客户在技术交底材料中所说明的现有技术与本申请属于相同的技术领域，可通过设在气液分离器外部的加热器加热冷媒防止液击，专利代理师经过简单检索，并未发现比技术交底材料中的现有技术公开了本申请更多技术特征的文献，也未发现能实现发明的功能的其他领域的文献，因此确定客户在技术交底材料中所说明的现有技术 CN×××××××A（下称对比文件1）是本申请最接近的现有技术。

2. 确定本案要解决的技术问题

在确定本申请最接近的现有技术后，进一步分析可以得出本申请相对于对比文件1的主要区别是，变容压缩机运行时，加热器根据不同的需要对管路间歇性加热（或加热，或不加热）。上述改进带来的最主要的技术效果是在避免变容型压缩机产生液击的同时降低能耗，因此，将本申请要解决的技术问题确定为提供一种高效地防止变容压缩机产生液击的方法。

3. 列出为解决技术问题所必须包括的全部必要技术特征

如前所述，本申请包括（1）至（11）项技术特征，将上述特征在技术方案中起到的作用进行列表分析，得到表6-1。

表6-1 各技术特征的作用列表

特征序号	所起作用
（1）~（6）	体现本申请控制方法步骤
（7）~（9）	为变容压缩机的运行提供载体
（10）	对换向阀和泄压阀的驱动元件的进一步限定
（11）	对加热器的形式及其控制方式的进一步限定

从表6-1可以看出，特征（1）~（6）是体现本申请控制方法步骤的必不可少的组成部分，与本申请的技术问题密切相关，也是本申请区别于现有技术的显著特征，它们与特征（7）~（9）有机结合，用以解决本申请所要解决的技术问题，因此这六个特征是本申请变容压缩机控制方法这一技术主题的必要技术特征。特征（7）~（9）为变容压缩机的运行提供载体，是本申请压缩机控制方法存在的基础，若缺少其中任何一个部件或部件间的连接关系改变，压缩机的控制方法将无法实施，因此特征（7）~（9）也是本申请为改进压缩机防止液击的方法这一技术问题的必要技术特征。

特征（10）是对换向阀和泄压阀的驱动元件的进一步限定，其作用是为了使换向阀和泄压阀的操控更加灵敏快捷，因此特征（10）不是本申请为改进压缩机防止液击的方法这一技术问题的必要技术特征。特征（11）对加热器的形式及其控制方式作了进一步的限定，因此特征（11）也不是本申请为改进压缩机防止液击的方法这一技术问题的必要技术特征。

最终确定出本申请为解决技术问题所需的全部必要技术特征为：特征（1）~（9）。

（三）结合方法流程图撰写独立权利要求

在确定出必要技术特征后，逐步撰写出独立权利要求。

① 根据最接近的现有技术和所确定的本申请要解决的技术问题，将本申请请求保护的主题名称确定为变容压缩机控制方法；

② 对比文件 1 中公开了压缩机本体、气液分离器、加热器，且三通阀兼具换向和泄压的作用，相当于也公开了换向阀和泄压阀，因而将上述特征写入独立权利要求 1 的前序部分；

③ 特征（1）~（9）没有被对比文件 1 公开，是本申请相对于最接近的现有技术的区别技术特征，在方法流程图上也是变容压缩机运行初始阶段涉及的技术特征，属于本申请最核心的部分，应该将这些特征写入独立权利要求 1 的特征部分。

最后，完成的独立权利要求 1 如下：

1. 一种变容压缩机控制方法，所述变容压缩机包括压缩机本体、换向阀、泄压阀、气液分离器和加热器，其特征在于：所述换向阀的两个端口分别与压缩机本体的第一吸气口和排气口相连，所述泄压阀的两个端口分别与压缩机本体的第一吸气口和气液分离器相连，加热器设置在换向阀的第一端口和压缩机本体的第一吸气口之间的管路上，该控制方法包括以下步骤：

S1，确定压缩机的运行模式为单缸运行模式或双缸运行模式；

S2a，若确定为单缸运行模式，则打开换向阀、关闭泄压阀；

S3a，启动压缩机本体；

S4a，之后启动加热器，对所述管路中积存的液体冷媒加热，进入单缸运行模式；

或者：

S2b，若确定为双缸运行模式，则关闭换向阀、打开泄压阀；

S3b，启动压缩机本体；

S4b，加热器维持为关闭状态，进入双缸运行模式。

下一步，需要检验一下撰写出的独立权利要求是否符合《专利法》及其实施细则的相关规定。

如前所述，独立权利要求的撰写是在确定出必要技术特征的基础上进行的，因此独立权利要求 1 包含了全部的必要技术特征（1）~（9），且没有包含非必要技术特征（10）~（11），同时，独立权利要求 1 的撰写以技术交底材料为基础，清楚、简要地限定了要求专利保护的范围，接下来判断独立权利要求 1 的新颖性和创造性。

对比文件 1 公开了一种旋转压缩机，其一直处于单缸运行模式，加热器始终对气液分离器进行加热，而独立权利要求 1 中的加热器设置在管路上，且加热器是间歇性工作的，与对比文件1显著不同。同时，独立权利要求1提供了一种高效防止变容压缩机产生液击的方法，通过将加热器设置在管路上并使加热器间歇性工作，既可以有效防止压缩机产生液击，还能在一定程度上节省能耗，因此，初步判断本申请相对于目前所掌握的现有技术即对比文件1具备新颖性和创造性。

由于变容压缩机广泛应用于制冷、空调系统，因此，独立权利要求1的控制方法可应用于上述系统，因此，还可撰写出如下的独立权利要求：

2. 如权利要求1所述的变容压缩机控制方法的应用，所述控制方法应用于制冷系统或空调系统。

在之前的分析中已经得出了本申请适合以"方法为主，产品为辅"的形式进行保护的思路，因此根据前述章节中的产品权利要求撰写要求，还可撰写出如下的独立权利要求：

3. 一种变容压缩机，包括压缩机本体、换向阀、泄压阀、气液分离器和加热器，其特征在于，所述换向阀的两个端口分别与压缩机本体的第一吸气口和排气口相连，所述泄压阀的两个端口分别与压缩机本体的第一吸气口和气液分离器相连，加热器设置在换向阀的第一端口和压缩机本体的第一吸气口之间的管路上。

采用之前所述的新颖性和创造性分析步骤，容易得出独立权利要求2和独立权利要求3相对于最接近的现有技术具备新颖性和创造性，具体分析过程不再赘述。

（四）结合方法流程图撰写从属权利要求

根据技术交底材料中提供的四个工况以及补充的方法流程图，可以看出：本申请的控制方法包括单缸运行模式、双缸运行模式、单缸切换双缸、双缸切换单缸四种状态，在独立权利要求中已经将单缸运行模式、双缸运行模式的控制过程进行了限定，在撰写从属权利要求时，首先应该把单缸切换双缸、双缸切换单缸这两种状态表达出来，然后可以把这四种状态的控制细节进一步限定出来，构建出逐层递进的、保护范围逐渐缩小的从属权利要求。注意在撰写时要把之前分析得出的非必要技术特征加入从属权利要求。

相应的从属权利要求的内容如下：

2. 根据权利要求1所述的变容压缩机控制方法，其特征在于，压缩机本体由单缸运行模式切换到双缸运行模式时，执行以下步骤：

S5a，关闭换向阀、打开泄压阀；

S6a，关闭加热器。

3. 根据权利要求 1 所述的变容压缩机控制方法,其特征在于,压缩机本体由双缸运行模式切换到单缸运行模式时,执行以下步骤:

S5b,打开换向阀,关闭泄压阀;

S6b,启动加热器。

4. 根据权利要求 1~3 中任一权利要求所述的变容压缩机控制方法,其特征在于,采用触发器控制所述换向阀和所述泄压阀的开关状态。

5. 根据权利要求 4 所述的变容压缩机控制方法,其特征在于,所述加热器为电加热器,所述触发器根据所述换向阀和所述泄压阀的开关状态控制所述加热器的得电状态。

三、说明书撰写中需要注意的问题

在本案例中,对于说明书的撰写,值得注意的是发明名称、具体实施方式和说明书附图部分的撰写。

（一）发明名称

本申请的权利要求书中涉及三项独立权利要求,发明名称应当全面反映这三项独立权利要求的主题名称,因此,发明名称可以写为"一种变容压缩机控制方法及其应用以及变容压缩机"。

（二）具体实施方式

在技术交底材料中提供了四种实施方式,可以作为具体实施方式列出。由于客户提交的实施方式相对简略,还需要专利代理师根据本领域的普通技术知识以及客户答复的内容进行适当补充,从整体上体现发明内容。特别是,专利代理师需要为客户补交的反映整体控制方法的流程图配以文字性说明,这一部分内容也应该在具体实施方式中予以比较充分的体现。

（三）说明书附图

客户在技术交底材料中提供了现有技术旋转压缩机和本申请变容压缩机的简图,均应作为说明书附图。后来客户补交的控制方法流程图也应作为附图的一部分,这样可以更加全面地反映本申请。另外,专利代理师选取了客户补交的流程方法流程图的一部分作为与独立权利要求 1 对应的附图,以更好地体现变容压缩机控制方法的阶段性特点。

四、案例总结

本案例介绍了通用机械领域方法权利要求的一般撰写思路。方法发明最重要的特点在于其包括时间过程要素，因此在撰写时应该以时间过程要素为抓手，将发明采用的技术方案分阶段、分层次地逐一介绍。具体而言，首先可以根据发明构思绘制方法流程图，准确把握发明的实质性内容，然后参照方法流程图将技术方案既突出发明构思又简明扼要地表达出来，并补充相应的工作原理、有益效果等，最终形成内容详实、条理清晰的申请文件。

从本案例可以看出，在撰写方法发明的说明书时，应该注意以下两点：①将本申请的方法与现有方法进行详细对比，指出现有方法所解决的问题和存在的缺点，突出本申请所要求保护的技术方案的优点；②按照时间顺序详细地介绍方法流程图，同时将方法流程图中未能体现的部件连接关系、控制原理加以阐释。而在撰写方法发明的权利要求书时，同样应该注意以下两点：一是以方法流程图为基础确定发明的实质性内容，准确确定技术特征；二是以方法流程图为参照，结合技术方案的阶段性和层次性特点来撰写独立权利要求和从属权利要求。

附件　专利申请文件参考文本

说明书摘要

本申请提供了一种变容压缩机控制方法，该控制方法可根据实际需要间歇性地控制变容压缩机的加热器开启，对换向阀的第一端口和压缩机本体的第一吸气口之间的管路进行加热。该控制方法可高效地防止变容压缩机液击，提高变容压缩机的可靠性。本申请还提供了一种变容压缩机控制方法的应用和一种变容压缩机。

摘要附图

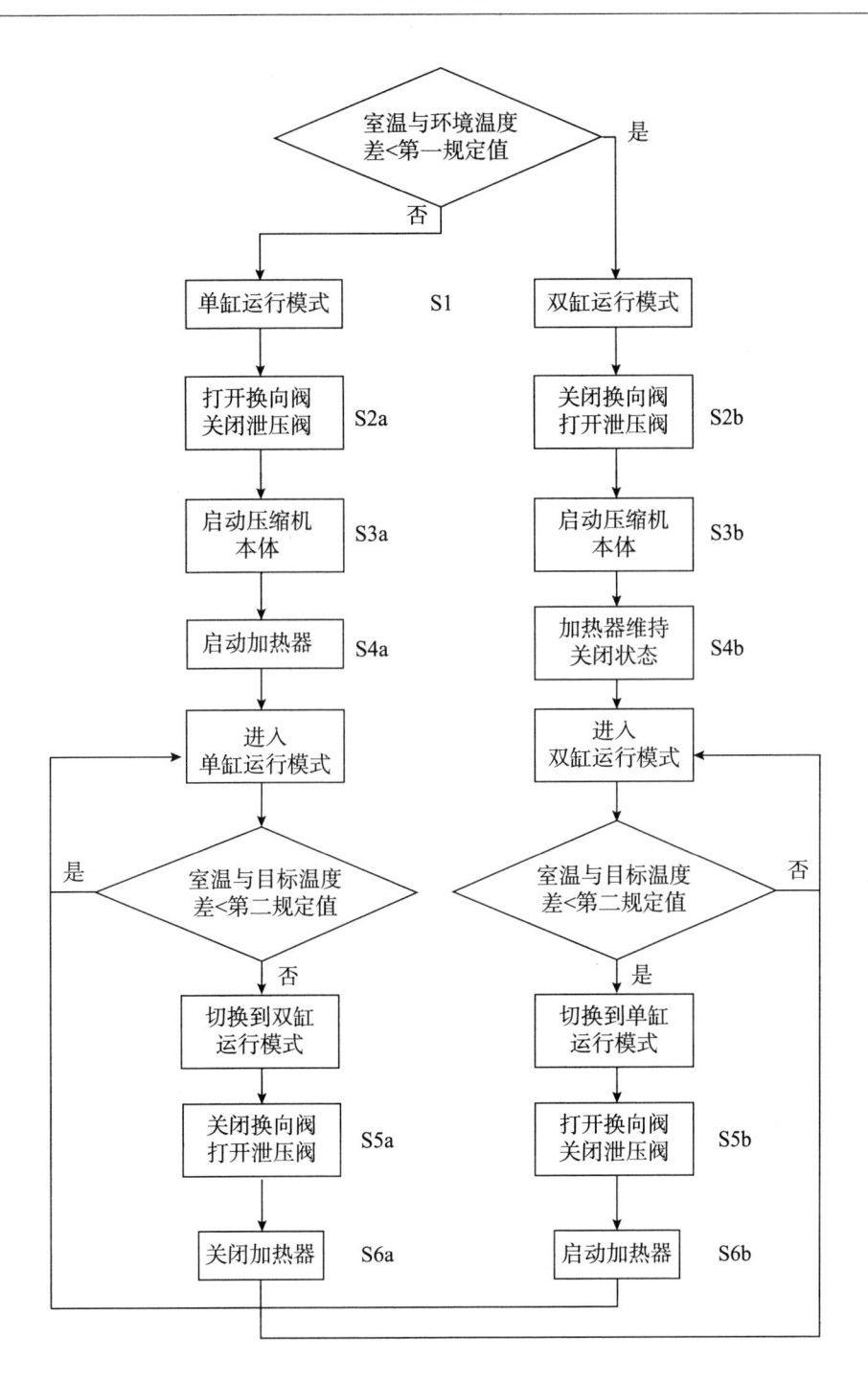

```
         ┌─────────────────┐
         │ 室温与环境温度  │ 是
     ┌───│ 差<第一规定值   │───┐
     │否 └─────────────────┘   │
     ▼                         ▼
┌──────────┐              ┌──────────┐
│单缸运行模式│  S1          │双缸运行模式│
└──────────┘              └──────────┘
     │                         │
     ▼                         ▼
┌──────────┐              ┌──────────┐
│打开换向阀 │ S2a          │关闭换向阀 │ S2b
│关闭泄压阀 │              │打开泄压阀 │
└──────────┘              └──────────┘
     │                         │
     ▼                         ▼
┌──────────┐              ┌──────────┐
│启动压缩机 │ S3a          │启动压缩机 │ S3b
│本体      │              │本体      │
└──────────┘              └──────────┘
     │                         │
     ▼                         ▼
┌──────────┐              ┌──────────┐
│启动加热器 │ S4a          │加热器维持│ S4b
│          │              │关闭状态  │
└──────────┘              └──────────┘
     │                         │
     ▼                         ▼
┌──────────┐              ┌──────────┐
│进入      │              │进入      │
│单缸运行模式│              │双缸运行模式│
└──────────┘              └──────────┘
     │                         │
     ▼                         ▼
┌─────────────────┐      ┌─────────────────┐
│室温与目标温度   │是  否│室温与目标温度   │否
│差<第二规定值    │      │差<第二规定值    │
└─────────────────┘      └─────────────────┘
     │否                       │是
     ▼                         ▼
┌──────────┐              ┌──────────┐
│切换到双缸│              │切换到单缸│
│运行模式  │              │运行模式  │
└──────────┘              └──────────┘
     │                         │
     ▼                         ▼
┌──────────┐              ┌──────────┐
│关闭换向阀│ S5a          │打开换向阀│ S5b
│打开泄压阀│              │关闭泄压阀│
└──────────┘              └──────────┘
     │                         │
     ▼                         ▼
┌──────────┐              ┌──────────┐
│关闭加热器│ S6a          │启动加热器│ S6b
└──────────┘              └──────────┘
```

权利要求书

1. 一种变容压缩机控制方法，所述变容压缩机包括压缩机本体、换向阀、泄压阀、气液分离器和加热器，其中，所述换向阀的两个端口分别与压缩机本体的第一吸气口和排气口相连，所述泄压阀的两个端口分别与压缩机本体的第一吸气口和气液分离器相连，加热器设置在换向阀的第一端口和压缩机本体的第一吸气口之间的管路上，该控制方法包括以下步骤：

S1，确定压缩机的运行模式为单缸运行模式或双缸运行模式；

S2a，若确定为单缸运行模式，则打开换向阀、关闭泄压阀；

S3a，启动压缩机本体；

S4a，之后启动加热器，对所述管路中积存的液体冷媒加热，进入单缸运行模式；

或者：

S2b，若确定为双缸运行模式，则关闭换向阀、打开泄压阀；

S3b，启动压缩机本体；

S4b，加热器维持为关闭状态，进入双缸运行模式。

2. 根据权利要求1所述的变容压缩机控制方法，其特征在于，压缩机本体由单缸运行模式切换到双缸运行模式时，执行以下步骤：

S5a，关闭换向阀、打开泄压阀；

S6a，关闭加热器。

3. 根据权利要求1所述的变容压缩机控制方法，其特征在于，压缩机本体由双缸运行模式切换到单缸运行模式时，执行以下步骤：

S5b，打开换向阀、关闭泄压阀；

S6b，启动加热器。

4. 根据权利要求1~3中任一权利要求所述的变容压缩机控制方法，其特征在于，采用触发器控制所述换向阀和所述泄压阀的开关状态。

5. 根据权利要求4所述的变容压缩机控制方法，其特征在于，所述加热器为电加热器，所述触发器根据所述换向阀和所述泄压阀的开关状态控制所述加热器的得电状态。

6. 如权利要求1所述的变容压缩机控制方法的应用，所述控制方法应用于制冷系统或空调系统。

7. 一种变容压缩机，包括压缩机本体、换向阀、泄压阀、气液分离器和加热器，其特征在于，所述换向阀的两个端口分别与压缩机本体的第一吸气口和排气口相连，所述泄压阀的两个端口分别与压缩机本体的第一吸气口和气液分离器相连，加热器设置在换向阀的第一端口和压缩机本体的第一吸气口之间的管路上。

说 明 书

一种变容压缩机控制方法及其应用以及变容压缩机

技术领域

本申请涉及一种压缩机控制方法，特别是一种变容压缩机控制方法。本申请所述的变容压缩机控制方法应用于制冷系统或空调系统。本申请还涉及一种变容压缩机。

背景技术

压缩机运行一段时间后，由于自然冷凝作用，压缩机本体的吸气口之前的管路会有液体冷媒积存，当压缩机从停机状态切换为开机启动时，液体冷媒则可能直接被压缩机吸入而出现液击现象，这样会对压缩机造成损害。

图1是现有技术中可防止液击的旋转压缩机的具体结构。其中包括：压缩机本体100、电机101、压缩机构102、排气口103、气液分离器104、加热器105、三通阀106、管路107等，压缩机本体100的部分排气进入加热器105，对气液分离器104进行加热，使得压缩机本体100吸入的冷媒充分气化，避免液击。尽管图1中显示的是单缸压缩机，但对于双缸压缩机而言，通过在气液分离器上设置加热器以防止液击依然是可行的。采用上述设置的压缩机在运行时，加热器时刻对气液分离器进行加热，可能会导致压缩机出现吸气过热现象，影响效率，且由于加热对象气液分离器的体积较大，导致能耗较高。

发明内容

本申请提供一种变容压缩机控制方法，该控制方法通过对换向阀的第一端口和压缩机本体的第一吸气口之间的管路间歇性地加热，将上述管路中积存的液体适时消除，较为高效地避免压缩机出现液击现象，提高变容压缩机的可靠性。

本申请在初始阶段，首先要进行压缩机单缸或双缸运行模式的选择，将室温与环境温度值进行比较后选择压缩机的运行模式，若负荷较小而选择单缸运行模式，则触发器打开换向阀、关闭泄压阀，启动压缩机本体处于单缸运行模式，同时启动加热器对管路中积存的液体冷媒加热；若负荷较大而选择双缸运行模式，则触发器关闭换向阀、打开泄压阀，启动压缩机本体，压缩机本体处于双缸运行模式；压缩机运行一段时间后，再次将室温与目标温度值进行比较，若需要从初始双缸模式切换到单缸模式，则关闭泄压阀、同时打开换向阀，启动加热器对管路中积存的液体冷媒加热；若需要从初始单缸模式切换到双缸模式，则打开泄压阀、同时关闭换向阀，压缩机本体切换到双缸运行模式，同时关闭加热器停止加热。本申请提出的技术方案如下：

一种变容压缩机控制方法，所述变容压缩机包括压缩机本体、换向阀、泄压阀、气液分离器和加热器，所述换向阀的两个端口分别与压缩机本体的第一吸气口和排气口相连，所述泄压阀的两个端口分别与压缩机本体的第一吸气口和气液分离器相连，加热器设置在换向阀的第一端口和压缩机本体的第一吸气口之间的管路上，该控制方法包括以下步骤：S1，确定压缩机的运行模式为单缸运行模式或双缸运行模式；S2a，若确定为单缸运行模式，则打开换向阀、关闭泄压阀；S3a，启动压缩机本体；S4a，之后启动加热器，对所述管路中积存的液体冷媒加热，进入单缸运行模式；或者：S2b，若确定为双缸运行模式，则关闭换向阀、打开泄压阀；S3b，启动压缩机本体；S4b，加热器维持为关闭状态，进入双缸运行模式。

在一个工况中，压缩机本体由单缸运行模式切换到双缸运行模式时，执行以下步骤：S5a，关闭换向阀、打开泄压阀；S6a，关闭加热器。

在一个工况中，压缩机本体由双缸运行模式切换到单缸运行模式时，执行以下步骤：S5b，打开换向阀，关闭泄压阀；S6b，启动加热器。

在一个工况中，采用触发器控制所述换向阀和所述泄压阀的开关状态。

在一个工况中，所述加热器为电加热器，所述触发器根据所述换向阀和所述泄压阀的开关状态控制所述加热器的得电状态。

根据本申请的另一方面，所述的变容压缩机控制方法应用于制冷系统或空调系统。

根据本申请的另一方面，提供一种变容压缩机，包括压缩机本体、换向阀、泄压阀、气液分离器和加热器，所述换向阀的两个端口分别与压缩机本体的第一吸气口和排气口相连，所述泄压阀的两个端口分别与压缩机本体的第一吸气口和气液分离器相连，加热器设置在换向阀的第一端口和压缩机本体的第一吸气口之间的管路上。

根据本申请的控制方法，可以根据实际需要对变容压缩机的加热器实现间歇性控制，在避免压缩机吸入液体冷媒的同时降低了加热能耗，可高效地防止变容压缩机产生液击。

附图说明

图1为现有的一种压缩机的剖视图；

图2为本申请实施例对应的变容压缩机的示意图；

图3为本申请第一、第二工况对应的变容压缩机控制方法流程图；

图4为本申请全部工况对应的变容压缩机控制方法流程图。

具体实施方式

需要说明的是，本申请实施例中所出现的"上""下""左""右""内""外"等指示的位置关系为基于附图所示的位置关系，仅为了便于描述本申请实施例，而非所指示或暗示所指的装置或元件必须具有特定方位或特定的方向构造，因此不能理解为对本申请的限制。

如图2所示，本申请变容压缩机包括压缩机本体1、换向阀2、泄压阀3、气液分离器4和加热器5，其中压缩机本体1包括第一吸气口11和排气口13，换向阀2具有两个端口，换向阀2的第一端口21通过管路6与压缩机本体1的第一吸气口11连通，第二端口22与压缩机本体1的排气口13连通。泄压阀3也具有两个端口，泄压阀3的第一端口31与气液分离器4的第一端口41连通，第二端口32与压缩机本体1的第一吸气口11连通。气液分离器的第二端口42与压缩机本体1的第二吸气口12连通。加热器5设置在管路6上，用于对管路6中积存的液体冷媒加热。

该变容压缩机的控制方法基于以下思路设计：首先检测室内温度与环境温度，然后根据两者的差值选择初始运行模式，若两者的差值小于第一规定值，说明负荷较大，需要采用双缸运行模式；若两者的差值大于第一规定值，说明负荷较小，采用单缸运行模式即可。不同的应用场合下第一规定值也不同，使用者可以根据实际需要进行确定，例如用在常规的家居环境时第一规定值也取为10℃。

在第一工况中，如图3所示，压缩机本体1为单缸运行模式，考虑到压缩机本体1在单缸模式下，管路6会出现积存液体冷媒的情况，相应的处理步骤为：打开换向阀2——关闭泄压阀3——启动压缩机本体1——启动加热器5对管路6中积存的液体冷媒加热。

在第二工况中，如图3所示，压缩机本体1为双缸运行模式，相应的处理步骤为：关闭换向阀2——打开泄压阀3——启动压缩机本体1。

压缩机运行一段时间后，可以再次检测室内温度，计算室内温度与目标温度的差值，对于初始为单缸运行模式的，若差值小于第二规定值，单缸运行模式可保持不变，若差值大于第二规定值，说明在单缸运行模式下制冷（制热）能力不足，则切换到双缸运行模式；对于初始为双缸运行模式的，若差值小于第二规定值，说明此时的负荷已不大，可以切换到单缸运行模式，若差值大于第二规定值，说明此时的负荷依然较大，应继续保持双缸运行模式，第二规定值通常较小，例如可取1~2℃区间的任一值。

在第三工况中，如图4下半部分所示，若需要由单缸运行模式切换到双缸运行模式，相应的处理步骤为：打开泄压阀 3——关闭换向阀 2——关闭加热器 5；通过上述步骤，压缩机本体 1 切换到双缸运行模式。加热器 5 对管路 6 中积存的液体冷媒停止加热。

在第四工况中，如图 4 下半部分所示，若需要由双缸运行模式切换到单缸运行模式，相应的处理步骤为：关闭泄压阀 3——打开换向阀 2——启动加热器 5 对管路 6 中积存的液体冷媒加热。通过上述步骤，压缩机本体 1 切换到单缸运行模式。加热器 5 对管路 6 中积存的液体冷媒加热。

若将该变容压缩机系统停机，则关闭压缩机本体 1，关闭换向阀 2、泄压阀 3，整个系统停止运行。

图 4 是与上述全部工况对应的控制方法流程图。该流程图可以分为上下两个部分，上半部分显示的是计算出室温与环境温度的差值，将差值与第一规定值进行比较，确定变容压缩机以单缸或双缸模式运行，具体的实施步骤为 S1-S4a 或 S1-S4b，在进入单缸或双缸运行模式后，经过预定间隔时间，再次计算室温与目标温度的差值，并将差值与第二规定值进行比较，根据比较结果，可以确定如下几种情况：（1）之前是单缸运行模式，室温与目标温度差较为接近，则继续维持单缸运行模式；（2）之前是单缸运行模式，室温与目标温度差相差较大，则切换到双缸运行模式，执行相应的 S5a、S6a 步骤；（3）之前是双缸运行模式，室温与目标温度差较为接近，则切换到单缸运行模式，执行相应的 S5b、S6b 步骤；（4）之前是双缸运行模式，室温与目标温度差相差较大，则继续维持双缸运行模式。

本申请采用触发器（未图示）控制换向阀 2 和泄压阀 3 的开关状态，加热器 5 为电加热器，触发器根据换向阀 2 和泄压阀 3 的开关状态控制加热器 5 的得电状态。

本申请通过设置在换向阀和压缩机本体的第一吸气口之间的管路上的加热器，对管路中积存的液体冷媒加热，从而在无需对现有机组进行改造的情况下，有效减小积存的液体冷媒对变容压缩机的影响，提高变容压缩机的可靠性。

以上所述仅为本申请的较佳实施例而已，并不用以限制本申请，凡在本申请的精神和原则之内，所作的任何修改、等同替换、改进等，均应包含在本申请的保护范围之内。

说明书附图

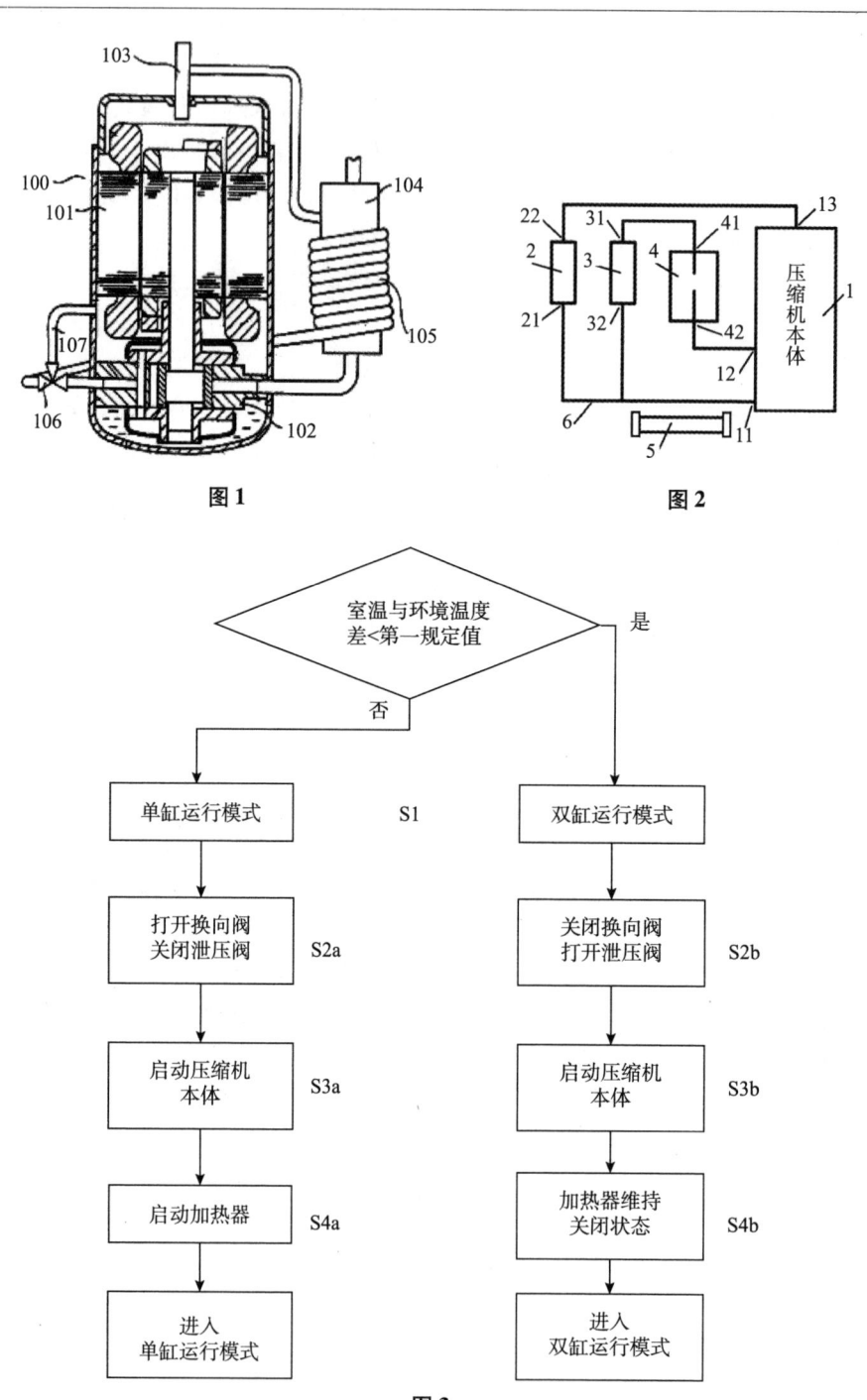

图1

图2

图3

第六章 一般机械领域撰写案例

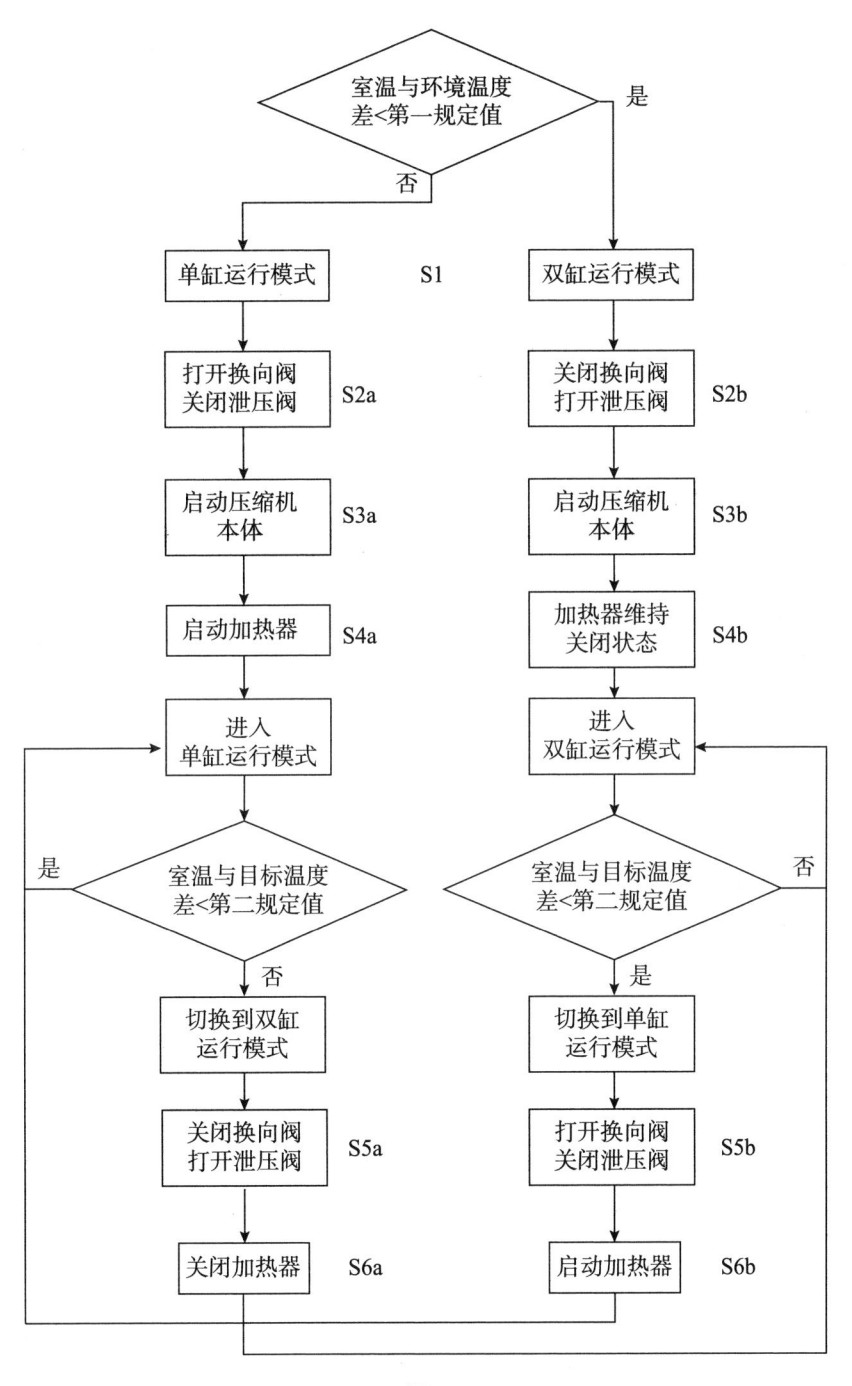

```
         ┌─────────────────┐
         │ 室温与环境温度  │ 是
         │ 差<第一规定值   ├──────┐
         └────────┬────────┘      │
              否  │               │
         ┌────────┴────────┐  ┌───┴─────────────┐
         │  单缸运行模式   │S1│  双缸运行模式   │
         └────────┬────────┘  └────────┬────────┘
         ┌────────┴────────┐  ┌────────┴────────┐
         │  打开换向阀     │S2a│ 关闭换向阀     │S2b
         │  关闭泄压阀     │  │  打开泄压阀     │
         └────────┬────────┘  └────────┬────────┘
         ┌────────┴────────┐  ┌────────┴────────┐
         │  启动压缩机     │S3a│  启动压缩机    │S3b
         │  本体           │  │  本体           │
         └────────┬────────┘  └────────┬────────┘
         ┌────────┴────────┐  ┌────────┴────────┐
         │  启动加热器     │S4a│ 加热器维持     │S4b
         │                 │  │  关闭状态       │
         └────────┬────────┘  └────────┬────────┘
   ┌─────┐┌──────┴──────────┐  ┌───────┴─────────┐┌─────┐
   │     ││  进入            │  │  进入           ││     │
   │     ││  单缸运行模式   │  │  双缸运行模式   ││     │
   │     │└──────┬──────────┘  └───────┬─────────┘│     │
   │     │┌──────┴──────────┐  ┌───────┴─────────┐│     │
   │  是 ││ 室温与目标温度  │  │ 室温与目标温度  ││ 否  │
   │     ││ 差<第二规定值   │  │ 差<第二规定值   ││     │
   │     │└──────┬──────────┘  └───────┬─────────┘│     │
   │     │    否 │                  是 │          │     │
   │     │┌─────┴───────┐        ┌────┴────────┐  │     │
   │     ││ 切换到双缸  │        │ 切换到单缸  │  │     │
   │     ││ 运行模式    │        │ 运行模式    │  │     │
   │     │└─────┬───────┘        └────┬────────┘  │     │
   │     │┌─────┴───────┐        ┌────┴────────┐  │     │
   │     ││ 关闭换向阀  │S5a     │ 打开换向阀  │S5b     │
   │     ││ 打开泄压阀  │        │ 关闭泄压阀  │  │     │
   │     │└─────┬───────┘        └────┬────────┘  │     │
   │     │┌─────┴───────┐        ┌────┴────────┐  │     │
   │     ││ 关闭加热器  │S6a     │ 启动加热器  │S6b     │
   │     │└─────────────┘        └─────────────┘  │     │
   │     │                                         │     │
   └─────┴─────────────────────────────────────────┴─────┘
```

图 4

第四节　工业机器人领域专利申请文件撰写思路
——以一件并联机器人案例为例

本节以一种"五自由度冗余驱动柔性并联机器人"为例，介绍根据客户提供的技术交底材料撰写专利申请文件的一般思路。在本案例中，专利代理师通过对技术交底材料给出的技术方案的理解，与客户进行沟通并完善技术交底材料的内容，从而使得最终形成的权利要求书能够合理、有效地覆盖较大的范围。

一、对技术交底材料的理解和分析

（一）客户提供的技术交底材料

在磨削作业中，执行磨削作业的打磨头需要连接在机器人机构上以获得期望的运动轨迹，现有的一种用于磨削的机器人机构，如图6-32所示。

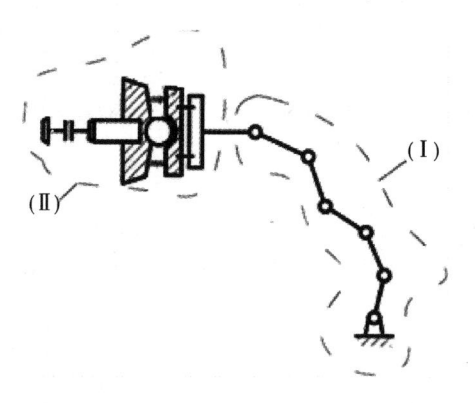

图6-32

上述磨削机器人包括多关节机械手Ⅰ和万向打磨头Ⅱ，其中，多关节机械手Ⅰ为串联机器人，当磨削机器人工作时，多关节机械手Ⅰ将万向打磨头Ⅱ送达打磨位置，但是，在运动过程中，多关节机械手Ⅰ存在刚度不足的缺陷。同时，传统运动副采用机械机构，存在着间隙、摩擦、磨损、冲击和润滑等问题，会影响磨削机器人的定位精度。

由于磨削得到的工件表面质量对于承载机构的刚度和定位精度具有较高的要求，为了克服上面的缺陷，本申请提出了一种柔性并联结构的磨削机器人，如图6-32所示。

图6-33为本申请磨削机器人整体结构的示意图。磨削机器人包括静平台1及动平台2,静平台1与动平台2通过六个结构完全相同的柔性驱动分支及一个柔性约束分支相连。

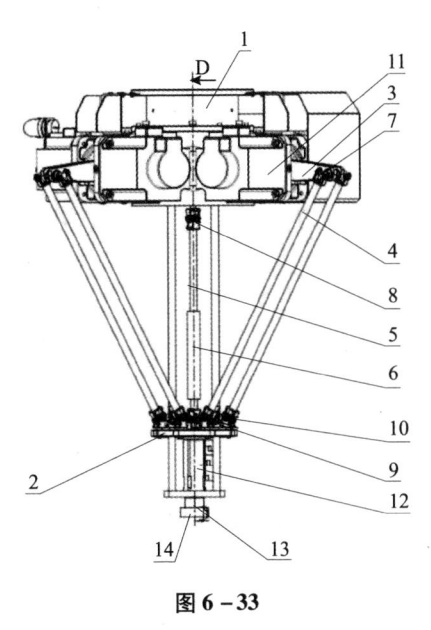

图6-33

每个柔性驱动分支包括驱动马达11、第一连杆3、第二连杆4、第一柔性关节7及第四柔性关节10。驱动马达11固定设置于静平台1上,第一连杆3一端与驱动马达11连接,另一端通过第一柔性关节7与第二连杆4的一端连接;第二连杆4的另一端通过第四柔性关节10与动平台2连接。柔性驱动分支通过驱动马达11驱动第一连杆3转动。

柔性约束分支包括第二柔性关节8、第三柔性关节9、第三连杆5和第四连杆6。第三连杆5与第四连杆6轴向连接。具体地,第三连杆5的一端通过第二柔性关节8与静平台1下表面的中心连接,第三连杆5的另一端与第四连杆6的一端轴向活动连接,第四连杆6的另一端通过第三柔性关节9与动平台2上表面的中心连接,且第三连杆5和第四连杆6可沿轴向相对移动。

具体地,第一柔性关节7、第二柔性关节8、第三柔性关节9均为柔性万向节,第四柔性关节10为柔性球面副。

此外,本申请的磨削机器人还可以包括控制器、磨削盘驱动马达12、磨削盘14及六维力传感器13。磨削盘14与动平台2连接,磨削盘驱动马达12和六维力传感器13设置于动平台2与磨削盘14之间,通过控制器和六维力传感器,能够对磨削力的大小进行反馈和控制。

本申请中的磨削机器人承载机构为柔性并联机构，采用并联机构，能有效提高机构刚度；同时，由于采用了柔性机构，利用柔性材料的变形来传递运动或能量，具有定位精度高的优点，克服了传统运动副所带来的间隙、摩擦、磨损、冲击和润滑等问题，有效提高了机构定位精度。因此，本申请的磨削机器人相对于现有技术中的串联机器人，具有机构刚度大、定位精度高等特点。

另外，本申请的磨削机器人具有冗余驱动，其柔性约束支链将柔性并联机构沿竖直轴的转动约束，实现了冗余驱动，可以避免机器人工作空间内的奇异，有效地增加机器人的工作空间。磨削机器人可以实现复杂曲面的磨削加工，末端连接有六维力传感器可以实现力控制磨削，进一步提高磨削表面的质量。

进一步，采用本申请的磨削机器人，能够对上料机械手输送来的待磨削工件进行磨削，磨削完成后，可以通过下料机械手将完成磨削的工件输送至储料斗，从而可以实现对加工件的高质量磨削。

（二）理解和分析

在开始撰写申请文件之前，需要全面、准确地理解技术交底材料的实质内容，并针对技术交底材料存在的问题及时与客户进行沟通。分析和理解技术交底材料的实质内容对于撰写专利申请文件至关重要，也是专利代理师着手撰写专利申请文件的重要基础性工作。

一般情况下，专利代理师在阅读完技术交底材料之后，应该思考以下几个方面的问题。

① 本案保护的主题是什么？是方法还是产品，或者两者均可？可以采用哪一种专利类型给予保护？

② 通过对申请主题进行检索和分析，确定本案的改进之处体现在哪里？是否具备新颖性和创造性？

③ 是否存在需要委托人作出进一步说明和/或补充的内容？

1. 对技术方案的理解

现有的磨削机器人一般为串联机器人，其存在刚度不足和定位精度不高等技术问题。而本案例的磨削机器人，采用柔性并联结构，可以有效克服上述缺陷。

在进行了上述分析之后，制定撰写技术方案的思路，并与客户进行沟通确认。

2. 关于保护的主题及申请的类型

技术交底材料中提供的技术方案涉及"磨削机器人"，属于产品；同时，技术交底材料中还有涉及"磨削方法"的内容，因此，本申请保护的主题可以有两项,即产品权利要求和方法权利要求。

对于专利申请类型,本案可以就上述产品和方法主题申请发明专利,还可以就上述产品主题申请实用新型专利。

3. 关于现有技术及新颖性和创造性的初步判断

为了尽可能准确地确定发明创造的创新点,撰写出一份保护范围合适的权利要求书,专利代理师在充分理解了技术交底材料之后,通常还应当对技术交底材料的技术方案和相关的现有技术进行检索和分析,寻找与该技术主题最接近的现有技术。

本案中,专利代理师经过检索,找到了一篇比较相关的现有技术(下称对比文件1),其技术内容较技术交底材料给出的背景技术与本申请更为相关,可以视为最接近的现有技术,如图6-34所示。

对比文件1公开了一种有约束链的少自由度的并联机构,其能够使安装于动平台的切削刀具沿Z轴方向平动和沿X轴和Y轴方向转动,主要结构包括动平台、静平台、电主轴式切削刀具、三条主动链以及一条约束链;主动链的一端通过万向节与静平台相连,另一端通过球铰链与动平台相连,通过

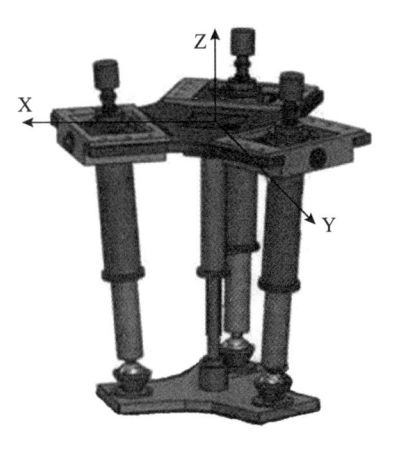

图6-34

1个或者2个主动链的伸长,另外2个或者1个主动链的缩短来使动平台发生转动;约束链的一端通过万向节与静平台相连,另一端通过法兰固定在动平台上,伸缩杆的内轴装有对称的键保证整个并联机构不发生沿Z轴方向的转动。

由此可见,该对比文件1同样能够解决串联机构刚度差以及整个工作空间内存在奇异点这些技术问题。

从对比文件1的技术方案来看,其没有公开采用柔性分支的技术方案,同时驱动分支和约束分支的结构也不相同。因此,初步判断本案相对于目前所掌握的现有技术即对比文件1具备新颖性和创造性。

4. 需要客户说明或补充的内容

从技术交底材料中可以看出,本申请涉及"工业机器人"领域,该领域具有一定的技术特点,主要表现在:

通用性:是指基于工业机器人的几何特性和机械能力,允许其执行不同的任务或者以不同的方式完成同一任务,自由度是影响通用性的重要因素之一;

适应性：是指面对不同的需求，允许工业机器人经过简单的结构变化或运动规划，实现不同工业现场的应用，末端执行器的类型和结构是影响适应性的重要因素之一；

可编程性：是指通过建立起控制器与工业机器人本体的联系，使其具有预期工作能力的手段，可编程性主要由机器人编程语言实现。

相应地，工业机器人领域专利申请文件的撰写也具有自身的特点：

① 根据工业机器人的通用性，自由度的描述是撰写的重点，而自由度仅通过附图难以看出，需要结合文字描述对关节或连接副的类型、结构等进行详细描述；

② 根据工业机器人的适应性，相同的工业机器人可以适应于不同的工业现场，例如焊接、喷漆、搬运、装配等，因此，用途限定一般写入从属权利要求中；

③ 根据工业机器人的可编程性，申请文件中会涉及"计算机程序"等对工业机器人工作流程的描述，基于此，申请人可以撰写多种形式的权利要求，例如，控制方法类权利要求、"介质＋计算机程序流程"类产品权利要求。

基于"工业机器人"的领域特点，技术交底材料需要进一步完善，并以其为基础确定要求保护的主题和类型。

（1）对技术方案的完善

《专利法》第二十六条第三款规定，说明书应当对发明或者实用新型作出清楚、完整的说明，以所属技术领域的技术人员能够实现为准。具体到本申请，技术交底材料中缺少对于磨削机器人自由度的描述。由于自由度是影响机器人执行任务时的重要因素之一，无论是柔性并联机器人整体的自由度，还是柔性关节的自由度，技术交底材料中都没有进行直接的描述，只针对柔性并联机器人的结构进行了描述。因此，申请人对于自由度描述的缺失容易导致说明书不符合《专利法》第二十六条第三款的规定。因此，建议申请人在技术交底材料中补充以下内容：

① 补充对于柔性并联机器人自由度的描述，包括柔性关节的自由度及柔性并联机器人整体自由度的描述，使发明创造的技术方案描述清楚、完整。

本申请的柔性并联机器人实际上是由六个柔性驱动分支和一个柔性约束分支来实现最终的运动输出，而在这两种分支中实际上存在两种类型的柔性关节，分别是实现两自由度转动的两自由度柔性关节（第一柔性关节、第二柔性关节、第三柔性关节）和实现三自由度转动的三自由度柔性关节（第四柔性关节）。因此，在该部分的撰写中建议对柔性关节自由度进行描述，例如，将"第一柔性关节""第二柔性关节""第三柔性关节""第四柔性关节"分别修改为"第一两自由度柔性关节""第二两自由度柔性关节""第三两自由度柔性关节""三自由度柔性关节"。

此外,对柔性并联机器人的整体自由度进行分析,由六个柔性驱动分支组成的柔性并联机器人有六个自由度,但引入一个柔性约束分支后,约束柔性并联机器人沿柔性约束分支轴向的转动,从而形成柔性并联机器人有五个自由度的同时存在六个驱动,从而构成冗余驱动。因此,建议增加对柔性并联机器人整体自由度的描述。

② 补充对于柔性并联机器人磨削工作流程的描述,使说明书可以充分支持想要保护的多个主题的权利要求。

在技术交底材料中,有关工作流程的描述比较零散,通过对相关部件的作用进行分析、归纳,建议申请人基于技术交底材料增加对控制部件及相关连接关系的描述,增加对柔性并联机器人的工作流程系统的描述。

(2) 确定保护类型和保护主题

权利要求按照性质划分具有两种类型:产品权利要求和方法权利要求。

技术交底材料中对于柔性并联机器人的结构描述比较详细,可以作为基础撰写针对"柔性并联机器人"的产品权利要求。此外,工业机器人的可编程性一般通过对机器人工作流程的描述来体现,而对工作流程的描述往往与并联机器人的结构相关联,因此,可以在技术交底材料中增加对于工作流程的描述,并基于对磨削机器人的工作流程的描述,撰写针对"磨削方法"的方法权利要求,并以该方法权利要求为基础撰写存储有实现磨削方法的计算机程序的计算机存储介质的权利要求。由此可以确定出的保护主题有:"柔性并联机器人""磨削方法""计算机存储介质"。

(三) 与客户的沟通和确认

将上述对于技术交底材料的理解以及思考的问题与客户进行了充分沟通,客户给出如下反馈意见:

(1) 同意专利代理师对技术交底材料中技术方案的理解及对于最接近的现有技术的认定。

(2) 客户拟对该技术方案申请发明专利,保护主题为"柔性并联机器人""磨削方法""计算机存储介质"。

(3) 在技术交底材料中修改或补充如下内容:

① 将"第一柔性关节""第二柔性关节""第三柔性关节""第四柔性关节"分别修改为"第一两自由度柔性关节""第二两自由度柔性关节""第三两

自由度柔性关节""第三两自由度柔性关节"。

② 完善对柔性并联机器人整体自由度的描述："由于柔性驱动分支并不约束空间自由度，而柔性约束分支可以限制整个机器人的空间自由度。仅由六个柔性驱动分支组成的柔性并联机器人有六个自由度，对于磨削机器人而言，由于磨削盘本身要转动，因此柔性并联机器人沿柔性约束分支轴向的转动对磨削加工来讲并无必要，因此引入一个柔性约束分支，约束柔性并联机器人沿柔性约束分支轴向的转动，从而形成柔性并联机器人有五个自由度的同时存在六个驱动，从而构成冗余驱动。柔性约束分支既约束了不必要的自由度，更进一步提高了机器人的刚度，同时冗余驱动可有效避免机器人工作空间内的奇异点，有效增大了机器人的工作空间。"

③ 增加对控制部件及相关连接关系的描述："磨削机器人还可以包括控制器、磨削盘驱动马达 12、磨削盘 14 及六维力传感器 13。磨削盘 14 与动平台 2 连接，磨削盘驱动马达 12 和六维力传感器 13 设置于动平台 2 与磨削盘 14 之间，通过控制器和六维力传感器 13，能够对磨削力的大小进行反馈和控制。"

④ 对柔性并联机器人的工作流程进行系统的描述："采用本申请的五自由度冗余驱动柔性并联机器人进行磨削的工作流程如下：上料机械手抓取工件，将待磨削工件输送至五自由度冗余驱动柔性并联机器人；控制器控制驱动马达 11 驱动每个柔性驱动分支进行五自由度的转动，带动动平台 2 也相应地进行五自由度转动，进行磨削；使用六维力传感器 13 测量磨削力的大小，并反馈给控制器；控制器基于接收的磨削力大小调节发送给磨削盘驱动马达 12 的控制力大小；磨削盘驱动马达 12 根据控制器发送的控制力大小驱动磨削盘 14 进行磨削工作；完成磨削后，使用下料机械手抓取完成磨削的工件，将工件送至储料斗。本申请的五自由度冗余驱动柔性并联机器人可实现复杂曲面的力控制磨削。"

⑤ 补充对于"计算机存储介质"部分的描述："本发明还提供一种计算机存储介质，其上存储有计算机程序，该程序被处理器执行时实现上述工作流程的步骤。"

（四）对技术交底材料的进一步理解

客户确认和补充了相应内容后，使得技术交底材料的内容进一步完善。相对于最接近的现有技术，本申请主要的区别在于：驱动分支和约束分支均为柔性的；柔性驱动分支为六个，并且每个柔性驱动分支包括一个两自由度柔性关节以及一个三自由度柔性关节，每个柔性约束分支包括两个两自由度柔性关节。因此，相对于最接近的现有技术，该发明要解决的技术问题是：并联机构运动范围较小且定位精度较低。

二、权利要求书撰写的主要思路

一般来说,在撰写发明和实用新型的权利要求书时,针对某一要求保护的技术主题,可以按照如下思路进行撰写:

① 理解技术主题的实质性内容,列出全部技术特征。

② 根据最接近的现有技术,确定该要求保护的技术主题要解决的技术问题及解决上述技术问题所需的全部必要技术特征。

③ 撰写独立权利要求。

④ 撰写从属权利要求。

下面结合本案,具体说明撰写权利要求书的主要思路。

（一）理解技术主题的实质性内容,列出全部技术特征

根据对客户提供的技术交底材料的理解,该柔性并联机器人包括如下技术特征:

① 静平台。

② 动平台。

③ 静平台和动平台通过六个结构相同的柔性驱动分支和柔性约束分支相连。

④ 柔性驱动分支包括驱动马达、第一连杆、第二连杆、第一两自由度柔性关节及三自由度柔性关节。

⑤ 驱动马达固定设置于静平台上,第一连杆一端与驱动马达连接,另一端通过第一两自由度柔性关节与第二连杆一端连接;第二连杆的另一端分别通过三自由度柔性关节与动平台连接,柔性驱动分支通过驱动马达驱动第一连杆转动（描述柔性驱动分支的部件及连接关系）。

⑥ 柔性约束分支包括第二两自由度柔性关节、第三两自由度柔性关节、第三连杆和第四连杆。

⑦ 第三连杆的一端通过第二两自由度柔性关节与静平台下表面的中心连接,第三连杆的另一端与第四连杆的一端轴向活动连接,第四连杆的另一端通过第三两自由度柔性关节与动平台上表面的中心连接,且第三连杆和第四连杆可沿轴向相对移动（描述柔性约束分支的部件及连接关系）。

⑧ 第一两自由度柔性关节、第二两自由度柔性关节及第三两自由度柔性关节均为柔性万向节。

⑨ 三自由度柔性关节为柔性球面副。

⑩ 五自由度冗余驱动柔性并联机器人可应用于磨削。

（二）分析现有技术，确定必要技术特征

分析研究所掌握的现有技术，从而确定最接近的现有技术，并根据最接近的现有技术，确定本案要解决的技术问题及解决上述技术问题所需的全部必要技术特征。

1. 分析并确定最接近的现有技术

在理解了要求保护的主题的实质内容后，应着手分析研究现有技术，并从中确定该技术主题的最接近的现有技术。现有技术包括客户在技术交底材料中提供的背景技术，以及专利代理师检索到的现有技术。

就本案而言，客户在技术交底材料中提供的背景技术描述了：现有的磨削机器人一般为串联机器人，其存在刚度不足和定位精度不高等技术问题。

对比文件1公开了一种有约束链的少自由度的并联机构，其能够使安装于动平台的切削刀具沿 Z 轴方向平动和沿 X 轴和 Y 轴方向转动，主要结构包括动平台、静平台、电主轴式切削刀具、三条主动链以及一条约束链；主动链的一端通过万向节与静平台相连，另一端通过球铰链与动平台相连，通过1个或者2个主动链的伸长，另外2个或者1个主动链的缩短来使动平台发生转动；约束链的一端通过万向节与静平台相连，另一端通过法兰固定在动平台上，伸缩杆的内轴装有对称的键保证整个并联机构不发生沿 Z 轴方向的转动。

显而易见，该对比文件1同样能够解决串联机构刚度差以及整个工作空间内存在奇异点这些技术问题，并且相对于背景技术公开了更多数量的技术特征。因此，选择对比文件1作为最接近的现有技术。

2. 确定本案要解决的技术问题

在确定了最接近的现有技术之后，就需要针对最接近的现有技术确定本案所要解决的技术问题，在此基础上，确定本案中哪些技术特征是解决这一技术问题的必要技术特征。

专利代理师确定的最接近的现有技术可能不同于客户在技术交底材料中描述的现有技术，因此发明所解决的技术问题有可能不同于技术交底材料中描述的技术问题，然而技术交底材料中的任何技术效果都可以作为确定技术问题的基础，只要本领域技术人员可以从技术交底材料中得到该技术效果即可。

3. 为解决技术问题所必须包括的全部必要技术特征

《专利审查指南2010》第二部分第二章第 3.1.2 节规定：必要技术特征是指，发明或者实用新型为解决其技术问题所不可缺少的技术特征，其总和足以构成发明或者实用新型的技术方案，使之区别于背景技术中所述的其他技术方案。对于本案，根据上述分析，需确定克服"并联机构运动范围较小且定位精

度较低"这一技术问题的全部必要技术特征。

在前面分析中列举的本案全部技术特征（即①~⑩）中，哪一些应当作为解决上述技术问题的必要技术特征呢？

基于上述要解决的技术问题，静平台、动平台、柔性驱动分支和柔性约束分支是要求保护的主题（柔性并联机器人）的主要部分，均与上述要解决的技术问题相关，因此是解决上述技术问题的必要技术特征；同时，上述主要部分（包括其组成部分）的连接关系和位置关系能够限定出柔性并联结构所具有的确定的运动范围，因此也构成解决上述技术问题的必要技术特征。也就是说，前面列出的技术特征①~⑦是本申请解决上述技术问题的必要技术特征。技术特征⑧~⑩是对于两自由度柔性关节、三自由度柔性关节以及应用领域的进一步限定，从权利要求保护范围应当尽量合理的角度出发，可以不写入独立权利要求中。

（三）撰写独立权利要求

在确定了本案最接近的现有技术、针对最接近的现有技术所要解决的技术问题以及为解决该技术问题所必须包含的必要技术特征之后，就可以撰写独立权利要求，将确定的必要技术特征与最接近的现有技术进行对比分析，把其中与最接近的现有技术共有的必要技术特征，写入独立权利要求的前序部分，而将其他必要技术特征写入独立权利要求的特征部分。

根据以上分析的为解决技术问题所必须包括的全部必要技术特征，对独立权利要求进行撰写；同时，在独立权利要求的撰写中，为了获得更大的保护范围，不进行"磨削"的领域限定，最后，完成的独立权利要求1如下：

1. 一种五自由度冗余驱动柔性并联机器人，包括静平台（1）及动平台（2），其特征在于：所述静平台（1）与所述动平台（2）通过六个结构相同的柔性驱动分支及一个柔性约束分支相连；

每个所述柔性驱动分支包括驱动马达（11）、第一连杆（3）、第二连杆（4）、第一两自由度柔性关节（7）及三自由度柔性关节（10）；

所述驱动马达（11）固定设置于所述静平台（1）上，所述第一连杆（3）一端与所述驱动马达（11）连接，另一端通过所述第一两自由度柔性关节（7）与所述第二连杆（4）一端连接；所述第二连杆（4）的另一端分别通过所述三自由度柔性关节（10）与所述动平台（2）连接，所述柔性驱动分支通过所述驱动马达（11）驱动所述第一连杆（3）转动；

所述柔性约束分支包括第二两自由度柔性关节（8）、第三两自由度柔性关节（9）、第三连杆（5）和第四连杆（6）；所述第三连杆（5）的一端通过所述第二两自由度柔性关节（8）与所述静平台（1）下表面的中心连接，所述第三连杆（5）的另一端与所述第四连杆（6）的一端轴向活动连接，所述第四连杆（6）的另一端通过第三两自由度柔性关节（9）与所述动平台（2）上表面的中心连接，且所述第三连杆（5）和所述第四连杆（6）可沿轴向相对移动。

由此，所撰写的独立权利要求已经包含全部的必要技术特征，并且以说明书为依据，清楚、简要地限定出了专利要求保护的技术方案，使该发明得到充分的保护。

此外，除了上面撰写的独立权利要求1之外，基于技术交底材料中对于柔性并联机器人自由度和工作流程的描述，还可以撰写其他独立权利要求，从而对申请人要求保护的技术方案从更多的角度进行保护。例如，可以撰写方法权利要求、"介质+计算机程序流程"的装置权利要求。撰写完成的其他独立权利要求示例如下：

5. 一种磨削方法，其使用如权利要求1~4之一所述的五自由度冗余驱动柔性并联机器人，其特征在于：包括以下步骤：

上料机械手将待磨削工件输送至所述五自由度冗余驱动柔性并联机器人；

控制器控制所述驱动马达（11）驱动每个柔性驱动分支进行五自由度的转动，带动平台（2）也相应地进行五自由度转动，进行磨削；

使用六维力传感器（13）测量磨削力的大小，并反馈给控制器；

控制器基于接收的磨削力大小调节发送给磨削盘驱动马达（12）的控制力大小；

磨削盘驱动马达（12）根据控制器的发送的控制力大小驱动磨削盘（14）进行磨削工作；

磨削完成后，下料机械手将完成磨削的工件输送至储料斗。

6. 一种计算机存储介质，其上存储有计算机程序，其特征在于：该程序被处理器执行时实现权利要求5所述方法的步骤。

（四）撰写从属权利要求

为了增加专利申请取得专利权的可能性和批准专利后更有利于维护专利权，应当撰写合理数量的从属权利要求，尤其应当将未写入独立权利要求的其他技术特征写入从属权利要求。根据《专利法实施细则》第二十二条第一款的规定，发明或者实用新型的从属权利要求应当包括引用部分和限定部分，按照下列规定撰写：①引用部分：写明引用的权利要求的编号及其主题名称；②限定部分：写明发明或者实用新型附加的技术特征。

对于本案例来说，可以在从属权利要求中进一步对两自由度柔性关节、三自由度柔性关节的具体结构进行限定，同时，还可以在从属权利要求中对本申请中的柔性并联机器人应用的磨削领域进行限定。撰写完成的从属权利要求如下：

2. 如权利要求1所述的五自由度冗余驱动柔性并联机器人，其特征在于，所述第一两自由度柔性关节（7）、所述第二两自由度柔性关节（8）及所述第三两自由度柔性关节（9）均为柔性万向节。

3. 如权利要求1所述的五自由度冗余驱动柔性并联机器人，其特征在于，所述三自由度柔性关节（10）为柔性球面副。

4. 如权利要求1~3之一所述的五自由度冗余驱动柔性并联机器人，其特征在于，所述五自由度冗余驱动柔性并联机器人可应用于磨削。

三、说明书撰写中需要注意的问题

在本案例中，对于说明书的撰写，值得注意的是发明名称、技术领域部分和说明书文字表达方面。

1. 发明名称

根据完善后的技术交底材料，该申请可要求保护的主题涉及产品和方法。具体而言，本申请要求保护的主题涉及"柔性并联机器人""磨削方法"以及"计算机存储介质"，因此，发明名称可以撰写为"五自由度冗余驱动柔性并联机器人及其磨削方法、介质。这样就可以清楚、简要、全面地反映要求保护的发明的主题和类型。

2. 技术领域

本申请直接应用的具体技术领域是机器人技术领域，具体的改进是将现有技术中用于磨削的串联机器人替换为具有冗余驱动的柔性并联机器人；同时，本申请还涉及多个主题。因此，该发明的技术领域部分可以撰写为："本申请涉及机器人技术领域，特别涉及一种五自由度冗余驱动柔性并联机器人及其磨削方法、介质"。

3. 说明书文字表达

在本申请涉及的并联机器人领域，运动副通常用英文字母表示，因此，可以采用字母表示的运动副对说明书中的支链类型和并联机器人类型进行描述，以使说明书的文字表述尽可能简洁明了。例如，本申请的并联机器人的柔性驱动分支的支链依次是由转动副、万向节、球面副组成，上述运动副可以采用本领域通用的字母进行表述，分别为 R（rotary）、U（universal）、S（spherical），因此，可以将柔性驱动分支的支链类型表述为"RUS"；同理，本申请并联机器人的柔性约束分支的支链依次是由万向节、平移副、万向节组成，上述运动副可以采用本领域通用的字母 U（universal）、P（prismatic）、U（universal）表述，因此，可以将柔性约束分支的支链类型表述为"UPU"；另外，可以根据柔性驱动分支和柔性约束分支的类型对本申请并联机器人的类型表述为"6 – RUS – 1 – UPU"。

四、案例总结

本节以并联机器人为例，重点介绍了属于智能制造关键技术装备的工业机器人领域申请文件的撰写思路，并形成了推荐的专利申请文件（参考附件）。通过上述案例可知，在工业机器人领域的专利申请文件撰写中，应该注意以下几点：

① 对于涉及结构改进的技术方案，不能缺少对工业机器人自由度的描述，其不仅应该包括对于机器人整体自由度的描述，还应该包括对于部件、关节的自由度描述，从而使技术方案本身清楚、完整。

② 在产品独立权利要求中谨慎使用用途限定，以免用途限定影响权利要求的保护范围，例如，对于产品结构并非针对某一特定用途而是针对实现的特定运动而设计的情况，建议申请人在从属权利要求中对用途进行限定。

③ 涉及工作流程的技术方案可以采用多种形式的权利要求进行保护，该领域的重点申请人多采用程序模块架构的装置权利要求进行撰写，相比于采用方法权利要求撰写的方式，其逻辑更加清晰，通常也能够获得较大的保护范围。

④ 文字表述应当使用通用的专业术语，例如，并联型机器人中采用"球副（S）""移动副（P）""转动副（R）"等专业术语能够清楚表述运动副类型。

附件　专利申请文件参考文本

摘　要

本发明涉及一种五自由度冗余驱动柔性并联机器人,其包括静平台(1)及动平台(2),静平台(1)与动平台(2)通过六个柔性驱动分支及柔性约束分支相连;每个柔性驱动分支包括驱动马达(11)、第一连杆(3)、第二连杆(4)、一个两自由度柔性关节(7)及三自由度柔性关节(10);驱动马达(11)固定设置于静平台(1)上,第一连杆(3)与驱动马达(11)连接,并通过第一两自由度柔性关节(7)与第二连杆(4)连接;第二连杆(4)通过三自由度柔性关节(10)与动平台(2)连接,柔性驱动分支通过驱动马达(11)驱动第一连杆(3)转动;柔性约束分支的第三连杆(5)通过第二两自由度柔性关节(8)与静平台(1)下表面的中心连接,并与第四连杆(6)轴向活动连接,第四连杆(6)通过第三两自由度柔性关节(9)与动平台(2)连接。本发明还涉及一种五自由度冗余驱动柔性并联机器人磨削方法、介质。本发明的五自由度冗余驱动柔性并联机器人及其磨削方法、介质达到了有效提高机构刚度、定位精度及磨削加工表面质量的技术效果。

摘要附图

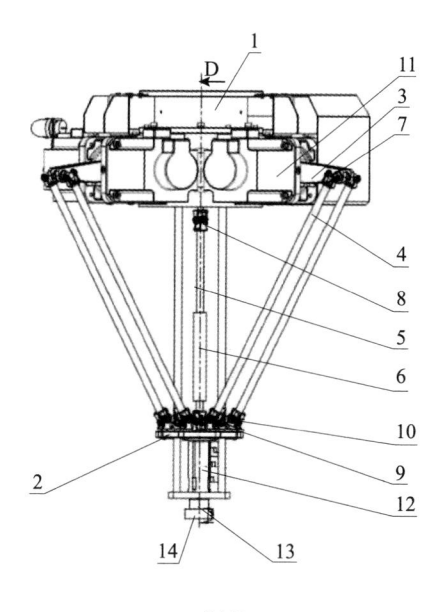

权利要求书

1. 一种五自由度冗余驱动柔性并联机器人，包括静平台（1）及动平台（2），其特征在于：所述静平台（1）与所述动平台（2）通过六个结构相同的柔性驱动分支及一个柔性约束分支相连；

每个所述柔性驱动分支包括驱动马达（11）、第一连杆（3）、第二连杆（4）、第一两自由度柔性关节（7）及三自由度柔性关节（10）；

所述驱动马达（11）固定设置于所述静平台（1）上，所述第一连杆（3）一端与所述驱动马达（11）连接，另一端通过所述第一两自由度柔性关节（7）与所述第二连杆（4）一端连接；所述第二连杆（4）的另一端分别通过所述三自由度柔性关节（10）与所述动平台（2）连接，所述柔性驱动分支通过所述驱动马达（11）驱动所述第一连杆（3）转动；

所述柔性约束分支包括第二两自由度柔性关节（8）、第三两自由度柔性关节（9）、第三连杆（5）和第四连杆（6）；所述第三连杆（5）的一端通过所述第二两自由度柔性关节（8）与所述静平台（1）下表面的中心连接，所述第三连杆（5）的另一端与所述第四连杆（6）的一端轴向活动连接，所述第四连杆（6）的另一端通过第三两自由度柔性关节（9）与所述动平台（2）上表面的中心连接，且所述第三连杆（5）和所述第四连杆（6）可沿轴向相对移动。

2. 如权利要求1所述的五自由度冗余驱动柔性并联机器人，其特征在于，所述第一两自由度柔性关节（7）、所述第二两自由度柔性关节（8）及所述第三两自由度柔性关节（9）均为柔性万向节。

3. 如权利要求1所述的五自由度冗余驱动柔性并联机器人，其特征在于，所述三自由度柔性关节（10）为柔性球面副。

4. 如权利要求1~3之一所述的五自由度冗余驱动柔性并联机器人，其特征在于，所述五自由度冗余驱动柔性并联机器人可应用于磨削。

5. 一种磨削方法，其使用如权利要求1~4之一所述的五自由度冗余驱动柔性并联机器人，其特征在于：包括以下步骤：

上料机械手将待磨削工件输送至所述五自由度冗余驱动柔性并联机器人；

控制器控制所述驱动马达（11）驱动每个柔性驱动分支进行五自由度的转动，带动动平台（2）也相应地进行五自由度转动，进行磨削；

使用六维力传感器（13）测量磨削力的大小，并反馈给控制器；

控制器基于接收的磨削力大小调节发送给磨削盘驱动马达（12）的控制力大小；

磨削盘驱动马达（12）根据控制器的发送的控制力大小驱动磨削盘（14）进行磨削工作；

磨削完成后，下料机械手将完成磨削的工件输送至储料斗。

6. 一种计算机存储介质，其上存储有计算机程序，其特征在于：该程序被处理器执行时实现权利要求 5 所述方法的步骤。

说 明 书

五自由度冗余驱动柔性并联机器人及其磨削方法、介质

技术领域

本发明涉及机器人技术领域，特别涉及一种五自由度冗余驱动柔性并联机器人及其磨削方法、介质。

背景技术

并联机构是指由两个或者两个以上分支组成，机构具有两个或两个以上自由度，且以并联方式驱动的结构。并联机器人相对于串联机器人具有机构刚度大的优点；同时，柔性机构利用柔性材料的变形来传递运动或能量，具有定位精度的优点，克服了传统运动副所带来的间隙、摩擦、磨损、冲击和润滑等问题。

现有的关节式磨削机器人，采用串联结构会使其刚度较差；现有技术中公开了一种有约束链的少自由度的并联机构，其具有三条主动链以及一条约束链，有效地提高机构刚度，同时冗余驱动使得机器人在其整个工作空间内有效地避免其奇异点，但存在驱动分支数量较少、关节自由度不足等特点；同时，由于采用了传统运动副，其存在着间隙、摩擦、磨损、冲击和润滑等问题。因此，该并联机构的运动范围较小并且定位精度较低。

发明内容

本发明旨在克服现有关节式磨削机器人刚度不足、运动范围较小、定位精度较低的技术问题，提供一种五自由度冗余驱动柔性并联机器人。

五自由度冗余驱动柔性并联机器人包括静平台及动平台，所述静平台与所述动平台通过六个结构相同的 RUS 柔性驱动分支及一个 UPU 柔性约束分支相连；每个所述柔性驱动分支包括驱动马达、第一连杆、第二连杆、第一两自由度柔性关节及三自由度柔性关节；所述驱动马达固定设置于所述静平台上，所述第一连杆一端与所述驱动马达连接，另一端通过所述第一两自由度柔性关节分别与所述第二连杆一端连接；所述第二连杆的另一端分别通过所述三自由度柔性关节与所述动平台连接，所述柔性驱动分支通过所述驱动马达驱动所述第一连杆转动；所述柔性约束分支包括第二两自由度柔性关节、第三两自由度柔性关节、第三连杆和第四连杆；所述第三连杆的一端通过所述第二两自由度柔性关节与所述静平台下表面的中心连接，所述第三连杆的另一端与所述第四连杆的一端轴向活动连接，所述第四连杆的另一端通过第三两自由度柔性关节与

所述动平台上表面的中心连接,且所述第三连杆和所述第四连杆可沿轴向相对移动。

优选地,所述第一两自由度柔性关节、所述第二两自由度柔性关节及所述第三两自由度柔性关节均为柔性万向节。

优选地,所述三自由度柔性关节为柔性球面副。

优选地,五自由度冗余驱动柔性并联机器人可应用于磨削。

本发明还涉及一种磨削方法,其使用本发明的五自由度冗余驱动柔性并联机器人,包括以下步骤:上料机械手将待磨削工件输送至所述五自由度冗余驱动柔性并联机器人;控制器控制所述驱动马达驱动每个柔性驱动分支进行五自由度的转动,带动动平台也相应地进行五自由度转动,进行磨削;使用六维力传感器测量磨削力的大小,并反馈给控制器;控制器基于接收的磨削力大小调节发送给磨削盘驱动马达的控制力大小;磨削盘驱动马达根据控制器的发送的控制力大小驱动磨削盘进行磨削工作;磨削完成后,下料机械手将完成磨削的工件输送至储料斗。

本发明还涉及一种计算机存储介质,其上存储有计算机程序,该程序被处理器执行时实现本发明的磨削方法。

本发明的有益效果在于:本发明的五自由度冗余驱动柔性并联机器人及其磨削方法、介质,利用柔性并联结构提高整体结构的刚度和定位精度,利用动平台连接的六维力传感器实现力控制磨削,从而达到了提高加工表面的质量,冗余驱动可以避免柔性并联机器人的奇异,有效地增加工作空间的技术效果。

附图说明

图1示出了本发明五自由度冗余驱动柔性并联机器人整体结构示意图。

附图标记说明:

1 静平台;

2 动平台;

3 第一连杆;

4 第二连杆;

5 第三连杆;

6 第四连杆;

7 第一两自由度柔性关节;

8 第二两自由度柔性关节;

9 第三两自由度柔性关节;

10 三自由度柔性关节;

11 驱动马达；

12 磨削盘驱动马达；

13 六维力传感器；

14 磨削盘。

具体实施方式

以下结合附图及具体实施例，对本发明进行进一步详细说明。应当理解，此处所描述的具体实施例仅用以解释本发明，而不构成对本发明的限制。

本发明的主要构思为：通过设计一种具有冗余驱动的五自由度的柔性并联机器人，其柔性约束支链将柔性并联机构沿竖直轴的转动约束，实现了冗余驱动，冗余驱动机器人可以避免奇异，有效地增加机器人的工作空间。柔性并联机器人可以实现复杂曲面的磨削加工，末端连接有六维力传感器可以实现力控制磨削，进一步提高磨削表面的质量。

请参考图1，其示出了本发明五自由度冗余驱动柔性并联机器人整体结构示意图。为6-RUS-1-UPU构型的柔性并联机器人，包括静平台1及动平台2，静平台1与动平台2通过六个结构完全相同的RUS柔性驱动分支及一个UPU柔性约束分支相连。

每个柔性驱动分支包括驱动马达11、第一连杆3、第二连杆4、第一两自由度柔性关节7及三自由度柔性关节10。驱动马达11固定设置于静平台1上，第一连杆3一端与驱动马达11连接，另一端通过第一两自由度柔性关节7与第二连杆4的一端连接；第二连杆4的另一端通过三自由度柔性关节10与动平台2连接。柔性驱动分支通过驱动马达11驱动第一连杆3转动。

柔性约束分支包括第二两自由度柔性关节8、第三两自由度柔性关节9、第三连杆5和第四连杆6。第三连杆5与第四连杆6轴向连接。具体地，第三连杆5的一端通过第二两自由度柔性关节8与静平台1下表面的中心连接，第三连杆5的另一端与第四连杆6的一端轴向活动连接，第四连杆6的另一端通过第三两自由度柔性关节9与动平台2上表面的中心连接，且第三连杆5和第四连杆6可沿轴向相对移动。由于柔性驱动分支并不约束空间自由度，而柔性约束分支可以限制整个机器人的空间自由度。仅由六个柔性驱动分支组成的柔性并联机器人有六个自由度，对于磨削机器人而言，由于磨削盘14本身要转动，因此柔性并联机器人沿柔性约束分支轴向的转动对磨削加工来讲并无必要，因此引入一个柔性约束分支，约束柔性并联机器人沿柔性约束分支轴向的转动，从而形成柔性并联机器人有五个自由度同时存在六个驱动构成冗余驱动。柔性约束分支既约束了不必要的自由度，更进一步提高了机器人的刚度，同时冗余驱动可有效避免机器人工作空间内的奇异点，有效增大了机器人的工作空间。

本实施例中，五自由度冗余驱动柔性并联机器人还包括控制器、磨削盘驱动马达12、磨削盘14及六维力传感器13。磨削盘14与动平台2连接，磨削盘驱动马达12和六维力传感器13设置于动平台2与磨削盘14之间。

采用本发明的五自由度冗余驱动柔性并联机器人进行磨削的工作流程如下：上料机械手抓取工件，将待磨削工件输送至五自由度冗余驱动柔性并联机器人；控制器控制驱动马达11驱动每个柔性驱动分支进行五自由度的转动，带动动平台2也相应地进行五自由度转动，进行磨削；使用六维力传感器13测量磨削力的大小，并反馈给控制器；控制器基于接收的磨削力大小调节发送给磨削盘驱动马达12的控制力大小；磨削盘驱动马达12根据控制器发送的控制力大小驱动磨削盘14进行磨削工作；完成磨削后，使用下料机械手抓取完成磨削的工件，将工件送至储料斗。本发明的五自由度冗余驱动柔性并联机器人可实现复杂曲面的力控制磨削。本发明还提供一种计算机存储介质，其上存储有计算机程序，该程序被处理器执行时实现上述工作流程的步骤。

优选地，所述第一两自由度柔性关节7、所述第二两自由度柔性关节8及所述第三两自由度柔性关节9均为柔性万向节。

优选地，所述三自由度柔性关节10为柔性球面副。

采用本发明的五自由度冗余驱动的柔性并联机器人可以实现对加工件的高质量磨削。

本发明具有五自由度冗余驱动的柔性并联机器人，通过柔性约束分支将柔性并联机构沿竖直轴的转动约束，实现冗余驱动，避免奇异，有效地增加机器人的工作空间。同时柔性并联机器人具有运动范围大、定位精度高的优点，可以实现复杂曲面的磨削加工，末端连接有六维力传感器可以实现力控制磨削，进一步提高磨削表面的质量。

以上所述本发明的具体实施方式，并不构成对本发明保护范围的限定。任何根据本发明的技术构思所作出的各种其他相应的改变与变形，均应包含在本发明权利要求的保护范围内。

说明书附图

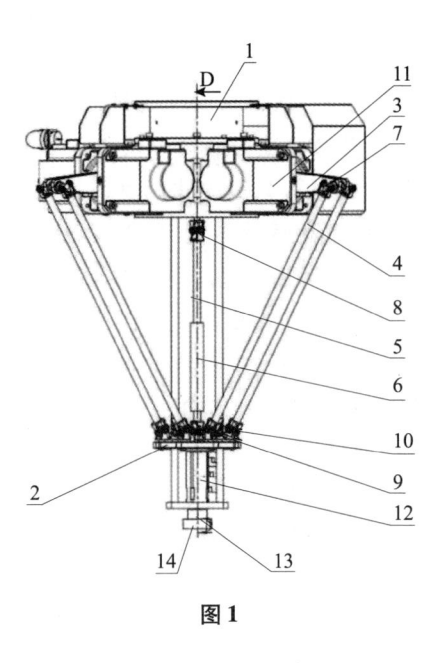

图 1

第七章 特定机械领域撰写案例

本章以特定机械领域撰写案例为基础，总结和梳理了相关技术领域专利申请文件撰写的技巧和方法。

第一节 自动变速器领域专利申请文件撰写

行星自动变速器是汽车上的关键传动部件，通常包括具有多个元件的多组行星齿轮组，零部件数量众多，且各行星齿轮组元件之间的运动和动力传递关系复杂且不断变化，另外，相对于某些机械产品只有一部分部件参与运动来实现产品的功能而言，行星自动变速器中的所有元件以及换挡操纵件都以某种状态（运动或固定、接合或分离）的组合实现换挡变速功能，这种结构配置导致行星自动变速器的结构相当复杂，从而导致其专利申请的技术方案撰写起来也较为复杂，撰写经验不足的专利代理师常常感到束手无策。

由于行星自动变速器自身的结构和运动特点，撰写专利申请文件时，有时可能会出现通过说明书的文字难以描述清楚的问题，导致申请人或专利代理师在撰写时将大量的精力用于表达技术方案，而不是聚焦于技术方案的提炼和保护上。此外，由于行星自动变速器产品主要采用结构特征来进行限定，有时权利要求可能会撰写得过于冗长具体，或者概括得过于宽泛。

因此，本节以"一种具有行星齿轮机构自动变速器"的发明专利申请文件为例，重点探讨该领域专利申请文件的撰写思路。

一、对技术交底材料的理解和分析

申请人提出希望保护一种行星自动变速器，并要求针对所提供的技术交底材料撰写一份发明专利申请文件。

（一）申请人提供的技术交底材料

作为汽车底盘的主要部件，车辆变速器用于协调发动机的扭矩、转速和车轮行驶速度，从而发挥发动机的最佳性能。自动变速器操作简便，能够大大降低驾驶员的疲劳程度，因此应用越来越广泛。除了无级变速器（CVT）、双离合变速器（DCT）外，具有行星齿轮结构的变速器是自动变速器中的主要类型之一。

众所周知，自动变速器的前进挡位越多，则发动机的燃料经济性越好，同时换挡更平顺、乘坐舒适度越高。市面上现有的自动变速器通常最多有8个前进挡和2个倒挡。而本发明提出了一种具有9个前进挡和1个倒挡的行星齿轮自动变速器，以进一步增强燃料经济性和驾驶舒适度。

在技术交底材料提供的方案中，变速器壳体1容纳有输入轴2、输出轴3以及从左至右排列的四个行星齿轮组4、5、6和7。每个行星齿轮组都具有太阳轮、行星轮、行星架和齿圈四个基本元件，并且如图7-1所示，变速器还包括六个换挡操纵件，即三个制动器B1、B2和B3以及三个离合器C1、C2和C3。

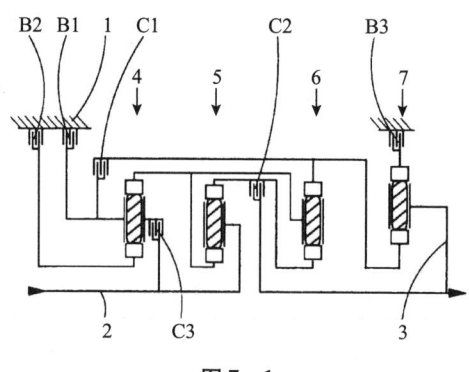

图7-1

其中，制动器B1、B2、B3均设置在变速器壳体1上，在制动器B1、B2、B3接合时，分别可将行星齿轮组4的行星架、行星齿轮组4的太阳轮和行星齿轮组7的齿圈固定在变速器的壳体1上。

另外，离合器C1一端连接了行星齿轮组4的行星架，另一端连接了行星齿轮组 6 的齿圈以及行星齿轮组 7 的太阳轮，用于这些部件之间运动和动力的连接/分离；离合器 C2 一端连接了行星齿轮组 5 的齿圈以及行星齿轮组 6 的太阳轮，另一端连接了输出轴 3，用于这些部件之间运动和动力的连接/分离；离合器 C3 一端连接了行星齿轮组 4 的行星架，另一端连接了输入轴 2，用于这些部件之间运动和动力的连接/分离。

下面进一步介绍行星齿轮组 4、5、6 和 7 中各行星齿轮元件之间的连接关系。由于各个行星齿轮组中的行星齿轮仅在其所在的齿轮组中作内部运动，只有太阳轮、行星架和齿圈三个旋转部件与其他行星齿轮组的元件或壳体、输入轴和/或输出轴进行运动和动力传递。因此，这里只介绍各行星齿轮组中太阳轮、行星架和齿圈这三个旋转部件的连接关系。

行星齿轮组 4：其太阳轮通过制动器 B2 固定在壳体 1 上；其行星架一端通过离合器 C3 与输入轴 2 相连，另一端通过制动器 B1 固定在壳体 1 上；以及其行星架通过离合器 C1 与行星齿轮组 6 的齿圈及行星齿轮组 7 的太阳轮相连；行星齿轮组 4 的齿圈与行星齿轮组 5 的太阳轮和行星齿轮组 6 的行星架相连。

行星齿轮组 5：其太阳轮与行星齿轮组 4 的齿圈以及与行星齿轮组 6 的行星架相连；其行星架通过离合器 C3 与行星齿轮组 4 的行星架相连，同时与输入轴 2 固定相连；行星齿轮组 5 的齿圈与行星齿轮组 6 的太阳轮相连，同时利用离合器 C2 和作为输出轴的行星齿轮组 7 的行星架 3 相连。

行星齿轮组 6：其太阳轮与行星齿轮组 5 的齿圈相连，并通过离合器 C2 和作为输出轴 3 的行星齿轮组 7 的行星架相连；其行星架与行星齿轮组 4 的齿圈、同时与行星齿轮组 5 的太阳轮相连；行星齿轮组 6 的齿圈与行星齿轮组 7 的太阳轮相连，同时利用离合器 C1 和行星齿轮组 4 的行星架相连。

行星齿轮组 7：其太阳轮与行星齿轮组 6 的齿圈相连，并通过离合器 C1 和行星齿轮组 4 的行星架相连；其行星架与输出轴 3 耦合连接；行星齿轮组 7 的齿圈通过制动器 B3 固定在壳体 1 上。

另外，输入轴 2 与行星齿轮组 5 的行星架连接，并可借助离合器 C3 与行星齿轮组 4 的行星架连接。

输出轴 3 通过离合器 C2 与行星齿轮组 5 的齿圈和行星齿轮组 6 的太阳轮相连，同时还与行星齿轮组 7 的行星架耦合连接。

在此基础上，通过有针对性地操作制动器 B1、B2 和 B3 以及离合器 C1、C2 和 C3，可以改变这些换挡操纵件的结合状态，从而改变动力在四个行星齿轮组 4、5、6 和 7 中各元件上的传递路线，从而在输入轴 2 和输出轴 3 之间形成了总共 9 个前进挡和 1 个倒挡。

(二) 理解和分析技术交底材料

专利代理师需要认真阅读和理解技术交底材料提供的信息，并围绕技术方案与申请人进行充分的沟通交流，这些工作是撰写申请文件的前提。

1. 对技术方案的理解

本申请的技术方案是要提供一种具有九个前进挡和一个倒挡的行星自动变速器。本申请中的行星自动变速器包括一个由四个简单行星齿轮组组成的具有多自由度的复杂行星齿轮变速机构，各个简单行星齿轮组是构成该复杂行星齿轮变速机构的基本构件。其中，每个简单行星齿轮组包括太阳轮、行星轮、行星架和齿圈四个元件，依靠各行星齿轮组中各个元件之间形成的固定连接关系、各个换挡操纵件的不同设置位置以及换挡操纵件的动作所形成的可变连接关系，能够形成无数种动力传递的组合方式。本申请需要从这无数种组合方式中优选出的传动方案用以增加更多的挡位数和使传动性能更优良。由于行星齿轮组元件和换挡操纵件的数目越多，行星变速机构的自由度相应地越多，可供选用的挡位数也就越多，因此本申请中设置了四个行星齿轮组和六个包括制动器和离合器在内的换挡操纵件。发动机动力由输入轴进入变速器内部，并在这四个行星齿轮组之间传递，通过在六个包括制动器和离合器在内的换挡操纵件的不同状态（运动或固定、接合或分离）的组合形成了特定的运动和动力传递路线。各个传递路线上的齿轮传动比（也即挡位）不同，因此可以形成至少九个前进挡和一个倒挡。

2. 关于该申请可保护的主题

技术交底材料中提供的技术方案仅涉及一个主题——一种具有行星齿轮机构的自动变速器，其属于典型的产品发明，其改进在于自动变速器的传动结构方案，因此可以确定该申请的保护主题只有一项，仅涉及产品权利要求。

就该技术主题而言，既可以申请发明专利，也可以申请实用新型专利，因此需要请申请人确定该申请的专利类型。

3. 关于该申请的新颖性和创造性

针对技术交底材料，专利代理师进行了检索，得到了一份较为相关的现有技术即对比文件1。

如图7-2所示，对比文件1公开了一种包括四个行星齿轮组（14，16，18和20）和多个换挡操纵件（即2个制动器32、34及3个离合器26、28和30）的行星自动变速器，其在输入轴12和输出轴22之间建立了八个前进挡和一个倒挡。相对于专利代理师检索到的对比文件1，可以看出该申请在各行星齿轮组元件及换挡操纵件的位置和连接关系上均存在差异；另外，对比文件1解决的技术问题是在具有四个行星齿轮组的行星机构中开发出八个前进挡的技术方案，而该申请则开发出了具有九个前进挡的行星传动机构，因此该申请具有新颖性。另外，由于这种结构上的差别并非是常规技术手段或在上述现有技术上经简单变形而得到，因此是非显而易见的；同时该申请所提出的技术方案由于挡位数更多，因此具有换挡更平顺、乘坐舒适度更好的优点，因此初步认为该申请也具备创造性。

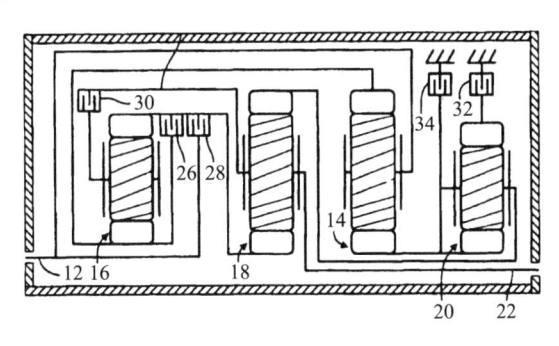

图 7-2

4. 需要申请人确认和/或补充的内容

以下内容需要申请人进行确认：由于行星变速器的结构及运动、动力传递关系复杂，因此技术交底材料中除了应对其结构进行说明外，还应对各个部件的运动和操纵方式进行说明，具体说明该变速器是如何实施换挡的，包括制动器或离合器在内的各个操控件的动作顺序和接合状态，最好能附以相应的换挡示意图或真值表，这有助于社会公众和审查员正确理解和实施本发明的技术内容。

另外，技术交底材料中仅提供了一种实施方式。在研发过程中得到的其他行星齿轮机构的传动方案可能在某一方面的性能并没有达到最优，但同样也可以实现本申请的发明目的。对于这些技术方案，申请人也应当一并提供，从而便于撰写出能够得到说明书支持的覆盖所有等同替代或明显变形的技术方案的产品权利要求。

（三）与申请人的沟通和确认

将上述对于技术交底材料的理解以及思考的问题与申请人进行了充分的沟通，申请人给出的反馈意见如下：

（1）同意专利代理师对技术交底材料中的技术方案的理解。

（2）申请人拟仅申请发明专利。

（3）申请人在技术交底材料中进一步补充了以下内容：

① 以文字补充说明了实现各挡位时各个操纵件的动作关系，例如，针对该实施方式补充了："在该实施方式中，第一前进挡通过接合第二制动器（B2）和第三制动器（B3）以及第一离合器（C1）形成；第二前进挡通过接合第三制动器（B3）以及第一离合器（C1）和第三离合器（C3）形成；第三前进挡通过接合第二制动器（B2）和第三制动器（B3）以及第三离合器（C3）形成；第四前进挡通过操作第三制动器（B3）以及第二离合器（C2）和第三离合器（C3）形成；第五前进挡通过接合第二制动器（B2）以及第二离合器（C2）和第三离合器（C3）形成；第六前进挡通过接合三个离合器（C1、C2、C3）形成；第七前进挡通过接合第二制动器（B2）以及第一离合器（C1）和第二离合器（C2）形成；第八前进挡通过操作第一制动器（B1）以及第一离合器（C1）和第二离合器（C2）形成；第九前进挡通过接合第一制动器（B1）和第二制动器（B2）以及第二离合器（C2）形成；倒挡通过接合所有制动器（B1、B2、B3）形成。"

这些文字内容说明了如何操控制动器 B1、B2 和 B3 以及离合器 C1、C2 和 C3 来实现该变速器九个前进挡和一个倒挡的换挡和变速。

另外，申请人还提供了换挡示意图对上述换挡操作进行说明，如图 7-3 所示，其中的符号"×"表示离合器或制动器处于接合状态。

挡	接合的切换元件							传动比	速比间隔
	制动器			离合器				i	φ
	B1	B2	B3	C1	C2	C3		
1		×	×	×			5.531	1.678
2			×	×		×	3.297	1.474
3		×	×			×	2.237	1.383
4			×		×	×	1.618	1.336
5		×			×	×	1.211	1.211
6				×	×	×	1.000	1.148
7		×		×	×		0.871	1.192
8	×			×	×		0.731	1.189
9	×	×			×		0.615	总共 8.988
R	×	×	×				-4.717	

图 7-3

② 针对该发明，申请人进一步提供了另外两种实施方式（分别如图 7-4、图 7-5 所示），同时指出了这两种实施方式中的换挡操作与第一种实施方式中换挡操作的区别。

图 7-4 示出根据本发明的第二种实施方式。根据图 7-4 的实施方式与第一种实施方式的区别在于：采用了两个制动器 B1、B2 和四个离合器 C1、C2、C3 和 C4。输出轴 3 除了可借助离合器 C2 与行星齿轮组 5 的齿圈和行星齿轮组 6 的太阳轮连接外，还通过离合器 C4 与行星齿轮组 7 的行星架可选择性地相连；行星齿轮组 7 的齿圈与变速器壳体 1 不可转动地连接。

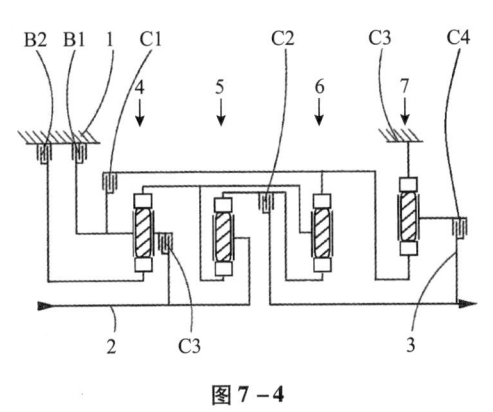

图 7-4

图 7-5 示出根据本发明的第三种实施方式。根据图 7-5 的实施方式与第一种实施方式的区别在于：采用了两个制动器 B1、B2 和四个离合器 C1、C2、C3 和 C4。行星齿轮组 6 的齿圈与行星齿轮组 7 的太阳轮通过离合器 C4 可选择性地连接；另外，行星齿轮组 7 的齿圈与壳体 1 不可相对转动地连接，输出轴 3 与行星齿轮组 7 的行星架固定连接。

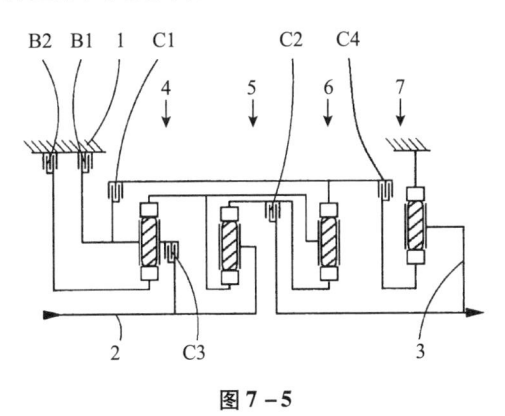

图 7-5

根据以上申请人反馈的内容可以进一步完善技术交底材料。由于申请人又补充了两种实施方式，因此，可以考虑对三种实施方式进行总结或概括，从而撰写出一个技术方案提炼得更上位的独立权利要求。这种撰写方式概括了各个实施方式的共同点，同时涵盖了所有等同替代或明显变形的实施方式，因此可以获得更大的保护范围。

二、权利要求书撰写的主要思路

（一）理解要求保护技术主题的实质性内容，列出全部技术特征

首先，按照申请人提供的技术交底材料的内容以及与申请人交流的结果，确定技术方案的实质性内容。在该案例中，根据修改后的技术交底材料列出三个实施例的全部技术特征，以便进行分析。

从三种实施方式的附图（图7-1、图7-4和图7-5）可以看出，三种实施方式的行星齿轮结构在前三个行星齿轮组是完全相同的，其区别仅在于第四个行星齿轮组，因此，可以容易地列出三种实施方式中相同的技术特征（即所有通用部件及前三组行星齿轮机构的结构特征）和不同的技术特征（主要是第四组行星齿轮机构的结构特征），以下进行详细说明。

1. 三个实施方式中相同的技术特征

通用部件：输入轴2、输出轴3和变速器壳体1。

第一行星齿轮组4的行星架与输入轴2通过离合器C3可选择性地进行连接，并借助于制动器B1与壳体1相连，同时通过离合器C1与第三行星齿轮组6的齿圈相连；第一行星齿轮组4的齿圈与第二行星齿轮组5的太阳轮及第三行星齿轮组6的行星架相连；第一行星齿轮组4的太阳轮通过制动器B2与壳体1连接；第二行星齿轮组5的行星架与输入轴2固定连接；第二行星齿轮组5的齿圈与第三行星齿轮组6的太阳轮相连，并通过离合器C2可选择性地与输出轴3相连。

2. 三个实施方式中不同的技术特征

实施方式1：第四行星齿轮组7的行星架与输出轴3连接，并且，第四行星齿轮组7的齿圈与壳体1借助于制动器B3相连。

实施方式2：第四行星齿轮组7的行星架与输出轴3借助于离合器C4相连，并且第四行星齿轮组7的齿圈与壳体1不可相对转动地连接。

实施方式3：第四行星齿轮组7的行星架与输出轴3连接，并且第四行星齿轮组7的齿圈与壳体1不可相对转动地连接；第四行星齿轮组7的太阳轮借助离合器C4与第一行星齿轮组4和第三行星齿轮组6连接。

（二）分析现有技术，确定独立权利要求需记载的必要技术特征

在理解了要求保护的技术主题的实质内容以后，可着手分析现有技术。

在对比文件 1 所公开的技术方案中，行星自动变速器同样包括四个行星齿轮组以及多个包括制动器和离合器在内的换挡操纵件，控制这些换挡操纵件的接合与分离，使得各个行星齿轮组的元件与固定部件和/或其他行星齿轮组的元件之间选择性地连接，从而可以在输入轴和输出轴之间建立八个前进挡和至少一个倒挡。

根据图 7-1 所示的本申请技术方案，本申请与图 7-2 所示的对比文件 1 的技术方案具有大致相同构型：四个行星齿轮组和多个包括制动器和离合器在内的换挡操纵件。在变速器的具体结构上两者也存在部分相同或相似之处。但本申请要解决的技术问题是提供一种具有九个前进挡和一个倒挡的行星齿轮自动变速器，以进一步增强燃料经济性和驾驶舒适度。因此，在撰写本申请独立权利要求时，需要将实现具有九个前进挡和一个倒挡的行星齿轮自动变速器各元件之间的固定和/或可选择性的连接关系作为必要技术特征写入独立权利要求中。

由于各行星齿轮元件与输入轴、输出轴、变速器壳体及其他行星齿轮元件之间的连接关系是以"轴部件"的形式来实现的，因此可以用"第 X 轴"这样的术语对这些连接关系进行描述。

例如，在本申请的第一个实施方式中，可分别定义第三轴 8 为与壳体 1 上的第一制动器 B1 和第一行星齿轮组 4 的行星架相连的轴；第四轴 9 为与第三行星齿轮组 6 的齿圈和第一离合器 C1 相连的轴；第五轴 10 为与第二行星齿轮组 5 的齿圈和第三行星齿轮组 6 的太阳轮连接并可借助第二离合器 C2 与输出轴 3 连接的轴；第六轴 11 为与第一行星齿轮组 4 的齿圈、第二行星齿轮组 5 的太阳轮以及第三行星齿轮组 6 的行星架相连的轴；第七轴 12 为与壳体 1 上的第二制动器 B2 和第一行星齿轮组 4 的太阳轮相连的轴；第八轴 13 为与壳体 1 上的第三制动器 B3 和第四行星齿轮组的齿圈相连的轴……通过这种定义对这些部件的连接关系进行简化的描述，避免了类似技术交底材料中对各连接关系重复进行说明，可以使权利要求书和说明书的文字表达更为简明扼要。

类似地，由于本申请中各行星齿轮组结构相似，且均包括太阳轮、行星架和齿圈在内的三个旋转元件，因此，可分别将太阳轮、行星架和齿圈上位概括为第一旋转元件、第二旋转元件和第三旋转元件。

按照这种简化描述的方式，独立权利要求的必要技术特征列举如下：

① 包括输入轴（2）、输出轴（3）和容纳四个行星齿轮组（4、5、6、7）的壳体（1）。

② 输入轴（2）与第二行星齿轮组（5）的第二旋转元件固定连接并通过

第三离合器（C3）可选择性地与第一行星齿轮组（4）的第二旋转元件连接；输出轴（3）与第四行星齿轮组（7）的第二旋转元件固定或可选择性地连接。

③第一行星齿轮组（4）的第二旋转元件与第三轴（8）固定连接；第四轴（9）与第三行星齿轮组（6）的第三旋转元件固定连接；第五轴（10）将第二行星齿轮组（5）的第三旋转元件与第三行星齿轮组（6）的第一旋转元件固定连接；第六轴（11）将第一行星齿轮组（4）的第三旋转元件与第二行星齿轮组（5）的第一旋转元件固定连接；第七轴（12）与第一行星齿轮组（4）的第一旋转元件固定连接。

④第三轴（8）通过第一制动器（B1）与壳体（1）可操作地连接，并通过第一离合器（C1）与第四轴（9）可选择性地连接；第五轴（16）通过第二离合器（C2）地与输出轴（3）可选择性连接；第七轴（12）通过第二制动器（B2）可操作地连接壳体（1）。

（三）撰写独立权利要求

与前述最接近的现有技术文件——对比文件1进行对比，本申请与对比文件1所共有的技术特征包括：

①输入轴、输出轴、变速器壳体；

②由四个行星齿轮组组成的行星齿轮机构，其中各行星齿轮组具备包括太阳轮、行星架和齿圈在内的三个旋转元件；以及，

③包括多个离合器和至少一个制动器在内的换挡操纵件。

上述特征可以作为独立权利要求的前序部分，同时，本案与对比文件1不同的其他共有技术特征应当写入独立权利要求的特征部分，这些特征具体来说包括：

输入轴（2）与第二行星齿轮组（5）的第二旋转元件固定连接并通过第三离合器（C3）可选择性地与第一行星齿轮组（4）的第二旋转元件连接；输出轴（3）与第四行星齿轮组（7）的第二旋转元件固定或可选择性地连接。

第一行星齿轮组（4）的第二旋转元件与第三轴（8）固定连接；第四轴（9）与第三行星齿轮组（6）的第三旋转元件固定连接；第五轴（10）将第二行星齿轮组（5）的第三旋转元件与第三行星齿轮组（6）的第一旋转元件固定连接；第六轴（11）将第一行星齿轮组（4）的第三旋转元件与第二行星齿轮组（5）的第一旋转元件固定连接；第七轴（12）与第一行星齿轮组（4）的第一旋转元件固定连接。

第三轴（8）通过第一制动器（B1）与壳体（1）可操作地连接，并通过第一离合器（C1）与第四轴（9）可选择性地连接；第五轴（16）通过第二离

合器（C2）地与输出轴（3）可选择性连接；第七轴（12）通过第二制动器（B2）可操作地连接壳体（1）。

根据上面的撰写原则，最后完成的独立权利要求1如下：

1. 一种具有行星齿轮结构的车辆用多级变速器，其具有包括输入轴（2）、输出轴（3）在内的八根旋转轴；容纳有四个行星齿轮组（4、5、6、7）的壳体（1）；每个行星齿轮组均具有第一旋转元件、第二旋转元件和第三旋转元件；以及包括至少一个制动器和多个离合器在内的多个换挡操纵件，其特征在于：

第一行星齿轮组（4）的第二旋转元件与第三轴（8）连接，第三轴（8）通过第一制动器（B1）与壳体（1）连接，并通过第一离合器（C1）与第四轴（9）可选择性地连接；第四轴（9）与第三行星齿轮组（6）的第三旋转元件固定连接；第五轴（10）将第二行星齿轮组（5）的第三旋转元件与第三行星齿轮组（6）的第一旋转元件固定连接，并通过第二离合器（C2）可选择性地与输出轴（3）连接；第六轴（11）将第一行星齿轮组（4）的第三旋转元件与第二行星齿轮组（5）的第一旋转元件固定连接；第七轴（12）与第一行星齿轮组（4）的第一旋转元件固定连接，并通过第二制动器（B2）固定于壳体（1）上；输入轴（2）与第二行星齿轮组（5）的第二旋转元件固定连接并通过第三离合器（C3）可选择性地与第一行星齿轮组（4）的第二旋转元件连接；输出轴（3）与第四行星齿轮组（7）的第二旋转元件固定或可选择性地连接。

（四）撰写从属权利要求

具体到本申请，可以将第一、第二和第三实施例之间的区别分别体现在从属权利要求中，其中：

技术特征"第四行星齿轮组（7）的行星架与输出轴连接并且第四行星齿轮组（7）的齿圈与壳体借助于制动器（B3）相连"对应于第一个实施例，因此可以写成直接或间接引用独立权利要求1的从属权利要求2及从属权利3。

技术特征"第四行星齿轮组（7）的行星架与输出轴借助于离合器（C4）相连并且第四行星齿轮组的齿圈与壳体（1）不可相对转动地连接"对应于第二个实施例，因此可以写成直接或间接引用独立权利要求1的从属权利要求4~5。

技术特征"第四行星齿轮组（7）的行星架与输出轴（3）连接并且第四行星齿轮组（7）的齿圈与壳体（1）不可相对转动地连接；第四行星齿轮组（7）的太阳轮借助离合器（C4）与第一行星齿轮组（4）和第三行星齿轮组（6）连接"对应于第三个实施例，因此可以写成直接或间接引用独立权利要求1的从属权利要求6~7。

在从属权利要求撰写时，可分别将太阳轮、行星架和齿圈上位概括为第一旋转元件、第二旋转元件和第三旋转元件。并在从属权利要求8中，对此前权利要求中使用的术语"第×旋转元件"进行限定。

最后完成的从属权利要求2~8如下：

2. 如权利要求1所述的多级变速器，其特征在于，第四行星齿轮组（7）的第二旋转元件与输出轴（3）固定连接。

3. 如权利要求2所述的多级变速器，其特征在于，第四行星齿轮组（7）的第三旋转元件与壳体（1）利用第三制动器（B3）相连。

4. 如权利要求1所述的多级变速器，其特征在于，第四行星齿轮组（7）的第二旋转元件与输出轴（20）借助于第四离合器（C4）可选择性地连接。

5. 如权利要求4所述的多级变速器，其特征在于，第四行星齿轮组（7）的第三旋转元件与壳体（1）固定连接。

6. 如权利要求1所述的多级变速器，其特征在于，第四行星齿轮组（7）的第二旋转元件与输出轴（3）固定连接。

7. 如权利要求6所述的多级变速器，其特征在于，第四行星齿轮组（7）的第三旋转元件与壳体（1）固定连接，第一旋转元件借助第四离合器（C4）与第一行星齿轮组（4）和第三行星齿轮组（6）连接。

8. 如前述权利要求中任一项所述的多级变速器，其特征在于，所述第一旋转元件、第二旋转元件和第三旋转元件分别包括太阳轮、行星架和齿圈。

三、说明书撰写中需要注意的问题

对该案例而言，说明书撰写时需要在附图及附图说明部分注意以下问题。

鉴于技术交底材料中给出了三个不同的实施方式及对应的附图，因此可以把这些实施方式的结构图以及申请人后来补充的换挡示意图进行编号后作为说明书附图，并且对这些附图分别作出说明。

对于行星自动变速器来说，该领域存在特有的附图表达方式——结构简图和换挡结构图。结构简图可以清楚、简明地说明变速器各元件之间的相对位置及连接关系，而换挡结构图可以清楚地说明变速器中操纵件的运动/操控方式，更易于本领域技术人员理解相关技术方案。例如，对于行星自动变速器产品，虽然图7-6所示的剖视图能够具体、真实地表现出变速器壳体内各个部件的位置，但难以看出各个行星齿轮系的元件之间的连接关系。因此，在发明创造涉及变速器的行星传动方案时一般不采用这种剖视图进行技术方案的说明。

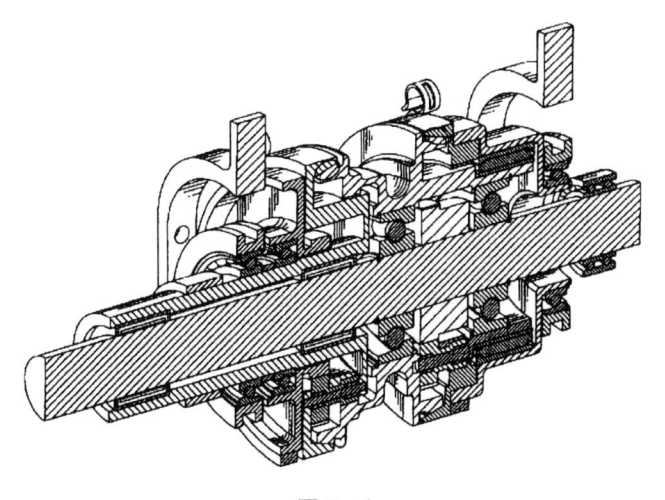

图 7-6

行星变速器领域有更适合该领域的图形语言——结构简图,如图 7-7 所示,这种图的特点是不仅能够形象地表现出变速器壳体内行星轮系各个元件之间复杂的连接关系,还可以表现出操纵件的位置和与行星轮系各个元件之间的位置关系,因此使用最为广泛。

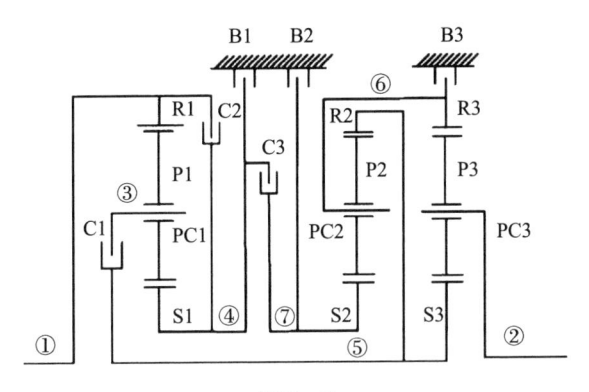

图 7-7

结构简图的绘制方法具有一定的标准和规范。由于变速器行星机构在结构上沿中心轴线呈上下对称的关系,因此只需要绘出关于行星机构中心轴线对称的上半部分结构就可以了。在绘出行星齿轮组各元件及各操纵件的位置后,再以实线连接行星齿轮组各元件及各操纵件以表示连接轴。在实线断开之处,例如符号"=",表示齿轮机构中两个或多个组件(如齿轮副、离合器和制动器等)彼此之间的耦合关系。由于变速器中各行星齿轮元件与输入轴、输出轴、变速器壳体及其他行星齿轮元件之间是以"轴部件"的形式实现相互之间的运动和动力传递关系的，因此在附图中以直线对上述连接关系进行表示、在文字说明中以术语"第 X 轴"对上述连接关系进行说明。

另外，变速器领域通常还采用换挡示意图（通常称为"真值表"）来说明实现各挡位时各个操纵件的接合状态，如图 7-3 所示。

其中的符号"×"表示离合器或制动器处于接合状态。当离合器未接合时，扭矩无法通过离合器进行传递；当制动器接合时，相应元件与变速器壳体固定，也无法传递运动和动力。因此该变速器产品如何实现各挡位的切换及操控就一目了然了。

四、案例总结

对于行星变速器这类结构复杂的机械产品，在撰写专利申请文件时应注意在说明书中不仅介绍其组成结构，还要对各个部件的运动、操作过程进行清楚的说明，这有助于审查员和社会公众清楚准确理解发明的技术内容及合理实施该发明的技术方案。在介绍技术方案时，建议采用结构简图和换挡示意图，以便清楚简洁地进行说明。

此外，对于具有多种不同结构或实施方式的产品来说，在撰写权利要求时应当首先分析这些不同结构或实施方式的产品之间的结构特点和关系。如果这些不同结构或实施方式的产品之间的区别使得它们之间形成了并列的，且能满足单一性的技术方案，则尽可能将具有相同功能的不同的结构进行上位的概括，从而得到独立权利要求，在此基础上再针对这些不同结构的产品撰写成相应的从属权利要求，否则可以针对这些具有不同结构或实施方式的产品分别撰写独立权利要求，应根据申请材料的具体情况选择使用。

附件　专利申请文件参考文本

说明书摘要

　　一种具有行星齿轮结构的车辆用多级变速器，其包括输入轴（2）、输出轴（3）和容纳有四个行星齿轮组（4、5、6、7）的壳体（1）；每个行星齿轮组具有包括太阳轮、行星架和齿圈在内的第一旋转元件、第二旋转元件和第三旋转元件，至少六个换挡操纵件由至少一个制动器和多个离合器构成。通过控制这些换挡操纵件，可以在输入轴与输出轴之间建立至少九个前进挡和至少一个倒挡。

摘要附图

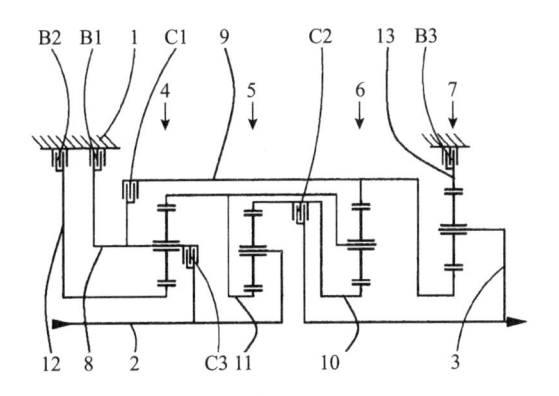

权利要求书

1. 一种具有行星齿轮机构的车辆用多级变速器，其具有包括输入轴（2）、输出轴（3）在内的八根旋转轴；容纳有四个行星齿轮组（4、5、6、7）的壳体（1）；每个行星齿轮组均具有包括太阳轮、行星架和齿圈在内的第一旋转元件、第二旋转元件和第三旋转元件；以及包括至少一个制动器和多个离合器的多个换挡操纵件，其特征在于：

第一行星齿轮组（4）的第二旋转元件与第三轴（8）连接，第三轴（8）通过第一制动器（B1）与壳体（1）连接，并通过第一离合器（C1）与第四轴（9）可选择性地连接；第四轴（9）与第三行星齿轮组（6）的第三旋转元件固定连接；第五轴（10）将第二行星齿轮组（5）的第三旋转元件与第三行星齿轮组（6）的第一旋转元件固定连接，并通过第二离合器（C2）可选择性地与输出轴（3）连接；第六轴（11）将第一行星齿轮组（4）的第三旋转元件与第二行星齿轮组（5）的第一旋转元件固定连接；第七轴（12）与第一行星齿轮组（4）的第一旋转元件固定连接，并通过第二制动器（B2）固定于壳体（1）上；输入轴（2）与第二行星齿轮组（5）的第二旋转元件固定连接并通过第三离合器（C3）可选择性地与第一行星齿轮组（4）的第二旋转元件连接；输出轴（3）与第四行星齿轮组（7）的第二旋转元件固定或可选择性地连接。

2. 如权利要求1所述的多级变速器，其特征在于，第四行星齿轮组（7）的第二旋转元件与输出轴（3）固定连接。

3. 如权利要求2所述的多级变速器，其特征在于，第四行星齿轮组（7）的第三旋转元件与壳体（1）利用第三制动器（B3）相连。

4. 如权利要求1所述的多级变速器，其特征在于，第四行星齿轮组（7）的第二旋转元件与输出轴（20）借助于第四离合器（C4）可选择性地连接。

5. 如权利要求4所述的多级变速器，其特征在于，第四行星齿轮组（7）的第三旋转元件与壳体（1）固定连接。

6. 如权利要求1所述的多级变速器，其特征在于，第四行星齿轮组（7）的第二旋转元件与输出轴（3）固定连接。

7. 如权利要求6所述的多级变速器，其特征在于，第四行星齿轮组（7）的第三旋转元件与壳体（1）固定连接，第一旋转元件借助第四离合器（C4）与第一行星齿轮组（4）和第三行星齿轮组（6）连接。

8. 如前述权利要求1~7中任一项所述的多级变速器，其特征在于，所述第一旋转元件、第二旋转元件和第三旋转元件分别包括太阳轮、行星架和齿圈。

说 明 书

一种具有行星齿轮机构的车辆用多级变速器

技术领域

本发明涉及一种具有行星齿轮机构的车辆用多级变速器。

背景技术

作为汽车底盘的主要部件，车辆变速器用于协调发动机的扭矩、转速和车轮行驶速度，从而发挥发动机的最佳性能。自动变速器操作简便，能够大大降低驾驶员的疲劳度，因此应用越来越广泛。除了无级变速器（CVT）、双离合变速器（DCT）外，具有行星齿轮机构的变速器是自动变速器中的主要类型。通常，自动变速器的挡位数越多，则发动机的燃料经济性越好，同时换挡更平顺，提高了乘坐的舒适度。但是，挡位数的提高也使得自动变速器的结构和换挡操控更加复杂。

技术人员已经开发出具有四个行星齿轮组的行星传动机构的传动方案，图1所示为现有技术中公开的一种八挡自动变速器的传动机构，其中变速器包括四个行星齿轮组：第一行星齿轮组14、第二行星齿轮组16、第三行星齿轮组18和第四行星齿轮组20；还包括多个换挡操纵件：制动器32、34和离合器26、28和30；控制这些操纵件的接合与分离，使得各个行星齿轮组的元件与固定部件或与行星齿轮组的其他部件选择性地互连，从而在输入轴12和输出轴22之间建立了八个前进挡和至少一个倒挡。

近年来，研发人员致力于在具有四个行星齿轮组的行星传动结构中寻找具有更多挡位数、传动性能更优良的行星机构传动方案，从而进一步提高传动效率和降低油耗，并提高了乘车舒适性。

发明内容

为此，针对现有技术的不足，本发明提出了一种具有行星齿轮机构的车辆用多级变速器，其总体上具有四个行星齿轮组和六个包括制动器和离合器在内的操纵件，通过操作这些操纵件在变速器的输入轴和输出轴之间形成多个不同的传动比（即挡位），从而形成至少九个前进挡和一个倒挡。

本发明提出了一种具有行星齿轮结构的车辆用多级变速器，其具有包括输入轴、输出轴在内的八根旋转轴；容纳有四个行星齿轮组的壳体；每个行星齿轮组均具有包括太阳轮、行星架和齿圈在内的第一旋转元件、第二旋转元件和第三旋转元件；以及包括至少一个制动器和多个离合器的六个换挡操纵件，其中第一行星齿轮组的第二旋转元件与第三轴连接，第三轴通过第一制动器与壳体连接，并通过第一离合器与第四轴可选择性地连接；第四轴与第三行星齿轮组的第三旋转元件固定连接；第五轴将第二行星齿轮组的第三旋转元件与第三行星齿轮组的第一旋转元件固定连接，并通过第二离合器可选择性地与输出轴连接；第六轴将第一行星齿轮组的第三旋转元件与第二行星齿轮组的第一旋转元件固定连接；第七轴与第一行星齿轮组的第一旋转元件固定连接，并通过第二制动器固定于壳体上；输入轴与第二行星齿轮组的第二旋转元件固定连接并通过第三离合器可选择性地与第一行星齿轮组的第二旋转元件连接；输出轴与第四行星齿轮组的第二旋转元件固定或可选择性地连接。

根据本发明的一个优选的技术方案，第四行星齿轮组的第二旋转元件与输出轴固定连接；并且进一步地，第四行星齿轮组的第三旋转元件与壳体利用第三制动器相连。

根据本发明的另一个优选的技术方案，第四行星齿轮组的第二旋转元件与输出轴借助于第四离合器可选择性地连接；并且进一步地，第四行星齿轮组的第三旋转元件与壳体固定连接。

根据本发明的再一个优选的技术方案，第四行星齿轮组的第二旋转元件与输出轴固定连接；并且进一步地，第四行星齿轮组第三旋转元件与壳体固定连接，第一旋转元件借助第四离合器与第一行星齿轮组和第三行星齿轮组连接。

进一步地，第一旋转元件、第二旋转元件和第三旋转元件分别包括太阳轮、行星架和齿圈。在上述技术方案中，本发明以尽量少的构件实现包括九个前进挡和一个倒挡在内的十个变速器挡位，并因此提高了变速器的传动效率和降低了油耗。

附图说明

下面结合附图对本发明优选的实施方式进行详细说明，其中：
图1为本发明现有技术中的多级变速器的结构简图；
图2为本发明的多级变速器的第一种实施方式的结构示意图；
图3为图2中的多级变速器的换挡示意图；
图4为本发明的多级变速器的第二种实施方式的结构示意图；
图5为本发明的多级变速器的第三种实施方式的结构示意图。

图中附图标记为：1 壳体；2 输入轴；3 输出轴；4 第一行星齿轮组；5 第二行星齿轮组；6 第三行星齿轮组；7 第四行星齿轮组；B1 第一制动器；B2 第二制动器；B3 第三制动器；C1 第一离合器；C2 第二离合器；C3 第三离合器；C4 第四离合器；8 第三轴；9 第四轴；10 第五轴；11 第六轴；12 第七轴；13

第八轴。

具体实施方式

实施例1：

以图2为例，其表示本发明的行星变速器的第一种实施方式的示意图。在壳体1中容纳有输入轴2、输出轴3以及四个行星齿轮组4、5、6和7。根据本发明的多级变速器还包括六个操纵件（也称为换挡执行部件或扭矩传递部件），即三个制动器B1、B2和B3以及三个离合器C1、C2和C3。其中，制动器B1、B2和B3均设置在变速器壳体1上，在这些制动器接合时，分别可将行星齿轮组4的行星架、行星齿轮组4的太阳轮和行星齿轮组7的齿圈固定在变速器的壳体上；当离合器C1、C2和C3处于接合状态时，运动和动力能够通过离合器进行传递。

通过有针对性地操作六个操纵件，改变六个操纵件的状态来改变动力在四个行星齿轮组4、5、6和7的各元件上的动力流，从而在输入轴2和输出轴3之间形成总共九个前进挡和一个倒挡。

另外，多级变速器还包括总共八个可旋转的轴，除了输入轴2和输出轴3外还包括第三轴8、第四轴9、第五轴10、第六轴11、第七轴12和第八轴13。这些轴用于连接各个行星齿轮组中的各个元件（包括太阳轮、行星架和齿圈）。

由图2可见，第三轴8与第一行星齿轮组4的行星架耦合并且还可通过第一制动器B1固定在壳体1上。另外，第三轴8可通过第一离合器C1与第四轴9可分开地连接，第四轴在进一步的延伸中连接第三行星齿轮组6的齿圈和第四行星齿轮组7的太阳轮。第五轴10与第二行星齿轮组5的齿圈和第三行星齿轮组6的太阳轮连接并且还可借助第二离合器C2与输出轴3连接，输出轴3还与第四行星齿轮组7的行星架耦合。另外，第六轴11将第一行星齿轮组4的齿圈与第二行星齿轮组5的太阳轮及第三行星齿轮组6的行星架连接。

由图2还可见，输入轴2与第二行星齿轮组5的行星架耦合并且还可借助第三离合器C3与第三轴8连接。另外，第一行星齿轮组4的太阳轮与第七轴12耦合，第七轴12可通过第二制动器B2固定在壳体1上。最后，第四行星齿轮组7的齿圈还与第八轴13连接，第八轴13通过第三制动器B3固定在壳体1上。

图3是图2中多级变速器的换挡示意图。从图3中可见，建立每个挡位需要接合六个切换元件中的三个，并且在从当前挡位切换到相邻挡中时，只需要改变两个切换元件的状态即可完成换挡，从而说明了本发明具有换挡简便的优点。另外，图3中示例性地显示了各挡位的传动比，以及到下一更高挡的速比

间隔，该速比间隔参数决定了变速器换挡的性能及能耗的经济性：速比间隔越低，则换挡越平稳轻松，能耗也就越小。

在图2所示的实施例中，由图3可见，第一前进挡通过接合第二制动器B2和第三制动器B3以及第一离合器C1形成，第二前进挡通过操作第三制动器10以及第一离合器C1和第三离合器C3形成，第三前进挡通过接合第二制动器B2和第三制动器B3以及第三离合器C3形成，第四前进挡通过操作第三制动器B3以及第二离合器C2和第三离合器C3形成，第五前进挡通过接合第二制动器B2以及第二离合器C2和第三离合器C3形成，第六前进挡通过操作所有离合器C1、C2、C3形成，第七前进挡通过接合第二制动器B2以及第一离合器C1和第二离合器C2形成，第八前进挡通过操作第一制动器B1以及第一离合器C1和第二离合器C2形成，第九前进挡通过接合第一制动器B1和第二制动器B2以及第二离合器C2形成，并且倒挡通过接合所有制动器B1、B2和B3形成。

实施例2：

图4示出根据本发明的第二种实施方式。该实施方式与图2所示的实施方式的区别在于，输出轴3除了可借助第二离合器C2与第五轴10连接外还可通过第四离合器C4与第八轴13耦合。第八轴13在此还与第四行星齿轮组7的行星架连接。另外，第四行星齿轮组7的齿圈与壳体1不可相对转动地连接。

对于该实施例，其换挡示意图与图3相比，区别仅在于以图4中的第四离合器C3代替图2中第三制动器B3的操作。

实施例3：

图5示意性示出根据本发明的第三种实施方式。该实施方式与图2所示的实施方式的区别在于，第四轴9除了与第三行星齿轮组6的齿圈连接以及可通过第一离合器C1与第三轴8耦合外，还可借助第四离合器C4与第八轴13连接。第八轴13还与第四行星齿轮组7的太阳轮耦合。最后，第四行星齿轮组7的齿圈还与壳体1不可相对转动地连接。

对于该实施例，其换挡示意图与图3相比，区别仅在于以图5中的第四离合器C4代替图2中的第三离合器C3的操作。

本发明的多级变速器的设计方案以较少的构件实现了包括九个前进挡和一个倒挡在内的十个变速器挡位，并且操控简单，提高了行驶的舒适性和降低了油耗。

第七章 特定机械领域撰写案例

说明书附图

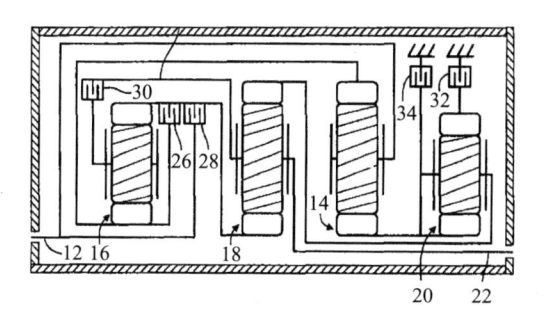

图 1

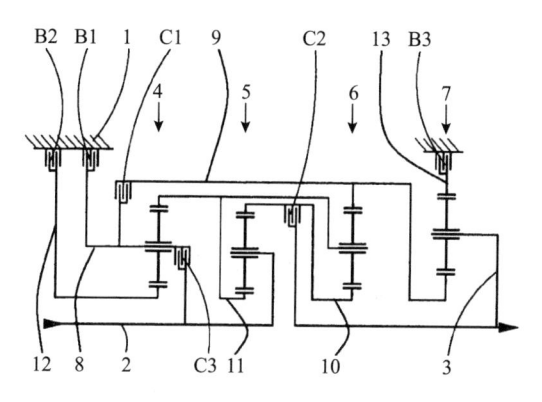

图 2

挡	接合的切换元件						传动比	速比间隔
	制动器			离合器				
	B1	B2	B3	C1	C2	C3	i	φ
1		×	×	×			5.531	1.678
2			×	×		×	3.297	1.474
3		×	×			×	2.237	1.383
4			×		×	×	1.618	1.336
5		×			×	×	1.211	1.211
6				×	×	×	1.000	1.148
7		×		×	×		0.871	1.192
8	×			×	×		0.731	1.189
9	×	×			×		0.615	总共 8.988
R	×	×	×				-4.717	

图 3

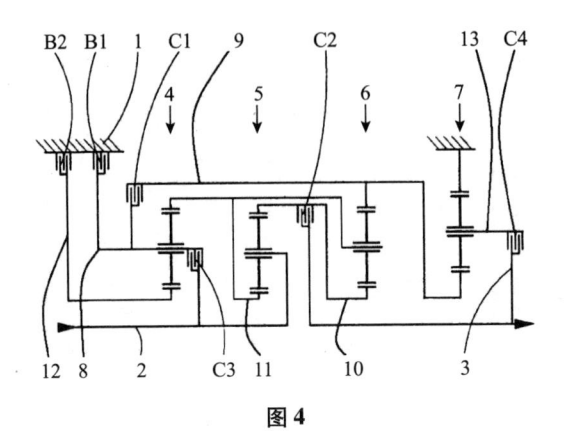

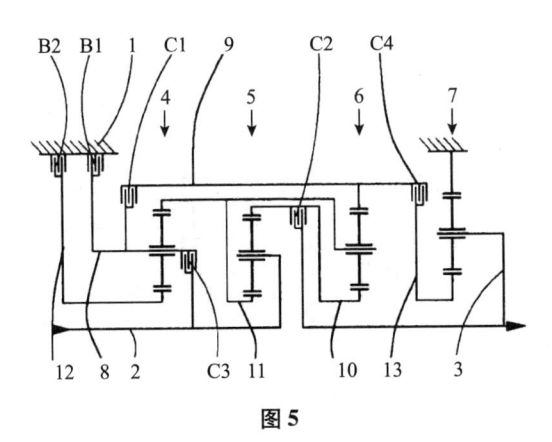

图 4

图 5

第二节　3D打印领域专利申请文件撰写

增材制造又称三维（3D）打印，近年来，围绕3D打印技术提出的专利申请呈剧增态势，覆盖了产品、设备、方法、材料、应用、软件等多个方面。按照3D打印材料的类型分类，增材制造可分为金属成型、非金属成型和生物材料成型；按照成型方法分类，增材制造又可分为光固化成型、分层实体制造、选择性激光熔化烧结和熔融沉积成型等。总的来看，机械领域的3D打印专利申请除了成型设备外，多半还包括3D打印材料、成型方法等。

对于有关3D打印材料和成型方法的专利申请而言，由于其技术方案多涉及材料组分含量或工艺步骤参数等，在申请文件中，通常需要对打印材料的组分或加工工艺进行具体描述，而这部分内容往往与发明构思息息相关，是申请文件撰写的重点；同时有别于常规机械领域以结构或形状为特征的发明，在包含数值范围的专利申请中，数值范围的概括可能产生说明书是否公开充分、权利要求是否得到说明书的支持等问题，因而也是申请文件撰写的难点。

本节以光固化成型机所使用的打印原料的专利申请为例，重点探讨机械领域中改进点涉及组分选择及其含量的专利申请文件的撰写，以期帮助申请人撰写出高质量的专利申请文件。

一、对技术交底材料的理解和分析

申请人提出希望保护一种3D打印材料和成型方法，并要求针对所提供的技术交底材料撰写一份发明专利申请文件。

（一）技术交底材料

1. 背景技术

目前，3D打印属于广泛开展应用的成型技术，其中光固化成型（Stereo Lithography Appearance，SLA）采用UV辐射固化液态材料，是一种技术发展较为成熟、应用较为广泛的快速成型技术。具体而言，该技术以光敏树脂为原料，在计算机控制下，紫外激光束按各分层截面轮廓的轨迹进行逐点扫描，使被扫描区域内的树脂薄层产生光聚合反应后固化，形成制件的一个薄层截面。当一层固化完毕后，工作台向下移动一个层厚，在固化的树脂表面铺上一层新的光敏树脂以进行循环扫描和固化。新固化后的一层牢固粘结在前一层上，如此重复，层层堆积，最终形成整个产品原型。

申请人在前提出一种光固化材料（参见表7-1中第五组实验数据），其包括低聚物、固化反应物、稀释剂、非反应性蜡、光引发剂和添加剂，添加剂选自固化促进剂、增感剂和抑制剂，依据ASTMD638（一种常见的塑料拉伸性能测试方法）测试，该光固化材料的拉伸模量仅为1701MPa（拉伸模量表征材料在拉伸时的弹性），拉伸强度仅为38.8MPa（拉伸强度表征材料在静拉伸条件下的最大承载能力），导致该光固化材料的刚度较低，机械性能较差，由此，该光固化材料已不能满足某些工程应用部件的使用要求，因而，需要提供一种具有更高刚度的光固化材料。

2. 解决方案

申请人对前述光固化材料的组分和含量进行了调整，提供了一种机械性能（拉伸模量和拉伸强度）显著提升的三维打印材料。该三维打印材料通过三维打印机喷射形成三维产品。

图7-8和图7-9示出了本发明的三维打印机的结构。

该三维打印机包括机架、打印头组件1、供料装置，供料装置包括料桶2、调节装置3和高压泵4，供料装置的输出端通过管路与打印头组件1连接。如图7-9所示，打印头组件1包括打印头主体11和光固化元件，光固化元件采用多个紫外灯12，使打印头喷射出的打印材料在紫外灯的作用下固化。料桶2用于盛放打印材料，高压泵4的输出端与料桶2通过管路连接，使料桶2内的压力保持在一定压力范围内将其内部的打印材料输出。

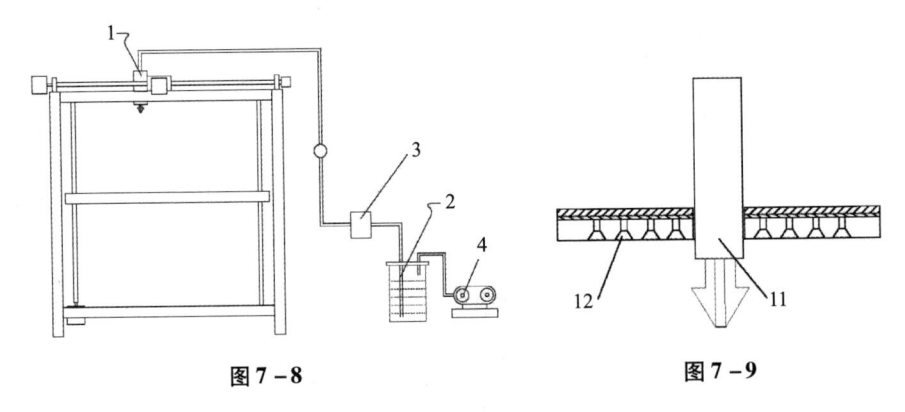

图7-8　　　　　图7-9

申请人提供的有关三维打印材料的实验数据如表7-1所示，共包括五组，其中前四组为根据本发明的材料配比进行的实验，第五组为根据改进前的材料配比进行的实验。

表7-1 实验对比表

组分（重量百分比）		第一组	第二组	第三组	第四组	第五组
低聚物	BR-571	14.15	5.09	5.32		
	BR-741		15.27	15.96	16.11	20.47
	IBOA					20.47
固化反应物	SR 368	8.65	10.17	5.32	11.75	5.90
稀释剂	SR 506	39.96			19.50	
	SR 833	7.28	9.12	5.32	8.28	
	SR 205	26.80		15.96	40.48	12.35
	SR 423		28.65	37.24		8.54
	SR 340		20.2			
	GENOMER 1122		7.16	10.64		
	IBOA					20.07
非反应性蜡	C10、C12、C14、C16氨基甲酸酯蜡混合物					5.96
光引发剂	Irgacure 184	2.06	2.75	3.21	2.34	3.94
	Irgacure 819	1.03	1.53	0.96	1.46	0.35
添加剂	Ebecryl 83					1.83
	ITX					0.10
	BHT	0.07	0.06	0.07	0.08	0.02
拉伸模量（MPa）		2455	2427	2523	2779	1701
拉伸强度（MPa）		60.63	53.13	63.11	67.8	38.8

由表7-1可以看出，本发明的三维打印材料的组分主要由低聚物、固化反应物、稀释剂、光引发剂组成，还添加了一定量的添加剂，并且，相较于在前的打印材料（即第五组实验数据），本发明的打印材料的组分不含非反应性蜡，同时，本发明中各组分的含量也相应发生了变化。本发明的三维打印材料经固化后，其机械性能得到了显著提升，根据ASTM D638测试，拉伸模量达到2400MPa以上，拉伸强度达到了50MPa以上。

本发明的各组分的具体选择如下：

低聚物包括一种或多种氨基甲酸酯（甲基）丙烯酸酯，且该低聚物可选为黏度在50℃下为100 000厘泊至160 000厘泊的氨基甲酸酯（甲基）丙烯酸酯。具体地，低聚物可选自BR-741和/或BR-571。

固化反应物选择以下物质中的至少一种：非低聚的脲（甲基）丙烯酸酯和异氰脲酸酯（甲基）丙烯酸酯。异氰脲酸酯（甲基）丙烯酸酯可选自异氰脲酸酯三（甲基）丙烯酸酯、三（2-羟乙基）异氰脲酸酯三丙烯酸酯（SR368）。

稀释剂可选自甲基丙烯酸酯、二甲基丙烯酸酯、三丙烯酸酯和二丙烯酸酯。具体地，稀释剂可选自 SR506、SR833、SR205、SR423 和 GENOMER1122 中的至少一种。稀释剂的用量过多过少均会影响到成品材料的性质，用量过少时，分散性差，流动性差，反之，用量过多时，成品黏度会过小。在本发明中，由于低聚物的黏度较高，为降低打印材料的黏度，则需加大稀释剂的用量。

光引发剂可以选自 α-裂解型光引发剂，具体地，光引发剂为 Irgacure184 和 Irgacure819。

添加剂可选自固化促进剂、增感剂和抑制剂中的一种或多种，具体可根据使用要求进行选择，本发明选择抑制剂作为添加剂，具体地，抑制剂为 BHT。

各组分的含量可根据 3D 打印系统的喷射温度、光固化材料所需的粘度、光固化材料的打印应用要求、经固化的光固化材料所需的拉伸模量、经固化的光固化材料所需的拉伸强度等因素确定。同时，各组分用量还需相互匹配，使其比例相辅相成、协同作用。

将低聚物、固化反应物、稀释剂、光引发剂和添加剂放入具有搅拌单元和加热单元的容器中，加热混合物至 80~90℃ 熔化，然后，搅拌混合物 1~2 小时，再用过滤器过滤液体去除固体颗粒，获得所需光固化材料。

在 65~68℃下，将制得的三维打印材料通过三维打印机喷射形成三维产品。根据 ASTM D638 测试，经固化的材料具有如表 7-1 所示的拉伸模量和拉伸强度。

（二）理解和分析技术交底材料

如上所述，本发明从现有三维打印材料的机械性能已不能满足使用要求的现状出发，通过调整光固化材料的组分及含量，提供了一种用于三维打印机的拉伸模量和拉伸强度均显著提升且具有高刚度的三维打印材料。

本发明的三维打印材料包括低聚物、固化反应物、稀释剂、光引发剂和添加剂，通过将技术交底书中涉及本发明的前四组实验数据与第五组比较例的数据进行对比，并基于光固化成型机所使用的打印材料的构成原理，可以确定，低聚物、固化反应物、稀释剂都属于本发明三维打印材料的主要组分，同时，在光固化成型方法中，光引发剂为关键组分，其关系到三维打印材料在光辐照时低聚物与稀释剂能否发生交联固化，由此可见，低聚物、固化反应物、稀释剂和光引发剂都是必要组分。对于固化促进剂、增感剂和抑制剂一类的添加剂，一般可根据三维打印材料的机械性能要求,选择性地加入,因此其属于选择组分。除了上述必要组分外,比较技术交底材料中的前四组和第五组实验数据,可以明显看出,其组分变化还在于除去了非反应性蜡,即本发明的三维打印材料不含非反应性蜡,此外,本申请中各组分的含量也发生了变化。由此可以确定,本发明调整了各组分的含量,且除去了非反应性蜡,从而改善了三维打印材料的机械性能。

通过阅读上述技术交底材料,不难得知三维打印材料由三维打印机在一定温度条件下喷射形成三维产品,因此,在分析和理解了发明的技术方案后,初步确定本发明可要求保护一种使用该三维打印材料的三维打印机、由该打印机打印的三维产品和使用该打印机打印该三维产品的方法,根据保护主题,可确定前两项属于产品类发明,后一项则属于方法类发明。

二、专利申请文件的撰写

基于上述对技术交底材料的分析和理解,下面进一步针对本案例改进点涉及组分选择及其含量这一特点,分别从权利要求书的撰写和说明书的撰写两方面探讨一下此类专利申请文件的撰写方式。

(一)权利要求书的撰写

如前面分析的,本发明的保护主题包括一种三维打印机、一种三维打印产品以及一种打印三维产品的方法。接下来,主要针对独立权利要求和从属权利要求的撰写具体说明如下。

1. 独立权利要求的撰写

对于本案例,由于申请人在技术交底材料中已阐明本发明是在已有的三维打印材料基础上做出的改进,并且提供了比较例的实验数据,同时通过检索,未发现更接近的现有技术,则可考虑将该比较例对应的三维打印材料视为本发明最接近的现有技术。

对于改进点为组分及其含量的技术方案,由于其不仅在于组分组成,还在于各组分的含量或配比,因此组分及其含量均应当作为发明的必要技术特征加以考虑。对本案例而言,基于对技术交底材料的分析和理解,可确定本发明为解决其要解决的技术问题,相对于现有技术,除去了原有组分中的非反应性蜡,并调整必要组分低聚物、固化反应物、稀释剂和光引发剂的含量,实现了三维打印材料机械性能的显著提升,由此确定,本发明为解决技术问题所需的全部必要技术特征为低聚物、固化反应物、稀释剂、光引发剂及其含量,且不含非反应性蜡。

以本发明的三维打印机为例，其所使用的三维打印材料应当包含所有必要组分，并应当根据实验数据确定各组分的含量。基于上述分析，本发明的独立权利要求中的三维打印材料应当包括低聚物、稀释剂、固化反应物和光引发剂，且不含非反应性蜡，同时，根据本发明实施例中各组分的具体选择情况，为使权利要求得到说明书的支持，应当根据实施例，对各组分的具体选择进行限定，例如，低聚物包括一种或多种氨基甲酸酯（甲基）丙烯酸酯。稀释剂选自甲基丙烯酸酯、二甲基丙烯酸酯、三丙烯酸酯和二丙烯酸酯中的至少一种。固化反应物选自非低聚的脲（甲基）丙烯酸酯和异氰脲酸酯（甲基）丙烯酸酯中的至少一种，等等。对于各组分含量的确定，在独立权利要求中，不宜狭窄地限定为一个点值，而应将各组分的含量限定在一个适当的区间。以低聚物为例，根据四组实验数据中低聚物的重量百分比14.15%、20.36%、21.28%、16.11%，基于该实施例中的最大值和最小值，可概括相应的数值范围，并可进一步将数值范围的两端点值限定为最大值和最小值的附近值。例如，可将该低聚物的重量百分比的下限值确定为与14.15%接近的数值14%、将上限值确定为与21.28%接近的数值22%，由此，进一步可将该重量百分比的范围限定为14%~22%。同样根据实验数据，相应地将稀释剂、固化反应物和光引发剂的重量百分比范围分别限定为65%~75%、5%~11%、3%~5%。

对于改进点为组分及其含量的技术方案，其权利要求一般可分为开放式和封闭式的撰写形式。开放式表示组合物中并不排除权利要求中未指出的组分；封闭式表示组合物中仅包括所指出的组分而排除所有其他的组分。对于本案例而言，在充分了解光固化成型中打印材料性能要求的前提下，综合根据技术交底材料中的说明及前述必要技术特征的分析情况，确定本发明涉及三维打印材料组成的撰写形式可采用开放式。

由此，撰写独立权利要求1如下：

1. 一种三维打印机，其包括机架、打印头组件、供料装置，打印头组件包括打印头主体和光固化元件，所述供料装置包括盛装三维打印材料的料桶，其特征在于，所述三维打印材料的组成为（按重量百分比）：

14%~22%的低聚物，所述低聚物包括一种或多种氨基甲酸酯（甲基）丙烯酸酯；

65%~75%的稀释剂，所述稀释剂选自甲基丙烯酸酯、二甲基丙烯酸酯、三丙烯酸酯和二丙烯酸酯中的至少一种；

5%~11%的固化反应物，所述固化反应物选自非低聚的脲（甲基）丙烯酸酯和异氰脲酸酯（甲基）丙烯酸酯中的至少一种；

3%~5%的光引发剂,所述光引发剂选自α-裂解型光引发剂;

且不含非反应性蜡。

此外,基于所确定的保护主题,以引用权利要求1的方式撰写涉及三维打印产品和打印三维产品的方法的两组独立权利要求(在独立权利要求1的从属权利要求之后顺序编号)。具体如下:

13. 一种三维打印制品,其由权利要求1所述的三维打印机打印制得。

14. 一种打印三维产品的方法,其特征在于,在65~68℃下,由权利要求1所述的三维打印机喷射三维打印材料形成三维产品。

2. 从属权利要求的撰写

在独立权利要求的技术方案包含组分和含量的发明中,从属权利要求的附加技术特征可以是对独立权利要求中的组分的具体选择或对含量的优选作进一步限定,也可以在实施例的基础上将组分和含量限定为具体组分组成和含量数值,从属权利要求所进一步限定的组分和含量均应在其引用的独立权利要求的组分和含量范围之内。此外,对于开放式权利要求,还可以在从属权利要求的附加技术特征中增加除独立权利要求之外的其他可选组分。

对于本案例而言,可在从属权利要求中对独立权利要求中的各必要组分的具体选择及含量的优选范围进行限定,也可对添加剂形式存在的组分进行限定,必要时,还可以对性能参数进行限定。由于独立权利要求1体现了本案例发明创造的主要改进,因此,基于独立权利要求1的三维打印机使用的三维打印材料,可以将三维打印材料的其他非必要组分如"添加剂"作为从属权利要求的附加技术特征,并可对其具体选择作出限定;在从属权利要求中也可进一步限定独立权利要求1中各组分的具体选择和含量范围,如对低聚物的粘度值范围作出限定,还可对固化反应物、稀释剂以及光固化剂的具体选择进行限定,同时,可根据实施例的多寡确定从属权利要求的数量。此外,还需注意的是,从属权利要求的引用关系应当符合逻辑。

基于此,撰写完成的从属权利要求如下:

2. 根据权利要求1所述的三维打印机,其中,所述三维打印材料还包括选自固化促进剂、增感剂和抑制剂中一种或多种的添加剂。

3. 根据权利要求2所述的三维打印机,其中,添加剂为抑制剂。

4. 根据权利要求3所述的三维打印机,其中,所述抑制剂为BHT。

5. 根据权利要求1所述的三维打印机,其中,所述低聚物是在50℃下具有约100 000厘泊至160 000厘泊的粘度的氨基甲酸酯(甲基)丙烯酸酯。

6. 根据权利要求5所述的三维打印机,其中,所述低聚物选自BR-741和/

或 BR-571。

7. 根据权利要求 1~6 之一所述的三维打印机,其中,所述低聚物的含量为 16%~20%。

8. 根据权利要求 1 所述的三维打印机,其中,所述固化反应物为异氰脲酸酯(甲基)丙烯酸酯。

9. 根据权利要求 8 所述的三维打印机,其中,异氰脲酸酯(甲基)丙烯酸酯选自异氰脲酸酯三(甲基)丙烯酸酯、三(2-羟乙基)异氰脲酸酯三丙烯酸酯。

10. 根据权利要求 1~9 之一所述的三维打印机,其中,所述固化反应物的含量为 8%~10%。

11. 根据权利要求 1 所述的三维打印机,其中,所述稀释剂选自 SR506、SR833、SR205、SR423 和 GENOMER1122 中的至少一种。

12. 根据权利要求 1 所述的三维打印机,其中,所述光引发剂为 62%~77% 的 Irgacure184 和 23%~38% 的 Irgacure819。

(二) 说明书的撰写

对于改进点为组分和含量的专利申请文件的撰写,在说明书中,一般不仅需要体现出组分的选择因素和各自的作用,而且,需要尽可能体现出组分含量的选择原则,如组分含量高或低所带来的不同影响,充分阐明组分选择和含量取值的理由和依据。对于本案例而言,由于蜡材料易导致三维打印材料机械性能变差,本发明的三维打印材料除去了非反应性蜡;本发明中低聚物作为必要组分之一,其性质决定固化物的硬度、柔韧性、光学性能、收缩变形等性能,同时影响打印材料的黏度;稀释剂参与整个光固化反应过程,可以调整打印材料的黏度,其加入量的多少决定打印材料的加工性能,且由于本发明选取的低聚光固化材料的黏度较高,因此需要加入大量的活性稀释剂来降低材料黏度以达到使用要求;光引发剂的用量和种类则决定光固化反应的速度及光固化物的性能质量;对于添加剂,可根据光固化材料的使用场合和性能要求选择地添加固化促进剂、增感剂和抑制剂中的一种或多种。本发明的三维打印材料实质是由多种组分组成的组合物,其组分的含量表示方式为重量百分比,根据组合物及其实验方法的不同,也可采用份数、余量或其他表示方式。

为满足说明书充分公开的要求,说明书中应当说明各组分的混合或组合方式,也即由各组分构成的组合物的制备方法,如本发明三维打印材料的制备方法为一般方法,则可简要说明。对于组分的具体选择,必要时,需说明各组分的来源,如市售可购买获得,或某公司的产品,如为新物质或申请人自行制造的组分,需说明制得方法,以满足充分公开的要求。此外,对于各组分的名称,应当采用所属技术领域的通用技术术语,尽量避免使用自定义词语或自造词,如使用特殊名称,需给出明确定义或如前所述说明来源或制得方法,以达到可实施的程度,使用商品名称时,应当注明生产厂家。

为使权利要求书得到说明书的支持,在说明书中尽量撰写多组实施例,说明书中实施例的数目可根据权利要求技术特征的概括程度而确定。以组合物的组分含量为例,当权利要求中的数值范围较宽时,实施例中应当包括两端点值附近(最好是端点值)和至少一个中间数值。每一组实施例中各组分的含量一般均应为单独的数值点,并且,尽可能给出该实施例对应的性能参数。对于本案例,可按照前述一般要求,即满足两端点附近和至少一个中间数值的要求,至少选择其中三组实验数据写入说明书中,使得实施例中的数值点能够支持权利要求书中的相应数值范围;而撰写多组实施例可作为布局从属权利要求以及后续程序的修改或意见陈述的基础,因此,建议尽可能撰写多组实施例,上述技术交底材料中共提供了四组实施例,在撰写时,可将该四组实施例均写入说明书中。同时,撰写比较例,以通过对比,体现本发明相对于现有技术的改进点及其带来的有益技术效果。

对于产品的性能参数,除定性描述外,尽可能提供实验数据进行定量说明,并说明性能的测定方法和度量单位。对于本案例,根据技术交底材料中的内容,三维打印材料性能参数的测试方法为常见的塑料拉伸性能测试方法即 ASTM D638,测试对象为经固化的材料,测试参数为拉伸模量和拉伸强度。

此外,对于改进点涉及组分和含量的技术方案,在针对本案例撰写专利申请文件时,还应满足以下要求:

① 实施例尽量以文字形式表述,如需要,可采用表格辅助表示。
② 数值范围一般尽量以数学方式表达,例如 $X \geq 30°C$,$Y > 5$。
③ 通常,"大于""小于""超过"等理解为不包含本数,"以上""以下""以内"等理解为包括本数。
④ 组合物中各组分含量百分数之和应当等于100%,多个组分的含量范围应当符合条件:

某一组分的上限值+其他组分的下限值≤100

某一组分的下限值+其他组分的上限值≥100。

⑤ 尽量避免使用"约""接近""左右"等含糊不清、不能准确确定数值范围的类似用语,同时应清楚限定数值的单位或相对基准。
⑥ 避免使用注册商标确定物质或者产品,除非该物质或者产品具有确定的

组成。

三、案例总结

相较于机械领域一般申请文件的撰写特点，机械领域中改进点在于组分选择及其含量的专利申请文件，在撰写时，除按照专利申请文件的基本撰写要求外，还应当注意，由于技术效果通常体现为装置部件的机械性能，因此，需要通过原理分析进行说明和/或通过性能测试即实验数据进行验证，同时由于涉及材料组成，还需要注意相关领域专利申请的一些撰写要求和特点。

对于说明书，建议撰写足够数量的多组实施例以满足公开充分的要求，并使得权利要求中的保护范围恰当合理且得到说明书的支持，为后续程序可能进行的修改提供依据。必要时，撰写至少一组比较例，同时提供通过所属技术领域标准或惯用的测量方法和条件而获得的有关性能的实验数据，以通过对比证明发明产生了有益的技术效果。对于权利要求书，根据发明要解决的技术问题，判断改进点是仅在于组分或含量，还是组分及其含量，相应地确定写入独立权利要求的必要技术特征，并在多组实施例的基础上合理概括出各组分的连续的数值范围；以具体实施方式中的优选范围或最佳取值、优选组分为基础，撰写适当数量的从属权利要求。

虽然本节主要以3D打印领域涉及打印材料的发明专利申请为例，但其所体现的有关组分选择及其含量的撰写要求、撰写规范以及撰写建议同样适用于机械领域中如合金、加工工艺等包含数值参数的发明专利申请的撰写。同时需要注意，对于合金或加工工艺一类技术方案的发明点、必要技术特征等的确定，应当根据具体案情具体分析而定。如在合金领域，合金的必要成分及其含量通常应当在独立权利要求中限定；而在加工工艺的发明中，如发明点在于工艺参数，则一般涉及的工艺参数包括温度、压力、时间等。

附件　专利申请文件参考文本

说明书摘要

本发明涉及一种三维打印机，其包括机架、打印头组件、供料装置，打印头组件包括打印头主体和光固化元件，供料装置包括盛装三维打印材料的料桶，三维打印材料的组成为（按重量百分比）：14%~22%的低聚物，低聚物包括一种或多种氨基甲酸酯（甲基）丙烯酸酯；65%~75%的选自甲基丙烯酸酯、二甲基丙烯酸酯、三丙烯酸酯和二丙烯酸酯的至少一种稀释剂；5%~11%的选自非低聚的脲（甲基）丙烯酸酯和异氰脲酸酯（甲基）丙烯酸酯中的至少一种固化反应物；3%~5%的α-裂解型光引发剂；且不含非反应性蜡。此外，还涉及一种由该三维打印机打印的三维产品和打印该三维产品的方法。本发明的三维打印机所使用的打印材料固化后显著提升了机械性能，不仅提高了拉伸强度和拉伸模量，还降低了三维打印材料的粘度。

摘要附图

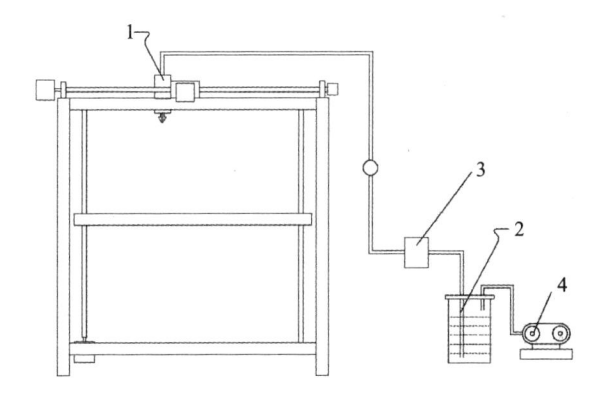

权利要求书

1. 一种三维打印机，其包括机架、打印头组件、供料装置，打印头组件包括打印头主体和光固化元件，所述供料装置包括盛装三维打印材料的料桶，其特征在于，所述三维打印材料的组成为（按重量百分比）：

14%~22%的低聚物，所述低聚物包括一种或多种氨基甲酸酯（甲基）丙烯酸酯；

65%~75%的稀释剂，所述稀释剂选自甲基丙烯酸酯、二甲基丙烯酸酯、三丙烯酸酯和二丙烯酸酯中的至少一种；

5%~11%的固化反应物，所述固化反应物选自非低聚的脲（甲基）丙烯酸酯和异氰脲酸酯（甲基）丙烯酸酯中的至少一种；

3%~5%的光引发剂，所述光引发剂选自α-裂解型光引发剂；

且不含非反应性蜡。

2. 根据权利要求1所述的三维打印机，其中，所述三维打印材料还包括选自固化促进剂、增感剂和抑制剂中一种或多种的添加剂。

3. 根据权利要求2所述的三维打印机，其中，添加剂为抑制剂。

4. 根据权利要求3所述的三维打印机，其中，所述抑制剂为BHT。

5. 根据权利要求1所述的三维打印机，其中，所述低聚物是在50℃下具有约100 000厘泊至160 000厘泊的黏度的氨基甲酸酯（甲基）丙烯酸酯。

6. 根据权利要求5所述的三维打印机，其中，所述低聚物选自BR-741和/或BR-571。

7. 根据权利要求1~6之一所述的三维打印机，其中，所述低聚物的含量为16%~20%。

8. 根据权利要求1所述的三维打印机，其中，所述固化反应物为异氰脲酸酯（甲基）丙烯酸酯。

9. 根据权利要求8所述的三维打印机，其中，异氰脲酸酯（甲基）丙烯酸酯选自异氰脲酸酯三（甲基）丙烯酸酯、三（2-羟乙基）异氰脲酸酯三丙烯酸酯。

10. 根据权利要求1~9之一所述的三维打印机，其中，所述固化反应物的含量为8%~10%。

11. 根据权利要求1所述的三维打印机，其中，所述稀释剂选自SR506、SR833、SR205、SR423和GENOMER1122中的至少一种。

12. 根据权利要求1所述的三维打印机，其中，所述光引发剂为62%~

77%的 Irgacure184 和 23%~38%的 Irgacure819。

13. 一种三维打印产品，其由权利要求1所述的三维打印机打印制得。

14. 一种打印三维产品的方法，其特征在于，在65~68℃下，由权利要求1所述的三维打印机喷射三维打印材料形成三维产品。

说　明　书

一种三维打印机、由该三维打印机打印的三维产品和打印该三维产品的方法

技术领域

本发明涉及增材制造领域，具体地，涉及一种三维打印机、由该三维打印机打印的三维产品和打印该三维产品的方法。

背景技术

增材制造，即三维（3D）打印，也被称为三维快速成型，基本原理是通过打印或铺设连续的材料层来产生三维物体。三维快速成型设备或三维打印机通过转换物体的三维计算机模型并产生一系列截面切片来工作，然后，打印每个切片，一个在另一个的上部，从而产生最终的三维物体。

现有的 3D 打印技术的区别主要在于构建层以生成最终的 3D 对象的方式。一种是采用熔化或软化的材料以产生层，例如选择性激光烧结（Selective Laser Sintering, SLS）和选择性激光熔化（Selective Laser Melting, SLM）分别通过采用辐射加热的方法烧结或熔化金属、塑料、陶瓷或玻璃粉末来工作；另一种方法是熔融沉积成型（Fused Deposition Modeling, FDM），通过挤出喷嘴挤压熔融塑料丝或金属线来进行工作；还有其他的方法如光固化成型（Stereo Lithography Appearance, SLA），是采用 UV 辐射固化液态材料，具体地，该技术以光敏树脂为原料，在计算机控制下，紫外激光束按各分层截面轮廓的轨迹进行逐点扫描，使被扫描区域内的树脂薄层产生光聚合反应后固化，形成制件的一个薄层截面。当一层固化完毕后，工作台向下移动一个层厚，在固化的树脂表面铺上一层新的光敏树脂以进行循环扫描和固化。新固化后的一层牢固粘结在前一层上，如此重复，层层堆积，最终形成整个产品原型。

目前已有一种用于光固化成型的打印材料，其包括低聚物、固化反应物、稀释剂、非反应性蜡、光引发剂和添加剂，添加剂选自固化促进剂、增感剂和抑制剂中的一种或多种，该打印材料经固化后，依据 ASTM D638（塑料拉伸性能测试方法）测试，其拉伸模量仅为 1701MPa（拉伸模量表征材料在拉伸时的弹性），拉伸强度仅为 38.8MPa（拉伸强度表征材料在静拉伸条件下的最大承载能力），由于拉伸模量和拉伸强度较低，该打印材料并不能完全满足某些应用高刚度部件的工程使用要求，其机械性能亟待提升，因此，需要研发一种具有高刚度的三维打印材料，以适用于多种工程应用部件。

发明内容

本发明提供一种三维打印机，其使用的三维打印材料具有高刚度，且该三维打印材料可用于各种工程应用中的成品部件。

鉴于目前已有的三维打印材料的刚度不能满足某些工程应用部件的要求，本发明面临的技术问题在于，如何提高三维打印材料的机械性能以提供一种高刚度的材料，从而满足应用要求。

本发明的三维打印机包括机架、打印头组件、供料装置，打印头组件包括打印头主体和光固化元件，供料装置包括盛装三维打印材料的料桶，三维打印材料包括14%~22%的低聚物；65%~75%的至少一种稀释剂；5%~11%的固化反应物；3%~5%的光引发剂，且不含非反应性蜡，低聚物；低聚物的含量为16%~20%，固化反应物选自非低聚的脲（甲基）丙烯酸酯和异氰脲酸酯（甲基）丙烯酸酯中的至少一种，稀释剂选自甲基丙烯酸酯、二甲基丙烯酸酯、三丙烯酸酯和二丙烯酸酯，光引发剂选自α-裂解型光引发剂。上述组分含量按各组分占打印材料的重量百分比计。

本发明的三维打印材料还包括添加剂，该添加剂选自固化促进剂、增感剂和抑制剂中的一种或多种，优选地，添加剂为抑制剂，进一步优选，抑制剂为2,6-二叔丁基-4-甲基苯酚（BHT）。

优选地，低聚物是在50℃下具有约100 000厘泊至160 000厘泊的黏度的氨基甲酸酯（甲基）丙烯酸酯，可选自BR-741和/或BR-571。

优选地，固化反应物为异氰脲酸酯（甲基）丙烯酸酯，异氰脲酸酯（甲基）丙烯酸酯可选自异氰脲酸酯三（甲基）丙烯酸酯、三（2-羟乙基）异氰脲酸酯三丙烯酸酯；固化反应物的含量为8%~10%。

优选地，稀释剂选自SR506、SR833、SR205、SR423和GENOMER1122中的至少一种。

优选地，光引发剂为62%~77%的Irgacure184和23%~38%的Irgacure819。

将低聚物、固化反应物、稀释剂、光引发剂和添加剂放入具有搅拌单元和加热单元的容器中，加热混合物至80~90℃熔化，然后搅拌混合物1~2小时，再用过滤器过滤液体去除固体颗粒，获得所需光固化材料。

同时，提供一种由该三维打印机打印的三维产品和打印该三维产品的方法。在65~68℃下将制得的三维打印材料通过三维打印机喷射形成三维产品。

本发明的三维打印机使用的三维打印材料具有以下有益技术效果：

本发明的三维打印材料不含非反应性蜡，采用高黏度低聚物，并通过减小低聚物用量，增加稀释剂用量，提高了拉伸强度和拉伸模量，同时降低了材料的黏度，由此，三维打印材料的机械性能得到了显著提升，能够满足高刚度工程部件的使用要求。依据ASTM D638（塑料拉伸性能测试方法）测试，本发明的三维打印材料在固化后，其拉伸模量为1862～2779MPa、拉伸强度为43.42～67.8MPa。

附图说明

图1为三维打印机的结构示意图；

图2为三维打印机中打印头组件的结构图。

具体实施方式

下面结合附图和实施例对本发明的实施方案进行详细描述。

如图1、图2所示，本发明的三维打印机包括机架、打印头组件1、供料装置，供料装置包括料桶2、调节装置3和高压泵4，供料装置的输出端通过管路与打印头组件连接。打印头组件1包括打印头主体11和光固化元件，光固化元件采用多个紫外灯12，使打印头喷射出的打印材料在紫外灯的作用下固化。料桶用于盛放打印材料，高压泵的输出端与料桶通过管路连接，使料桶内的压力保持在一定压力范围内将其内部的打印材料输出。

本发明的三维打印机使用的打印材料包括低聚物、至少一种稀释剂、固化反应物、光引发剂、添加剂，且不含非反应性蜡。低聚物是光固化打印材料中的重要组分之一，其决定固化物的硬度、柔韧性、光学性能、收缩变形等性能，同时影响打印材料的粘度，本发明选用黏度较高的低聚物作为低聚光固化材料。稀释剂也是光固化打印材料中的必要组分，其参与整个光固化反应过程，可以调整打印材料的黏度，稀释剂加入量的多少决定打印材料的加工性能，由于本发明中低聚光固化材料的黏度较高，因此，本发明加入大量的活性稀释剂来降低材料黏度。光引发剂的用量和种类决定光固化反应的速度及光固化物的性能质量。固化反应物的加入则可促进光固化反应。此外，由于增加蜡材料的含量会引起三维打印材料的机械性能（例如拉伸模量和拉伸强度）的不良，本发明的三维打印材料除去了非反应性蜡。进一步，可根据3D打印系统的喷射温度、光固化材料所需的粘度、光固化材料的打印应用要求、经固化的光固化材料所需的拉伸模量和经固化的三维打印材料所需的拉伸强度等因素确定各组分的含量。同时，各组分的用量比例需相互匹配，使其协同作用。

实施例 1

表 1

组分			重量%
低聚物	BR-571		14.15
固化反应物	SR 368		8.65
稀释剂	SR506	54%	74.04
	SR833	10%	
	SR205	36%	
光引发剂	Irgacure 184	67%	3.09
	Irgacure 819	33%	
添加剂	BHT		0.07

选取购自 Bomar 公司的产品 BR-571 作为低聚物，选取购自 SARTOMER 公司的产品 SR368 作为固化反应物，并选取购自该公司的产品 SR506、SR833 和 SR205 作为稀释剂，选取购自 Ciba 公司的产品 Irgacure184 和 Irgacure819 作为光引发剂，选取购自 Chemtura 公司的产品 BHT 作为添加剂。

根据表 1 示出的各组分重量百分比，将 14.15% 低聚物、8.65% 固化反应物、74.04% 稀释剂、3.09% 光引发剂和 0.07% 添加剂混合，其中，SR506、SR833、SR205 分别占稀释剂加入量的 54%、10%、36%，Irgacure184、Irgacure819 分别占光引发剂加入量的 67%、33%。将混合物放入具有搅拌单元和加热单元的容器中，加热至 80~90℃，混合物熔化后，搅拌 1~2 小时，然后用过滤器过滤液体去除固体颗粒，获得三维打印材料。

在 65~68℃ 下，将制得的三维打印材料通过三维打印机喷射形成三维产品。依据 ASTMD638 测试，经固化的三维打印材料，拉伸模量为 2455MPa，拉伸强度为 60.63MPa。

实施例 2

表 2

组分			重量%
低聚物	BR-741	75%	20.36
	BR-571	25%	
固化反应物	SR 368		10.17
稀释剂	SR423	44%	65.13
	SR833	14%	
	SR340	31%	
	GENOMER 1122	11%	
光引发剂	Irgacure 184	64%	4.28
	Irgacure 819	36%	
添加剂	BHT		0.06

选取购自 Bomar 公司的产品 BR-741 和 BR-571 作为低聚物，选取购自 SARTOMER 公司的产品 SR368 作为固化反应物，并选取购自该公司的产品 SR423、SR833、SR340 和购自 RAHN 公司的产品 GENOMER1122 作为稀释剂，选取购自 Ciba 公司的产品 Irgacure184 和 Irgacure819 作为光引发剂，选取购自 Chemtura 公司的产品 BHT 作为添加剂。

根据表 2 示出各组分重量百分比，20.36% 低聚物、10.17% 固化反应物、65.13% 稀释剂、4.28% 光引发剂、0.06% 添加剂，其中，BR-741、BR-571 分别占低聚物加入量的 75%、25%，SR506、SR833、SR205、GENOMER1122 分别占稀释剂加入量的 44%、14%、31%、11%，Irgacure184、Irgacure819 分别占光引发剂加入量的 64%、36%。

三维打印材料的制备方法同实施例 1。

在 65~68℃下，将制得的三维打印材料通过三维打印机喷射形成三维产品。依据 ASTMD638 测试，经固化的三维打印材料，拉伸模量为 2427MPa，拉伸强度为 53.13MPa。

实施例 3

表 3

组分			重量%
低聚物	BR-741	75%	21.28
	BR-571	25%	
固化反应物	SR368		5.32
稀释剂	SR423	54%	69.16
	SR833	8%	
	SR205	23%	
	GENOMER 1122	15%	
光引发剂	Irgacure 184	77%	4.17
	Irgacure 819	23%	
添加剂	BHT		0.07

选取购自 Bomar 公司的产品 BR-741 和 BR-571 作为低聚物，选取购自 SARTOMER 公司的产品 SR368 作为固化反应物，并选取购自该公司的产品 SR423、SR833、SR205 和购自 RAHN 公司的产品 GENOMER1122 作为稀释剂，选取购自 Ciba 公司的产品 Irgacure184 和 Irgacure819 作为光引发剂，选取购自 Chemtura 公司的产品 BHT 作为添加剂。

根据表 3 示出各组分重量百分比，21.28% 低聚物、5.32% 固化反应物、69.16% 稀释剂、4.17% 光引发剂、0.07% 添加剂，其中，BR-741、BR-571 分别占低聚物加入量的 75%、25%，SR506、SR833、SR205、GENOMER1122 分别占稀释剂加入量的 54%、8%、23%、15%，Irgacure184、Irgacure819 分别占光引发剂加入量的 77%、23%。

三维打印材料的制备方法同实施例 1。

在 65~68℃下，将制得的三维打印材料通过三维打印机喷射形成三维产品。依据根据 ASTMD638 测试，经固化的三维打印材料，拉伸模量为 2523MPa，拉伸强度为 63.11MPa。

实施例4

表4

组分			重量%
低聚物	BR-741		16.11
固化反应物	SR368		11.75
稀释剂	SR506	29%	68.26
	SR833	12%	
	SR205	59%	
光引发剂	Irgacure 184	62%	3.80
	Irgacure 819	38%	
添加剂	BHT		0.08

选取购自Bomar公司的产品BR-741作为低聚物，选取购自SARTOMER公司的产品SR368作为固化反应物，并选取购自该公司的产品SR506、SR833和SR205作为稀释剂，选取购自Ciba公司的产品Irgacure184和Irgacure819作为光引发剂，选取购自Chemtura公司的产品BHT作为添加剂。

根据表4示出各组分重量百分比，16.11%低聚物、11.75%固化反应物、68.26%稀释剂、3.80%光引发剂、0.08%添加剂，其中，SR506、SR833、SR205分别占稀释剂加入量的29%、12%、59%，Irgacure184、Irgacure819分别占光引发剂加入量的62%、38%。

三维打印材料的制备方法同实施例1。

在65~68℃下，将制得的三维打印材料通过三维打印机喷射形成三维产品。依据ASTMD638测试，经固化的三维打印材料，拉伸模量为2779MPa，拉伸强度为67.8MPa。

比较实施例

表5

组分			重量%
低聚物	BR-741	50%	40.94
	IBOA	50%	
固化反应物	SR368		5.90
稀释剂	IBOA	49%	40.96
	SR423	21%	
	SR205	30%	
非反应性蜡	C10、C12、C14、C16氨基甲酸酯蜡混合物		5.96
光引发剂	Irgacure 184	92%	4.29
	Irgacure 819	8%	
添加剂	Ebecryl 83	94%	1.95
	ITX	5%	
	BHT	1%	

选取购自Bomar公司的产品BR-741和市售IBOA的混合物（按1:1比例混合）作为低聚物，选取购自SARTOMER公司的产品SR368作为固化反应物，并选取购自该公司的产品SR423和SR205以及市售IBOA作为稀释剂，选取购自Hampford公司的产品C10、C12、C14、C16氨基甲酸酯蜡混合物作为非反应性蜡，选取购自Ciba公司的产品Irgacure184和Irgacure819作为光引发剂，选取购自Cytec公司的产品Ebecryl 83和ITX、购自Chemtura公司的产品BHT作为添加剂。

根据表5示出各组分重量百分比，40.94%低聚物、5.90%固化反应物、40.96%稀释剂、5.96%非反应性蜡、4.29%光引发剂、1.95%添加剂。其中，BR-741、IBOA各占低聚物加入量的50%，IBOA、SR423、SR205分别占稀释剂加入量的49%、21%、30%，非反应性蜡中C10、C12、C14、C16氨基甲酸酯蜡的重量比为1:1:1:1，Irgacure184、Irgacure819分别占光引发剂加入量的92%、8%，Ebecryl 83、ITX、BHT分别占添加剂加入量的94%、5%、1%。

将各组分混合放入具有搅拌单元和加热单元的容器中，加热至80~90℃，混合物熔化后，搅拌1~2小时，然后用过滤器过滤液体去除固体颗粒，获得三维打印材料。

依据ASTM D638测试，经固化的三维打印材料，拉伸模量为1701MPa，拉伸强度为38.8MPa。

本发明的三维打印机使用的打印材料在材料拉伸弹性和材料拉伸承载能力方面均优于比较例示出的在前的三维打印材料，由此，本发明的三维打印材料的机械性能得到了显著提升，并且尤其提高了刚度，因而，能够满足高刚度工程部件的使用要求。

虽然本发明通过有限数量的实施例进行了描述和示例，但在不背离本发明的精神和范围的情况下，本发明可以多种形式实施。所示的实施例，均应被视为是例证性而非限制性的。本发明的范围由所附的权利要求确定，并且属于权利要求等同物的含义和范围内的所有变化均被涵盖于其中。

说明书附图

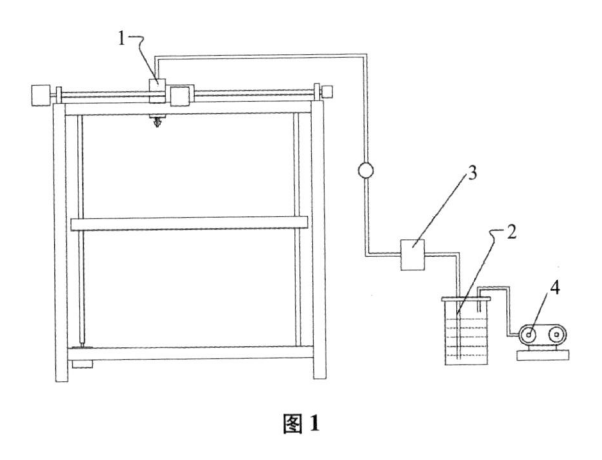

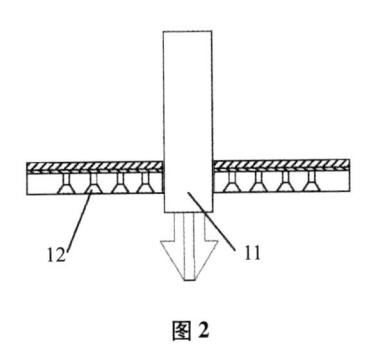

图 1

图 2

第三节 纺织领域专利申请文件撰写

当前纺织产品已广泛应用于多个产业领域，如农业工程、建筑工程、医学工程、环境工程、水利工程、交通工程、国防军事和航空航天工程等。纺织机械有别于其他机械，其兼具工艺性、连续性、成套性的特点，一般而言，纺织成品的产出需要多道工序连续完成，加工对象主要是柔软纤细的纺织纤维，而将如棉、麻、丝、毛等不同的纤维加工成纺织品所需要的工序也不尽相同，并且，纺织加工中的每一个生产环节通常需要专用的生产装置，每一种装置用来完成特定的工序，因此，纺织机械种类繁多，结构差异大。

我国纺织机械行业发展较为成熟，纵观纺织机械领域的发明专利申请，改进型发明占绝大多数。因此，在撰写纺织机械领域的专利申请文件时，需要对现有技术有着较为全面的掌握，才能客观准确地认定相关发明创造相对于现有技术的技术改进，否则将会导致撰写出的权利要求保护范围不够合理。纺织机械整体涉及的环节相对较多，各个环节使用的机械技术条件也各有不同，尤其是在申请人提交的技术交底材料涉及多个纺织机械装置的情况下，如果对多个纺织机械装置的技术改进不加分析，全都纳入独立权利要求的技术方案中，往往会导致独立权利要求较为冗长，进一步地，还需要结合现有技术确认该多个纺织机械装置相互之间是否发生密切的技术关联，这样才能真正抓住技术创新的主要改进，确保撰写出的权利要求保护范围客观合理。

本节以"一种假捻变形机"的发明专利申请文件的撰写为例，重点介绍如何通过分析涉及多个纺织机械装置相互之间的技术关联，帮助申请人撰写一份保护范围合理适当的专利申请文件，从而为纺织领域专利申请文件的撰写提供参考。

一、对技术交底材料的理解和分析

申请人提出希望保护一种假捻变形机，并要求针对所提供的技术交底材料撰写一份发明专利申请文件。

（一）技术交底材料

传统的假捻变形机主要包括喂入输送装置、中间输送装置、出丝输送装置、加热装置、冷却装置、假捻变形装置和卷绕装置。喂入输送装置与中间输送装置一起构成拉伸变形区，在中间输送装置之后设有出丝输送装置，由该出丝输送装置确定一个后处理区。接着，在出丝输送装置之后设有卷绕装置，通过卷绕装置把丝线卷绕成一个筒子。然而，国内假捻变形机的技术水平基本处在中低层次，存在控制过程中灵活性不够、操作人员在操作时工作效率低、丝线质量需要进一步提高等缺点。

针对现有技术的不足，申请人提出改进后的技术方案为：

一种假捻变形机，用于丝线的抽出、拉伸、变形和卷绕，具有多个输送装置、加热装置、冷却装置、假捻变形装置和卷绕装置；该假捻变形机形成有操作通道，该操作通道位于多件式的机架之间，机架包括第一机架部件、第二机架部件和第三机架部件，在靠近原丝架的第一机架部件上设有缠绕式喂入输送装置，在中间的第二机架部件上设置加热装置和冷却装置，在下游的第三机架部件上设置假捻变形装置和缠绕式中间输送装置；卷绕装置分别配有一套辅助抽吸装置，该辅助抽吸装置包括抽吸接口和压缩空气接口；在缠绕式喂入输送装置和缠绕式中间输送装置之间设置有加热装置、冷却装置和假捻变形装置，缠绕式喂入输送装置和缠绕式中间输送装置分别由被驱动的缠绕输送辊和可旋转支承的随带辊构成；夹紧式出丝输送装置设置在卷绕装置之前，缠绕式中间输送装置与夹紧式出丝输送装置之间设置有定形加热装置，在夹紧式出丝输送装置中，丝线在夹紧输送辊和压紧辊之间的夹紧缝隙中进行引导；缠绕式喂入输送装置、缠绕式中间输送装置和夹紧式出丝输送装置可通过单独的电动机驱动；缠绕式中间输送装置和夹紧式出丝输送装置上下重叠地设置在多件式的机架上，其中，夹紧式出丝输送装置设置在卷绕装置的下方。

以下进一步描述假捻变形机的结构及其工作过程。假捻变形机的断面图如图7-10所示，其表示了一个加工位中的丝线工艺流程。在该加工位中，丝线从一个原丝筒抽出、引导、变形、拉伸并且最终卷绕成筒子。为此，所需要的多个装置被布置在多件式的机架10中。假捻变形机在纵向上（附图平面为横向平面）具有许多加工位，在每个加工位中都分别变形和拉伸一根丝线。通常，厂房中并排布置有200多个加工位，这些加工位的结构基本相同。每个加工位上的原丝架20中都设有给丝位21。该假捻变形机形成有操作通道15，该操作通道15位于多件式的机架10之间，多件式的机架10包括第一机架部件11、第二机架部件12和第三机架部件13。在靠近原丝架20的第一机架部件11上设有缠绕式喂入输送装置30。在缠绕式喂入输送装置30之后是加热装置40和冷却装置50。加热装置40和冷却装置50设置在跨过操作通道15的中间的第二机架部件12上。接下来是假捻变形装置60和缠绕式中间输送装置70。假捻变形装置60和缠绕式中间输送装置70设置在下游的第三机架部件13上，操作通道15

形成在第一机架部件 11 和第三机架部件 13 之间。缠绕式喂入输送装置 30 与缠绕式中间输送装置 70 构成为相同的缠绕式结构，并且分别具有第一缠绕输送辊 31 和第一随带辊 33、第二缠绕输送辊 71 和第二随带辊 73。第一缠绕输送辊 31 和第二缠绕输送辊 71 分别与单独的第一电动机 32 和第二电动机 72 连接。丝线以多次缠绕方式在缠绕输送辊以及随带辊的可旋转外壳上进行引导。缠绕式喂入输送装置 30 和缠绕式中间输送装置 70 在一个加工位内设置在相对置的第一机架部件 11 和第二机架部件 12 上。在这种情况下，丝线以新挤出的状态直接通过缠绕式中间输送装置 70 进入到其中设有定形加热装置 80 的后处理区中。

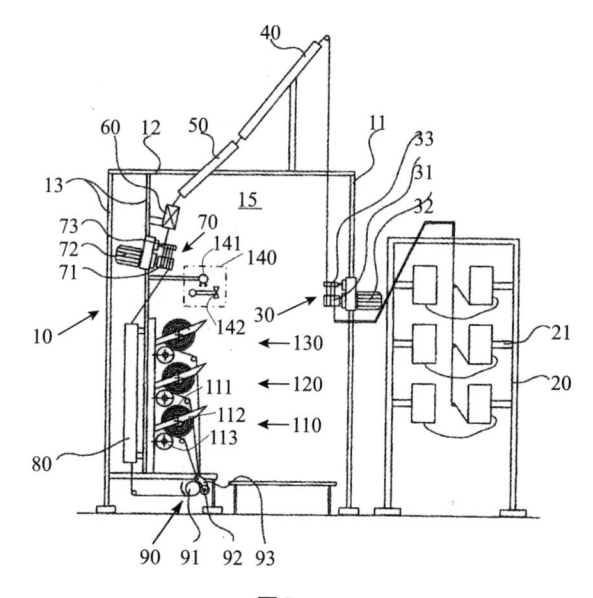

图 7-10

缠绕式中间输送装置 70 之后是定形加热装置 80 和夹紧式出丝输送装置 90。对此，夹紧式出丝输送装置 90 设在缠绕式中间输送装置 70 的下方，以便在缠绕式中间输送装置 70 和夹紧式出丝输送装置 90 之间安置垂直定向的后处理区。在夹紧式出丝输送装置 90 中，丝线在夹紧输送辊 91 和压紧辊 92 之间的夹紧缝隙中进行引导。压紧辊 92 通过一个活动的张力臂 93 保持在被驱动的夹紧输送辊 91 的圆周上。丝线以部分缠绕方式在夹紧输送辊 91 的圆周上进行引导并且通过夹紧输送辊 91 与压紧辊 92 的共同作用连续进行输送。

图 7-11 示出了假捻变形机的 18 个加工位，它们包括 6 组分层上下重叠布置的卷绕装置。夹紧式出丝输送装置 90 的夹紧输送辊 91 在假捻变形机内的多个加工位上延伸。夹紧输送辊 91 的一端与第三电动机 94 接合。

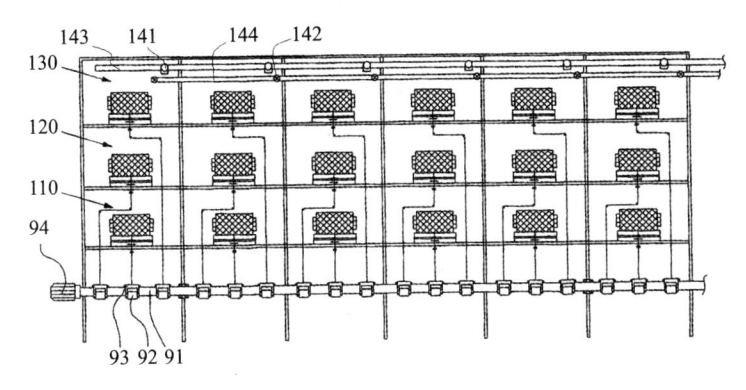

图 7-11

在夹紧式出丝输送装置 90 之后设有卷绕装置 110，将丝线卷绕成一个筒子 111。为此，卷绕装置 110 具有活动的筒子支架 112 和可驱动的传动辊 113。在丝线流程中，在传动辊 113 之前设置横动导线装置，该横动导线装置在将丝线储备到筒子 111 上之前在横动行程内对丝线进行往复引导，从而在卷绕装置上卷绕一个交叉筒子。在这种情况下，筒子 111 接触地贴靠在传动辊 113 的圆周上并且以恒定的圆周速度被驱动，以便卷绕丝线。在机架 10 内，一组卷绕装置 110、120 和 130 是上下重叠布置的。该组卷绕装置 110、120 和 130 分别配有一套辅助抽吸装置 140，从而可以由一个操作人员在卷绕装置中进行换筒。辅助抽吸装置 140 具有抽吸接口 141 和压缩空气接口 142。抽吸接口 141 设置在沿着纵侧延伸并且与废丝容器连接的抽吸管 143 上。压缩空气接口 142 设置在压缩空气管路 144 上，该压缩空气管路 144 沿着机器纵侧延伸并且与压缩空气源连接。

（二）理解和分析技术交底材料

从技术交底材料中可以了解到，申请人提出了对假捻变形机进行的改进，交代了假捻变形机的大体构造，对其中多个机械装置进行了相应的描述，但是，申请人并没有对这些机械装置相互之间的技术关联进行梳理归纳，也没有对其相应的内在协同作用以及产生的技术效果进行详细说明。此外，申请人对传统技术的描述相对比较简单，还需要进一步了解现有技术的状况。如何将技术交底材料中的实施例进行层次分明的归纳梳理，进而抓住真正的技术改进所在，还需要作进一步分析。

在阅读和研究技术交底材料之后，为了便于对申请人欲保护的技术方案有清晰的了解和掌握，需要将其中申请人所声明的主要技术改进梳理出来，并相应分析这些技术改进所采用的具体技术手段和所起的作用。

为了能够准确把握发明创造的主要发明点，撰写一份保护范围合理的权利要求书，还需要进一步通过检索，充分了解现有技术的状况。经过检索，专利代理师找到了一篇与本发明极为相关的现有技术 CN＊＊＊＊＊＊A（下称对比文件 1）。

该对比文件 1 同样公开了一种涉及假捻变形工艺的纺织机械，其采用了类似于本发明的主要结构，设置有喂入输送装置，其在加工位中从原丝筒中牵拉丝线，在喂入输送装置之后，同样沿丝线加工流程依次连接有加热装置、冷却装置、假捻变形装置、中间输送装置、涡流装置、预定型输送装置、定型加热装置、出丝输送装置以及卷绕装置等。该纺织机械还具有机架和辅助抽吸装置，机架的各支架构成一操作通道。在该纺织机械的第一实施例中，喂入输送装置、中间输送装置以及出丝输送装置设置为缠绕式输送装置，每个缠绕式输送装置由单独驱动的缠绕输送辊和随带辊构成。为了输送和保持导线所需要的丝线张力，沿丝线运行流程在一组为吸纱装置配置的卷绕装置的前面设置一组气动的输送装置。中间输送装置与出丝输送装置上下重叠地设置在机架部件上，其中，出丝输送装置设置在卷绕装置的下方。而在该纺织机械的第二实施例中，将喂入输送装置、中间输送装置以及出丝输送装置都构成为夹紧式输送装置。

下面结合对比文件 1，进一步对技术交底材料中给出的技术方案进行比对分析。

通过比对可知，关于涉及辅助抽吸装置以及缠绕式中间输送装置与夹紧式出丝输送装置的相对位置关系的全部内容已经被对比文件 1 公开，涉及操作通道的设置以及多个装置在机架上的分布位置的部分内容已经被对比文件 1 公开，涉及多个装置的电动机独立驱动的内容没有被对比文件 1 公开。值得注意的是，涉及缠绕式喂入输出装置和缠绕式中间输送装置的技术设置以及涉及夹紧式出丝输送装置的技术设置实际上存在于对比文件 1 不同的实施例中。具体而言，在对比文件 1 的第一个实施例中，喂入输送装置和中间输送装置以及出丝输送装置都构造为缠绕式输送装置，而在另一个实施例中，喂入输送装置和中间输送装置以及出丝输送装置都构造为夹紧式输送装置。

基于上述比对分析，可以初步确定，本案所涉及的假捻变形机与对比文件 1 的主要结构大部分相同，其最核心的区别在于，本案的喂入输送装置和中间输送装置分别构成为缠绕式输送装置，而出丝输送装置构成为夹紧式输送装置。据此，是否能认为上述区别就构成了本案的发明改进点？是否就能认为本申请相对于目前所掌握的现有技术即对比文件 1 真正具备新颖性和创造性？专利代理师认为有必要与申请人就技术细节作进一步的沟通和确认，以期对相关组成部分之间的配合关系作进一步的梳理分析，从而保证最终确定的独立权利要求的技术方案满足新颖性和创造性的实质性要求，进而为下一步撰写出保护范围合理适当的专利申请文件做好充分准备。

（三）与申请人的沟通和确认

经与申请人沟通，专利代理师进一步了解到，假捻变形工艺中的丝线张力对加工过程的稳定性和变形丝的质量有很大的影响。丝线在假捻变形之后经过中间输送装置进入后处理区，此时，对位于中间输送装置和出丝输送装置之间的丝线的定型张力的控制不当，将会导致出现绕辊、圈丝等问题。丝线经过出丝输送装置转绕至筒子时，其间丝线的卷绕张力不仅关系到筒子成型的好坏，而且还关系到染色性和织造时的退绕性，例如，当卷绕张力过小时，运输过程中易塌边损坏。

由此可知，丝线张力是贯穿整个假捻变形工艺每一阶段的重要技术指标之一，而申请人在提供的技术交底材料中对之也给出了与该丝线张力相关联的装置的描述，即，为了对丝线进行引导和拉伸，主要使用两种类型的输送装置，第一种类型的输送装置是缠绕式输送装置，第二种类型的输送装置是夹紧式输送装置。

正如上面分析的，对比文件1中公开了：三个输送装置即喂入输送装置、中间输送装置以及出丝输送装置都构造为相同类型的输送装置即缠绕式或夹紧式输送装置，但没有公开亦未教导该三个输送装置可以选择不同类型的输送装置。此外，进一步分析可知，为了使得丝线在后处理区基本上能够保持张力恒定，对比文件1所公开的"三个输送装置均是缠绕式输送装置"的技术方案所采用的手段是额外设置了气动输送装置，即，为了输送和保持配置的加工位的导线所需要的丝线张力，沿丝线运行流程在一组为吸纱装置配置的卷绕装置的前面设置一组气动的输送装置。

而申请人在技术交底材料的同一个实施例中将三个输送装置构造为不同类型的输送装置，即，位于变形和拉伸区前后的喂入输送装置和中间输送装置构造为缠绕式输送装置，而位于后处理区之后的出丝输送装置构造为夹紧式输送装置，本案的喂入输送装置和中间输送装置均采用缠绕式输送装置，使得丝线在辊子表面上进行引导而不会由于任何夹紧而受到损伤，因为缠绕式输送装置是柔性非常强的丝线引导装置，所以丝线假捻变形而产生的卷曲不会受到任何损伤。对于本案的出丝输送装置，由于其必须与卷绕装置配合使用，如果采用缠绕式输送装置，在换筒期间丝线中就会存在无张力区，丝线有可能被出丝输送装置的某个辊子缠绕，而如果采用夹紧式输送装置，丝线在夹紧式输送装置中的夹紧便使得丝线中不再会有无张力的区域，因此，在卷绕装置中进行换筒时，处理工艺的进程不会受到影响。通过这种设置，丝线在拉伸变形区内的卷曲不会由于受到夹紧而受到损伤，在后处理区基本上能够保持张力恒定、对卷绕装置进行恒定的供给，从而避免对丝线造成损伤、避免卷绕装置换筒对丝线的影响以及实现换筒的半自动和自动化。

综上所述，在与申请人进一步沟通后，可以确定，本案主要技术改进的实质在于，通过对每一输送装置的功能和工况加以个别考虑、合理配置，利用不同类型输送装置的优点，在总体上实现了对整个假捻变形工艺的优化，从而使得丝线可以以更高的质量变形和处理，而且，即使在手动换筒期间仍然保证尽可能不中断对丝线的连续处理。至于其他技术手段，例如，对缠绕式输送装置、夹紧式输送装置的具体结构限定以及它们的驱动控制等方面，则可以考虑作为次要的技术改进。

二、专利申请文件的撰写

下面结合本案，具体说明撰写权利要求书和说明书的主要思路。

（一）权利要求书的撰写

鉴于申请人欲保护的技术方案涉及一种假捻变形机，确定其保护主题属于产品权利要求。基于在前分析，对与本案假捻变形机这一技术主题相关的全部技术特征梳理如下：

① 假捻变形机具有喂入输送装置、中间输送装置、出丝输送装置、加热装置、冷却装置、假捻变形装置和卷绕装置，用于丝线的抽出、拉伸、变形和卷绕。

② 加热装置、冷却装置、假捻变形装置设置在喂入输送装置和中间输送装置之间。

③ 在中间输送装置与设置在卷绕装置之前的出丝输送装置之间构成后处理区。

④ 喂入输送装置和中间输送装置分别构成为缠绕式输送装置，而出丝输送装置构成为夹紧式输送装置。

⑤ 喂入输送装置、中间输送装置和出丝输送装置可通过单独的电动机驱动。

⑥ 夹紧式输送装置具有夹紧输送辊和可旋转的压紧辊，该压紧辊贴靠在夹紧输送辊的圆周上，用于夹紧丝线。

⑦ 缠绕式输送装置由缠绕输送辊和可旋转支承的随带辊构成。

⑧ 假捻变形机包括多件式的机架，在多件式的机架之间形成操作通道。

⑨ 中间输送装置和出丝输送装置上下重叠地设置在多件式的机架上，其中，出丝输送装置设置在卷绕装置的下方。

⑩ 卷绕装置配有一套用于进行手动换筒的辅助抽吸装置。

在提炼必要技术特征之前，应当确定最接近的现有技术及本发明所要解决的技术问题。由于没有检索到更为接近的现有技术，因此，选择对比文件1作为本发明最接近的现有技术。而正如前面分析的，本发明的技术改进在于：喂入输送装置和中间输送装置分别构成为缠绕式输送装置，而出丝输送装置构成为夹紧式输送装置，从而可以确定本发明要解决的技术问题在于：如何使得丝线可以以更高的质量变形和处理，保证均匀一致的处理条件。下面即根据最接近的现有技术，确定本发明的假捻变形机这一技术主题解决技术问题的必要技术特征。

通过上述分析可知，由于输送装置、加热装置、冷却装置、假捻变形装置和卷绕装置是本发明假捻变形机的基本组成部分，因此，作为与现有技术共有的、使得解决技术问题的技术方案完整的技术特征，技术特征①是假捻变形机这一技术主题的必要技术特征；作为申请人提供的技术交底材料的主要改进点，也就是本发明相对于对比文件1做出贡献的技术特征，技术特征④是为解决其技术问题所不可缺少的技术特征；此外，基于对纱线张力的准确控制，需要对三个输送装置的位置关系进行准确描述，才能在技术方案中完整表达如何实现对纱线张力的协同控制，因此技术特征②和技术特征③属于假捻变形机这一技术主题的必要技术特征。综上所述，技术特征①~④作为一个整体而构成的技术方案，已经相对于现有技术作出了技术改进，因此，它们属于为解决本发明技术问题所不可缺少的技术特征，即，必要技术特征。

进一步分析可知，是否设置单独控制的驱动装置与本发明所要解决的技术问题并无直接关系，因此，技术特征⑤不是本发明假捻变形机解决技术问题的必要技术特征；缠绕式输送装置和夹紧式输送装置的具体结构属于优选技术方案，因此也不应将技术特征⑥⑦作为必要技术特征；至于多件式的机架及其结构细节和辅助抽吸装置的设置，与本发明的主要改进点没有密切联系，因此技术特征⑧~⑩也不应作为必要技术特征。

基于申请人提交的技术交底材料，经过上述全面的梳理，可以提炼出本发明解决其技术问题的必要技术特征为技术特征①~④，进而得到能够解决本发明技术问题的独立权利要求的技术方案。

最后完成的独立权利要求 1 如下：

1. 一种假捻变形机，用于使复丝丝线变形，具有喂入输送装置（30）、中间输送装置（70）、出丝输送装置（90）、加热装置（40）、冷却装置（50）、假捻变形装置（60）和卷绕装置（110，120，130），用于丝线的抽出、拉伸、变形和卷绕，其中，加热装置（40）、冷却装置（50）和假捻变形装置（60）设置在喂入输送装置（30）和中间输送装置（70）之间，并且在中间输送装置（70）与设置在卷绕装置（110，120，130）之前的出丝输送装置（90）之间构成后处理区，其特征在于，喂入输送装置（30）和中间输送装置（70）分别构成为缠绕式输送装置，而出丝输送装置（90）构成为夹紧式输送装置。

除去撰写在独立权利要求中的必要技术特征之外，前面列出的技术特征⑤~⑩都可以写入从属权利要求中，作为进一步限定。对这些技术特征进行整理，即可以撰写出相应的从属权利要求，整理后的从属权利要求可参见随附的申请文件参考文本，这里不作赘述。

（二）说明书的撰写

在完成权利要求书的撰写之后，就可着手撰写出相应的说明书（包括说明书附图）及说明书摘要（包括摘要附图）。

就本案而言，在背景技术部分，需要撰写最接近的现有技术即对比文件 1 相关技术方案的描述，必要时可以对假捻变形工艺的基本工艺流程进行简单的描述，以便于充分说明背景技术知识。

为了给予权利要求书有效的支撑，可以在发明内容部分以及具体实施方式部分对相关机械装置的技术作用和效果进行描述。相应于独立权利要求的技术方案，可以着重撰写其对整个假捻变形工艺所带来的有益效果。

三、案例总结

由于纺织领域的专利申请中涉及较多的关于纺织机械的改进型创新，在撰写此类专利申请时需要补充一定的纺织领域的技术知识，必要时需要与申请人进行有效沟通，这样才有利于在面对涉及多个纺织机械装置改进的技术交底材料时更深入地从技术层面和法律层面进行全面分析，帮助申请人抓住技术创新的主要改进，运用法律的语言和逻辑让申请人的创新成果获得利益最大化的保护。

还应注意的是，对于中小企业来说，由于部分在纺织领域生产一线的申请人对专利技术的掌握程度不足，有时会出现所声称的改进的技术手段较多，一旦归纳不当，撰写后的权利要求书往往较为冗长，导致保护范围不合理。为了克服此类缺陷，就需要在撰写专利申请文件时对技术交底材料中涉及的多个技术手段进行梳理归纳，并结合检索到的现有技术进一步深入分析这些技术手段之间的内在技术联系，抓住技术改进所在，提炼出与之对应的必要技术特征，甄别与之无关的其他技术特征，使得所撰写出的权利要求保护范围合理适当。

附件　专利申请文件参考文本

说明书摘要

　　本发明涉及一种假捻变形机，具有喂入输送装置（30）、中间输送装置（70）、出丝输送装置（90）、加热装置（40）、冷却装置（50）、假捻装置（60）和卷绕装置（110，120，130），加热装置（40）、冷却装置（50）和假捻装置（60）设置在喂入输送装置（30）和中间输送装置（70）之间，并且在中间输送装置（70）与设置在卷绕装置（110，120，130）之前的出丝输送装置（90）之间构成一个后处理区，喂入输送装置（30）和中间输送装置（70）分别构成为缠绕式输送装置，而出丝输送装置（90）构成为夹紧式输送装置。该假捻变形机实现了丝线的无损伤引导，使得丝线可以以更高的质量变形和处理，而且，即使在手动换筒期间仍然保证尽可能不中断对丝线的连续处理。

摘要附图

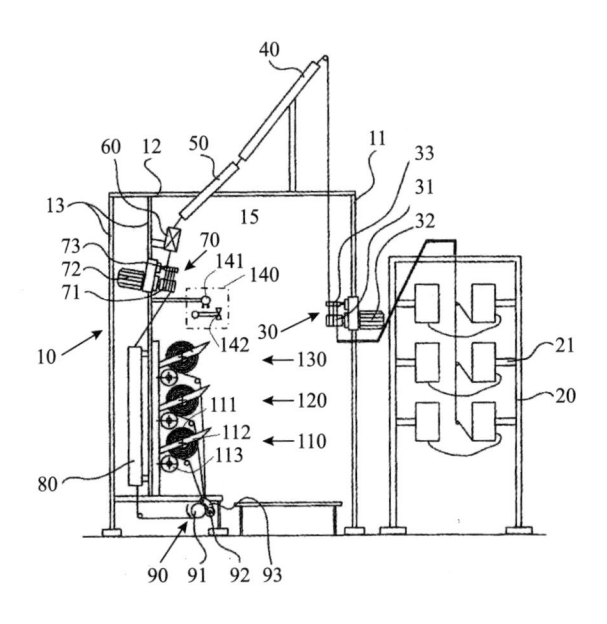

权利要求书

1. 一种假捻变形机，用于使复丝丝线变形，具有喂入输送装置（30）、中间输送装置（70）、出丝输送装置（90）、加热装置（40）、冷却装置（50）、假捻变形装置（60）和卷绕装置（110，120，130），用于丝线的抽出、拉伸、变形和卷绕，其中，加热装置（40）、冷却装置（50）和假捻变形装置（60）设置在喂入输送装置（30）和中间输送装置（70）之间，并且在中间输送装置（70）与设置在卷绕装置（110，120，130）之前的出丝输送装置（90）之间构成后处理区，其特征在于，喂入输送装置（30）和中间输送装置（70）分别构成为缠绕式输送装置，而出丝输送装置（90）构成为夹紧式输送装置。

2. 如权利要求1所述的假捻变形机，其特征在于，喂入输送装置（30）、中间输送装置（70）和出丝输送装置（90）通过单独的电动机驱动。

3. 如权利要求1所述的假捻变形机，其特征在于，夹紧式输送装置具有夹紧输送辊（91）和可旋转的压紧辊（92），该压紧辊贴靠在夹紧输送辊（91）的圆周上，用于夹紧丝线。

4. 如权利要求1所述的假捻变形机，其特征在于，缠绕式输送装置由缠绕输送辊（31，71）和可旋转支承的随带辊（33，73）构成。

5. 如权利要求1所述的假捻变形机，其特征在于，还包括多件式的机架（10），在多件式的机架之间形成操作通道（15）。

6. 根据权利要求1所述的假捻变形机，其特征在于，中间输送装置（70）和出丝输送装置（90）上下重叠地设置在多件式的机架（10）上，并且，出丝输送装置（90）设置在卷绕装置（110）的下方。

7. 根据权利要求1所述的假捻变形机，其特征在于，一组卷绕装置（110，120，130）配有一套辅助抽吸装置（140）。

说 明 书

一种假捻变形机

技术领域

本发明涉及一种假捻变形机,具体地,涉及一种用于使复丝丝线变形的假捻变形机。

背景技术

通常,假捻变形机将由许多根单丝组成的复丝进行加捻,使得各根单丝成螺旋卷曲状并进行热定型,然后将复丝反向旋转进行退捻。由于在加捻定型后,各根单丝的形态已经固定,所以虽然复丝全数退捻,各根单丝的螺旋卷曲形态仍然保留在复丝中,从而改善长丝的外观,提高丝线的蓬松性和弹性,成为具有高伸缩性、高蓬松性的假捻变形丝,也就是我们通常所称的弹力丝。为了在处理期间引导和拉伸丝线,设有多个输送装置。现有的假捻变形机具有喂入输送装置、中间输送装置以及出丝输送装置,喂入输送装置与中间输送装置一起构成拉伸变形区。在中间输送装置之后设有出丝输送装置,由该出丝输送装置确定一个后处理区。接着在出丝输送装置之后是卷绕装置,通过卷绕装置把丝线卷绕成一个筒子。

为了对丝线进行引导和拉伸,主要使用两种类型的输送装置。第一种类型的输送装置是缠绕式输送装置。在丝线上的拉力是通过丝线在缠绕式输送装置上的多重缠绕产生的,通常采用缠绕输送辊和以很短距离布置的随带辊,丝线在它们的外壳上以多重缠绕方式进行引导。第二种类型的输送装置是夹紧式输送装置,丝线在被驱动的夹紧输送辊与压紧辊之间的夹紧缝隙中进行引导。例如,专利文献CN******A公开了一种涉及假捻变形工艺的纺织机械,该纺织机械包括喂入输送装置、中间输送装置以及出丝输送装置,其中,喂入输送装置、中间输送装置以及出丝输送装置都构成为缠绕式输送装置或者都构造为夹紧式输送装置。由此可知,在现有技术中,假捻变形机普遍使用一种类型的输送装置,用于引导和拉伸丝线,然而,每种类型的输送装置在丝线引导方面都有各自的优点和缺点。

发明内容

因此,本发明对现有假捻变形机提出改进,使得线可以以更高的质量变形和处理,即使在手动换筒期间仍然保证尽可能不中断对丝线的连续处理。

本发明提供一种假捻变形机,用于使复丝丝线变形,具有喂入输送装置、中间输送装置、出丝输送装置、加热装置、冷却装置、假捻变形装置和卷绕装置，用于丝线的抽出、拉伸、变形和卷绕，其中，加热装置、冷却装置和假捻变形装置设置在喂入输送装置和中间输送装置之间，并且在中间输送装置与设置在卷绕装置之前的出丝输送装置之间构成后处理区，其特征在于，喂入输送装置和中间输送装置分别构成为缠绕式输送装置，而出丝输送装置构成为夹紧式输送装置。

上述技术方案使得丝线的每个单丝上都可以均匀地产生丝线变形和后处理。通过夹紧式输送装置，丝线的单丝在进行后处理之前不会产生来自外部的附加机械应力。丝线引导在拉伸变形区中，并且通过缠绕式输送装置不损伤地引导到后处理区中。只有在丝线的后处理结束并且具有其最终的变形结构后，出丝输送装置才构成为夹紧式输送装置。借助于夹紧式输送装置，丝线张力在后处理区基本上能够保持恒定。有利的是，在卷绕装置中进行的换筒不会导致在后处理区内的松弛，在换筒过程中，丝线短时地向抽吸装置引入到废丝容器中。通过该夹紧式输送装置，丝线向卷绕装置的供给基本是恒定的。

优选地，为了能够在拉伸变形区及后处理区调整不同的丝线张力状态，喂入输送装置、中间输送装置和出丝输送装置通过单独的电动机驱动。基于此，可以彼此独立地对各输送装置的输送速度进行调整和控制。

优选地，夹紧式输送装置可以由夹紧输送辊构成，用于输送丝线的压紧辊贴靠在该夹紧输送辊的圆周上，用于夹紧丝线。基于此，可以实现无滑动地传送和引导丝线。

优选地，缠绕式输送装置由驱动的缠绕输送辊和可旋转支承的随带辊构成，从而在过程开始时能够以一种简单的方式实施丝线的生头。

优选地，该假捻变形机还包括多件式的机架，在多件式的机架中间形成操作通路。基于此，可以由一名操作人员操作缠绕式输送装置。

优选地，为了实现尽可能垂直地定向特别适用于收缩处理的后处理区，中间输送装置和出丝输送装置上下重叠地设置在机架部件上，其中，在所述加工位内的夹紧式输送装置设置在卷绕装置的下方。基于此，除了输送装置外，也可以从操作通路操作卷绕装置。

优选地，卷绕装置配有一套用于进行换筒的辅助抽吸装置，以便提供丝线的抽吸作业。

附图说明

下面参照附图，结合本发明假捻变形机的实施例，对本发明进行详细解释。

图1是根据本发明的假捻变形机的横断面示意图；

图 2 是根据本发明的假捻变形机中并排布置的卷绕装置的局部示意图。

具体实施方式

图 1 所示的横断面示意图表示了本发明在一个加工位中的丝线流程，在该加工位中，丝线从原丝筒抽出、引导、变形、拉伸并且卷绕成一个筒子。为此所需要的多个装置被布置在多件式的机架 10 中。假捻变形机在纵向上（图中平面为横向平面）具有许多加工位，在每个加工位中都分别变形和拉伸一根丝线。通常，厂房中并排布置有 200 多个加工位，这些加工位的结构是基本相同的。每个加工位上的原丝架中都设有给丝位 21。该假捻变形机形成有操作通道 15，该操作通道 15 位于多件式的机架 10 之间，多件式的机架 10 包括第一机架部件 11、第二机架部件 12 和第三机架部件 13。

为了从原丝筒 2 抽出丝线，每个加工位设有给丝位 21。给丝位 21 构成在原丝架 20 中。在靠近原丝架 20 的第一机架部件 11 上设有喂入输送装置 30。在喂入输送装置 30 之后是加热装置 40 和冷却装置 50。加热装置 40 和冷却装置 50 设置在跨过操作通道 15 的中间的第二机架部件 12 上。冷却装置 50 之后是假捻变形装置 60 和中间输送装置 70。假捻变形装置 60 和中间输送装置 70 设置在第三机架部件 13 上。喂入输送装置 30 和中间输送装置 70 之间为拉伸变形区。中间输送装置 70 之后是定形加热装置 80 和出丝输送装置 90。出丝输送装置 90 设在中间输送装置 70 的下方，以便在中间输送装置 70 和出丝输送装置 90 之间安置一个垂直定向的后处理区。在出丝输送装置 90 之后设有卷绕装置 110，在该卷绕装置中，丝线被卷绕成一个筒子 111。卷绕装置 110 具有活动的筒子支架 112 和可驱动的传动辊 113。在工艺流程中，在传动辊 113 之前设置横动导线装置（图中未示出），该横动导线装置在将丝线储备到筒子 111 上之前在横动行程内对丝线进行往复引导。在机架 10 内的一组卷绕装置 110、120 和 130 是上下重叠布置的。

为了能够在复丝丝线上实施变形和拉伸，喂入输送装置 30 和中间输送装置 70 均为缠绕式输送装置。缠绕式输送装置具有缠绕输送辊 31 和 71 以及随带辊 33 和 73。缠绕输送辊 31 和 71 分别与单独的电动机 32 和 72 连接。因此，缠绕式输送装置 30 和 70 在该加工位内可单个地并且与相邻的加工位的相邻的缠绕式输送装置不相关地驱动。基于此，在过程开始时或在断丝时可以用简单的方式实施操作。丝线以多次缠绕方式在缠绕输送辊 31 和 71 以及随带辊 33 和 73 的可旋转外壳上进行引导。在过程开始时，为了能够从操作通道 15 操作喂入输送装置 30 和中间输送装置 70，喂入输送装置 30 和中间输送装置 70 设置在相对置的第一机架部件 11 和第三机架部件 13 上。在这种情况下，总体上实现了一种对丝线无损伤的引导和处理，以使丝线变形和拉伸。

此外，丝线以新挤出的状态直接通过缠绕式中间输送装置 70 进入到设有定形加热装置 80 的后处理区中。为了在定形加热装置 80 中保持丝线的均匀松弛，在中间输送装置 70 和出丝输送装置 90 之间以尽可能低的丝线张力引导丝线，出丝输送装置 90 构成为夹紧式输送装置。在夹紧式输送装置中，丝线在夹紧输送辊 91 和压紧辊 92 之间的夹紧缝隙中进行引导。丝线以部分缠绕方式在夹紧输送辊 91 的圆周上进行引导并且通过夹紧输送辊 91 与压紧辊 92 的共同作用连续进行输送。因此，设置在卷绕装置 110 之前的夹紧式输送装置 90 适用于在后处理区保持丝线拉伸张力恒定而不依赖于加工位的各自的运行状态。即使是由一名操作人员将丝线分开并暂时供给到辅助抽吸装置 140 的手动换筒，也保持不对后处理区产生影响。

此外，图 2 示意性地示出了 18 个加工位，它们包括 6 组分层上下重叠布置的卷绕装置。出丝输送装置 90 的夹紧输送辊 91 在假捻变形机内的多个加工位上延伸。为了使得大量的丝线同时在各加工位中通过夹紧输送辊 91 进行引导，夹紧输送辊 91 的一端与第三电动机 94 接合。在每个加工位上，出丝输送装置 90 都具有压紧辊 92，压紧辊可以通过张紧臂 93 有选择地与夹紧输送辊 91 的圆周保持接触或不接触。从而，丝线可以在各单个的加工位中个别地在断丝后单个地生头。

从图 1 和图 2 可以看出，一组卷绕装置 110 至 130 分别配有一套辅助抽吸装置 140，从而可以由操作人员在其中一个卷绕装置中进行换筒。如图所示，辅助抽吸装置 140 具有抽吸接口 141 和压缩空气接口 142，丝线回丝可以通过抽吸接口 141 引出。抽吸接口 141 设置在沿着纵侧延伸并且与废丝容器连接的抽吸管 143 上。压缩空气接口 142 设置在压缩空气管路 144 上，该压缩空气管路 144 沿着机器纵侧延伸并且与压缩空气源连接。

通过本实施例中假捻变形机的多个装置的描述，本领域技术人员应当了解到，本发明不同于现有技术的一个主要方面在于，将喂入输送装置 30 和中间输送装置 70 分别构成为缠绕式输送装置，而出丝输送装置 90 构成为夹紧式输送装置，通过这种针对每一输送装置的功能和工况加以个别考虑、合理配置，利用不同类型输送装置的优点，在总体上实现了对整个假捻变形工艺的优化，从而使得丝线可以获得较高质量的变形和处理，而且即使在手动换筒期间仍然保证尽可能不中断对丝线的连续处理。本发明的技术方案使得丝线在拉伸变形区所产生的卷曲不会受到任何损伤，在后处理区基本上能够保持张力恒定、使得对卷绕装置进行恒定的供给，从而避免对丝线造成损伤、避免卷绕装置换筒对丝线的影响以及实现换筒的半自动和自动化。

以上所述仅为本发明示意性的具体实施方式，并非用于限定本发明的范围。对于本领域的技术人员而言，在不脱离本发明的构思和原则的前提下，所做出的等效替换或修改，均应属于本发明保护的范围。

说明书附图

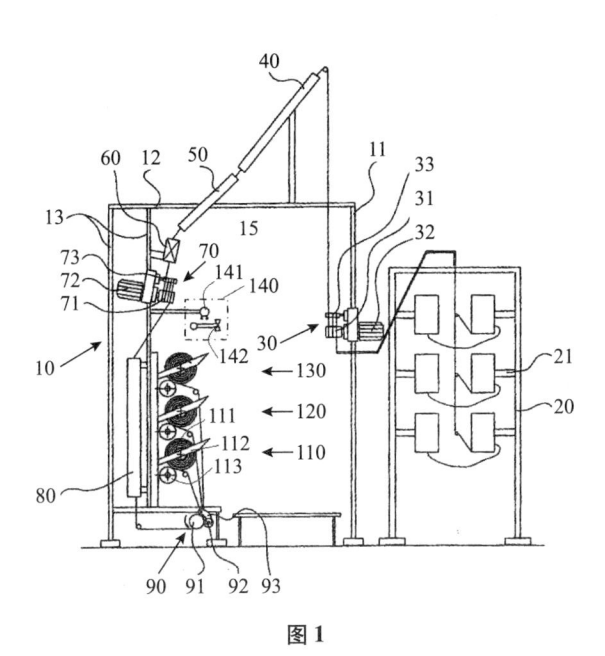

图1

图2

第四节　飞机气动外形领域专利申请文件撰写

飞机领域的技术研发囊括了气动外形的设计、机身内部附件的布局、机身、起落架、发动机等部件的制造和装配、电子通讯、姿态控制等多个方面，其中飞机气动外形的设计是技术难点和重点，些许改动都会直接影响到飞机的气动性能。众多的科研人员通过理论分析、风洞实验或是数值模拟等方式致力于该领域的技术改进，同时也会将科研成果申请专利。

飞机领域的发明专利，尤其是涉及气动布局的改进的技术方案，如飞机的气动操纵面、机翼的翼型结构、增升减阻装置等，常常与流体力学、空气动力学等理论原理息息相关，在研发过程中往往还辅以数值模拟和风洞实验来印证技术方案的优劣，针对翼型结构、气动外形的设计，有时还涉及曲线函数的表达、参数的取值范围的选取等。因此飞机气动外形领域专利申请文件撰写的难点在于如何在说明书中针对气动外形给出清楚的说明，如何阐明对飞机气动外形的改变能解决飞机气动方面的技术问题，如何在撰写权利要求书时获得合理的权利保护范围。针对以上问题，本节将结合一个案例予以说明。

一、对技术交底材料的理解和分析

申请人提出希望保护一种飞机机翼的翼尖装置，并要求针对所提供的技术交底材料撰写一份发明专利申请文件。

（一）技术交底材料

近几年来，国内外在飞机设计中越来越多地采用翼尖装置来增升减阻，减少燃料的消耗，提高爬升率，增加飞机的航程和续航时间，或提升飞机的承载能力等，在翼尖装置中目前广泛采用的有翼尖小翼、剪切翼尖、翼尖端片等，尤其是翼尖端片因具有明显的增升减阻效果而被国内外气动设计专家所关注，但现有的翼尖端片装置一般如图 7-12 所示，机翼翼尖 1 上设置有整流锥 2，在整流锥 2 自前而后设置有前端片 3、中端片 4 和后端片 5，翼尖端片直接"插"到机翼翼尖上。由于没有考虑到翼尖端片与机翼的融合问题，并且端片也未经过气动设计，只是简单的平板，因而减阻效果不理想。

针对这一问题，本发明提出一种改进方案，如图 7-13 所示，飞机两侧的主翼 11 的翼尖部的外侧连接有三个翼尖端片，沿着主翼宽度方向顺序布置，从主翼前缘向主翼后缘方向，依次为：第一翼尖端片 31、第二翼尖端片 32 以及第三翼尖端片 33。

各翼尖端片可以采用超临界翼型，该翼型上表面和下表面的几何坐标表达式分别为

$$\frac{y_{\mathrm{up}}}{C} = 0.0025\left(\frac{x}{C}\right) + \left(\frac{x}{C}\right)^{0.5}\left(1 - \frac{x}{C}\right) \cdot \sum_{i=0}^{4}\left(A_{\mathrm{up}_i} \cdot \frac{4!}{i!(4-i)!}\left(\frac{x}{C}\right)^i\left(1 - \frac{x}{C}\right)^{4-i}\right)$$

$$\frac{y_{\mathrm{low}}}{C} = -0.0025\left(\frac{x}{C}\right) + \left(\frac{x}{C}\right)^{0.5}\left(1 - \frac{x}{C}\right) \cdot \sum_{i=0}^{4}\left(A_{\mathrm{low}_i} \cdot \frac{4!}{i!(4-i)!}\left(\frac{x}{C}\right)^i\left(1 - \frac{x}{C}\right)^{4-i}\right)$$

其中，y_{up} 表示翼型的上表面纵坐标；y_{low} 表示翼型的下表面纵坐标；A_{up} 代表翼型上表面几何坐标的表达式系数；A_{low} 代表翼型下表面几何坐标的表达式系数；x 表示翼型的表面横坐标；C 为翼型弦长。

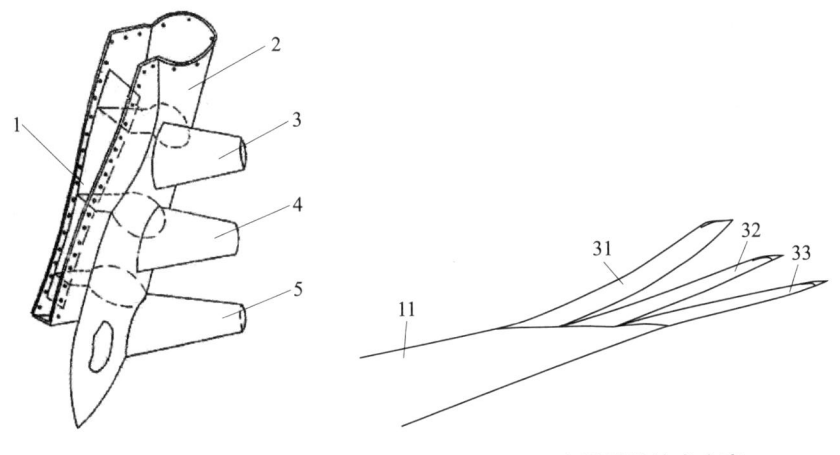

图 7-12 现有技术　　　图 7-13 本发明的技术方案

本发明的改进点在于，改变现有技术中翼尖端片与机翼主体的连接方式，通过主翼和翼尖端片的根部沿着主翼长度方向平滑连接实现两者的融合，减小气动阻力，并且三个翼尖端片的外形设计为曲线翘起，前后缘曲线相同，具体曲线如图 7-14 所示。从翼尖端片前、后缘曲线图，可以观察到三个翼尖端片的前后缘曲线均为二次函数，且高度上逐渐降低，结基于三个翼尖端片从前到后按照从高到低的顺序排列，能够实现了减小翼尖涡流强度、降低阻力的技术效果。

经研究发现，采用本发明的翼尖装置可以明显改善飞机的气动减阻性能。

此外，针对三个翼尖端片的相对设置位置也有优选的设计方案，沿着主翼宽度方向顺序布置的相邻所述翼尖端片根部之间的可选间隙为：0 至翼尖端片根部长度的 20%；优选地，为翼尖端片根部长度的 4% 至 7%；最优地，为翼尖端片根部长度的 5%。如此设置后，各个翼尖端片之间沿着主翼宽度方向较为

紧密地排列，可以更好地产生相互抑制作用，较大地削弱翼尖部的气涡的强度，减弱各个翼尖端片上的激波强度。

翼尖端片的横截面也可以设计为翼型，从而进一步提升气动性能。

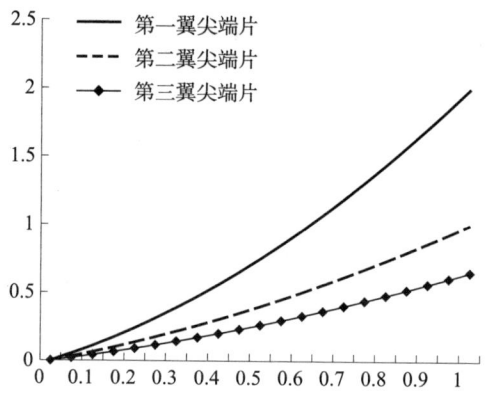

图 7-14 翼尖端片的前、后缘曲线

（二）理解和分析技术交底材料

1. 对技术方案的分析和理解

从申请人提供的技术交底材料可以看出，本发明是针对飞机翼尖的气动外形作出的改进，要解决的技术问题是改善气动减阻性能，给出的技术方案是飞机两侧的主翼 11 的翼尖部的外侧连接有三个翼尖端片，沿着主翼宽度方向顺序布置，从主翼前缘向主翼后缘方向，依次为：第一翼尖端片 31、第二翼尖端片 32 以及第三翼尖端片 33，主翼和翼尖端片的根部沿着主翼长度方向平滑连接，且三个翼尖端片的前后缘曲线类型相同，并给出了曲线的示意图。此外，还提及可以进一步设计翼型以及各翼尖端片优选的根部间隙的设置。

2. 关于现有技术及新颖性和创造性的初步判断

为了能够尽可能准确地确定发明创造的创新点，撰写一份保护范围合适的权利要求书，专利代理师在充分理解了技术交底材料之后，通常还应当对技术交底材料的主题和相关的现有技术进行检索和分析，在能力范围内寻找与该技术主题最接近的现有技术。

经检索，申请人在技术交底材料中示例说明的背景技术是现有技术中与本申请最接近的现有技术。通过技术比对可知，本发明的翼尖端片与现有技术的核心区别在于翼尖端片的外形参数有很大的不同，正如申请人的技术交底材料所述，现有技术的翼尖端片与机翼主翼并不融合，而本发明的翼尖端片与主翼平滑连接、且设置为光滑的曲线，这是本发明主要的技术改进。至于其他技术手段，例如，沿着主翼宽度方向顺序布置的相邻所述翼尖端片根部之间的可选间隙的取值、翼尖端片的横截面的形状设计等，则可以考虑作为次要的技术改进。

3. 需要申请人说明或补充的内容

由于上述技术交底材料比较简略，对该项技术还需要进一步交代清楚的有以下几点：

① 由于本发明力图解决现有的翼尖端片装置存在的减阻效果一般的技术问题，因而还需要对本发明的技术方案为何能改善减阻效果做出比较充分的说明，最好基于气动学原理进行分析，必要时引用数值模拟和风洞实验获得的气动参数加以佐证。

② 翼尖端片的前后缘曲线应该给出更明晰的表达，可以给出曲线的具体函数公式或者是列出取值的表格。若采用公式，应当对公式中各个参数的含义给予清楚的说明。

③ 三个翼尖端片的相对位置关系、翼型形状的优选设计均是本发明可以进一步挖掘的优选实施例，应当在说明书中给出更多的说明。

④ 因为本发明的改进点在飞机翼尖端片的气动外形上，可以充分发挥说明书附图能够使人直观地、形象化地理解发明每个技术特征和整体技术方案的优势，利用附图清楚表征各个设计参数的含义，因此应当给出更直观和翔实的附图以辅助说明。

以上内容均应该在说明书具体实施方式部分作出充分的说明，方能清楚完整地阐明本发明的技术方案，进而更好地支撑权利要求。

（三）与申请人的沟通和确认

将上述对于技术交底材料的理解以及思考的问题与申请人进行充分沟通后，申请人针对以上四点分别予以回应。

① 为了充分说明本发明的装置的气动性能，申请人提供了气体流动原理图并以文字形式详细分析了本发明的翼尖端片能达到更好的减阻效果的气动原理：由于翼尖端片组中的第一翼尖端片 31 高于第二翼尖端片 32，且第二翼尖端片 32 高于第三翼尖端片 33，气流流经第一翼尖端片 31 的后缘时，受到第二翼尖端片 32 的前缘流动的气流的抑制作用；同时，气流流经第二翼尖端片 32 的后缘时，受到第三翼尖端片 33 的前缘流动的气流抑制作用。也就是说，第二翼尖端片 32、第三翼尖端片 33 的前缘气流流动分别受到第一翼尖端片 31、第二翼尖端片 32 后缘气流流动的抑制作用。因此，三个翼尖端片之间的相互抑制作用使得各个翼尖端片的上表面的流速减慢，气流压强增大。由此，不仅能降低主翼翼尖部上下翼面的气流压力差，而且主翼翼尖部气流的压强的增加会减小气

流沿主翼的展向流动，从而降低产生的主翼翼尖部的气涡的强度，使得气流状况得到很大改善。同时，翼尖端片组 3 还能对主翼翼尖部气流进行导流作用，使原本旋转的气流顺着三个翼尖端片的表面流动，较大地削弱了翼尖部的气涡的强度，并且大大减弱各个翼尖端片上的激波强度。

② 为了清楚表达翼尖端片的前后缘曲线，申请人给出了曲线的具体函数公式 $Y_i = a_i X_i^2 + b_i X_i$，并以列表的形式对 a_i、b_i 作出说明。

③ 针对翼型截面的优选设计，申请人给出了翼型上、下表面的函数公式以及相应的翼型示意图；此外还补充了翼尖端片外端部的相切平面与主翼所在平面的夹角的取值范围等可选的设计方案。

④ 申请人还对说明书附图进行了补充完善，例如，为了更好地表征翼尖端片外端部的相切平面与主翼所在平面的夹角这一参数，申请人特意提供了附图辅助说明，使技术人员可以直观地理解该参数的含义。

二、权利要求书撰写的主要思路

（一）理解技术主题的实质性内容，列出全部技术特征

根据对申请人提供的技术交底材料的理解，本发明要解决的技术问题是现有的翼尖端片减阻性能差，提供的技术方案中包括以下技术特征：

① 飞机两侧的主翼 11 的翼尖部的外侧连接有三个翼尖端片，沿着主翼宽度方向顺序布置，从主翼前缘向主翼后缘方向，依次为：第一翼尖端片 31、第二翼尖端片 32 以及第三翼尖端片 33。

② 主翼和翼尖端片的根部沿着主翼长度方向平滑连接。

③ 每个所述翼尖端片的前后缘曲线是相同的曲线类型，均为二次函数，曲线函数 $Y_i = a_i X_i^2 + b_i X_i$，以及 a_i、b_i 的取值。

④ 三个翼尖端片外端部的相切平面与主翼所在平面的夹角的取值范围。

⑤ 三个翼尖端片沿机翼宽度方向的彼此间隙的具体取值。

⑥ 翼尖端片采用超临界翼型。

⑦ 翼型截面的上下表面函数公式。

（二）分析现有技术，确定必要技术特征

本发明要解决的技术问题是改善现有的翼尖端片减阻性能差的问题，正如前面分析的，本发明的技术改进在于翼尖端片与主翼平滑连接，且设置为光滑的曲线。下面即根据本发明要解决的技术问题来逐条分析上述 7 个技术特征。

技术特征①涉及三个翼尖端片在机翼主翼的布局，是本发明技术方案必不

可少的组成部分，因此作为与现有技术共有的、使得解决技术问题的技术方案完整的技术特征，技术特征①是本发明的必要技术特征。

技术特征②限定了主翼和翼尖端片的根部沿着主翼长度方向平滑连接，这是本发明的主要改进点之一，作为本发明相对于现有技术做出贡献的技术特征，技术特征②是为解决其技术问题所不可缺少的技术特征。

技术特征③涉及翼尖端片的曲线函数，根据申请人的技术交底材料描述，这也是本发明的主要改进点之一，技术特征③明确限定了三个翼尖端片的外形曲线，但在撰写独立权利要求时应当注意的是，若直接将具体函数公式作为独立权利要求的技术特征，会使得权利要求只能限定出一个很小的保护范围，也就是说，拥有专利权后，他人的技术方案中只要规避了相同的曲线函数就可以避免侵权，这样的撰写对专利权的保护是十分不利的，但与此同时，对于翼尖端片的外形曲线给出清晰的界定也是必要的，为此采取的策略是对函数公式表征出的曲线关系进行文字概括。

根据图7-14示出的翼尖端片前、后缘曲线图，可以观察到三个翼尖端片的前后缘曲线均为二次函数，且高度上逐渐降低，结合申请人提供的气动原理分析可知，正是基于三个翼尖端片从前到后按照从高到低的顺序排列，才实现了减小翼尖涡流强度、降低阻力的技术效果，解决了本发明要解决的技术问题。因此，真正表征本发明的核心技术方案的必要技术特征应该是"三个翼尖端片的前后缘曲线均为二次函数，沿着所述机翼长度方向向上弯曲翘起，越靠近机翼前缘的所述翼尖端片向上弯曲翘起得越高"而三个翼尖端片的前后缘曲线函数的具体公式应当写入从属权利要求中，即技术特征③应当在独立权利要求中合理概括为技术特征"每个所述翼尖端片的前后缘曲线均为二次函数，沿着所述机翼长度方向向上弯曲翘起，越靠近机翼前缘的所述翼尖端片向上弯曲翘起得越高"；至于技术特征"曲线函数具体为$Y_i = a_i X_i^2 + b_i X_i$，以及$a_i$、$b_i$的取值"，则作为从属权利要求予以保护；

技术特征④~⑦则是能够进一步改善气动性能的优选技术方案，在撰写独立权利要求时不予考虑。

经过上述全面的梳理，本发明解决其技术问题的必要技术特征为技术特征①②和技术特征③的一部分，进而得到能够解决本发明技术问题的独立权利要求的技术方案。

（三）撰写独立权利要求

根据前述分析，完成的独立权利要求如下：

一种飞机机翼的翼尖装置，飞机两侧的主翼（11）的翼尖部的外侧连接有三个翼尖端片,沿着主翼宽度方向顺序布置,从主翼前缘向主翼后缘方向,依次为:第一翼尖端片(31)、第二翼尖端片(32)以及第三翼尖端片(33),其特征在于,主翼和翼尖端片的根部沿着主翼长度方向平滑连接,每个所述翼尖端片的前后缘曲线均为二次函数,沿着所述机翼长度方向向上弯曲翘起,越靠近机翼前缘的所述翼尖端片向上弯曲翘起得越高。

(四) 撰写从属权利要求

从属权利要求的限定部分可以对在前的权利要求中的技术特征进行限定。根据技术交底材料中记载的优选的技术方案可以概括出多个从属权利要求,从而构成多层次多角度的保护。

在本案例中,技术交底材料中对翼尖端片的技术特征给出很多细节描述。例如技术交底材料记载了沿着主翼宽度方向顺序布置的相邻所述翼尖端片根部之间的可选间隙为:0至翼尖端片根部长度的20%;优选地,为翼尖端片根部长度的4%至7%;最优地,为翼尖端片根部长度的5%,并且上述的取值可以使得各个翼尖端片之间沿着主翼宽度方向较为紧密地排列,可以更好地产生相互抑制作用,较大地削弱翼尖部的气涡的强度,减弱各个翼尖端片上的激波强度,因此上述技术方案可以使本发明获得更优的技术效果,作为优选实施例,应当写入从属权利要求进行保护。

此外,申请人补充后的技术交底材料中还记载了翼型截面的优选设计、翼尖端片外端部的相切平面与主翼所在平面的夹角的取值范围等,同样也给本发明带来了有益效果,这些技术方案均可以作为从属权利要求予以保护。

三、说明书的撰写

在撰写说明书时,应当满足《专利法》第二十六条第三款的规定,说明书应当对发明或者实用新型作出清楚、完整的说明,以所属技术领域的技术人员能够实现为准。

(一) 说明书的文字部分

说明书文字部分的撰写应当满足《专利法实施细则》第十七条的基本要求,但为突出本节重点内容,此处仅针对具体实施方式部分的重点内容进行详细说明。

为了清楚描述本发明的技术方案,首先需要对技术方案中三个翼尖端片的技术特征作出清楚的说明,必要时可以辅以公式或表格。若采用公式,应当对公式中各个参数的含义给予清楚的说明。

1. 函数表达

在本发明中，三个翼尖端片的前缘曲线通过一个函数表达，函数关系是 $Y_i = a_i X_i^2 + b_i X_i$，其中 Y_i 表示第 i 个翼尖端片的前缘曲线纵坐标，X_i 表示第 i 个翼尖端片的前缘曲线横坐标，a_i、b_i 表示第 i 个翼尖端片的前缘曲线的几何坐标的表达式系数，其取值参见表 7-2。

表 7-2 翼尖端片的前缘曲线的几何坐标的表达式系数

a_1	a_2	a_3
1	0.4	0.25
b_1	b_2	b_3
1	0.6	0.4

2. 优选实施例

此外，针对翼尖端片的具体设计参数，例如翼型截面设计、翼尖端片外端部的相切平面与主翼所在平面的夹角的取值范围、三个翼尖端片沿机翼宽度方向的彼此间隙等，可以给出更多的实施例。

在本发明中，第一翼尖端片外端部 41 的相切平面与主翼 1 所在平面的夹角记为 α_1，第二翼尖端片外端部 42 的相切平面与主翼 1 所在平面的夹角记为 α_2，第三翼尖端片外端部 43 的相切平面与主翼 1 所在平面的夹角记为 α_3，$0 < \alpha_3 < \alpha_2 < \alpha_1 < 90°$，且优选地，夹角 α_1 的取值范围是：$30° < \alpha_1 < 75°$，且所述夹角 α_2 的取值范围是：$20° < \alpha_2 < 60°$，且所述夹角 α_3 的取值范围是：$5° < \alpha_3 < 45°$。

上述技术参数的数值范围如此设定，可以使得各个翼尖端片在高度方向上的高度差控制在一个合理的范围内，使得每个翼尖上分别形成独立的翼尖涡，三个翼尖涡旋转方向相同，前方翼尖对后方翼尖的影响为下洗，后方翼尖会增大前方翼尖下表面的流速同时降低上表面的流速，三个翼尖互相干扰削弱，使得整个翼尖涡的强度大为降低；当夹角 α_1、α_2 和 α_3 如上取值时，本发明的翼尖装置相比于当今最先进的鲨鳍小翼可以减阻 2%。

此外，沿着主翼宽度方向顺序布置的相邻所述翼尖端片根部之间的可选间隙为：0 至翼尖端片根部长度的 20%；优选地，为翼尖端片根部长度的 4% 至 7%；最优地，为翼尖端片根部长度的 5%。如此设置后，各个翼尖端片之间沿着主翼宽度方向较为紧密地排列，可以更好地产生相互抑制作用，较大地削弱翼尖部的气涡的强度，减弱各个翼尖端片上的激波强度。

各翼尖端片可以采用超临界翼型，该翼型上表面和下表面的几何坐标表达式分别为：

$$\frac{y_{\text{up}}}{C} = 0.0025\left(\frac{x}{C}\right) + \left(\frac{x}{C}\right)^{0.5}\left(1 - \frac{x}{C}\right) \cdot \sum_{i=0}^{4}\left(A_{\text{up}_i} \cdot \frac{4!}{i!(4-i)!}\left(\frac{x}{C}\right)^{i}\left(1 - \frac{x}{C}\right)^{4-i}\right)$$

$$\frac{y_{\text{low}}}{C} = -0.0025\left(\frac{x}{C}\right) + \left(\frac{x}{C}\right)^{0.5}\left(1 - \frac{x}{C}\right) \cdot \sum_{i=0}^{4}\left(A_{\text{low}_i} \cdot \frac{4!}{i!(4-i)!}\left(\frac{x}{C}\right)^{i}\left(1 - \frac{x}{C}\right)^{4-i}\right)$$

其中，y_{up} 表示翼型的上表面纵坐标；y_{low} 表示翼型的下表面纵坐标；A_{up} 代表翼型上表面几何坐标的表达式系数；A_{low} 代表翼型下表面几何坐标的表达式系数；x 表示翼型的表面横坐标；C 为翼型弦长。

A_{up} 和 A_{low} 的值见表 7-3。

表 7-3 翼型几何坐标的表达式系数

A_{up_0}	A_{up_1}	A_{up_2}	A_{up_3}	A_{up_4}
0.021734163	0.067361409	0.089405926	0.076803089	0.17836969
A_{low_0}	A_{low_1}	A_{low_2}	A_{low_3}	A_{low_4}
-0.0098548038	0.029869172	-0.11825454	0.021884674	0.034054511

上述设计的翼型最大厚度为 4.0%C，最大厚度位置为 47.4%C，最大弯度为 1.17%C，最大弯度位置为 74.4%C。

(二) 说明书附图

在撰写申请文件、尤其是机械领域的专利申请文件时，应注意说明书附图的直观性、形象化的作用，利用附图清楚表征发明构思。

1. 函数曲线图

说明书的文字部分定义了翼尖端片的前后缘曲线函数，基于该函数在附图部分给出对应的函数曲线图，从中可以直观地看出三个翼尖端片的前缘曲线的特点，例如均向上弯曲翘起且第一翼尖端片向上弯曲翘起得最高，第二翼尖端片向上弯曲翘起的高度次之，第三翼尖端片向上弯曲翘起得最低。

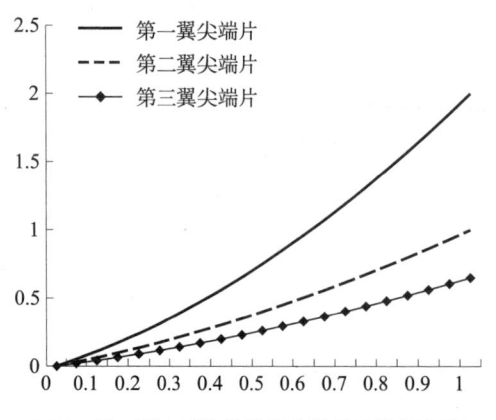

图 7-15 翼尖端片的前缘曲线的函数拟合图 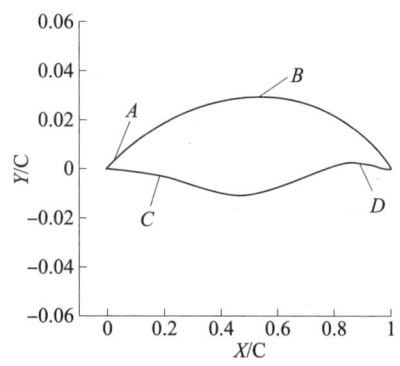　　图 7-16 翼尖端片的翼型示意图

说明书的文字部分描述了超临界翼型的上、下表面的几何坐标表达式,结合上图拟合出的翼型表面,可以更直观地看出翼型具有以下特点:最大厚度位置处 B 位于接近 50% 处,翼型上表面变化平缓,翼型下表面靠前缘处 C 为反"S"型,翼型下表面靠后缘处 D 为"S"型,翼型前缘处 A 具有较小半径,而正是基于这样的结构特征,该翼型可以确保在多种飞行环境下均具有优异的气动性能。

2. 气体流动原理图

气体流动原理图示意性地说明了本发明的技术方案为何能改善减阻效果。由于翼尖端片组 3 中的第一翼尖端片 31 高于第二翼尖端片 32,且第二翼尖端片 32 高于第三翼尖端片 33,气流流经第一翼尖端片 31 的后缘时,受到第二翼尖端片 32 的前缘流动的气流的抑制作用;同时,气流流经第二翼尖端片 32 的后缘时,受到第三翼尖端片 33 的前缘流动的气流抑制作用。也就是说,第二翼尖端片 32、第三翼尖端片 33 的前缘气流流动分别受到第一翼尖端片 31、第二翼尖端片 32 后缘气流流动的抑制作用。因此,三个翼尖端片之间的相互抑制作用使得各个翼尖端片的上表面的流速减慢,气流压强增大。由此,不仅能降低主翼翼尖部上下翼面的气流压力差,而且主翼翼尖部气流的压强的增加会减小气流沿主翼的展向流动,从而降低产生的主翼翼尖部的气涡的强度,使得气流状况得到很大改善。同时,翼尖端片组 3 还能对主翼翼尖部气流进行导流作用,使原本旋转的气流顺着三个翼尖端片的表面流动,较大地削弱了翼尖部的气涡的强度,并且大大减弱各个翼尖端片上的激波强度。

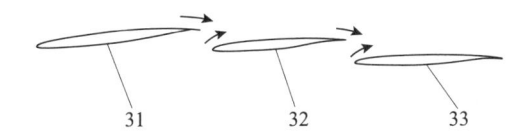

图 7-17 翼尖端片的气体流动原理图

通过上面的气体流动原理图的示意,清楚地说明了正是基于三个翼尖端片从前缘到后缘按照从高到低的顺序排列,减小了翼尖涡流强度,从而降低了阻力。

3. 技术参数的示意图

说明书的文字部分已经对三个参数 α_1、α_2、α_3 进行了描述:第一翼尖端片外端部 41 的相切平面与主翼 1 所在平面的夹角记为 α_1,第二翼尖端片外端部 42 的相切平面与主翼 1 所在平面的夹角记为 α_2,第三翼尖端片外端部 43 的相切平面与主翼 1 所在平面的夹角记为 α_3,而结合上述附图,可以更直观地看出

α_1、α_2、α_3 三个参数的含义。这有利于正确理解说明书的技术方案。

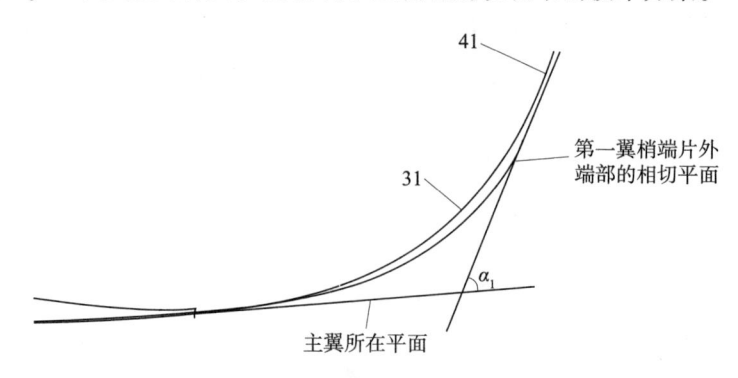

图 7-18 第一翼尖端片外端部的相切平面与机翼所在平面的夹角 α_1 的示意图

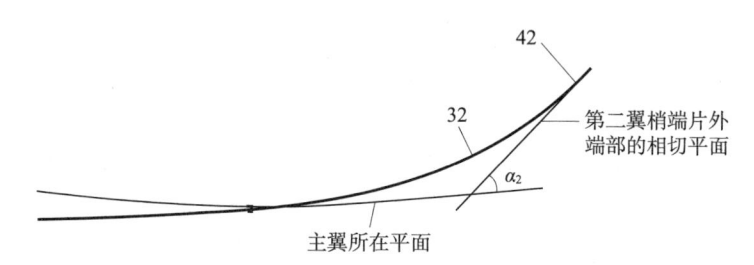

图 7-19 第二翼尖端片外端部的相切平面与机翼所在平面的夹角 α_2 的示意图

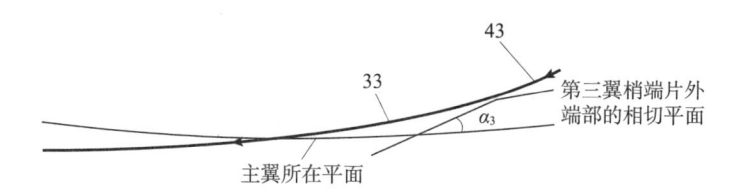

图 7-20 第三翼尖端片外端部的相切平面与机翼所在平面的夹角 α_3 的示意图

此处仅将本案例的重点要注意的地方进行了详细说明，完整说明书的范文请参见附件的"专利申请文件参考文本"。

四、案例总结

在撰写针对飞机气动外形作出改进的专利申请文件时，首先需要在说明书中清楚阐明气动外形的具体设计，必要时可以给出外形曲线的函数公式或表格；若要解决的技术问题涉及气动性能，应当在说明书中对技术方案的气动原理给出解释，如有实验数据的，应在说明书中一并列出，以更好地佐证技术效果；

在具体实施方式中可以记载更多的优选实施方案，以支撑从属权利要求的技术方案；应重视说明书附图的作用，以文字与附图相结合的方式，将技术方案描述清楚。在撰写权利要求书时，如有必要，技术特征也可以用函数表达式或者表格形式表达，但应尽量规避将函数公式直接记载在独立权利要求中，而应以文字定性概括的方式尽可能限定出合理的保护范围。

附件　专利申请文件参考文本

说明书摘要

本发明提供一种飞机机翼的翼尖装置，飞机两侧的主翼的翼尖部的外侧连接有三个翼尖端片，沿着主翼宽度方向顺序布置，从主翼前缘向主翼后缘方向，依次为：第一翼尖端片、第二翼尖端片以及第三翼尖端片，主翼和翼尖端片的根部沿着主翼长度方向平滑连接，每个所述翼尖端片的前后缘曲线均为二次函数，均沿着所述机翼长度方向向上弯曲翘起，越靠近机翼前缘的所述翼尖端片向上弯曲翘起得越高。本发明采用融合式设计，使得各翼尖端片与机翼平滑过渡连接，充分利用相邻翼尖端片的紧密布置，以使得各个翼尖端片上表面的气体流动减慢以获得压力差，进而减小翼尖涡流强度。

摘要附图

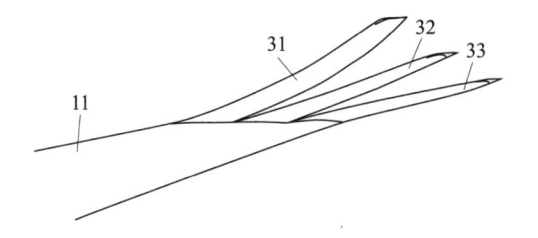

权利要求书

1. 一种飞机机翼的翼尖装置，飞机两侧的主翼（11）的翼尖部的外侧连接有三个翼尖端片，沿着主翼宽度方向顺序布置，从主翼前缘向主翼后缘方向，依次为：第一翼尖端片（31）、第二翼尖端片（32）以及第三翼尖端片（33），其特征在于，主翼和翼尖端片的根部沿着主翼长度方向平滑连接，每个所述翼尖端片的前后缘曲线均为二次函数，均沿着所述主翼长度方向向上弯曲翘起，越靠近主翼前缘的所述翼尖端片向上弯曲翘起得越高。

2. 根据权利要求1所述的飞机机翼的翼尖装置，其特征在于，翼尖端片的前缘曲线的函数关系是 $Y_i = a_i X_i^2 + b_i X_i$，其中 Y_i 表示第 i 个翼尖端片的前缘曲线纵坐标，X_i 表示第 i 个翼尖端片的前缘曲线横坐标，a_i、b_i 表示第 i 个翼尖端片的前缘曲线的几何坐标的表达式系数，其取值参见表1：

表1 翼尖端片的前缘曲线的几何坐标的表达式系数

a_1	a_2	a_3
1	0.4	0.25
b_1	b_2	b_3
1	0.6	0.4

且，第一翼尖端片后缘采用与第一翼尖端片前缘相同的曲线函数，第二翼尖端片后缘采用与第二翼尖端片前缘相同的曲线函数，第三翼尖端片后缘采用与第三翼尖端片前缘相同的曲线函数。

3. 根据权利要求1所述的飞机机翼的翼尖装置，其特征在于，第一翼尖端片外端部的相切平面与机翼所在平面的夹角记为 α_1，第二翼尖端片外端部的相切平面与机翼所在平面的夹角记为 α_2，第三翼尖端片外端部的相切平面与机翼所在平面的夹角记为 α_3，其中，$0 < \alpha_3 < \alpha_2 < \alpha_1 < 90°$，所述夹角 α_1 的取值范围是：$30° < \alpha_1 < 75°$，且所述夹角 α_2 的取值范围是：$20° < \alpha_2 < 60°$，且所述夹角 α_3 的取值范围是：$5° < \alpha_3 < 45°$。

4. 根据权利要求1所述的飞机机翼的翼尖装置，其特征在于，沿着所述机翼宽度方向顺序布置的相邻所述翼尖端片根部之间的间隙为0至翼尖端片根部长度的20%。

5. 根据权利要求4所述的飞机机翼的翼尖装置，其特征在于，沿着所述机翼宽度方向顺序布置的相邻所述翼尖端片根部之间的间隙为翼尖端片根部长度的4%至7%。

6. 根据权利要求5所述的飞机机翼的翼尖装置，其特征在于，沿着所述机翼宽度方向顺序布置的相邻所述翼尖端片根部之间的间隙为翼尖端片根部长度的5%。

7. 根据权利要求1~6中任一项所述的飞机机翼的翼尖装置，其特征在于，所述第一翼尖端片，和/或所述第二翼尖端片，和/或所述第三翼尖端片，采用超临界翼型。

8. 根据权利要求7所述的飞机机翼的翼尖装置，其特征在于，该翼型上表面和下表面的几何坐标表达式分别为：

$$\frac{y_{up}}{C} = 0.0025\left(\frac{x}{C}\right) + \left(\frac{x}{C}\right)^{0.5}\left(1 - \frac{x}{C}\right) \cdot \sum_{i=0}^{4}\left(A_{up_i} \cdot \frac{4!}{i!(4-i)!}\left(\frac{x}{C}\right)^i\left(1 - \frac{x}{C}\right)^{4-i}\right)$$

$$\frac{y_{low}}{C} = -0.0025\left(\frac{x}{C}\right) + \left(\frac{x}{C}\right)^{0.5}\left(1 - \frac{x}{C}\right) \cdot \sum_{i=0}^{4}\left(A_{low_i} \cdot \frac{4!}{i!(4-i)!}\left(\frac{x}{C}\right)^i\left(1 - \frac{x}{C}\right)^{4-i}\right)$$

其中，y_{up}表示翼型的上表面纵坐标；y_{low}表示翼型的下表面纵坐标；A_{up}代表翼型上表面几何坐标的表达式系数；A_{low}代表翼型下表面几何坐标的表达式系数；x表示翼型的表面横坐标；

A_{up}和A_{low}的值见表2：

表2 翼型几何坐标的表达式系数

A_{up0}	A_{up1}	A_{up2}	A_{up3}	A_{up4}
0.021734163	0.067361409	0.089405926	0.076803089	0.17836969
A_{low0}	A_{low1}	A_{low2}	A_{low3}	A_{low4}
-0.0098548038	0.029869172	-0.11825454	0.021884674	0.034054511

说 明 书

一种飞机机翼的翼尖装置

技术领域

本发明涉及一种飞机机翼的翼尖装置，尤其是设有翼尖端片的机翼的翼尖装置。

背景技术

近几年来，国内外在飞机设计中越来越多地采用翼尖装置来增升减阻，减少燃料的消耗，提高爬升率，增加飞机的航程和续航时间，或增加飞机的承载能力等，在翼尖装置中目前广泛采用的有翼尖小翼、剪切翼尖、翼尖端面等，尤其是翼尖端片因具有明显的增升减阻效果而被国内外气动设计专家所关注，但现有的翼尖端片装置如图1所示，专利CN******A公开了一种固定翼通用飞机翼尖端片装置，在翼尖端头1上设置有整流锥2，在整流锥2自前而后螺旋设置有前端片3、中端片4和后端片5，其中前端片的上反角为30°，安装角为-5°；中端片的上反角为15°，安装角为-2.5°；后端片上反角为0°，安装角为0°，这些端片可以阻止部分翼尖气流形成旋转，从而达到减弱翼尖涡的目的。但这种传统的翼尖端片装置设计中，并未考虑翼尖端片与机翼的融合问题，仅仅是把翼尖端片"插"到机翼翼尖上；而且，端片也未经过气动设计，只是简单的平板，并没有对端片设计翼型，因而减阻效果一般。

发明内容

为了使翼尖端片获得更好的气动性能，减弱翼尖涡强度，本发明对多翼尖端片的飞机机翼的翼尖装置进行了改进。

本发明提供了一种飞机机翼的翼尖装置，飞机两侧的主翼的翼尖部的外侧连接有三个翼尖端片，沿着主翼宽度方向顺序布置，从主翼前缘向主翼后缘方向，依次为：第一翼尖端片、第二翼尖端片以及第三翼尖端片，其特征在于，主翼和翼尖端片的根部沿着主翼长度方向平滑连接，每个所述翼尖端片的前后缘曲线均为二次函数，均沿着所述机翼长度方向向上弯曲翘起，越靠近机翼前缘的所述翼尖端片向上弯曲翘起得越高。

优选地，翼尖端片的前缘曲线的函数关系是 $Y_i = a_i X_i^2 + b_i X_i$，其中 Y_i 表示第 i 个翼尖端片的前缘曲线纵坐标，X_i 表示第 i 个翼尖端片的前缘曲线横坐标，a_i、b_i 表示第 i 个翼尖端片的前缘曲线的几何坐标的表达式系数，其取值参见表1：

a_1	a_2	a_3
1	0.4	0.25
b_1	b_2	b_3
1	0.6	0.4

第一翼尖端片后缘采用与第一翼尖端片前缘相同的曲线函数，第二翼尖端片后缘采用与第二翼尖端片前缘相同的曲线函数，第三翼尖端片后缘采用与第三翼尖端片前缘相同的曲线函数。

优选地，第一翼尖端片外端部的相切平面与机翼所在平面的夹角记为 α_1，第二翼尖端片外端部的相切平面与机翼所在平面的夹角记为 α_2，第三翼尖端片外端部的相切平面与机翼所在平面的夹角记为 α_3，其中，$0 < \alpha_3 < \alpha_2 < \alpha_1 < 90°$，所述夹角 α_1 的取值范围是：$30° < \alpha_1 < 75°$，且所述夹角 α_2 的取值范围是：$20° < \alpha_2 < 60°$，且所述夹角 α_3 的取值范围是：$5° < \alpha_3 < 45°$。沿着主翼宽度方向顺序布置的相邻所述翼尖端片根部之间的可选间隙为：0 至翼尖端片根部长度的 20%；优选地，为翼尖端片根部长度的 4% 至 7%；最优地，为翼尖端片根部长度的 5%。

优选地，所述第一翼尖端片，和/或所述第二翼尖端片，和/或所述第三翼尖端片，采用超临界翼型。

优选地，该翼型上表面和下表面的几何坐标表达式分别为：

$$\frac{y_{up}}{C} = 0.0025\left(\frac{x}{C}\right) + \left(\frac{x}{C}\right)^{0.5}\left(1 - \frac{x}{C}\right) \cdot \sum_{i=0}^{4}\left(A_{up_i} \cdot \frac{4!}{i!(4-i)!}\left(\frac{x}{C}\right)^i \left(1 - \frac{x}{C}\right)^{4-i}\right)$$

$$\frac{y_{low}}{C} = -0.0025\left(\frac{x}{C}\right) + \left(\frac{x}{C}\right)^{0.5}\left(1 - \frac{x}{C}\right) \cdot \sum_{i=0}^{4}\left(A_{low_i} \cdot \frac{4!}{i!(4-i)!}\left(\frac{x}{C}\right)^i \left(1 - \frac{x}{C}\right)^{4-i}\right)$$

其中，y_{up} 表示翼型的上表面纵坐标；y_{low} 表示翼型的下表面纵坐标；A_{up} 代表翼型上表面几何坐标的表达式系数；A_{low} 代表翼型下表面几何坐标的表达式系数；x 表示翼型的表面横坐标；

A_{up} 和 A_{low} 的值见表2：

A_{up0}	A_{up1}	A_{up2}	A_{up3}	A_{up4}
0.021734163	0.067361409	0.089405926	0.076803089	0.17836969
A_{low0}	A_{low1}	A_{low2}	A_{low3}	A_{low4}
−0.0098548038	0.029869172	−0.11825454	0.021884674	0.034054511

本发明的飞机机翼的翼尖装置具有如下特点：采用融合式设计，使得各翼尖端片与机翼平滑过渡连接；充分利用相邻翼尖端片的紧密布置，以使得各个

翼尖端片上表面的气体流动减慢以获得压力差，进而减小翼尖涡流强度。翼尖端片优选地采用超临界翼型，实现翼尖端片"无激波"设计，从而获得更好的气动性能。

附图说明

图 1 是现有技术中的飞机机翼的翼尖装置；

图 2 是本发明的飞机机翼的翼尖装置的示意图；

图 3 是翼尖端片的前缘曲线的函数拟合图；

图 4 是本发明的翼尖端片的气体流动原理图；

图 5 是本发明中的第一翼尖端片外端部的相切平面与机翼所在平面的夹角 α_1 的示意图；

图 6 是本发明中的第二翼尖端片外端部的相切平面与机翼所在平面的夹角 α_2 的示意图；

图 7 是本发明中的第三翼尖端片外端部的相切平面与机翼所在平面的夹角 α_3 的示意图；

图 8 是翼尖端片的翼型示意图。

具体实施方式

如图 2 所示，是本发明的飞机机翼的翼尖装置优选实施例。飞机一侧的主翼 11 的翼尖部的外侧连接有三个翼尖端片，沿着主翼宽度方向顺序布置，从主翼前缘向主翼后缘方向，依次为：第一翼尖端片 31、第二翼尖端片 32 以及第三翼尖端片 33，这三个翼尖端片统称为翼尖端片组。

如图 2 所示，此处的各个翼尖端片不是简单地"插"到主翼上，而是每个翼尖端片 31、32、33 对应的翼尖端片根部与主翼沿着主翼长度方向均平滑连接，实现了融合式的设计，降低了非流线型过渡可能导致的阻力。

如图 3 所示，翼尖端片的前缘曲线的函数关系是 $Y_i = a_i X_i^2 + b_i X_i$，其中 Y_i 表示第 i 个翼尖端片的前缘曲线纵坐标，X_i 表示第 i 个翼尖端片的前缘曲线横坐标，a_i、b_i 表示第 i 个翼尖端片的前缘曲线的几何坐标的表达式系数，其取值参见表 1：

表 1　翼尖端片的前缘曲线的几何坐标的表达式系数

a_1	a_2	a_3
1	0.4	0.25
b_1	b_2	b_3
1	0.6	0.4

每个翼尖端片后缘采用与前缘相同的曲线函数。

结合图2、图3，越靠近主翼前缘的第一翼尖端片31向上弯曲翘起得最高，第二翼尖端片32向上弯曲翘起的高度次之，第三翼尖端片33向上弯曲翘得最低。

此种布置方式的技术效果可以结合图4进行理解，在图4中，展示了某个截面状态下的翼尖端片组中的第一翼尖端片31、第二翼尖端片32、第三翼尖端片33。其中，第一翼尖端片31高于第二翼尖端片32，且第二翼尖端片32高于第三翼尖端片33。此时，图4展示了气流流经翼尖端片组的典型的流动情况。三个独立的翼尖从前到后按照从高到低的顺序排列，三个翼尖的环量方向均是顺时针，气流流经第一翼尖端片31的后缘时，受到第二翼尖端片32的前缘流动的气流的抑制作用；同时，气流流经第二翼尖端片32的后缘时，受到第三翼尖端片33的前缘流动的气流抑制作用。也就是说，第二翼尖端片32、第三翼尖端片33的前缘气流流动分别受到第一翼尖端片31、第二翼尖端片32后缘气流流动的抑制作用。因此，三个翼尖端片之间的相互抑制作用使得各个翼尖端片的上表面的流速减慢，气流压强增大。由此，不仅能降低主翼翼尖部上下翼面的气流压力差，而且主翼翼尖部气流的压强的增加会减小气流沿主翼的展向流动，从而降低产生的主翼翼尖部的气涡的强度，使得气流状况得到很大改善。同时，翼尖端片组3还能对主翼翼尖部气流进行导流作用，使原本旋转的气流顺着三个翼尖端片的表面流动，较大地削弱了翼尖部的气涡的强度，并且大大减弱各个翼尖端片上的激波强度。

此外，参见图5至图7，第一翼尖端片外端部41的相切平面与主翼1所在平面的夹角记为α_1，第二翼尖端片外端部42的相切平面与主翼1所在平面的夹角记为α_2，第三翼尖端片外端部43的相切平面与主翼1所在平面的夹角记为α_3，其中，$0<\alpha_3<\alpha_2<\alpha_1<90°$，且第一翼尖端片31的上弯曲率最大，第二翼尖端片32的上弯曲率次之，第三翼尖端片33的上弯曲率最小；优选地，夹角α_1的取值范围是：$30°<\alpha_1<75°$，夹角α_2的取值范围是：$20°<\alpha_2<60°$，夹角α_3的取值范围是：$5°<\alpha_3<45°$。此时，各个翼尖端片在高度方向上从前缘到后缘依次从高到低排列，每个翼尖上分别形成独立的翼尖涡，三个翼尖涡旋转方向相同，前方翼尖对后方翼尖的影响为下洗，后方翼尖会增大前方翼尖下表面的流速同时降低上表面的流速，三个翼尖互相干扰削弱，使得整个翼尖涡的强度大为降低。本发明的翼尖装置相比于当今最先进的鲨鳍小翼可以减阻2%。

此外，沿着主翼宽度方向顺序布置的相邻所述翼尖端片根部之间的可选间隙为：0至翼尖端片根部长度的20%；优选地，为翼尖端片根部长度的4%至7%；最优地，为翼尖端片根部长度的5%。各个翼尖端片之间较为紧密地排列，可以更好地产生相互抑制作用，较大地削弱翼尖部的气涡的强度，减弱各个翼尖端片上的激波强度。

优选地，各翼尖端片为超临界翼型，参见图8，A为翼型前缘，B为翼型上表面，C为翼型下表面前部，D为翼型下表面后部。

该翼型上表面和下表面的几何坐标表达式分别为：

$$\frac{y_{up}}{C} = 0.0025\left(\frac{x}{C}\right) + \left(\frac{x}{C}\right)^{0.5}\left(1 - \frac{x}{C}\right) \cdot \sum_{i=0}^{4}\left(A_{up_i} \cdot \frac{4!}{i!(4-i)!}\left(\frac{x}{C}\right)^i\left(1 - \frac{x}{C}\right)^{4-i}\right)$$

$$\frac{y_{low}}{C} = -0.0025\left(\frac{x}{C}\right) + \left(\frac{x}{C}\right)^{0.5}\left(1 - \frac{x}{C}\right) \cdot \sum_{i=0}^{4}\left(A_{low_i} \cdot \frac{4!}{i!(4-i)!}\left(\frac{x}{C}\right)^i\left(1 - \frac{x}{C}\right)^{4-i}\right)$$

其中，y_{up}表示翼型的上表面纵坐标；y_{low}表示翼型的下表面纵坐标；A_{up}代表翼型上表面几何坐标的表达式系数；A_{low}代表翼型下表面几何坐标的表达式系数；x表示翼型的表面横坐标；C为翼型弦长。

A_{up}和A_{low}的值见表2：

表2　翼型几何坐标的表达式系数

A_{up_0}	A_{up_1}	A_{up_2}	A_{up_3}	A_{up_4}
0.021734163	0.067361409	0.089405926	0.076803089	0.17836969
A_{low_0}	A_{low_1}	A_{low_2}	A_{low_3}	A_{low_4}
-0.0098548038	0.029869172	-0.11825454	0.021884674	0.034054511

上述设计的翼型最大厚度为$4.0\%C$，最大厚度位置为$47.4\%C$，最大弯度为$1.17\%C$，最大弯度位置为$74.4\%C$。

翼型如此设计的优势在于：翼型最大厚度位置位于接近50%处，翼型上表面变化平缓，使得其在跨声速状态下具有良好的升阻特性；翼型下表面靠前缘处为反"S"型，跨声速时形成前加载增加升力，高超声速时形成等熵压缩波，增加升力并提高升阻比；翼型下表面靠后缘处为"S"型，跨声速时形成后加载可以增加升力，高超声速时，通过二次压缩，保证高超声速状态下的升阻特性；翼型前缘具有较小半径，以保证翼型在高超声速状态下的高升阻比。因而该翼型可以确保在多种飞行环境下均具有优异的气动性能。

对实施例的上述说明，使本领域专业技术人员能够实现或使用本发明。对实施例的多种修改对本领域的专业技术人员来说将是显而易见的，本文中所定义的一般原理可以在不脱离本发明的精神或范围的情况下，在其他实施例中实现。因此，本发明将不会被限制于本文所示的实施例，凡采用等同替换或等效变换的方式所获得的技术方案，均落在本发明的保护范围内。综上所述仅为发明的较佳实施例而已，并非用来限定本发明的实施范围。即凡依本发明申请专利范围的内容所作的等效变化与修饰，都应为本发明的技术范畴。

说明书附图

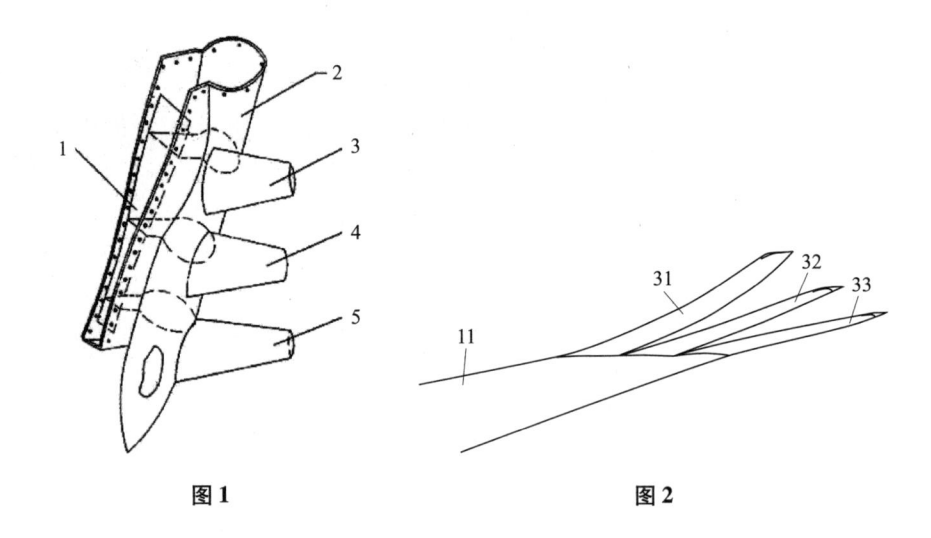

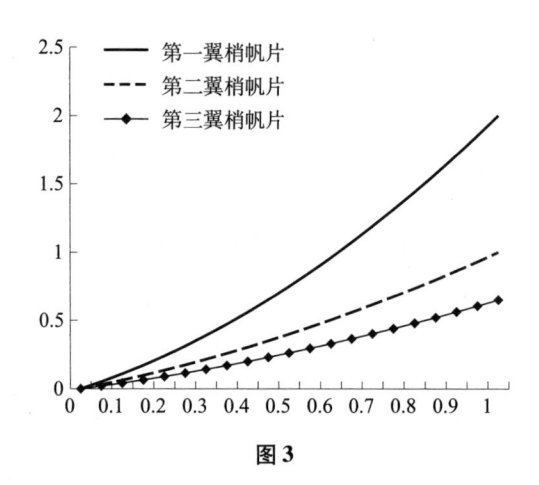

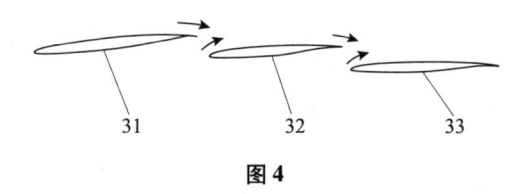

图 1

图 2

图 3

图 4

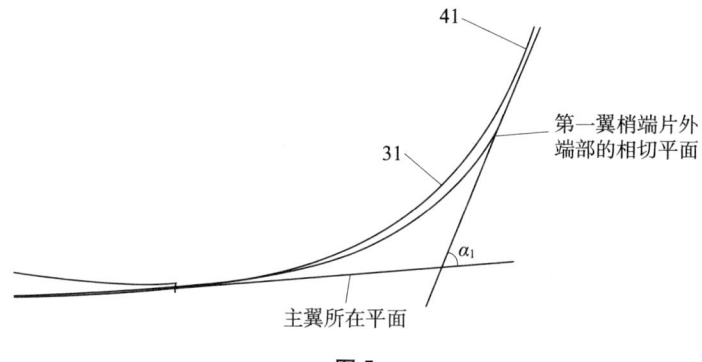

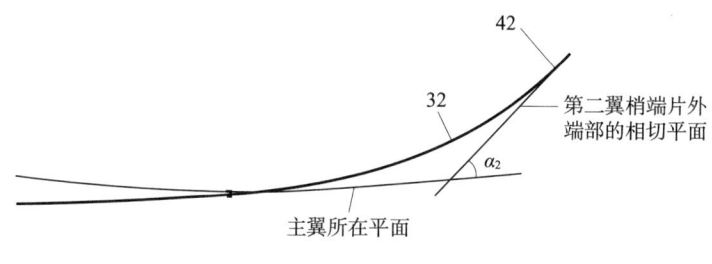

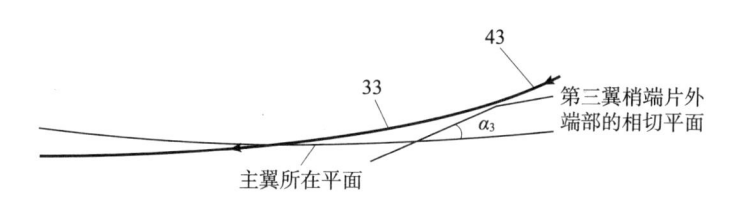

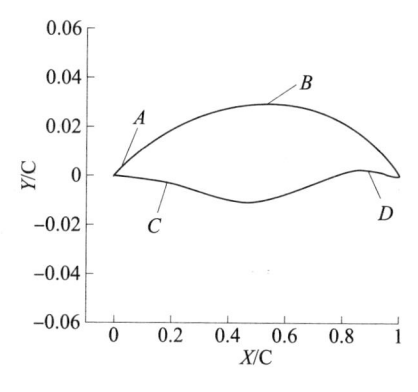

图 5

图 6

图 7

图 8

第五节 农业种植领域专利申请文件撰写

我国传统农业种植技术的基本特点是受生物的生长繁育规律和自然条件的制约，具有强烈的季节性和地域性，整体的生产水平不高。但是，随着现代农业科技的不断发展，种植方式也在逐步改变，单纯依赖季节环境因素的种植方式已开始被新型种植方式取代，如利用温室、塑料大棚或饲养棚的立体种植或设施种植等，这类种植方式能够不受季节、地域的影响，为农作物提供适合的生长环境。

当前，我国农业种植领域的专利申请量呈大幅增长趋势，但对于国内专利申请而言，普遍存在多而不优的问题。一方面，申请人多为个人或高校，撰写水平参差不齐，导致专利申请文件的撰写质量不高，往往无法全面体现创新点或缺乏专利布局的层次；另一方面，技术水平不高、偏手工种植的方法类专利申请较多，能够应用于机械化种植和产业化发展的装置类专利申请较少，而装置类专利申请又因通常涉及机械结构的技术细节，技术特征多且具体，导致权利要求撰写得较为冗长，保护范围不够合理。

本节以"一种立体种植系统"的发明专利申请文件撰写为例，通过两份发明构思相似、但因撰写的差异而导致权利要求的保护范围不同的申请文件，采用权利要求对比分析的方式，探讨农业种植领域专利申请文件撰写时应当注意的问题及推荐做法。

一、基于两份申请文件的对比分析

从农业种植领域专利申请文件的撰写来看，因权利要求保护范围撰写不当而造成申请人利益受损的情形屡见不鲜，如何撰写好专利申请文件尤其是权利要求书就显得尤为重要。以下基于农业种植领域中两份发明构思相似的申请文件 A 和 B，重点针对权利要求的撰写情况进行全面对比。

该申请文件 A 和 B 均涉及立体种植技术。简单来说，立体种植技术是指充分利用时间、空间等多方面种植条件来实现高效、节能、环保的农业种植模式，种养结合的模式是其核心表现。立体种植技术因技术手段的不同分为多个方面，例如，通过多层立体式种植实现空间的合理利用；又如，根据不同作物的特性进行套种、间种、混种等实现立体交叉式种植；再如，对环境参数进行监控以实现作物生长环境的最优化，等等。其中，温室或饲养棚一类的农业棚室的广泛应用推动了现代化农业的发展，棚室能够确保农作物生长环境的温度、湿度，也能保护栽培设施，使农作物和设施免受外部恶劣环境的影响，但仍存在空气环境调控能力差、无法实现高效种植等一些问题。

权利要求的撰写方式存在差异，相应地也就导致权利要求的保护范围存在差异，进而可能给申请人造成不必要的权利损失。该申请文件 A 和 B 采用的主要技术手段尽管有所不同，但实施手段的出发点均在于对立体种植系统中的环境参数进行检测及自动控制，所要解决的技术问题也基本相同，最终都是为农作物提供最佳的生长环境。接下来，即通过对比分析申请文件 A 和 B 的权利要求书撰写情况，了解两者在权利要求书的撰写方式上存在哪些实质差异，并进一步分析这些差异可能对权利要求的保护范围产生哪些影响。

（一）权利要求撰写方式的比对

首先来看申请文件 A，其涉及一种立体种植系统，该种植系统使农作物在围护结构内生长，设有独立的灌溉系统、温度控制系统、湿度控制系统，以对种植系统内的环境因素进行自动控制，使得农作物在生长过程中不受外界的各种影响。该申请文件 A 的权利要求书撰写如下（为便于读者准确理解发明，这里给出图 7-21 至图 7-24 作为参照）：

1. 一种立体种植系统，其特征在于，包括一通过围护结构（1）围起的立体空间、位于该立体空间内的用于栽种农作物的种植槽（2）、独立的灌溉系统、温度控制系统、湿度控制系统；所述围护结构（1）内通过设置至少一层与围护结构（1）相连接的种植平台（3）将立体空间完整地分隔成至少一个种植空间，每一层种植平台（3）高度为4米；所述种植平台（3）上设有至少两组直立式的种植架（4），每组种植架（4）的宽度为1.3米；所述种植架（4）上设有至少两层的由塑钢制成的框架（5），所述框架（5）置于种植架（4）的横梁（6）上，所述每条种植架（4）与横梁（6）之间的距离为1米；塑料制作的种植槽（2）放置于所述框架（5）中；所述框架（5）下设有滑轮（7），使框架（5）能带动种植槽（2）以抽屉式向两侧滑动拉出；所述抽屉式的框架（5）宽度为1.3米，深度为0.8米，厚度为0.2米；

所述灌溉系统包括灌溉水源、灌溉管道、处理池、粗过滤装置、储水池、精过滤装置、备用池、备用水槽、喷水装置（8）；所述灌溉管道依次连接水源、粗过滤装置、储水池、精过滤装置、备用池、备用水槽、喷水装置（8）；所述处理池同时连接灌溉水源和粗过滤装置，所述备用水槽具有补给微量元素和养分功能，所述喷水装置（8）位于种植槽（2）上方的直立式种植架（4）的横梁（6）上；

所述围护结构（1）上设有窗口及在窗口上的纱窗，为半封闭式或全封闭式；

所述围护结构（1）为楼房式的建筑结构。

2. 根据权利要求1所述的立体种植系统，其特征在于，所述种植槽（2）底面设有坡度，排水口（10）位于种植槽（2）底部最低的位置，使多余的水分由排水口（10）排出，并由管道连接灌溉水源。

3. 根据权利要求1所述的立体种植系统，其特征在于，

所述温度控制系统包括保温系统和降温系统；

其中，所述保温系统包括供热控制系统、保温控制系统、低温水柜、温控水源、回水箱、锅炉、热水保温柜、设置于各种植平台（3）的环绕水管及散热片，所述环绕水管及散热片设置在所述种植槽（2）底部，所述环绕水管与回水箱、热水保温柜连接，所述供热控制系统根据各种植平台（3）预先设定该层的室内温度及实际测量温度来控制提供给所述环绕水管的用水水温，低温水柜分别与回水箱、环绕水管和热水保温柜连接，保温控制系统在土壤温度过低时，通过控制热水保温柜和回水箱的流入比例来控制低温水柜温度，再将温水输送至环绕水管；所述降温系统包括降温机组、降温水管路和喷头，所述降温机组位于各种植平台（3）上，所述降温水管路连接喷水雾降温的喷头；

所述湿度控制系统包括湿度监控系统、喷洒装置和除湿装置；所述湿度监控系统根据实测湿度控制喷洒装置和除湿装置的开启和关闭；

所述围护结构（1）上设有保温装置。

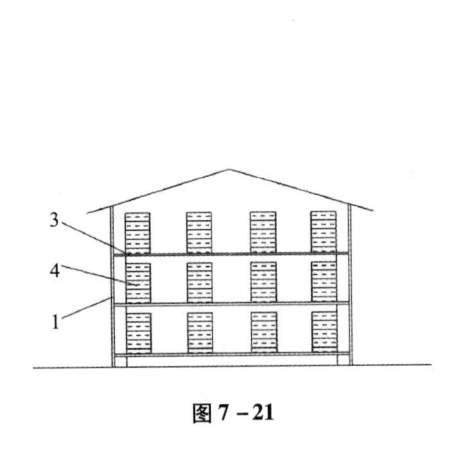

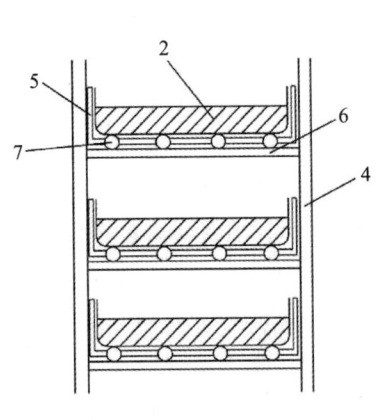

图7-21

图7-22

图 7-23

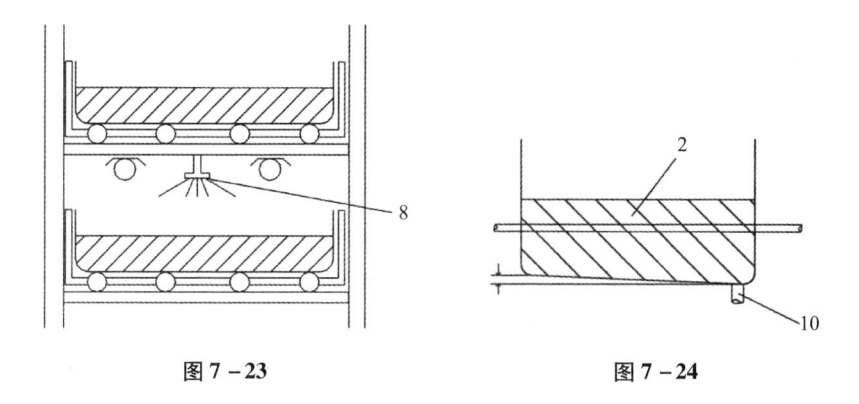

图 7-24

可以看出，在申请文件 A 的独立权利要求 1 中，记载了种植系统的主要结构及部件，即围护结构、种植槽以及独立的灌溉系统、温度控制系统、湿度控制系统，并对围护结构的具体结构及尺寸、灌溉系统进行了进一步限定；在从属权利要求 2 及从属权利 3 中，分别对独立权利要求 1 中记载的种植槽、温度控制系统及湿度控制系统等进行了进一步限定。

再来看申请文件 B，其涉及一种基于湿度的体感温度控制系统，发明构思与申请文件 A 相似，即，用于控制塑料大棚内部的温度或湿度，向大棚内的作物或家畜提供最佳的体感温度，最大限度地减少作物的病虫害及家畜的疾病。此外，其包括与申请文件 A 中相同的用于对温度及湿度进行自动控制的装置，还包括换气装置即换气扇。该申请文件 B 的权利要求书撰写如下（为便于读者准确理解发明，这里同样给出图 7-25 作为参照）：

1. 一种基于湿度的体感温度控制系统，用于控制塑料大棚内部的温度或湿度，包括用于测定棚内温度及湿度的温度计、湿度计，以及控制系统和控制部，还包括由发动机与叶片构成的多个换气扇，所述换气扇设置在塑料大棚的上部，其特征在于，

向控制系统输入适用于作物或家畜的最佳温度（A）、最佳湿度（B）及精密控制的适用温湿度范围，若棚内超过该适用温湿度范围，则向控制部输入成为变更温度的基准的湿度单位（Z），相对于湿度单位（Z）的体感温度变化值（C），进而控制部进行精密控制，若进入到上述适用温湿度范围，则利用温度计和湿度计分别检测温度（A′）与湿度（B′），若湿度（B′）高于或等于最佳的湿度（B），则适合温度（A″）为 $[A-\{(B'-B)/Z\times C\}]$，若湿度（B′）低于最佳的湿度（B），则适合温度（A″）为 $[A+\{(B-B')/Z\times C\}]$，若温度（A′）等于或低于适合温度（A″），则换气扇停止动作或以通风所需的最低功率动作来提高塑料大棚内部的温度，若温度（A′）高于适合温度（A″），则驱动

换气扇流入外部的空气来降低塑料大棚内部的温度。

2. 根据权利要求1所述的基于湿度的体感温度控制系统,其特征在于,所述换气扇可正方向或反方向旋转,并能调整叶片的旋转速度;向控制部输入设定的反方向旋转驱动温度,若棚内温度超过设定的反方向旋转驱动温度,则换气扇进行反方向旋转,将停滞在上部的空气排出到外部。

3. 根据权利要求1或2所述的基于湿度的体感温度控制系统,其特征在于,所述换气扇由T管、叶片、遮挡件、盘形件构成,T管由"一"字形出口部与垂直于出口部的入口部一体构成为"T"字形状的管。

4. 根据权利要求3所述的基于湿度的体感温度控制系统,其特征在于,通过驱动发动机将外部的空气从所述T管的入口部流入,遮挡件位于入口部的上部且比入口部宽,从而防止异物流入到换气扇的内部。

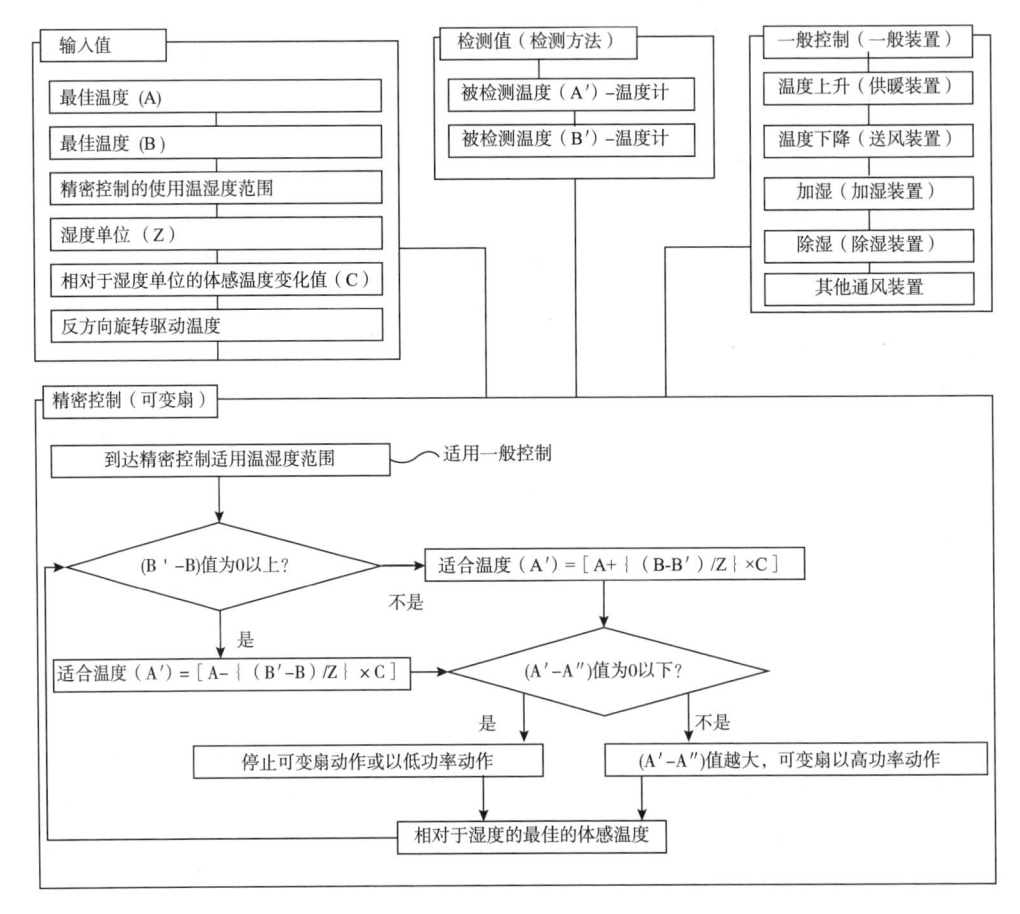

图 7-25

5. 根据权利要求3所述的基于湿度的体感温度控制系统,其特征在于,盘形件在T管的出口部两端且具有出口部截面的形状,用于开闭各出口部,盘形件由控制部进行控制,当驱动叶片时打开出口部,叶片不动作时堵住出口部。

6. 根据权利要求5所述的基于湿度的体感温度控制系统,其特征在于,在所述出口部上设置有多个管形的供气通道部,从而通过叶片的动作容易地将外部的空气流入到内部。

从申请文件B权利要求撰写的情况来看,其独立权利要求1实际上限定了一种控制塑料大棚内部温湿度的系统,其中包括测定棚内温度及湿度的温度计、湿度计,以及控制系统和控制部,还包括换气装置即换气扇,并具体地对温度控制的方法进行了限定;从属权利要求2~6中分别对换气扇的工作方式和细部结构进行了进一步的限定。

(二)权利要求撰写差异的分析

接下来,将进一步从三个方面对两份专利申请文件的权利要求书进行对比分析,探究其撰写上存在的具体差异及由此导致保护范围区别较大的原因所在,进而寻求如何优化申请文件A权利要求书的撰写途径。

1. 权利要求保护范围是否恰当合理

如上所述,申请文件A提供了一种多功能的立体种植系统,使农作物在围护结构内生长,并通过独立的灌溉系统、温度控制系统、湿度控制系统,对种植系统内的环境因素进行自动控制。在申请文件A的独立权利要求中,以罗列的方式记载了其包含的主要部件及温湿度控制系统,对其中的灌溉系统、围护结构的具体结构及尺寸进行了详细的描述。一方面,未将技术方案中解决技术问题的全部必要技术特征完全地记载进来,比如,如何实现种植系统的全自动化操作,以对其中的环境参数进行准确控制,从而导致技术方案不够完整;另一方面,将一些细节结构及具体尺寸等作为必要技术特征写入独立权利要求中,对于围护结构内的种植平台和种植架的结构及具体尺寸作了详细的限定,如"所述抽屉式的框架(5)宽度为1.3米,深度为0.8米,厚度为0.2米"等。

而申请文件B提供了一种基于湿度的实现棚内体感温度自动控制的系统,其独立权利要求中不仅包含了各个必要的系统部件,如用于测定棚内温度及湿度的温度计、湿度计,以及换气扇、控制系统和控制部等,还限定了温湿度之间的关系以及如何匹配调节控制,这些都是实现棚内温度自动控制的必不可少的技术特征,除此之外,未记载其他非必要技术特征,从而其相对于申请文件A,保护范围更为恰当合理。

2. 独立权利要求是否相对于现有技术体现出改进点

为了尽可能准确地确定发明创造的改进点,撰写一份保护范围合适的权利要求书，应充分了解现有技术。申请文件 A 中实际给出了现有技术 X 的说明，该现有技术 X 公开了一种温室大棚，其包括拱形棚架，其棚架顶和四周边柱外面设有透光保温材料密封固定（相当于申请文件 A 中的围护结构），位于大棚内的用于栽种农作物的垄地块（相当于申请文件 A 中的种植槽），以及独立的滴灌喷灌系统、温度控制系统、湿度控制系统，也就是说，由围护结构以及独立的灌溉系统、温度控制系统、湿度控制系统构成的立体种植系统是现有技术中已经存在的。但是，现有技术 X 并没有公开围护结构以及上述各控制系统的具体构成及设置方式，即没有公开申请文件 A 中限定的如何实现从土壤底部对土壤进行温度控制的技术方案，也没有公开申请文件 B 中限定的如何通过温湿度之间的关系及匹配调节来实现棚内温度自动控制的技术方案，也就是说，现有技术 X 公开了申请文件 A 和 B 的一般性立体种植系统的结构，但未公开其各自的具体构成及其温湿度控制方式。

经过对照分析，申请文件 A 相对于现有技术的主要改进在于：温度控制系统如何设置以从土壤底部对土壤进行温度控制，而该技术内容在独立权利要求中并未记载。此外，对于灌溉系统、围护结构以及种植槽的具体结构等，在现有技术的基础上均有所改进，考虑到保护范围最大化的原则，可作为次要改进，按照层级关系在后面的从属权利要求中分别进行进一步的限定；而对于湿度控制系统以及围护结构的保温装置等，属于本领域中比较常规的设置，应酌情考虑是否将其作为附加技术特征记载在从属权利要求中。

由现有技术 X 中公开的技术内容可知，在大棚内设置温/湿度测量装置、温/湿度控制装置以及换气装置等已是本领域中较为常见的，那么在此基础上，需要根据实际的主要改进所在进行描述和限定，才是较为合理的撰写方式。相比之下，申请文件 B 的独立权利要求的撰写体现出了其相对于现有技术的改进，在申请文件 B 的独立权利要求中，除包含上述必要的常规测量/控制等装置外，还描述了如何根据检测到的棚内温湿度与最佳温湿度进行对比，结合温湿度之间的关系，计算棚内的适合温湿度，进而控制通风装置的工作状态，实现适合湿度的最佳体感温度控制。这是在充分了解现有技术的基础上，将改进之处切实体现在了独立权利要求中。

3. 从属权利要求是否布局合理、层次清晰

在申请文件 A 的从属权利要求中，并没有分别对独立权利要求 1 中记载的围护结构、温度控制系统以及湿度控制系统逐层展开和具体限定，如在从属权利要求 3 中对于温度控制系统、湿度控制系统和围护结构进行了一并限定，层次排布不够清晰；同时，未相对于现有技术明确发明的主要改进之处和次要改

进之处，应考虑将有可能与发明的技术构思相关的非必要技术特征，如灌溉系统、围护结构及种植槽的具体结构和/或工作方式，以及其他的非必要技术特征，如湿度控制系统的结构以及围护结构的保温装置等，层次清晰地布局在从属权利要求中。而相比之下，申请文件B中显然分别逐一地对于温度控制方式、换气扇的工作方式等次要发明点进行了具体的限定，层次较为清晰、布局较为合理。

二、权利要求书撰写的主要思路

在通过上述对比分析大体了解申请文件A与申请文件B在权利要求书撰写上的差异之后，接着具体探讨一下如何基于当前申请文件A的技术方案进一步优化权利要求书的撰写。

（一）独立权利要求的撰写

鉴于前面已结合现有技术X作了分析，在此基础上，可考虑将现有技术X作为申请文件A最接近的现有技术，进一步探讨发明所要解决的技术问题以及为解决技术问题所必须包括的全部必要技术特征的情况，从而撰写出保护范围恰当合理的独立权利要求。

1. 确定发明所要解决的技术问题

针对申请文件A，通过以上对比分析，进一步明确了其技术方案涉及的关键技术手段为：如何具体设置温度控制系统的结构及其控制方式，以从土壤底部对土壤的温度进行控制并进一步对其中的环境参数进行准确控制，从而实现种植系统的全自动化操作。

在上述分析的基础上，可以确定，其技术改进带来的有益技术效果为，使农作物在围护结构内生长，保证农作物不受外界侵害，保持原生态，且生长温度适宜，并且，由于土壤直接接触农作物根部，相比改变室温来控制温度的方式，具有更加明显和直接的效果。由此可以确定，申请文件A所要解决的技术问题是，如何提供一种能够从土壤底部对土壤进行温度控制的立体种植系统，从而使农作物在围护结构内生长，隔绝污染源，保证农作物不受到侵害。

2. 为解决技术问题所必须包括的全部必要技术特征

在撰写独立权利要求的过程中，对于"为解决其技术问题所不可缺少的技术特征"即必要技术特征的选择，不应局限于本发明相对于现有技术做出贡献的那些技术特征。具体而言，在确定独立权利要求的必要技术特征时，要确保技术方案的完整性，也就是说，要解决其技术问题，必须提供一个完整的技术方案，该完整的技术方案为解决其技术问题所不可缺少的技术特征应包括本申请相对现有技术做出贡献的那些技术特征，也应包括与现有技术共有的，且与对现有技术做出贡献的那些技术特征紧密相关以保证解决技术问题的技术方案完整的技术特征，而对于与解决技术问题关系不密切的技术特征，在撰写独立权利要求时，则可以略去。

在明确全部必要技术特征之前，需要再次着眼于发明所要解决的技术问题，进一步围绕实现从土壤底部对土壤进行温度控制的目的，全面梳理申请人声称的技术改进点如下：

① 通过围护结构围起的立体空间、位于该立体空间内的用于栽种农作物的种植槽以及温度控制系统。

② 温度控制系统包括供热控制装置、保温控制装置、供热保温装置和降温装置，所述供热保温装置设置于各种植平台，且对应所述种植槽的底部设置，所述供热控制装置根据各种植平台预先设定该层的室内温度及实际测量温度对所述供热保温装置进行控制，以对所述种植槽进行底部加热，所述保温控制装置在所述种植槽的土壤温度过低时通过控制所述供热保温装置进行温度调节，所述降温装置对应各种植平台设置，以对各种植平台进行降温。

③ 供热保温装置包括温控水源、回水箱、锅炉、热水保温柜、设置于各种植平台的环绕水管及散热片，所述环绕水管及散热片设置在所述种植槽底部，所述环绕水管与回水箱、热水保温柜连接，所述供热控制装置通过控制提供给所述环绕水管的用水水温，以对所述供热保温装置进行控制。

④ 供热保温装置还包括低温水柜，所述低温水柜分别与回水箱、环绕水管和热水保温柜连接，所述保温控制装置通过控制热水保温柜和回水箱的流入比例来控制低温水柜温度，再将温水输送至环绕水管，以实现温度调节。

⑤ 降温装置包括降温机组、降温水管路和喷头，所述降温机组位于各种植平台上，所述降温水管路连接喷水雾降温的喷头。

⑥ 围护结构内通过设置至少一层与围护结构相连接的种植平台，以将立体空间分隔成至少一个种植空间，以便在种植空间内设置种植槽。

⑦ 种植平台上设有至少两组直立式的种植架，所述种植架上设有至少两层的框架，所述框架置于种植架的横梁上，种植槽放置于上述框架中，所述框架下设有滑轮，使框架能带动种植槽以抽屉式向两侧滑动拉出。

⑧ 种植槽底面设有坡度，排水口位于种植槽底部最低的位置，使多余的水分由排水口排出，并由管道连接灌溉水源。

⑨ 还包括灌溉系统，灌溉系统包括灌溉水源、水处理装置和喷水装置，所述喷水装置位于种植槽上方的种植架的横梁上，所述灌溉水源提供的灌溉用水

经过所述水处理装置处理后输送给所述喷水装置。

⑩ 水处理装置包括处理池、粗过滤装置、储水池、精过滤装置、备用池、备用水槽，所述灌溉水源、粗过滤装置、储水池、精过滤装置、备用池、备用水槽、喷水装置通过灌溉管道依次连接，所述处理池同时连接灌溉水源和粗过滤装置，所述备用水槽具有补给微量元素和养分功能。

⑪ 湿度控制系统包括湿度监控系统、喷洒装置和除湿装置，所述湿度监控系统根据实测湿度控制喷洒装置和除湿装置的开启和关闭。

⑫ 围护结构上设有保温装置。

在基于现有技术明确发明改进点的基础上，需要将本发明相对于现有技术做出贡献的那些技术特征记载在独立权利要求中。具体地，检索到现有技术后，将本发明的技术方案与现有技术的技术方案进行特征对比，找出区别点，对于能够导致本发明区别于现有技术的区别点，将其进行相应上位概括后，作为本发明相对于现有技术做出贡献的必要技术特征，记载在独立权利要求中。由此可知，为了解决如何从土壤底部对土壤进行温度控制的技术问题，本发明的技术构思在于，在种植槽底部相应设置供热保温装置，通过供热控制装置和保温控制装置分别对供热保温装置进行调节控制，实现对种植槽的底部加热和温度调节，以及通过降温装置对各种植平台进行降温，从而能够从土壤底部对土壤进行温度控制，就此可以确定本发明相对于现有技术做出贡献的必要技术特征为上述声称的技术改进点②，即温度控制系统包括供热控制装置、保温控制装置、供热保温装置和降温装置，所述供热保温装置设置于各种植平台，且对应所述种植槽的底部设置，所述供热控制装置根据各种植平台预先设定该层的室内温度及实际测量温度对所述供热保温装置进行控制，以对所述种植槽进行底部加热，所述保温控制装置在所述种植槽的土壤温度过低时通过控制所述供热保温装置进行温度调节，所述降温装置对应各种植平台设置，以对各种植平台进行降温。

进一步地，为了确保解决技术问题的技术方案的完整性，可以确定与现有技术共有的，且与对现有技术做出贡献的那些技术特征紧密相关以保证解决技术问题的技术方案完整的技术特征为上述声称的技术改进点①，即通过围护结构围起立体空间，且在该立体空间内设置用于栽种农作物的种植槽。

对于非必要技术特征，例如整个立体种植系统中温度控制系统的具体设置方式、与温度控制系统相关的灌溉系统、围护结构以及种植槽等的具体结构，以及其他湿度控制系统、围护结构的保温装置等（对应上述声称的技术改进点③~⑫），可根据技术关联的重要性，在从属权利要求中进行布局，在此不赘述。

此外，对于各部件具体的设置方式，如围护结构内的种植平台和种植架的具体尺寸数值以及"所述围护结构上设有窗口及在窗口上的纱窗，为半封闭式或全封闭式；所述的围护结构为楼房式的建筑结构"等无需进行限定的非必要技术特征，无需作过多细节性描述，以在保证解决技术问题的技术方案完整的前提下使得独立权利要求具有恰当合理的保护范围。依据上述分析思路，在独立权利要求中，应包括上述温度控制系统的设置及控制方式这一必要技术特征，突出温度控制系统如何设置及实现控制这一对现有技术做出贡献的改进点，强调其设置方式，也应包括为了保证解决技术问题的技术方案完整性而需要对围护结构和种植槽进行必要限定的技术特征，从而能够实现从土壤底部对土壤进行温度控制的目的。

最后完成的独立权利要求1如下：

1. 一种立体种植系统，包括一通过围护结构（1）围起的立体空间、位于该立体空间内的用于栽种农作物的种植槽（2）、以及温度控制系统，其特征在于，

所述温度控制系统包括供热控制装置、保温控制装置、供热保温装置和降温装置，所述供热保温装置设置于各种植平台（3），且对应所述种植槽（2）的底部设置，所述供热控制装置根据各种植平台（3）预先设定该层的室内温度及实际测量温度对所述供热保温装置进行控制，以对所述种植槽（2）进行底部加热，所述保温控制装置在所述种植槽（2）的土壤温度过低时通过控制所述供热保温装置进行温度调节，所述降温装置对应各种植平台（3）设置，以对各种植平台（3）进行降温。

（二）从属权利要求的撰写

随后，撰写从属权利要求。在独立权利要求之后，对于供热保温装置、降温装置、围护结构、种植槽、灌溉系统、水处理装置以及湿度控制系统分别逐一地进行进一步的限定，使其与被引用的权利要求之间有清楚的逻辑关系，并提供充分的修改余地。从属权利要求布局的先后顺序可根据技术特征的重要性而定。例如，相对于现有技术，如果确认供热保温装置、降温装置、种植槽等的具体结构是与技术改进关联度较高的技术特征，则将其放在独立权利要求之后进行限定，而水处理装置、湿度控制系统等的具体设置方式是与技术改进关联度较低的技术特征，则放在后面进行限定，在此不作过多赘述。

最后完成的从属权利要求如下：

2. 根据权利要求1所述的立体种植系统，其特征在于，所述供热保温装置

包括温控水源、回水箱、锅炉、热水保温柜、设置于各种植平台（3）的环绕水管及散热片，所述环绕水管及散热片设置在所述种植槽（2）底部，所述环绕水管与回水箱、热水保温柜连接，所述供热控制装置通过控制提供给所述环绕水管的用水水温，以对所述供热保温装置进行控制。

3. 根据权利要求 2 所述的立体种植系统，其特征在于，所述供热保温装置还包括低温水柜，所述低温水柜分别与回水箱、环绕水管和热水保温柜连接，所述保温控制装置通过控制热水保温柜和回水箱的流入比例来控制低温水柜温度，再将温水输送至环绕水管，以实现温度调节。

4. 根据权利要求 1～3 中任一项所述的立体种植系统，其特征在于，所述降温装置包括降温机组、降温水管路和喷头，所述降温机组位于各种植平台（3）上，所述降温水管路连接喷水雾降温的喷头。

5. 根据权利要求 1 所述的立体种植系统，其特征在于，所述围护结构（1）内通过设置至少一层与围护结构（1）相连接的种植平台（3），以将立体空间分隔成至少一个种植空间，以便在种植空间内设置种植槽（2）。

6. 根据权利要求 5 所述的立体种植系统，其特征在于，所述种植平台（3）上设有至少两组直立式的种植架（4），所述种植架（4）上设有至少两层的框架（5），所述框架（5）置于种植架（4）的横梁（6）上，种植槽（2）放置于上述框架（5）中，所述框架（5）下设有滑轮（7），使框架（5）能带动种植槽（2）以抽屉式向两侧滑动拉出。

7. 根据权利要求 1 所述的立体种植系统，其特征在于，所述种植槽（2）底面设有坡度，排水口（10）位于种植槽（2）底部最低的位置，使多余的水分由排水口（10）排出，并由管道连接灌溉水源。

8. 根据权利要求 6 所述的立体种植系统，其特征在于，还包括灌溉系统，所述灌溉系统包括灌溉水源、水处理装置和喷水装置（8），所述喷水装置（8）位于种植槽（2）上方的种植架（4）的横梁（6）上，所述灌溉水源提供的灌溉用水经过所述水处理装置处理后输送给所述喷水装置（8）。

9. 根据权利要求 8 所述的立体种植系统，其特征在于，所述水处理装置包括处理池、粗过滤装置、储水池、精过滤装置、备用池、备用水槽，所述灌溉水源、粗过滤装置、储水池、精过滤装置、备用池、备用水槽、喷水装置（8）通过灌溉管道依次连接，所述处理池同时连接灌溉水源和粗过滤装置，所述备用水槽具有补给微量元素和养分功能。

10. 根据权利要求 1 所述的立体种植系统，其特征在于，还包括湿度控制系统，所述湿度控制系统包括湿度监控系统、喷洒装置和除湿装置，所述湿度监控系统根据实测湿度控制喷洒装置和除湿装置的开启和关闭。

11. 根据权利要求 1 所述的立体种植系统，其特征在于，所述围护结构（1）上设有保温装置。

三、案例总结

本节基于两篇技术构思相似的专利申请文件，主要从撰写权利要求书的角度作了对比分析，对农业种植领域专利申请文件尤其是权利要求书的撰写进行了相关问题的探讨。值得注意的是，对于农业种植领域中应用于机械化种植和产业化发展的装置类专利申请，尤其是技术细节较多的装置类专利申请，在撰写权利要求书时，切忌直接套用说明书具体实施方式部分中记载的技术方案，应当有针对性地去梳理为解决相应技术问题而采用的技术方案，避免简单地堆砌技术细节，注意从结构细节及其连接关系中充分挖掘和准确提炼发明相对于现有技术的主要改进点和次要改进点，对一些细节特征进行技术层次的梳理后作适当的上位概括；对于涉及多种细节结构的从属权利要求的撰写，应结合结构特点以并行或递进的方式进行合理布局。在最大化地保护申请人利益的前提下，力求使独立权利要求的保护范围恰当合理，从属权利要求的数量适当、层次清晰，形成有梯度、逻辑严谨、结构清楚的权利要求书。

此外，在实际工作中进行权利要求布局时，还需注意的是，由于一项农业种植技术在商业上是否能够成功，除了其技术特征之外，可能还受市场应用、项目推广等多方面因素的影响，专利代理师在完成权利要求书的初步布局后，也应当与申请人进行充分沟通，不断调整和完善其布局。

附件　专利申请文件参考文本

说明书摘要

本发明涉及一种立体种植系统，其包括一通过围护结构（1）围起的立体空间、位于该立体空间内的用于栽种农作物的种植槽（2）以及温度控制系统。所述温度控制系统通过保温控制和降温控制，能够从土壤底部对土壤进行温度控制，从而使农作物在围护结构内生长，保证农作物不受到侵害，并且相比传统的通过改变室温来控制温度的方式，效果更加明显和直接。

摘要附图

权利要求书

1. 一种立体种植系统，包括一通过围护结构（1）围起的立体空间、位于该立体空间内的用于栽种农作物的种植槽（2）、以及温度控制系统，其特征在于，

所述温度控制系统包括供热控制装置、保温控制装置、供热保温装置和降温装置，所述供热保温装置设置于各种植平台（3），且对应所述种植槽（2）的底部设置，所述供热控制装置根据各种植平台（3）预先设定该层的室内温度及实际测量温度对所述供热保温装置进行控制，以对所述种植槽（2）进行底部加热，所述保温控制装置在所述种植槽（2）的土壤温度过低时通过控制所述供热保温装置进行温度调节，所述降温装置对应各种植平台（3）设置，以对各种植平台（3）进行降温。

2. 根据权利要求1所述的立体种植系统，其特征在于，所述供热保温装置包括温控水源、回水箱、锅炉、热水保温柜、设置于各种植平台（3）的环绕水管及散热片，所述环绕水管及散热片设置在所述种植槽（2）底部，所述环绕水管与回水箱、热水保温柜连接，所述供热控制装置通过控制提供给所述环绕水管的用水水温，以对所述供热保温装置进行控制。

3. 根据权利要求2所述的立体种植系统，其特征在于，所述供热保温装置还包括低温水柜，所述低温水柜分别与回水箱、环绕水管和热水保温柜连接，所述保温控制装置通过控制热水保温柜和回水箱的流入比例来控制低温水柜温度，再将温水输送至环绕水管，以实现温度调节。

4. 根据权利要求1~3中任一项所述的立体种植系统，其特征在于，所述降温装置包括降温机组、降温水管路和喷头，所述降温机组位于各种植平台（3）上，所述降温水管路连接喷水雾降温的喷头。

5. 根据权利要求1所述的立体种植系统，其特征在于，所述围护结构（1）内通过设置至少一层与围护结构（1）相连接的种植平台（3），以将立体空间分隔成至少一个种植空间，以便在种植空间内设种植槽（2）。

6. 根据权利要求5所述的立体种植系统，其特征在于，所述种植平台（3）上设有至少两组直立式的种植架（4），所述种植架（4）上设有至少两层的框架（5），所述框架（5）置于种植架（4）的横梁（6）上，种植槽（2）放置于上述框架（5）中，所述框架（5）下设有滑轮（7），使框架（5）能带动种植槽（2）以抽屉式向两侧滑动拉出。

7. 根据权利要求1所述的立体种植系统，其特征在于，所述种植槽（2）

底面设有坡度，排水口（10）位于种植槽（2）底部最低的位置，使多余的水分由排水口（10）排出，并由管道连接灌溉水源。

8. 根据权利要求6所述的立体种植系统，其特征在于，还包括灌溉系统，所述灌溉系统包括灌溉水源、水处理装置和喷水装置（8），所述喷水装置（8）位于种植槽（2）上方的种植架（4）的横梁（6）上，所述灌溉水源提供的灌溉用水经过所述水处理装置处理后输送给所述喷水装置（8）。

9. 根据权利要求8所述的立体种植系统，其特征在于，所述水处理装置包括处理池、粗过滤装置、储水池、精过滤装置、备用池、备用水槽，所述灌溉水源、粗过滤装置、储水池、精过滤装置、备用池、备用水槽、喷水装置（8）通过灌溉管道依次连接，所述处理池同时连接灌溉水源和粗过滤装置，所述备用水槽具有补给微量元素和养分功能。

10. 根据权利要求1所述的立体种植系统，其特征在于，还包括湿度控制系统，所述湿度控制系统包括湿度监控系统、喷洒装置和除湿装置，所述湿度监控系统根据实测湿度控制喷洒装置和除湿装置的开启和关闭。

11. 根据权利要求1所述的立体种植系统，其特征在于，所述围护结构（1）上设有保温装置。

说 明 书

一种立体种植系统

技术领域

本发明涉及农业种植领域，具体来说，涉及一种立体种植系统。

背景技术

目前，农作物一般是种植在土地表面的土壤中，基本都是露天种植，这样在生产过程中，容易受到病虫害，因此需要施以大量农药，从而会造成严重的药物残留，并且随着城市化和工业化的进程，各种有害的粉尘、废气及一些生活垃圾均会直接污染农作物，或者通过污染水源、土壤进而影响到农作物，使其产生药物残留、重金属残留等污染问题。除了以上所述的化学污染，随着转基因作物的普及，农作物还有可能受到生物污染，比如被转基因作物的花粉授精等。人们食用了受污染的农作物后，会影响身体健康，产生疾病，这也是目前疾病种类增加，患病人群增加的重要因素之一。因此，如何隔绝污染源，避免农作物受到各种污染，成为一个亟待解决的问题。

此外，单一的平面种植，不仅浪费土地面积和空间，而且作物品种单调，实行立体种植，可一地多用，提高土地利用率。近年来，利用塑料大棚、温室的立体种植应用广泛，这种种植方式不受季节环境的影响，能够隔绝污染源，同时提高土地利用率，为农作物提供适合的生长环境。

在立体种植中，通常可对设施内的温度、湿度、二氧化碳浓度等环境参数进行控制，从而使农作物在最有利的环境中生长。然而，目前多采用改变室温的方式对立体种植系统中的温度进行控制，这种温度控制方式不能直接作用于土壤，效果相对较差。

发明内容

本发明旨在解决的技术问题在于，提供一种立体种植系统，该系统能够从土壤底部对土壤的温度进行控制，使农作物在围护结构内生长，隔绝污染源，保证农作物不受到侵害。

为此，本发明提出了一种立体种植系统，包括一通过围护结构围起的立体空间、位于该立体空间内的用于栽种农作物的种植槽、以及温度控制系统，所述温度控制系统包括供热控制装置、保温控制装置、供热保温装置和降温装置，所述供热保温装置设置于各种植平台，且对应所述种植槽的底部设置，所述供热控制装置根据各种植平台预先设定该层的室内温度及实际测量温度对所述供热保温装置进行控制，以对所述种植槽进行底部加热，所述保温控制装置在所述种植槽的土壤温度过低时通过控制所述供热保温装置进行温度调节，所述降温装置对应各种植平台设置，以对各种植平台进行降温。

另外，根据本发明提出的立体种植系统还可以具有如下的进一步改进：

可选地，根据本发明的一个实施例，所述供热保温装置包括温控水源、回水箱、锅炉、热水保温柜、设置于各种植平台的环绕水管及散热片，所述环绕水管及散热片设置在所述种植槽底部，所述环绕水管与回水箱、热水保温柜连接，所述供热控制装置通过控制提供给所述环绕水管的用水水温，以对所述供热保温装置进行控制，通过水路循环实现加热，加热效率高。

可选地，根据本发明的一个实施例，所述供热保温装置还包括低温水柜，所述低温水柜分别与回水箱、环绕水管和热水保温柜连接，所述保温控制装置通过控制热水保温柜和回水箱的流入比例来控制低温水柜温度，再将温水输送至环绕水管，以实现温度调节，通过水路循环实现快速保温。

可选地，根据本发明的一个实施例，所述降温装置包括降温机组、降温水管路和喷头，所述降温机组位于各种植平台上，所述降温水管路连接喷水雾降温的喷头，实现均匀降温。

可选地，根据本发明的一个实施例，所述围护结构内通过设置至少一层与围护结构相连接的种植平台，以将立体空间分隔成至少一个种植空间，以便在种植空间内设置种植槽。并且，所述种植平台上设有至少两组直立式的种植架，所述种植架上设有至少两层的框架，所述框架置于种植架的横梁上，种植槽放置于上述框架中，所述框架下设有滑轮，使框架能带动种植槽以抽屉式向两侧滑动拉出，从而达到立体化种植的效果，能够充分利用空间，占地面积小。

可选地，根据本发明的一个实施例，所述种植槽底面设有坡度，排水口位于种植槽底部最低的位置，使多余的水分由排水口排出，并由管道连接灌溉水源，从而使多余的水分重新进入灌溉系统，实现循环利用。

可选地，根据本发明的一个实施例，上述立体种植系统还包括灌溉系统，所述灌溉系统包括灌溉水源、水处理装置和喷水装置，所述喷水装置位于种植槽上方的种植架的横梁上，所述灌溉水源提供的灌溉用水经过所述水处理装置处理后输送给所述喷水装置。并且，所述水处理装置包括处理池、粗过滤装置、储水池、精过滤装置、备用池、备用水槽，所述灌溉水源、粗过滤装置、储水池、精过滤装置、备用池、备用水槽、喷水装置通过灌溉管道依次连接，所述处理池同时连接灌溉水源和粗过滤装置，所述备用水槽具有补给微量元素和养分功能。基于此，能够使灌溉过程全自动化，实现对灌溉过程的精准控制。

可选地，根据本发明的一个实施例，上述立体种植系统还包括湿度控制系统，所述湿度控制系统包括湿度监控系统、喷洒装置和除湿装置，所述湿度监控系统根据实测湿度控制喷洒装置和除湿装置的开启和关闭，从而实现对湿度的自动监测和控制，利于农作物生长。

可选地，根据本发明的一个实施例，所述围护结构上还设有保温装置，以达到保持温度的目的。

因此，本发明的立体种植系统能够从土壤底部对土壤加温进行温度控制，可以更快更有效地达到预定温度，并且由于土壤直接接触农作物根部，相比由改变室温来控制温度的方式，具有更明显和直接的效果，同时农作物在围护结构内生长，隔绝了污染源，保证农作物不受到侵害，保持原生态。

此外，还结合灌溉系统和湿度控制系统，实现全自动化操作，对温度、湿度均可做到准确的控制，降低了人力资源的耗费。

附图说明

图1为本发明立体种植系统的立面示意图；

图2为种植平台的俯视图；

图3为图2的A面视图；

图4为图2的B面视图；

图5为可移动框架及种槽的示意图；

图6为灌溉喷水示意图；

图7为种植槽的俯视图；

图8为种植槽的侧视图；

图9为温度控制系统的保温流程示意图；

图10为温度控制系统的供热流程示意图。

图中：1围护结构，2种植槽，3种植平台，4种植架，5框架，6横梁，7滑轮，8喷水装置，9U型环绕水管，10排水口，11水泵。

具体实施方式

以下结合附图和实施例对本发明做进一步说明，但并不对本发明造成任何限制。

如参考附图所示，本发明提出的立体种植系统，包括——通过围护结构1围蔽起的立体空间、位于该立体空间内的用于栽种农作物的种植槽2，以及温度控制系统。其中，温度控制系统包括供热控制装置、保温控制装置、供热保温装置和降温装置，供热保温装置设置于各种植平台3，且对应种植槽2的底部设置，供热控制装置根据各种植平台3预先设定该层的室内温度及实际测量温度对供热保温装置进行控制，以对种植槽2进行底部加热，保温控制装置在种植槽2的土壤温度过低时通过控制供热保温装置进行温度调节，降温装置对应各种植平台3设置，以对各种植平台3进行降温。

其中，供热保温装置包括低温水柜、温控水源、回水箱、锅炉、热水保温柜、设置于各种植平台3的环绕水管9及散热片，环绕水管9及散热片设置在种植槽2底部，环绕水管9与回水箱、热水保温柜连接，供热控制装置根据各种植平台3预先设定该层的室内温度及实际测量温度来控制提供给环绕水管9的用水水温，以对供热保温装置进行控制；低温水柜分别与回水箱、环绕水管9和热水保温柜连接，保温控制装置在天气严寒土壤温度过低时，通过控制热水保温柜和回水箱的流入比例来控制低温水柜温度，再将温水输送至环绕水管9，以实现温度调节；降温装置包括降温机组、降温水管路和喷头，降温机组位于各种植平台3上，降温水管路连接喷水雾降温的喷头。

如图1至图6所示，围护结构1内可设有立体的三层的室内种植平台3，每一层种植平台3高度为4米；每一层种植平台3上设有四组直立式由金属搭建的种植架4，每组间隔架的宽度为1.3米；所述种植架4上设有多层由塑钢制成的框架5，所述框架5置于种植架4的横梁6上，所述每条种植架4横梁6之间的距离为1米；塑料制作的种植槽2放置于上述框架5中；所述框架5下设有滑轮7，使框架5能带动种植槽2如抽屉式向两侧滑动拉出。所述如抽屉式的框架5宽度为1.3米，深度为0.8米，框架5厚度为0.2米；达到立体化种植的效果，充分利用空间，占用面积小，并且排列有序、整齐，方便工作人员的操作和管理。

在本发明的一些实施例中，上述每个种植槽2可以分别使用土耕、水耕、砂耕、吊挂气耕、土壤替代物耕种等方式进行种植；也可以进行土壤前期的修复及培养；还可以进行微生物的培养。

进一步地，结合附图所示，所述种植槽2底部设有U型环绕水管9，还设有连接U型环绕水管9和回水箱的回水管道；并设有水泵11作为水循环流动的动力。

具体地，如图9所示，温度控制系统的保温工作流程为：由保温控制装置控制热水保温柜和回水箱流入低温水柜的比例来控制低温水柜中的水温，并将适宜水温的水供给U型环绕水管9，最后由回水管道返回回水箱，完成一个循环。

也就是说，在天气严寒土壤温度过低时，低温水柜以固定温度输送水至U型环绕水管9；所述低温水柜同时连接热水保温柜和回水箱，并与U型环绕水管9连接；所述保温控制装置通过控制热水保温柜和回水箱的流入比例来控制低温水柜温度，再将温水输送至U型环绕水管9。

如图10所示，温度控制系统的供热工作流程为：控制所用水由温控水源流入回水箱中，然后进入锅炉中加热，锅炉加热后进入热水保温柜中保存，如热水保温柜中热水温度下降不符合要求，则由管道反向输送回锅炉进行再加热，之后重新进入热水保温柜中保存，然后再由供热控制装置控制将热水保温柜中的热水供给设置在种植槽2底部的U型环绕水管9，最后由回水管道返回回水箱，完成一个循环。

所述降温装置包括降温机组、降温水管路和喷头；所述降温机组位于各种植平台3上，所述降温水管路连接喷水雾降温的喷头。所述降温机组为水冷凝式循环降温机组。

根据本发明的一个实施例，所述种植槽2底面设有坡度，排水口10位于种植槽2底部最低的位置，使多余的水分由排水口10排出，并由管道连接灌溉水源，进入灌溉系统循环利用。每一个种植槽2及其所对应的框架5组成一个"个体种植区块"。

作为一个实施例，本发明的立体种植系统还包括灌溉系统，所述灌溉系统包括灌溉水源、水处理装置和喷水装置8，水处理装置包括处理池、粗过滤装置、储水池、精过滤装置、备用池、备用水槽；通过灌溉管道依次连接水源、粗过滤装置、储水池、精过滤装置、备用池、备用水槽、喷水装置8；所述处理池同时连接灌溉水源和粗过滤装置，所述备用水槽具有微量元素和养分补给功能，从备用池引水后，多个备用水槽调配多种不同营养素，可以因不同平台不同组种植架不同品种的不同需要及不同过程阶段，进行管路交叉链接进行灌溉；所述喷水装置8位于种植槽2上方的直立式种植架4的横梁上。这样一来，整个灌溉过程全自动化，不但利于对灌溉过程的准确控制，同时还减少了需要投入的人力资源。

所述灌溉系统的工作流程为：首先对灌溉水源进行水质检验，如确认不含重金属、化学毒性、传染性病菌、传染性病虫害，则进入粗过滤装置进行粗过滤，如水质检验不合格，则进入处理池中进行处理，使水质合格后再进入粗过滤装置进行粗过滤，以除臭滤污降低水硬度，之后进入储水池，再次进行水质检验，检验合格后进入精过滤装置，检验不合格则返回粗过滤装置再次进行粗过滤，经过精准过滤的水进入备用池中备用，之后再分别输入至位于各种植平台3上的备用水槽中，在该备用水槽中分别进行微量元素和养分补给之后，灌溉用水输送到位于种植槽2上方的喷水装置8中以花洒喷淋方式灌溉。

作为一个实施例,本发明的立体种植系统还包括湿度控制系统,所述湿度控制系统包括湿度监控系统、喷洒装置和除湿装置;所述湿度监控系统根据实测湿度控制喷洒装置和除湿装置的开启和关闭,当湿度不足时,开启喷洒装置增加环境湿度;当湿度太高时,开启除湿装置,使种植环境降低湿度。所述喷洒装置还可为水雾风机。

此外,所述围护结构1设有保温装置,该保温装置设于墙体本身或墙体内侧;且所述围护结构1为透明、半透明或不透明。

综上所述,根据本发明实施例的立体种植系统,通过保温系统,在供热控制时控制所用水由温控水源流入回水箱中,然后进入锅炉中加热,锅炉加热后进入热水保温柜中保存,如热水保温柜中热水温度下降不符合要求,则由管道反向输送回锅炉进行再加热,之后重新进入热水保温柜中保存,然后再由供热控制系统控制将热水保温柜中的热水供给环绕水管,最后由回水管道返回回水箱,完成一个供热控制循环。在保温控制时由保温控制系统控制热水保温柜和回水箱流入低温水柜的比例来控制低温水柜中的水温,将适宜水温的水供给环绕水管,最后由回水管道返回回水箱,完成一个保温控制循环;并且通过降温系统,还能够实现各种植平台的有效降温。

以上内容是结合具体的优选实施方式对本发明所作的进一步详细说明,不能认定本发明的具体实施方式仅局限于这些说明。对于本发明所属技术领域的技术人员来说,在不脱离本发明构思的前提下,还可以做出若干简单改进或替换,都应当视为属于本发明的保护范围。

说明书附图

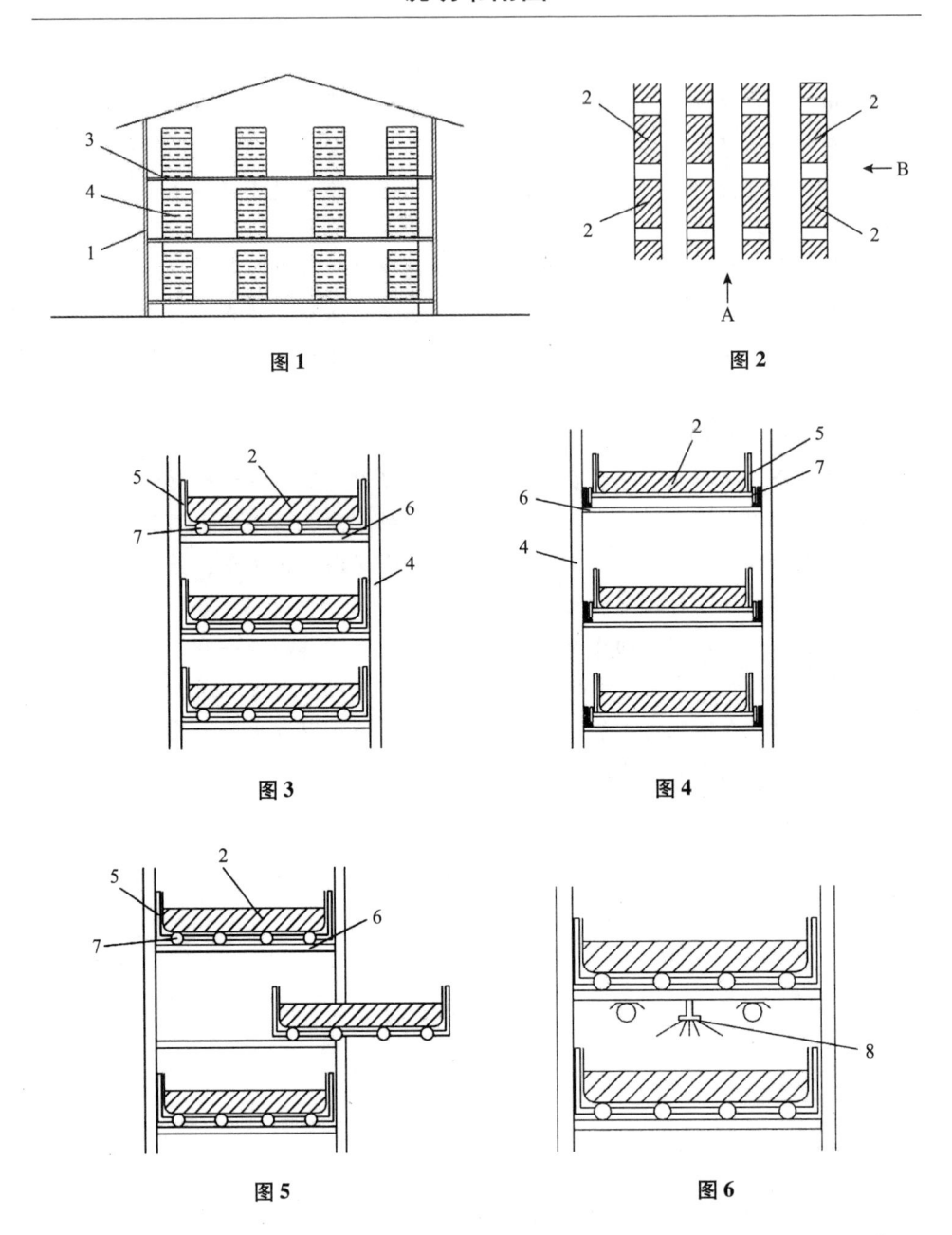

图 1

图 2

图 3

图 4

图 5

图 6

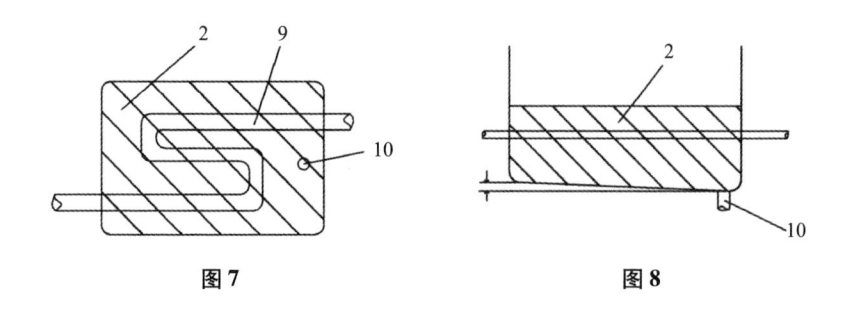

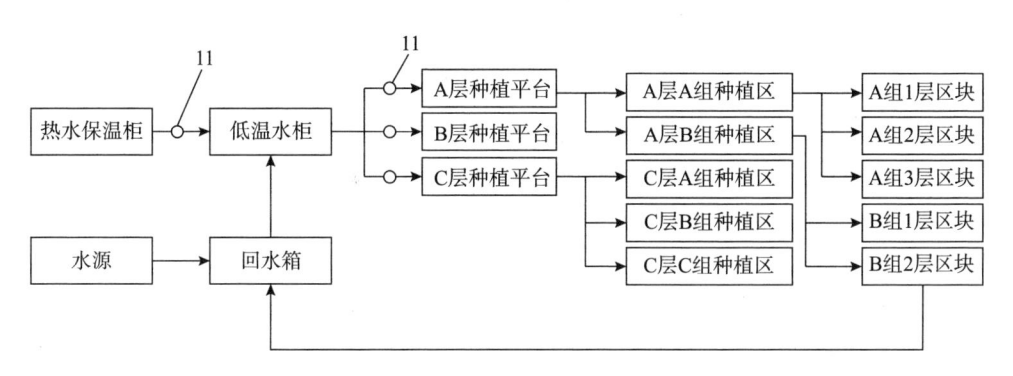

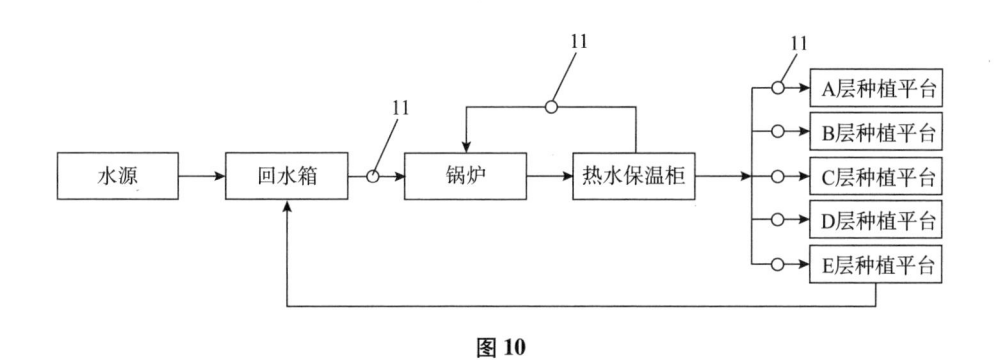

图 7

图 8

图 9

图 10

第六节　数控机床领域专利申请文件撰写

数控机床是集计算机控制、高性能伺服驱动和精密加工技术于一体的机电一体化技术，其应用于复杂曲面的高效、精密、自动化加工。具体来说，作为一种涵盖多学科领域、多技术交叉的综合工程技术，数控机床技术主要有如下特点：

① 模块化。数控系统的模块化大大降低了数控系统成本，提高了数控系统的可靠性，是数控机床技术的快速发展和迅速普及的内在动力。

② 网络化。随着数字制造规模的不断扩大，在制造业全球化的发展趋势下，要做到资源信息共享、交换等，网络化设计的发展成为数控机床的发展必然，基于互联网的协同设计实现企业间的集成化。

③ 智能化。依托于模块化的设计和互联网的技术，自适应控制技术、专家系统、虚拟制造技术、智能化数字伺服驱动装置和故障诊断系统被应用到数控机床中，使得数控技术的智能程度大大提升。

数控机床在引领我国高科技技术的发展和现代化高科技工程的运行方面起着至关重要的作用，因此，及时、有效地采用专利手段对数控机床技术的最新科研成果进行保护是非常必要的。数控机床控制程序一般包含算法，往往还涉及深奥的数学理论问题，使得在专利申请文件的撰写过程中往往会出现如下问题：

① 技术问题撰写不明确。申请人在撰写技术问题时往往聚焦于其解决的理论难点，而理论难点往往又是抽象的数学理论问题，不能明确体现其最终的具体技术问题和技术效果。

② 因过于理论化而无法体现技术手段。由于国内对于数控技术的研究，尤其是高档数控技术的研究，主要以高校和科研院所为主，这类申请人容易将撰写专利申请文件与撰写学术论文的要求混淆，造成申请文件的内容突出纯理论问题，忽略体现其采用的是受自然规律制约的技术手段。

③ 方法权利要求撰写类似智力活动的规则和方法。当方法权利要求涉及数控机床相关的算法时，通常都写成了数学问题，申请人往往忽略了与机床硬件的结合，而只是将控制、诊断或建模的过程和/或思路一步一步地展示出来，容易将方法权利要求写成类似智力活动的规则和方法。

本节以"一种数控机床动态特性劣化的评价方法"为例，通过将申请人提供的技术交底材料形成为发明专利申请的过程,说明数控机床领域专利申请文件撰写时常见的问题,切实提高该领域专利申请文件的撰写质量。

一、对技术交底材料的理解和分析

(一) 申请人提供的技术交底材料

申请人希望保护一种数学算法,该数学算法实际上是用于数控机床的动态特性劣化的评价方法。申请人提供了技术交底材料,该技术交底材料指出了现有技术中的三种评价方法及其不足,同时强调了其研究出来的评价方法以及有益效果和用途。同时,申请人还提供了其初步撰写的权利要求。

1. 技术交底材料

目前,研究动态特性的方法主要有理论分析法、实验测试法以及理论分析和实验测试相结合的综合分析方法。理论分析法通过动力学模型进行动态特性的分析,但是,由于各种因素的复杂性和不确定性,理论模型很难真实地模拟实际情况,因而理论分析法精度较低。实验测试法通过实验测试得到动态特性参数,但是,进行测试时环境干扰信号难以计算,并且测试设备价格昂贵。理论分析和实验测试相结合的方法建立动力学模型,利用实验测试得到的数据理论模型,使修正后的理论模型能够确切地模拟实际情况,该方法能够提高动态特性的理论分析精度,但是步骤较为复杂烦琐。

上述三种方法通过不同的方式得到动态特性参数,但都只能对动态特性进行定性评价,目前仍没有可用于定量评价动态特性劣化的有效方法。

为了解决以上问题,本发明所采用的技术方案是:

一种动态特性劣化的评价方法,其特征在于,包括以下四个步骤:

步骤一:获得一定特征点在初始时间 K_0 时的特征数据序列作为参考特征数据序列 X_0;

步骤二:获得一定特征点在待测时间 K_i 的特征数据序列作为对比特征数据序列 X_i;

步骤三:根据 X_0 和 X_i,计算得到二者的闵可夫斯基贴近度 N_i;以及

步骤四:基于 N_i 的数值进行评价,数值越大,则 K_i 时动态特性与 K_0 时的动态特性越接近,动态特性的劣化程度越小,数值越小,则 K_i 时的动态特性与 K_0 时的动态特性相差越大,动态特性的劣化程度越大。

另外,本发明所涉及的动态特性劣化的评价方法还可以具有这样的特征:其中,闵可夫斯基贴近度 N_i 的计算方法包括以下两步:

步骤一:计算 X_i 对 X_0 的模糊隶属度;

步骤二：根据模糊隶属度，计算得到闵可夫斯基距离 $d_i\,(X_i,X_0)$，

根据公式 $N_i=N_i(X_i,X_0)=1-d_i(X_i,X_0)$，计算得到 X_i 与 X_0 之间的闵可夫斯基贴近度。

发明的作用与效果：根据本发明所提供的动态特性劣化的评价方法，根据闵可夫斯基贴近度 N_i 的数值大小对动态特性的劣化进行评价，根据评价结果，即可得到动态特性劣化情况，与传统方法相比，本发明通过 N_i 直观定量地显示了动态特性劣化程度，是一种简单易行而又准确可靠的评价方法，可用于数控机床的动态特性劣化的评价，并在数控机床上做过相关实验验证了该方法的有效性。

2. 初步的权利要求书

1. 一种动态特性劣化的评价方法，其步骤包括：获得一定特征点在初始时间 K_0 时的特征数据序列作为参考特征数据序列 X_0；获得一定特征点在待测时间 K_i 的特征数据序列作为对比特征数据序列 X_i；根据 X_0 和 X_i，计算得到二者的闵可夫斯基贴近度 N_i；基于 N_i 的数值进行评价，数值越大，则 K_i 时动态特性与 K_0 时的动态特性越接近，劣化程度越小，数值越小，则 K_i 时的动态特性与 K_0 时的动态特性相差越大，劣化程度越大。

2. 根据权利要求 1 所述的动态特性劣化的评价方法，其特征在于：

其中，所述闵可夫斯基贴近度 N_i 的计算方法包括以下两步：

步骤一：计算所述 X_i 对所述 X_0 的模糊隶属度；

步骤二：根据所述模糊隶属度，计算得到闵可夫斯基距离 $d_i\,(X_i,X_0)$，

根据公式 $N_i=N_i(X_i,X_0)=1-d_i(X_i,X_0)$，计算得到所述 X_i 与所述 X_0 之间的闵可夫斯基贴近度。

申请人希望专利代理师基于其提供的技术交底材料和初步的权利要求书进行分析，提出修改和完善的意见，排除其中不符合专利法律法规规定的地方，此外，申请人强调，其提供给专利代理师的权利要求书，仅是其希望保护的算法的核心部分，即发明点，希望专利代理师将具体的修改建议及其原因提供给申请人进行确认，以便最终形成具有授权前景的高质量的专利申请文件。

（二）对技术交底材料的分析

1. 对技术方案的理解

现有技术中已经存在动态特性的评价方法，技术交底材料中已经列出了三种常用的方法，分别是：理论分析法、实验测试法以及理论分析和实验测试相结合的综合分析方法。其中理论分析法精度较低，实验测试法设备价格昂贵，理论分析和实验测试相结合的综合分析方法步骤较为复杂烦琐，因此三种方法

均不能满足需要。针对上述缺点，申请人提出一种基于闵可夫斯基贴近度的动态特性劣化的评价方法，通过获得参考特征数据序列和对比特征数据序列，然后计算闵可夫斯基贴近度，来判断动态特性劣化，具有简单易行而又准确可靠的优点。

2. 关于保护的主题和申请的类型

技术交底材料提供的是一种评价方法，属于方法权利要求，不涉及形成具体的产品，不能写成产品权利要求。因此申请的权利要求只能是方法权利要求。关于该申请的类型，根据要求保护的主题，应申请发明专利，而不适于申请实用新型专利。

从申请人提供的技术交底材料和初步的权利要求书可以看出，目前初步撰写的权利要求可能不属于专利保护的客体。具体分析如下：

根据《专利法》第二十五条第一款第（二）项，对于智力活动的规则和方法不授予专利权。智力活动的规则和方法是指导人们进行思维、表述、判断和记忆的规则和方法。由于其没有采用技术手段或者利用自然规律，也未解决技术问题和产生技术效果，因而不构成技术方案。申请人虽然在技术交底材料中说明权利要求1和2是以数学建模的方法进行评价，但其描述的每一步实质上却是人为的数学推导和人为规定的方法，因此属于第二十五条第一款第（二）项规定的智力活动的规则和方法，不能授予专利权。

《专利法》第二条第二款规定：发明，是指对产品、方法或者其改进所提出的新的技术方案。而《专利审查指南2010》进一步规定：技术方案是对要解决的技术问题所采取的利用了自然规律的技术手段的集合。权利要求中请求保护的方案是否为技术方案，需要将权利要求的方案作为一个整体分析，判断整个方案是否解决了技术问题，采用的是否是技术手段，最终是否取得了技术效果：

（1）从是否解决技术问题的角度分析，根据背景技术，可以看出其解决的问题是：现有的方法只能对动态特征进行定性评价，无法定量评价，因此只能认定为解决了一种数学计算的难题，不属于具体的技术问题。

（2）从是否采用技术手段的角度分析，权利要求1要求保护的是一种动态特性劣化的评价方法，该方法包括①获得参考特征数据序列；②获得对比特征数据序列；③计算闵可夫斯基贴近度；④判断动态特性劣化的程度。可以看出该方法是一种纯数学方法，其包含的四个步骤都是以数学方法作为特征。虽然在技术交底材料中记载了该方法可以用于评价数控机床的动态特性，但申请人提供的初步权利要求书并没有记载数控机床的相关因素，也未出现数控机床相关参数,即没有与要评价对象即数控机床结合起来,不能体现出该方法是与技术手段相结合,受自然规律制约,或者说没有与具体应用场景相结合。

(3) 从是否获得技术效果的角度分析,在技术交底材料中,尽管申请人提到其达到的效果是提供了"一种简单易行而又准确可靠的评价方法",但联系前面关于技术问题、技术手段的分析,可以看出,由于本申请所解决的问题本质上是一种数学问题,其采用的手段的四个步骤都是数学方法,因此最终也无法得到由于技术实施而产生的技术效果。

由此可见,技术交底材料中请求保护的主题不属于专利保护的客体。

3. 关于现有技术及技术方案的新颖性和创造性

专利代理师在理解和分析本申请的技术方案的基础上,为了确定其是否具有新颖性和创造性,还进行了检索,但未检索到更为接近的现有技术文件,经判断,认为申请人在技术交底材料中列举的背景技术是现有技术中与本申请最接近的现有技术。

4. 与申请人进一步沟通的问题

在对本申请进行深入分析之后,针对关键点与申请人进行充分沟通,专利代理师希望与申请人确认的内容如下:

申请人目前提交的初步权利要求存在不属于专利保护客体的问题,因此需要将其撰写成符合专利保护客体的要求,从整体上使得该方案成为技术方案,即采用了技术手段,解决了技术问题,并能带来技术效果,具备获得授予专利权的可能性。从技术交底材料来看,该方法应用于数控机床领域,可以用于解决数控机床动态特性劣化的评价的问题,且没有涉及其他领域的应用。因此提出如下修改建议:

① 建议发明名称修改为"数控机床动态特性劣化的评价方法"。

② 确定技术领域,将技术领域限定到数控机床领域,并修改发明名称,将"动态特性劣化的评价方法"修改为"数控机床动态特性劣化的评价方法",同时将所有出现"动态特性劣化的评价方法"的地方都明确为"数控机床动态特性劣化的评价方法"。

③ 将涉及参数的部分都明确为相应的数控机床的参数。

④ 补充关于数控机床的结构特征与动态特性评价关系的背景技术。

⑤ 将解决的技术问题明确为:直观定量地显示了机床数控机床的动态特性劣化程度,简单易行、准确可靠,最终能实现对数控机床动态特性劣化的合理评价的技术效果。

⑥ 补充采用该方法评价数控机床动态特性的实施例和必要的图示。

(三) 申请人对技术交底材料的补充和完善

专利代理师就上述问题与申请人进行充分沟通，申请人作出如下回复：

该方法设计的初衷是为了解决数控机床动态特性劣化评价难、不能量化的技术问题。该方法只应用于数控机床领域。因此，同意上述关于克服客体问题的修改建议。

补充关于数控机床的结构特征与动态特性评价关系的背景技术如下：

数控机床是一种典型的复杂机电耦合系统，其动态性能是机床结构、结合面、主轴、伺服进给系统和切削工艺等子系统动态特性的综合表现。动态特性是评价数控机床性能的重要技术指标，它与机床加工性能有密切关系，直接影响机床的加工质量、加工精度和切削效率。机床在使用过程中，随着轴承、传动齿轮、丝杠、导轨以及其他接触面的磨损或者操作润滑不当，都会使机床的动态特性逐渐劣化，机床的加工精度和使用寿命会受到不同程度的影响。所以评价机床动态特性的劣化，对机床在使用过程中的维护和故障诊断具有重要的意义。

同时，补充采用该方法评价数控机床动态特性劣化的实施例如下：

选择某数控外圆磨床为评价对象，选择该磨床的工件主轴和砂轮主轴为特征点，测试初始时间 K_0 设定为 4 月 15 日（以下称为 4 月），待测时间 K_i 分别为 6 月 15 日、8 月 15 日和 9 月 15 日（以下分别称为 6 月、8 月、9 月）。

测试系统的采样频率为 25.6 kHz，设定砂轮的转速为 2100 r/min，同时以 45 r/min、67.5 r/min、90 r/min、112.5 r/min、135 r/min 改变外圆磨床的主轴转速，分别计算不同转速下，工件主轴 X 方向加速度信号的对比特征数据序列与参考特征数据序列的闵可夫斯基贴近度、工件主轴 Y 方向加速度信号的对比特征数据序列与参考特征数据序列的闵可夫斯基贴近度、工件主轴 Z 方向加速度信号的对比特征数据序列与参考特征数据序列的闵可夫斯基贴近度以及砂轮主轴 Z 方向加速度信号的对比特征数据序列与参考特征数据序列的闵可夫斯基贴近度，进而根据所得的闵可夫斯基贴近度数值大小的变化对该磨床的动态特性劣化进行评价。

以砂轮转速 2100 r/min、工件主轴转速为 90 r/min 时，不同月份工件主轴 X 方向加速度信号的对比特征数据序列与参考特征数据序列的闵可夫斯基贴近度的计算为例，对该磨床动态特性的劣化进行评价，包括以下步骤：

步骤一（S1）：参考特征数据序列 X_0 的获得

1（S-1-1）．将三向加速度传感器吸附在磨床的工件主轴上，设置采样频率为 25.6 kHz，设定砂轮的转速为 2100 r/min，工件主轴转速为 90 r/min，采集得到4月份工件主轴X方向的一段加速度信号的时域序列$t_{(N)}$，其中，$t_{(N)} = (t_1, t_2, \cdots, t_N)$，$N$为加速度信号时域序列的长度；

2（S-1-2）．基于1/3倍频程频谱分析法对时域序列$t_{(N)}$进行特征提取，获得4月的特征数据序列作为参考特征数据序列X_0。

1/3倍频程频谱分析法进行特征提取的过程包括以下步骤：

a（S-1-2a）．基于快速傅立叶变换（FFT）计算$t_{(N)}$的频域功率谱

对$t_{(N)}$进行"基-2时间抽取"，得到"按时间抽取"子序列$t_1(r)$和$t_2(r)$。

$$t_1(r) = t(2r), r = 0, 1, 2, \cdots, N/2 - 1 \tag{1}$$

$$t_2(r) = t(2r+1), r = 0, 1, 2, \cdots, N/2 - 1 \tag{2}$$

按照式（3），分别对子序列$t_1(r)$和$t_2(r)$进行离散傅里叶变换（DFT），得到加速度信号$t_{(N)}$的频域序列$T(k)$。

$$T(k) = \sum_{r=0}^{N/2-1} l_1(r) W_N^{2kr} + W_N^k \sum_{r=0}^{N/2-1} t_2(r) W_N^{2kr}, k = 0, 1, 2, \cdots, N-1 \tag{3}$$

式中$W_N^{2kr} = e^{-j\frac{2\pi}{N}2kr} = e^{-j\frac{4\pi}{N}kr} = W_{N/2}^{2kr}$，因此频域序列$T(k)$可表示为式（4）：

$$T(k) = T_1(k) + W_N^k T_2(k), k = 0, 1, 2, \cdots, N-1 \tag{4}$$

式中，$T_1(k)$为$t_1(r)$的$N/2$点进行离散傅里叶变换（DFT）后得到的频域序列，$T_2(k)$为$t_2(r)$的$N/2$点进行离散傅里叶变换（DFT）后得到的频域序列。

根据$T_1(k)$和$T_2(k)$的周期性（$N/2$）和对称性，得到快速傅里叶变换（FFT）的频谱序列如式（5）所示：

$$\begin{cases} T(k) = T_1(k) + W_N^k T_2(k) \\ T(k+N/2) = T_1(k) - W_N^k T_2(k) \end{cases} k = 0, 1, 2, \cdots, N/2 - 1 \tag{5}$$

根据式（5），计算得到时域序列$t_{(N)} = (t_1, t_2, \cdots, t_N)$的FFT频域功率谱。

b（S-1-2b）．确定1/3倍频程频谱分析法的中心频率f_c

在本实施例中，利用1/3倍频程对时域序列$t_{(N)}$进行特征提取时，所取的频率范围是20Hz～10kHz，共划分为28个频带。

根据公式$f_c = 1000 \times 10^{3n/30}$Hz（$n = 0, \pm 1, \pm 2, \ldots$），计算得到每一个频带的中心频率$f_c$，选取$f_c$的近似值，即所选取的中心频率$f_c$依次为：20Hz，25Hz，31.5Hz，40Hz，50Hz，63Hz，80Hz，100Hz，125Hz，160Hz，200Hz，250Hz，315Hz，400Hz，500Hz，630Hz，800Hz，1000Hz，1350Hz，1600Hz，2000Hz，2500Hz，3150Hz，4000Hz，5000Hz，6300Hz，8000Hz，10000Hz。

c（S-1-2c）. 计算每一个频带的上、下限频率

1/3 倍频程的中心频率 f_c 所处的频带介于上限频率 f_u 和下限频率 f_d 之间。上限频率 f_u、下限频率 f_d 以及中心频率 f_c 之间的关系如式（6）所示：

$$\frac{f_c}{f_d}=2^{1/6},\ \frac{f_c}{f_d}=2^{1/6},\ \frac{f_u}{f_c}=2^{1/6} \tag{6}$$

根据公式（6），分别计算得到每个频带的中心频率所对应的上限频率 f_u 和下限频率 f_d。

d（S-1-2d）. 特征数据序列的计算

根据 S-1-2a 中得到的 FFT 频域功率谱，则 S-1-2b 中所划分的 28 个频带中，第 n（$n=1, 2, \cdots 28$）个频带的功率谱 $S_{x,n}$ 的计算如式（7）所示：

$$S_{x,n}=\sum_{f_{d,n}<f_i<f_{u,n}}S_{x,n}(f_i) \tag{7}$$

式中，$f_{d,n}$，$f_{u,n}$ 分别为第 n 个频带的频率下限和频率上限，f_i 为第 n 个频带内的离散频率，$S_{x,n(f_i)}$ 为第 n 个频带内各离散频率的功率谱幅值。

频带功率谱的平方根为该频带的幅值 A_n，即 $A_u=\sqrt{S_{x,n}}$。

1/3 倍频程功率谱中 28 个恒定带宽比的频带所对应的幅值 A_n（$n=1, 2, 3, \cdots, 28$）构成该磨床加速度信号的特征数据序列，即参考特征数据序列 $X_0=(A_1, A_2, A_3, \cdots, A_{28})$。

在本实施例中，4 月份该磨床的工件主轴 X 方向加速度信号的特征数据序列，即参考特征数据序列 X_0 如表 7-4 所示，记为 $X_0=(x_0(1), x_0(2), \cdots x_0(28))$。

表 7-4　磨床工件主轴 X 方向的参考特征数据序列 X_0

中心频率（Hz）	特征参数	中心频率（Hz）	特征参数	中心频率（Hz）	特征参数
20	79.391	200	52.636	2000	44.843
25	70.466	250	49.685	2500	50.566
31.5	69.305	315	43.149	3150	55.763
40	83.623	400	50.635	4000	59.090
50	80.276	500	51.073	5000	56.964
63	83.363	630	46.191	630	61.714
80	77.727	800	42.280	800	67.996
100	54.122	100	41.558	1000	71.909
125	64.031	1250	41.883		
160	69.044	1600	34.646		

步骤二（S2）：对比特征数据序列 X_i 的获得

按照上述步骤一的方法，在工件主轴转速为 90r/min 的条件下，分别测试并计算得到相同条件下4月份工件主轴 X 方向的另一段加速度信号的特征数据序列以及6月、8月、9月的工件主轴 X 方向加速度信号的特征数据序列，作为对比数据序列 X_i ($i = 4，6，8，9$)，且 $X_4 = [x_4(1)，x_4(2)，\cdots，x_4(28)]$、$X_6 = [x_6(1)，x_6(2)，\cdots，x_6(28)]$、$X_8 = [x_8(1)，x_8(2)，\cdots，x_8(28)]$，以及 $X_9 = [x_9(1)，x_9(2)，\cdots x_9(28)]$。

步骤三（S3）：计算每个对比特征数据序列与参考特征数据序列的闵可夫斯基贴近度

根据步骤一和步骤二得到的参考特征数据序列 X_0 以及4月、6月、8月、9月的对比特征数据序列 X_4、X_6、X_8 和 X_9，分别计算4月、6月、8月、9月的对比特征数据序列与4月份的参考特征数据参数序列的闵可夫斯基贴近度，具体包括以下步骤：

1. 计算 X_i ($i=4，6，8，9$) 对 X_0 的模糊隶属度

分别对 X_0 和 X_i ($i=4，6，8，9$) 进行数据序列的初始化，得到如式（8）所示初始化数据序列 Y_i ($i=0，4，6，8，9$)：

$$Y_i = (x_i(1) - x_i(1), x_i(2) - x_i(1), \cdots, x_i(n) - x_i(1))$$
$$= (y_i(1), y_i(2), \cdots, y_i(n)), i = 0, 4, 6, 8, 9, n = 1, 2, 3, \cdots, 28 \quad (8)$$

分别将每一个初始化数据序列 Y_i ($i=0，4，6，8，9$) 代入式（9），计算得到该初始化数据序列的绝对差：

$$\Delta_{ij} = |y_i(j) - y_0(j)|, i = 4,6,8,9, j = 1,2,\cdots,28 \quad (9)$$

则对比特征数据序列 X_i ($i=4，6，8，9$) 对参考特征数据序列 X_0 的隶属度 u_{ij} 如式（10）所示：

$$u_{ij} = u_{ij}(y_i(j), y_0(j)) = 1 - \frac{\Delta_{ij}}{\max_j \max_i \Delta_{ij}} = 1 - \frac{\Delta_{ij}}{\Delta_{\max}} \quad (10)$$

2. 计算 X_i ($i=4，6，8，9$) 与 X_0 之间的闵可夫斯基贴近度

根据式（11），计算每个对比特征数据序列 X_i ($i=4，6，8，9$) 与参考特征数据序列 X_0 之间的闵可夫斯基贴近度 N_i ($i=4，6，8，9$)：

$$N_i = N_i(X_i, X_0) = 1 - d_i(X_i, X_0) \quad (11)$$

式中，$d_i(X_i, X_0)$ 为闵可夫斯基距离 $d_i(X_i, X_0) = \left[\frac{1}{28}\sum_{j=1}^{28}|u_{ij} - u_{cj}|^p\right]^{1/p}$，$p$ 为常数，此处取 $p = 2$。

依据公式（11），分别计算得到4月、6月、8月和9月份的对比特征数据

序列与参考特征数据序列 X_0 的闵可夫斯基贴近度 N_i，在本实施例中，4月、6月、8月和9月的对比特征数据序列与参考特征数据序列的闵可夫斯基贴近度依次为 $N_4=0.9129$，$N_6=0.8409$，$N_8=0.8235$，$N_9=0.5860$。

步骤四（S4）：基于闵可夫斯基贴近度对该磨床动态特性的劣化进行评价

N_i 越大，则第 K_i 时该磨床的动态特性与初始时间的动态特性越接近，机床动态特性的劣化程度越小；N_i 越小，则第 K_i 时该磨床的动态特性与初始时间的动态特性相差越大，机床动态特性的劣化程度越大。

根据 N_4 为 0.9129，接近于 1，说明此时该磨床的动态特性与初始时间的动态特性较为接近，与实际情况相符，验证了本实施例所提供的方法较为可靠，根据 N_6 为 0.8409，N_8 为 0.8235，N_9 为 0.5860，说明随着使用时间的加长，磨床零部件出现磨损、润滑或操作不当，动态特性逐渐劣化，尤其在8月份到9月份之间，劣化最为明显。

参照上述步骤一至步骤四的操作，设定砂轮的转速为 2100r/min，当工件主轴的转速分别为 45r/min、67.5r/min、112.5r/min、135r/min 时，分别计算每一个工件主轴转速下，4月、6月、8月和9月份工件主轴 X 方向的对比特征数据序列与参考特征数据序列的闵可夫斯基贴近度 N_i（$i=4,6,8,9$），结果如表 7-5 所示。

表 7-5 磨床工件主轴 X 方向的闵可夫斯基贴近度

工件主轴转速（r/min）	N_4	N_6	N_8	N_9
45	0.9284	0.8614	0.8326	0.5093
67.5	0.9395	0.8046	0.7415	0.5447
90	0.9129	0.8409	0.8235	0.5860
112.5	0.9613	0.8535	0.8457	0.6070
135	0.9295	0.8679	0.8231	0.6249

按照上述步骤一至步骤四的操作，设定砂轮的转速为 2100r/min，当工件主轴的转速分别为 45r/min、67.5r/min、90r/min、112.5r/min、135r/min 时，分别计算每一个工件主轴转速下，4月、6月、8月和9月份工件主轴 Y 方向的对比特征数据序列与参考特征数据序列的闵可夫斯基贴近度 N_i（$i=4,6,8,9$），结果如表 7-6 所示；分别计算每一个主轴转速下 4月、6月、8月和9月份工件主轴 Z 方向的对比特征数据序列与参考特征数据序列的闵可夫斯基贴近度 N_i（$i=4,6,8,9$），结果如表 7-7 所示。

表7-6 磨床工件主轴 Y 方向的闵可夫斯基贴近度

工件主轴转速 （r/min）	N_4	N_6	N_8	N_9
45	0.8949	0.8548	0.7933	0.6679
67.5	0.9580	0.8543	0.8174	0.7074
90	0.9810	0.8790	0.8334	0.7027
112.5	0.9723	0.8926	0.8502	0.6134
135	0.9496	0.8990	0.8666	0.6929

表7-7 磨床工件主轴 Z 方向的闵可夫斯基贴近度

工件主轴转速 （r/min）	N_4	N_6	N_8	N_9
45	0.9333	0.7842	0.7189	0.5566
67.5	0.9386	0.9096	0.8836	0.6500
90	0.9517	0.8446	0.7939	0.5713
112.5	0.8922	0.8225	0.7767	0.6691
135	0.8973	0.7509	0.7074	0.5276

参照上述步骤一至步骤四的操作，选取砂轮主轴为特征点，设定砂轮的转速为 2100r/min，当工件主轴的转速分别为 45r/min、67.5r/min、90r/min、112.5r/min、135r/min 时，分别计算每一个工件主轴转速下4月、6月、8月和9月份砂轮主轴 Z 方向的对比特征数据序列与参考特征数据序列的闵可夫斯基贴近度 N_i（$i=4,6,8,9$），结果如表7-8所示。

表7-8 磨床砂轮主轴振动信号特征序列闵可夫斯基贴近度

工件主轴转速 （r/min）	N_4	N_6	N_8	N_9
45	0.9373	0.9157	0.8793	0.5274
67.5	0.9018	0.8700	0.8680	0.5729
90	0.9616	0.9038	0.8758	0.5159
112.5	0.9407	0.9125	0.8788	0.5974
135	0.9646	0.8751	0.8489	0.5348

由表7-5至表7-8中的数据可以看出，对于本实施例中的数控磨床，不论是工件主轴特征点还是砂轮主轴特征点，其某个方向加速度信号的对比特征

数据序列与参考特征数据序列的闵可夫斯基贴近度的变化,均能表征数控磨床动态特性的劣化程度,验证了本发明方法的正确性和有效性。

补充如下图示:

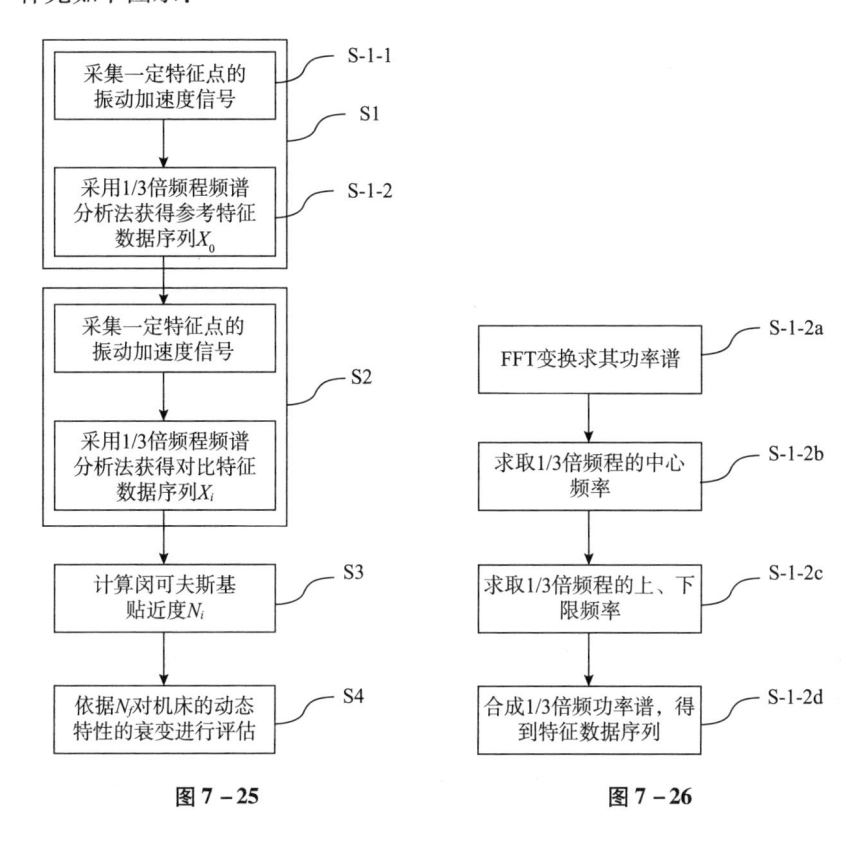

图 7-25

图 7-26

二、权利要求书撰写的主要思路

根据申请人的反馈,专利代理师对技术交底材料和初步的权利要求书进行完善,以为形成完整的发明专利申请文件做好准备。如上所述,本案例的焦点问题在于,如何克服权利要求书中的"专利保护客体"问题,因此,权利要求书的撰写就显得尤为重要。

(一)独立权利要求的撰写

独立权利要求的撰写应克服"专利保护客体"问题,保护的主题应该不属于《专利法》第二十五条第一款第(二)项规定的情形,且符合《专利法》第二条第二款的规定。在对客体问题进行判断时,不能脱离"技术方案"的整体考虑。一般情况下,技术问题和技术效果是相互对应的,如果一个解决方案能够解决技术问题，必然会带来相应的技术效果；而技术手段通常是由技术特征来体现的，能够解决技术问题并获得技术效果的手段，才能构成技术手段，需要从整体上进行判断。对于算法和数学模型这一类的专利申请，其不属于专利保护的客体的情形较多。具体而言，需要从其是否解决技术问题的角度出发，结合具体方案判断，当该算法或数学模型仅仅是为了执行数学运算过程或者是为了反映机械运动过程的数学描述，则实际上其仅代表该算法和数学模型本身。其数值计算过程仅作为一种工具或者方法，仅是一种单纯的数学计算，并不是为了解决技术问题而采取的技术手段，此类权利要求并不属于专利保护的客体。如果该算法或者数学模型不仅仅反映机械部件之间的运动关系，而且结合所涉及的机械部件的运动、配合实现制造的改进，解决了相应的技术问题，则属于专利法意义上保护的客体。

因此，为了满足专利保护客体的要求，结合申请人提供的补充材料，首先需要对权利要求1进行如下调整：①应该将初步权利要求1中的主题名称由"一种动态特性劣化的评价方法"修改为"一种数控机床动态特性劣化的评价方法"；②权利要求1中计算所采用的数据应限定成通过实验手段从数控机床上采集的数据；③权利要求1第四步得到的评价结果应该限定成数控机床的动态特性的劣化程度。

在克服客体问题之后，开始撰写独立权利要求的过程。即，根据技术方案的实质内容列出全部的技术特征，分析研究所掌握的现有技术，从而确定最接近的现有技术，然后根据最接近的现有技术，确定该要求保护的主题要解决的技术问题及解决上述技术问题所需的全部必要技术特征，把与最接近的现有技术共有的技术特征写入独立权利要求的前序部分，而将其他必要技术特征写入独立权利要求的特征部分。

就本申请而言，根据申请人前期提供的技术交底材料和初步的权利要求书，以及沟通后补充的材料，可以分析出，其技术方案包括以下技术特征：

① 获得所述数控机床的一定特征点在初始时间 K_0 时的特征数据序列作为参考特征数据序列 X_0。

② 获得所述一定特征点在待测时间 K_i 的特征数据序列作为对比特征数据序列 X_i。

③ 根据所述 X_0 和所述 X_i，计算得到二者的闵可夫斯基贴近度 N_i。

④ 基于所述 N_i 的数值进行评价。

⑤ 一定特征点可以是主轴振动特征点、工作台振动特征点和工件夹具振动特征点。

⑥ 使所述数控机床在特定参数下运行，采集所述一定特征点的加速度信号；对所述加速度信号采用1/3倍频程频谱分析法进行特征提取，获得所述特征数据序列。

⑦ 1/3倍频程频谱分析法包括以下四个步骤：

a. 采用基－2算法的FFT变换将所述加速度信号转换至频域，得到离散频域功率谱，该离散频域功率谱包括离散频率及功率谱幅值；

b. 利用1/3倍频程频谱分析法对所述加速度信号进行频谱分析，将所述加速度信号的频谱划分为 n 个频带，分别计算得到每一个频带的中心频率 F_c；

c. 根据公式

$$\frac{f_u}{f_d} = 2^{1/3}, \frac{f_c}{f_d} = 2^{1/6}, \frac{f_u}{f_c} = 2^{1/6}$$

分别计算得到每一个频带的中心频率 f_c 所对应的上限频率 f_u 和下限频率 f_d；

d. 根据所述频域功率谱，分别将每一个频带内的离散频率及对应的功率谱幅值、该频带的上限频率、和该频带的下限频率代入公式

$$S_{x,n} = \sum_{f_{1,n} \leq f_i < f_{u,x}} S_{x,n}(f_i)$$

得到该频带的功率谱 $S_{x,n}$，式中，f_d，n、f_u，n 分别为该频带的下限频率和上限频率，f_i 为该频带的离散频率，S_x，$n(f_i)$ 为该频带的各离散频率的功率谱幅值，根据公式 $A_n = \sqrt{S_{x,n}}$ 分别计算得到每一个频带的振动幅值 A_n，所有频带的振动幅值构成所述特征数据序列。

⑧ 频谱分析中，所取的频率范围是20～10kHz，共划分为28个频带。

⑨ 频谱分析中，所取的频率范围是20～20kHz，共划分为30个频带。

⑩ 闵可夫斯基贴近度 N_i 的计算方法包括以下两步：步骤一：计算所述 X_i 对所述 X_0 的模糊隶属度；步骤二：根据所述模糊隶属度，计算得到闵可夫斯基距离 $d_i(X_i, X_0)$，根据公式 $N_i = N_i(X_i, X_0) = 1 - d_i(X_i, X_0)$，计算得到 X_i 与 X_0 之间的闵可夫斯基贴近度。

技术交底材料的背景技术中给出的三种评价方法属于传统方法，其中的理论分析和实验测试相结合的综合分析方法是三种方法中最先进的方法，综合了前两种方法的优势，可以作为本申请最接近的现有技术。然而理论分析和实验测试相结合的综合分析方法相较于本申请仍然有本质的不同，本申请的方法属于更为先进的人工智能方法，评价的准确度更高。从理论上看，本申请的方法采用智能模型，无需每次针对不同机床建立不同的数学模型；从实验测试看，本申请获取的实验数据所需设备要简单很多。因此，本申请与最接近的现有技术相比并无共同的技术特征。与最接近的现有技术相比，本申请实际解决的技

术问题是如何简单高效地定量评价数控机床的动态特性劣化。该评价算法包括四个步骤：①获得一定特征点在初始时间 K_0 时的特征数据序列作为参考特征数据序列 X_0；②获得所述一定特征点在待测时间 K_i 的特征数据序列作为对比特征数据序列 X_i；③根据 X_0 和 X_i 计算得到二者的闵可夫斯基贴近度 N_i；④基于所述 N_i 的数值进行评价，数值越大，劣化程度越小，数值越小，劣化程度越大。这四个步骤是一个整体，缺少任何一步都无法完成数控机床的动态特性的评价，因此这四个步骤可以作为解决技术问题所需的全部必要技术特征。而背景技术中的三种方法都不包含与本申请技术方案相同的特征，因此本申请的评价算法的四个步骤都可以写入特征部分。

完成的独立权利要求 1 如下：

1. 一种数控机床动态特性劣化的评价方法，其特征在于，包括以下四个步骤：

步骤一：获得所述数控机床的一定特征点在初始时间 K_0 时的特征数据序列作为参考特征数据序列 X_0；

步骤二：获得所述一定特征点在待测时间 K_i 的特征数据序列作为对比特征数据序列 X_i；

步骤三：根据所述 X_0 和所述 X_i，计算得到二者的闵可夫斯基贴近度 N_i；以及

步骤四：基于所述 N_i 的数值进行评价，数值越大，则 K_i 时所述数控机床的动态特性与 K_0 时的动态特性越接近，所述数控机床的动态特性的劣化程度越小，数值越小，则 K_i 时所述数控机床的动态特性与 K_0 时的动态特性相差越大，所述数控机床动态特性的劣化程度越大。

（二）从属权利要求的撰写

为了兼顾权利要求的保护范围和降低被无效的风险，还应当设置数量合理的从属权利要求。根据前面的分析，在理解发明要求保护的主题的实质性内容时所列出的全部技术特征中，特征⑤～⑫没有写入独立权利要求中，需要对这些没有写入独立权利要求的特征进行分析，从中筛选完成构成从属权利要求。

其中特征⑤与特征⑥涉及独立权利要求 1 中的特征点的选取和特征数据序列的获得方法，应当将其写成引用独立权利要求 1 的从属权利要求 2 和从属权利 3；特征⑦对特征⑥中的 1/3 倍频程频谱分析法又作了进一步限定，可以作为引用从属权利要求 3 的从属权利要求 4，进一步缩小保护范围；特征⑧与特征⑨对特征⑦中的频谱分析的频率范围作了进一步限定，可以作为引用从属权利要求 4 的从属权利要求 5 和从属权利 6；特征⑩对特征③的闵可夫斯基贴近度作了

进一步限定，因此可以作为权利要求1的从属权利要求。

由于独立权利要求已经克服了客体问题，所以从属权利要求也不存在客体问题，而且从属权利要求中引入大量关于数控机床的相关特征，进一步证实了其是技术方案，采用了技术手段，能够解决技术问题，并带来相应的技术效果。

最后，完成相应的从属权利要求的内容如下：

2. 根据权利要求1所述的数控机床动态特性劣化的评价方法，其特征在于，所述一定特征点为主轴振动特征点、工作台振动特征点和工件夹具振动特征点中的任意一个或多个。

3. 根据权利要求1所述的数控机床动态特性劣化的评价方法，其特征在于，所述步骤一和所述步骤二中的所述特征数据序列的获得方法均为：使所述数控机床在特定参数下运行，采集所述一定特征点的加速度信号；对所述加速度信号采用1/3倍频程频谱分析法进行特征提取，获得所述特征数据序列。

4. 根据权利要求3所述的数控机床动态特性劣化的评价方法，其特征在于，所述1/3倍频程频谱分析法包括以下四个步骤：

a. 采用基-2算法的FFT变换将所述加速度信号转换至频域，得到离散频域功率谱，该离散频域功率谱包括离散频率及功率谱幅值；

b. 利用1/3倍频程频谱分析法对所述加速度信号进行频谱分析，将所述加速度信号的频谱划分为n个频带，分别计算得到每一个频带的中心频率f_c；

c. 根据公式

$$\frac{f_u}{f_d} = 2^{1/3}, \frac{f_c}{f_d} = 2^{1/6}, \frac{f_u}{f_c} = 2^{1/6}$$

分别计算得到每一个频带的中心频率f_c所对应的上限频率f_u和下限频率f_d；

d. 根据所述频域功率谱，分别将每一个频带内的离散频率及对应的功率谱幅值、该频带的上限频率、和该频带的下限频率代入公式

$$S_{x,n} = \sum_{f_{d,n}<f_i<f_{u,n}} S_{x,n}(f_i)$$

得到该频带的功率谱$S_{x,n}$，式中，$f_{d,n}$、$f_{u,n}$分别为该频带的下限频率和上限频率，f_i为该频带的离散频率，$S_{x,n}(f_i)$为该频带的各离散频率的功率谱幅值，

根据公式

$$A_n = \sqrt{S_{x,n}}$$

分别计算得到每一个频带的振动幅值A_n，所有频带的振动幅值构成所述特征数据序列。

5. 根据权利要求4所述的数控机床动态特性劣化的评价方法，其特征在于，所述频谱分析中，所取的频率范围是20Hz~10kHz，共划分为28个频带。

6. 根据权利要求 4 所述的数控机床动态特性劣化的评价方法，其特征在于，所述频谱分析中，所取的频率范围是 20Hz~20kHz，共划分为 30 个频带。

7. 根据权利要求 1 所述的数控机床动态特性劣化的评价方法，其特征在于，所述闵可夫斯基贴近度 N_i 的计算方法包括以下两步：

步骤一：计算所述 X_i 对所述 X_0 的模糊隶属度；

步骤二：根据所述模糊隶属度，计算得到闵可夫斯基距离 $d_i(X_i, X_0)$，

根据公式 $N_i = N_i(X_i, X_0) = 1 - d_i(X_i, X_0)$，计算得到所述 X_i 与所述 X_0 之间的闵可夫斯基贴近度。

三、说明书撰写中需要注意的问题

在完成权利要求书的撰写之后，就可着手撰写说明书及其摘要。本案例说明书中的发明名称、背景技术和具体实施方式三部分的撰写是本案例中值得注意和借鉴的。

1. 发明名称

发明的名称应当清楚、简要、全面地反映要求保护的技术方案的主题以及发明类型，并且主题名称应与该独立权利要求的主题名称对应，因此应该写成"数控机床动态特性劣化的评价方法"。

2. 背景技术

在对背景技术部分修改时，增加数控机床具体结构对动态劣化特性评价的影响，提供机床评价动态特性的劣化的主要技术障碍，将现有方法明确为评价机床动态劣化特性的方法，因此其解决的技术问题也是数控机床动态劣化特性评价量化难的问题，同时相应修改技术效果。

3. 具体实施方式

申请人补充的在数控机床上进行试验的实施例均应作为具体实施方式列出。专利代理师需要对申请人提交的所有材料进行完善，确保说明书具体实施方式部分清楚、完整、容易理解。

四、案例总结

以上介绍了在撰写数控机床领域专利申请文件时，如何在一份技术交底材料和初步的权利要求书的基础上克服"专利保护客体"问题的思路和过程，重点内容小结如下。

在撰写专利申请文件时应注意，首先要判断其是否属于《专利法》第二十五条第一款第二项规定的情况，是否符合《专利法》第二条第二款的规定。如

果申请人提供的技术交底材料中的方案是一种数学理论深度较高的方法且含有较多公式时，专利代理师应特别注意其是否涉及专利保护客体问题。如果该方案属于《专利法》第二十五条第一款第（二）项规定的情况或不符合《专利法》第二条第二款的规定，则应该首先针对该问题提出修改建议。对于属于《专利法》第二十五条第一款第（二）项规定的情况，需要使该方案体现出受到客观规律的制约，当符合相关要求后，还需要判断是否符合《专利法》第二条第二款的规定，需要使该方案能解决技术问题，采用技术手段，并达到相应的技术效果，构成专利法意义上的技术方案。

附件　专利申请文件参考文本

说明书摘要

本发明提供了一种数控机床动态特性劣化的评价方法，包括以下步骤：步骤一：获得数控机床的一定特征点在初始时间 K_0 时的特征数据序列作为参考特征数据序列 X_0；步骤二：获得一定特征点在待测时间 K_i 的特征数据序列作为对比特征数据序列 X_i；步骤三：根据 X_0 和 X_i，计算得到二者的闵可夫斯基贴近度 N_i；以及步骤四：基于 N_i 的数值对数控机床动态特性劣化进行评价。根据本发明所提供的数控机床动态特性劣化的评价方法，通过 N_i 能够直观定量地显示机床数控机床的动态特性劣化程度，是一种简单易行而又准确可靠的评价方法，适合于在工厂车间内推广应用。

摘要附图

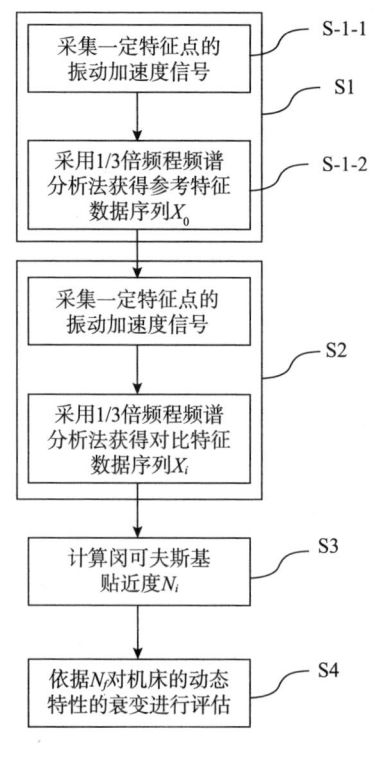

```
┌─────────────────┐
│ 采集一定特征点的 │────── S-1-1
│ 振动加速度信号   │
└────────┬────────┘          ┐
         ↓                    │
┌─────────────────┐           │ S1
│ 采用1/3倍频程频谱│────── S-1-2
│ 分析法获得参考特征│          │
│ 数据序列X₀       │          ┘
└────────┬────────┘
         ↓
┌─────────────────┐
│ 采集一定特征点的 │
│ 振动加速度信号   │          ┐
└────────┬────────┘           │
         ↓                    │ S2
┌─────────────────┐           │
│ 采用1/3倍频程频谱│          │
│ 分析法获得对比特征│          │
│ 数据序列Xᵢ       │          ┘
└────────┬────────┘
         ↓
┌─────────────────┐
│ 计算闵可夫斯基   │────── S3
│ 贴近度 Nᵢ        │
└────────┬────────┘
         ↓
┌─────────────────┐
│ 依据Nᵢ对机床的动态│────── S4
│ 特性的衰变进行评估│
└─────────────────┘
```

权利要求书

1. 一种数控机床动态特性劣化的评价方法，其特征在于，包括以下四个步骤：

步骤一：获得所述数控机床的一定特征点在初始时间 K_0 时的特征数据序列作为参考特征数据序列 X_0；

步骤二：获得所述一定特征点在待测时间 K_i 的特征数据序列作为对比特征数据序列 X_i；

步骤三：根据所述 X_0 和所述 X_i，计算得到二者的闵可夫斯基贴近度 N_i；以及

步骤四：基于所述 N_i 的数值进行评价，数值越大，则 K_i 时所述数控机床的动态特性与 K_0 时的动态特性越接近，所述数控机床的动态特性的劣化程度越小，数值越小，则 K_i 时所述数控机床的动态特性与 K_0 时的动态特性相差越大，所述数控机床动态特性的劣化程度越大。

2. 根据权利要求1所述的数控机床动态特性劣化的评价方法，其特征在于，所述一定特征点为主轴振动特征点、工作台振动特征点和工件夹具振动特征点中的任意一个或多个。

3. 根据权利要求1所述的数控机床动态特性劣化的评价方法，其特征在于，所述步骤一和所述步骤二中的所述特征数据序列的获得方法均为：使所述数控机床在特定参数下运行，采集所述一定特征点的加速度信号；对所述加速度信号采用1/3倍频程频谱分析法进行特征提取，获得所述特征数据序列。

4. 根据权利要求3所述的数控机床动态特性劣化的评价方法，其特征在于，所述1/3倍频程频谱分析法包括以下四个步骤：

a. 采用基−2算法的FFT变换将所述加速度信号转换至频域，得到离散频域功率谱，该离散频域功率谱包括离散频率及功率谱幅值；

b. 利用1/3倍频程频谱分析法对所述加速度信号进行频谱分析，将所述加速度信号的频谱划分为 n 个频带，分别计算得到每一个频带的中心频率 f_c；

c. 根据公式

$$\frac{f_u}{f_d} = 2^{1/3}, \frac{f_c}{f_d} = 2^{1/6}, \frac{f_u}{f_c} = 2^{1/6}$$

分别计算得到每一个频带的中心频率 f_c 所对应的上限频率 f_u 和下限频率 f_d；

d. 根据所述频域功率谱，分别将每一个频带内的离散频率及对应的功率谱幅值、该频带的上限频率和该频带的下限频率代入公式

$$S_{x,n} = \sum_{f_{d,n}<f_i<f_{u,n}} S_{x,n}(f_i)$$

得到该频带的功率谱 $S_{x,n}$，式中，$f_{d,n}$、$f_{u,n}$ 分别为该频带的下限频率和上限频率，f_i 为该频带的离散频率，$S_{x,n}(f_i)$ 为该频带的各离散频率的功率谱幅值，根据公式

$$A_n = \sqrt{S_{x,n}}$$

分别计算得到每一个频带的振动幅值 A_n，所有频带的振动幅值构成所述特征数据序列。

5. 根据权利要求 4 所述的数控机床动态特性劣化的评价方法，其特征在于，所述频谱分析中，所取的频率范围是 20Hz～10kHz，共划分为 28 个频带。

6. 根据权利要求 4 所述的数控机床动态特性劣化的评价方法，其特征在于，所述频谱分析中，所取的频率范围是 20Hz～20kHz，共划分为 30 个频带。

7. 根据权利要求 1 所述的数控机床动态特性劣化的评价方法，其特征在于，所述闵可夫斯基贴近度 N_i 的计算方法包括以下两步：

步骤一：计算所述 X_i 对所述 X_0 的模糊隶属度；

步骤二：根据所述模糊隶属度，计算得到闵可夫斯基距离 $d_i(X_i, X_0)$，

根据公式 $N_i = N_i(X_i, X_0) = 1 - d_i(X_i, X_0)$，计算得到所述 X_i 与所述 X_0 之间的闵可夫斯基贴近度。

说 明 书

数控机床动态特性劣化的评价方法

技术领域

本发明涉及一种数控机床动态特性劣化的评价方法，具体涉及一种基于闵可夫斯基贴近度的数控机床动态特性劣化的评价方法。

背景技术

数控机床是一种典型的复杂机电耦合系统，其动态性能是机床结构、结合面、主轴、伺服进给系统和切削工艺等子系统动态特性的综合表现。动态特性是评价数控机床性能的重要技术指标，它与机床加工性能有密切关系，直接影响机床的加工质量、加工精度和切削效率。机床在使用过程中，随着轴承、传动齿轮、丝杠、导轨以及其他接触面的磨损或者操作润滑不当，都会使机床的动态特性逐渐劣化，机床的加工精度和使用寿命会受到不同程度的影响。所以评价机床动态特性的劣化，对机床在使用过程中的维护和故障诊断具有重要的意义。

目前，研究数控机床动态特性的方法主要有理论分析法、实验测试法以及理论分析和实验测试相结合的综合分析方法。理论分析法通过抽象、简化零部件的结构建立机床的动力学模型，由此进行机床动态特性的分析，但是，由于数控机床部件结合面间的刚度和阻尼、传动间隙、摩擦、切削工艺系统等因素的复杂性和不确定性，理论模型很难真实模拟机床的实际情况，因而理论分析法精度较低。实验测试法通过对机床进行模态测试，得到机床的动态特性参数，但是，进行模态测试时环境干扰信号难以计算，并且测试设备价格昂贵。理论分析和实验测试相结合的方法建立机床结构的动力学模型，利用实验测试得到的模态数据修正理论模型，使修正后的理论模型能够确切地模拟机床的实际情况，该方法能够提高机床动态特性的理论分析精度，但是步骤较为复杂烦琐。

上述三种方法通过不同的方式得到机床的动态特性参数，但都只能对数控机床的动态特性进行定性评价，目前仍没有可用于定量评价数控机床动态特性劣化的有效方法。

发明内容

为了克服现有技术的缺陷，本发明所要解决的技术问题在于，解决数控机床动态特性劣化评价量化难的问题。

为了解决上述技术问题，本发明所采用的技术方案是：

提供一种数控机床动态特性劣化的评价方法，该方法包括以下四个步骤：

步骤一：获得数控机床的一定特征点在初始时间 K_0 时的特征数据序列作为参考特征数据序列 X_0；

步骤二：获得一定特征点在待测时间 K_i 的特征数据序列作为对比特征数据序列 X_i；

步骤三：根据 X_0 和 X_i，计算得到二者的闵可夫斯基贴近度 N_i；以及

步骤四：基于 N_i 的数值进行评价，数值越大，则 K_i 时数控机床的动态特性与 K_0 时的动态特性越接近，数控机床的动态特性的劣化程度越小，数值越小，则 K_i 时数控机床的动态特性与 K_0 时的动态特性相差越大，数控机床动态特性的劣化程度越大。

进一步地，本发明所涉及的数控机床动态特性劣化的评价方法中的步骤一和步骤二中的特征数据序列的获得方法均为：使数控机床在特定参数下运行，采集一定特征点的加速度信号；对加速度信号采用1/3倍频程频谱分析法进行特征提取，获得特征数据序列。

进一步地，本发明所涉及的数控机床动态特性劣化的评价方法中的1/3倍频程频谱分析法包括以下四个步骤：

a. 采用基-2算法的FFT变换将所述加速度信号转换至频域，得到离散频域功率谱，该离散频域功率谱包括离散频率及功率谱幅值；

b. 利用1/3倍频程频谱分析法对所述加速度信号进行频谱分析，将所述加速度信号的频谱划分为 n 个频带，分别计算得到每一个频带的中心频率 f_c；

c. 根据公式 $\frac{f_u}{f_d}=2^{1/3}$，$\frac{f_c}{f_d}=2^{1/6}$，$\frac{f_u}{f_c}=2^{1/6}$，分别计算得到每一个频带的中心频率 f_c 所对应的上限频率 f_u 和下限频率 f_d；

d. 根据所述频域功率谱，分别将每一个频带内的离散频率及对应的功率谱幅值、该频带的上限频率和该频带的下限频率代入公式 $S_{x,n} = \sum_{f_{d,n}<f_i<f_{u,n}} S_{x,n}(f_i)$ 得到该频带的功率谱 $S_{x,n}$，式中，$f_{d,n}$、$f_{u,n}$ 分别为该频带的下限频率和上限频率，f_i 为该频带的离散频率，$S_{x,n}(f_i)$ 为该频带的各离散频率的功率谱幅值。

根据公式 $A_n = \sqrt{S_{x,n}}$ 分别计算得到每一个频带的振动幅值 A_n，所有频带的振动幅值构成所述特征数据序列。

进一步地，本发明所涉及的数控机床动态特性劣化的评价方法中的闵可夫斯基贴近度 N_i 的计算方法包括以下两步：

步骤一：计算 X_i 对 X_0 的模糊隶属度；

步骤二：根据模糊隶属度，计算得到闵可夫斯基距离 $d_i(X_i, X_0)$。

根据公式 $N_i = N_i(X_i, X_0) = 1 - d_i(X_i, X_0)$，计算得到 X_i 与 X_0 之间的

闵可夫斯基贴近度。

根据本发明所提供的数控机床动态特性劣化的评价方法，由于根据闵可夫斯基贴近度 N_i 的数值大小对数控机床动态特性的劣化进行评价，根据评价结果，即可得到数控机床的动态特性劣化情况，与传统方法相比，本发明通过 N_i 直观定量地显示了机床数控机床的动态特性劣化程度，是一种简单易行而又准确可靠的数控机床动态特性劣化的评价方法，适合于在工厂车间内推广应用。

附图说明

图1是本发明所涉及的数控机床动态特性劣化的评价方法在实施例中的流程图；

图2是本发明所涉及的数控机床动态特性衰变的评估方法在实施例中的1/3倍频程特征提取的流程图。

具体实施方式

以下结合附图，对本发明所涉及的数控机床动态特性劣化的评价方法做进一步说明。

在本实施例中，选择某数控外圆磨床（以下简称磨床）为评价对象，选择该磨床的工件主轴和砂轮主轴为特征点，测试初始时间 K_0 设定为4月15日（以下称为第一次实验），待测时间 K_i 分别为6月15日、8月15日和9月15日（以下分别称为第二次实验、第三次实验、第四次实验）。

测试系统的采样频率为25.6kHz，设定砂轮的转速为2100r/min，同时以45r/min、67.5r/min、90r/min、112.5r/min、135r/min改变外圆磨床的主轴转速，分别计算不同转速下，工件主轴 X 方向加速度信号的对比特征数据序列与参考特征数据序列的闵可夫斯基贴近度、工件主轴 Y 方向加速度信号的对比特征数据序列与参考特征数据序列的闵可夫斯基贴近度、工件主轴 Z 方向加速度信号的对比特征数据序列与参考特征数据序列的闵可夫斯基贴近度以及砂轮主轴 Z 方向加速度信号的对比特征数据序列与参考特征数据序列的闵可夫斯基贴近度，进而根据所得的闵可夫斯基贴近度数值大小的变化对该磨床的动态特性劣化进行评价。

以砂轮转速2100r/min、工件主轴转速为90r/min时，不同月份工件主轴 X 方向加速度信号的对比特征数据序列与参考特征数据序列的闵可夫斯基贴近度的计算为例，采用如图1所示的评价方法对该磨床动态特性的劣化进行评价，包括以下步骤：

步骤一（S1）：参考特征数据序列 X_0 的获得

1（S-1-1）．将三向加速度传感器吸附在磨床的工件主轴上，设置采样频率为 25.6kHz，设定砂轮的转速为 2100r/min，工件主轴转速为 90r/min，采集得到第一次实验工件主轴 X 方向的一段加速度信号的时域序列 $t_{(N)}$，其中，$t_{(N)} = (t_1, t_2, \cdots, t_N)$，$N$ 为加速度信号时域序列的长度。

2（S-1-2）. 基于 1/3 倍频程频谱分析法对时域序列 $t_{(N)}$ 进行特征提取，获得第一次实验的特征数据序列作为参考特征数据序列 X_0。

1/3 倍频程频谱分析法进行特征提取的过程包括以下步骤：

a（S-1-2a）. 基于快速傅立叶变换（FFT）计算 $t_{(N)}$ 的频域功率谱

对 $t_{(N)}$ 进行"基-2 时间抽取"，得到"按时间抽取"子序列 $t_1(r)$ 和 $t_2(r)$。

$$t_1(r) = t(2r), r = 0,1,2,\cdots,N/2-1 \tag{1}$$

$$t_2(r) = t(2r+1), r = 0,1,2,\cdots,N/2-1 \tag{2}$$

按照式（3），分别对子序列 $t_1(r)$ 和 $t_2(r)$ 进行离散傅里叶变换（DFT），得到加速度信号 $t(N)$ 的频域序列 $T(k)$。

$$T(k) = \sum_{r=0}^{N/2-1} t_1(r) W_N^{2kr} + W_N^k \sum_{r=0}^{N/2-1} t_2(r) W_N^{2kr}, k = 0,1,2,\cdots,N-1 \tag{3}$$

式中 $W_N^{2kr} = e^{-j\frac{2\pi}{N}2kr} = e^{-j\frac{4\pi}{N}kr} = W_{N/2}^{2kr}$，因此频域序列 $T(k)$ 可表示为式（4）：

$$T(k) = T_1(k) + W_N^k T_2(k), k = 0,1,2,\cdots,N-1 \tag{4}$$

式中，$T_1(k)$ 为 $t_1(r)$ 的 $N/2$ 点进行离散傅里叶变换（DFT）后得到的频域序列，$T_2(k)$ 为 $t_2(r)$ 的 $N/2$ 点进行离散傅里叶变换（DFT）后得到的频域序列。

根据 $T_1(k)$ 和 $T_2(k)$ 的周期性（$N/2$）和 W_N^k 的对称性（$W_N^{k+N/2} = -W_N^k$）得到快速傅里叶变换（FFT）的频谱序列如式（5）所示：

$$\begin{cases} T(k) = T_1(k) + W_N^k T_2(k) \\ T(k+N/2) = T_1(k) - W_N^k T_2(k) \end{cases} k = 0,1,2,\cdots,N/2-1 \tag{5}$$

根据式（5），计算得到时域序列 $t(N) = (t_1, t_2, \cdots, t_N)$ 的 FFT 频域功率谱。

b（S-1-2b）. 确定 1/3 倍频程频谱分析法的中心频率 f_c

在本实施例中，利用 1/3 倍频程对时域序列 $t(N)$ 进行特征提取时，所取的频率范围是 20Hz~10kHz，共划分为 28 个频带。

根据公式 $f_c = 1000 \times 10^{3n/30}$ Hz（$n = 0, \pm 1, \pm 2, \cdots$），计算得到每一个频带的中心频率 f_c，选取 f_c 的近似值，即所选取的中心频率 f_c 依次为：20Hz，25Hz，31.5Hz，40Hz，50Hz，63Hz，80Hz，100Hz，125Hz，160Hz，200Hz，250Hz，315Hz，400Hz，500Hz，630Hz，800Hz，1000Hz，1350Hz，1600Hz，

2000Hz、2500Hz、3150Hz、4000Hz、5000Hz、6300Hz、8000Hz、10000Hz。

c（S-1-2c）．计算每一个频带的上、下限频率

1/3 倍频程的中心频率 f_c 所处的频带介于上限频率 f_u 和下限频率 f_d 之间。上限频率 f_u、下限频率 f_d 以及中心频率 f_c 之间的关系如式（6）所示：

$$\frac{f_c}{f_d} = 2^{1/6}, \frac{f_u}{f_c} = 2^{1/6}, \frac{f_u}{f_c} = 2^{1/6} \tag{6}$$

根据公式（6），分别计算得到每个频带的中心频率所对应的上限频率 f_u 和下限频率 f_d。

d（S-1-2d）．特征数据序列的计算

根据 S-1-2a 中得到的 FFT 频域功率谱，则 S-1-2b 中所划分的 28 个频带中，第 n（$n=1, 2, \cdots 28$）个频带的功率谱 $S_{x,n}$ 的计算如式（7）所示：

$$S_{x,n} = \sum_{f_{d,n} < f_i < f_{u,n}} S_{x,n}(f_i) \tag{7}$$

式中，$f_{d,n}$、$f_{u,n}$ 分别为第 n 个频带的频率下限和频率上限，f_i 为第 n 个频带内的离散频率，$S_{x,n}(f_i)$ 为第 n 个频带内各离散频率的功率谱幅值。

频带功率谱的平方根为该频带的幅值 A_n，即 $A_n = \sqrt{S_{x,n}}$。

1/3 倍频程功率谱中 28 个恒定带宽比的频带所对应的幅值 A_n（$n=1, 2, 3, \cdots, 28$）构成该磨床加速度信号的特征数据序列，即参考特征数据序列 $X_0 = (A_1, A_2, A_3, \cdots, A_{28})$。

在本实施例中，第一次实验该磨床的工件主轴 X 方向加速度信号的特征数据序列，即参考特征数据序列 X_0 如表 1 所示，记为 $X_0 = (x_0(1), x_0(2), \cdots x_0(28))$。

表 1　磨床工件主轴 **X** 方向的参考特征数据序列 **X**$_0$

中心频率（Hz）	特征参数	中心频率（Hz）	特征参数	中心频率（Hz）	特征参数
20	79.391	200	52.636	2000	44.843
25	70.466	250	49.685	2500	50.566
31.5	69.305	315	43.149	3150	55.763
40	83.623	400	50.635	4000	59.090
50	80.276	500	51.073	5000	56.964
63	83.363	630	46.191	630	61.714
80	77.727	800	42.280	800	67.996
100	54.122	100	41.558	1000	71.909
125	64.031	1250	41.883		
160	69.044	1600	34.646		

步骤二（S2）：对比特征数据序列 X_i 的获得

按照上述步骤一的方法，在工件主轴转速为 90r/min 的条件下，分别测试并计算得到相同条件下第一次实验份工件主轴 X 方向的另一段加速度信号的特征数据序列以及第二、三、四次实验的工件主轴 X 方向加速度信号的特征数据序列，作为对比数据序列 X_i（$i=4$，6，8，9），且 $X_4 = (x_4(1), x_4(2), \cdots x_4(28))$、$X_6 = (x_6(1), x_6(2), \cdots x_6(28))$、$X_8 = (x_8(1), x_8(2), \cdots x_8(28))$ 以及 $X_9 = (x_9(1), x_9(2), \cdots x_9(28))$。

步骤三（S3）：计算每个对比特征数据序列与参考特征数据序列的闵可夫斯基贴近度

根据步骤一和步骤二得到的参考特征数据序列 X_0 以及第一、二、三、四次实验的对比特征数据序列 X_4、X_6、X_8 和 X_9，分别计算第一、二、三、四次实验的对比特征数据序列与第一次实验的参考特征数据参数序列的闵可夫斯基贴近度，具体包括以下步骤：

1. 计算 X_i（$i=4$，6，8，9）对 X_0 的模糊隶属度

分别对 X_0 和 X_i（$i=4$，6，8，9）进行数据序列的初始化，得到如式（8）所示初始化数据序列 Y_i（$i=0$，4，6，8，9）：

$$Y_i = [x_i(1)-x_i(1), x_i(2)-x_i(1), \cdots, x_i(n)-x_i(1)] \tag{8}$$
$$= [y_i(1), y_i(2), \cdots, y_i(n)], i=0,4,6,8,9, n=1,2,3,\cdots,28$$

分别将每一个初始化数据序列 Y_i（$i=0$，4，6，8，9）代入式（9），计算得到该初始化数据序列的绝对差：

$$\Delta_{ij} = |y_i(j)-y_0(j)|, i=4,6,8,9, j=1,2,\cdots,28 \tag{9}$$

则对比特征数据序列 X_i（$i=4$，6，8，9）对参考特征数据序列 X_0 的隶属度 u_{ij} 如式（10）所示：

$$u_{ij} = u_{ij}(y_i(j), y_0(j)) = 1 - \frac{\Delta_{ij}}{\max_j \max_i \Delta_{ij}} = 1 - \frac{\Delta_{ij}}{\Delta_{\max}} \tag{10}$$

2. 计算 X_i（$i=4$，6，8，9）与 X_0 之间的闵可夫斯基贴近度

根据式（11），计算每个对比特征数据序列 X_i（$i=4$，6，8，9）与参考特征数据序列 X_0 之间的闵可夫斯基贴近度 N_i（$i=4$，6，8，9）：

$$N_i = N_i(X_i, X_0) = 1 - d_i(X_i, X_0) \tag{11}$$

式中，$d_i(X_i, X_0)$ 为闵可夫斯基距离，$d_i(X_i, X_0) = \left[\frac{1}{28}\sum_{j=1}^{28}|u_{ij}-u_{cj}|^p\right]^{1/p}$ p 为常数，此处取 $p=2$。

依据公式（11），分别计算得到第一、二、三、四次实验的对比特征数据

序列与参考特征数据序列 X_0 的闵可夫斯基贴近度 N_i，在本实施例中，第一、二、三、四次实验的对比特征数据序列与参考特征数据序列的闵可夫斯基贴近度依次为 $N_4=0.9129$，$N_6=0.8409$，$N_8=0.8235$，$N_9=0.5860$。

步骤四（S4）：基于闵可夫斯基贴近度对该磨床动态特性的劣化进行评价

N_i 越大，则第 K_i 时该磨床的动态特性与初始时间的动态特性越接近，机床动态特性的劣化程度越小；N_i 越小，则第 K_i 时该磨床的动态特性与初始时间的动态特性相差越大，机床动态特性的劣化程度越大。

根据 N_4 为 0.9129，接近于1，说明此时该磨床的动态特性与初始时间的动态特性较为接近，与实际情况相符，验证了本实施例所提供的方法较为可靠，根据 N_6 为 0.8409，N_8 为 0.8235，N_9 为 0.5860，说明随着使用时间的加长，磨床零部件出现磨损、润滑或操作不当，动态特性逐渐劣化，尤其在第三次实验和第四次实验之间，劣化最为明显。

参照上述步骤一至步骤四的操作，设定砂轮的转速为2100r/min，当工件主轴的转速分别为45r/min、67.5r/min、112.5r/min、135r/min时，分别计算每一个工件主轴转速下，第一、二、三、四次实验工件主轴X方向的对比特征数据序列与参考特征数据序列的闵可夫斯基贴近度 N_i（$i=4,6,8,9$），结果如表2所示。

表2　磨床工件主轴 X 方向的闵可夫斯基贴近度

工件主轴转速 （r/min）	N_4	N_6	N_8	N_9
45	0.9284	0.8614	0.8326	0.5093
67.5	0.9395	0.8046	0.7415	0.5447
90	0.9129	0.8409	0.8235	0.5860
112.5	0.9613	0.8535	0.8457	0.6070
135	0.9295	0.8679	0.8231	0.6249

按照上述步骤一至步骤四的操作，设定砂轮的转速为2100r/min，当工件主轴的转速分别为45r/min、67.5r/min、90r/min、112.5r/min、135r/min时，分别计算每一个工件主轴转速下，第一、二、三、四次实验工件主轴Y方向的对比特征数据序列与参考特征数据序列的闵可夫斯基贴近度 N_i（$i=4,6,8,9$），结果如表3所示；分别计算每一个主轴转速下第一、二、三、四次实验工件主轴Z方向的对比特征数据序列与参考特征数据序列的闵可夫斯基贴近度 N_i（$i=$

4,6,8,9),结果如表4所示。

表3 磨床工件主轴 Y 方向的闵可夫斯基贴近度

工件主轴转速 (r/min)	N_4	N_6	N_8	N_9
45	0.8949	0.8548	0.7933	0.6679
67.5	0.9580	0.8543	0.8174	0.7074
90	0.9810	0.8790	0.8334	0.7027
112.5	0.9723	0.8926	0.8502	0.6134
135	0.9496	0.8990	0.8666	0.6929

表4 磨床工件主轴 Z 方向的闵可夫斯基贴近度

工件主轴转速 (r/min)	N_4	N_6	N_8	N_9
45	0.9333	0.7842	0.7189	0.5566
67.5	0.9386	0.9096	0.8836	0.6500
90	0.9517	0.8446	0.7939	0.5713
112.5	0.8922	0.8225	0.7767	0.6691
135	0.8973	0.7509	0.7074	0.5276

参照上述步骤一至步骤四的操作,选取砂轮主轴为特征点,设定砂轮的转速为2100r/min,当工件主轴的转速分别为45r/min、67.5r/min、90r/min、112.5r/min、135r/min时,分别计算每一个工件主轴转速下第一、二、三、四次实验砂轮主轴 Z 方向的对比特征数据序列与参考特征数据序列的闵可夫斯基贴近度 N_i($i=4,6,8,9$),结果如表5所示:

表5 磨床砂轮主轴振动信号特征序列闵可夫斯基贴近度

工件主轴转速 (r/min)	N_4	N_6	N_8	N_9
45	0.9373	0.9157	0.8793	0.5274
67.5	0.9018	0.8700	0.8680	0.5729
90	0.9616	0.9038	0.8758	0.5159
112.5	0.9407	0.9125	0.8788	0.5974
135	0.9646	0.8751	0.8489	0.5348

由表 2 至表 5 中的数据可以看出，对于本实施例中的数控磨床，不论是工件主轴特征点还是砂轮主轴特征点，其某个方向加速度信号的对比特征数据序列与参考特征数据序列的闵可夫斯基贴近度的变化，均能表征数控磨床动态特性的劣化程度，验证了本发明方法的正确性和有效性。

根据本实施例所提供的数控机床动态特性劣化的评价方法，由于根据闵可夫斯基贴近度 N_i 的数值大小对数控机床动态特性的劣化进行评价，根据评价结果，即可得到数控机床的动态特性劣化情况，与传统方法相比，本实施例通过 N_i 直观定量的显示了机床数控机床的动态特性劣化程度，是一种简单易行而又准确可靠的评价方法，适合于在工厂车间内推广应用。

当然，本发明所涉及的数控机床动态特性劣化的评价方法并不仅仅限定于上述实施例中的方法。以上内容仅为本发明构思下的基本说明，而依据本发明的技术方案所作的任何等效变换，均应属于本发明的保护范围。

另外，在上述实施例中，利用 1/3 倍频程对时域序列 $t(N)$ 进行特征提取时，所取的频率范围是 20Hz～10kHz，共划分为 28 个频带，本发明所涉及的数控机床动态特性劣化的评价方法所取的频率范围还可以是 20Hz～20kHz，且还可以划分为 30 个频带，优选划分为 30 个频带。

另外，上述实施例中选择磨床的工件主轴和砂轮主轴为特征点，本发明所涉及的数控机床动态特性劣化的评价方法还可以选择其他的特征点进行评价，如工作台振动特征点和工件夹具振动特征点。

另外，上述实施例中选择外圆磨床进行动态特性劣化的评价，本发明所涉及的数控机床动态特性劣化的评价方法可以对其他任何数控机床的动态特性劣化进行评价，如数控车床、数控钻床、数控铣床、数控刨床、数控镗床及加工中心等。

说明书附图

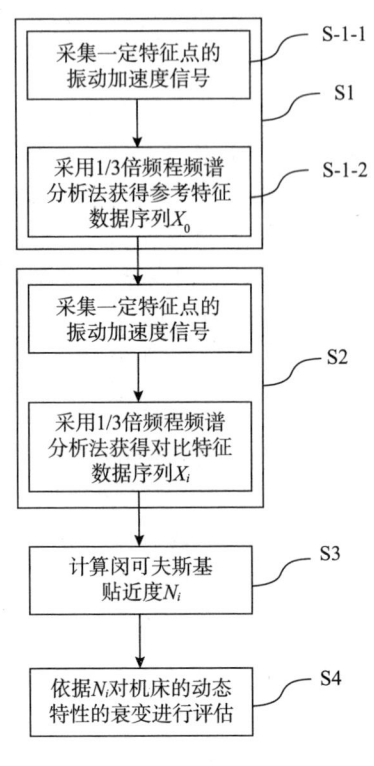

```
┌─────────────────┐
│  采集一定特征点的  │ ── S-1-1 ┐
│   振动加速度信号   │          │
└────────┬────────┘          │ S1
         ↓                    │
┌─────────────────┐          │
│ 采用1/3倍频程频谱  │ ── S-1-2 ┘
│ 分析法获得参考特征 │
│   数据序列 $X_0$   │
└────────┬────────┘
         ↓
┌─────────────────┐
│  采集一定特征点的  │          ┐
│   振动加速度信号   │          │
└────────┬────────┘          │ S2
         ↓                    │
┌─────────────────┐          │
│ 采用1/3倍频程频谱  │          │
│ 分析法获得对比特征 │          │
│   数据序列 $X_i$   │          ┘
└────────┬────────┘
         ↓
┌─────────────────┐
│   计算闵可夫斯基   │ ── S3
│    贴近度 $N_i$   │
└────────┬────────┘
         ↓
┌─────────────────┐
│ 依据$N_i$对机床的动态│ ── S4
│  特性的衰变进行评估 │
└─────────────────┘
```

图 1

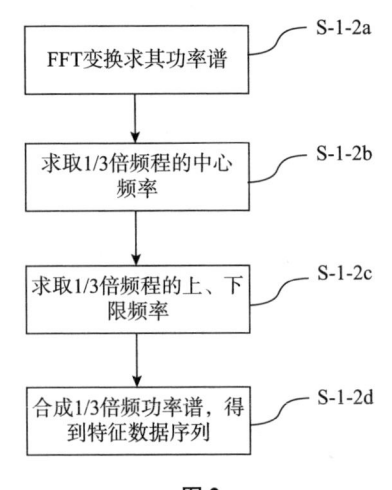

```
┌─────────────────┐
│  FFT变换求其功率谱 │ ── S-1-2a
└────────┬────────┘
         ↓
┌─────────────────┐
│ 求取1/3倍频程的中心│ ── S-1-2b
│      频率        │
└────────┬────────┘
         ↓
┌─────────────────┐
│ 求取1/3倍频程的上、│ ── S-1-2c
│    下限频率      │
└────────┬────────┘
         ↓
┌─────────────────┐
│ 合成1/3倍频功率谱，│ ── S-1-2d
│  得到特征数据序列  │
└─────────────────┘
```

图 2